互换性与技术测量

HUHUANXING
YU JISHU CELIANG

张昌娟　主编

化学工业出版社
·北京·

内容简介

本书以高等工科院校“互换性与技术测量”课程教学基本要求和我国产品精度设计最新国家标准为依据进行编写，重点介绍几何量的极限配合与技术测量的基本原理和基础知识。全书共9章，内容包括：绪论、孔和轴的极限与配合、技术测量基础、几何公差与检测、表面粗糙度、常用典型件的互换性、圆柱齿轮传动的互换性、尺寸链以及几何量测量实验。各章节辅以配套课件和针对性强的实例，各章末附有涵盖该章知识要点的习题与思考题及其答案。

本书可作为高等工科院校机械类和近机械类专业重要的专业基础课教材，也可供继续教育院校、高职高专院校相关专业师生以及从事机械设计、机械制造、标准化、计量测试等工作的工程技术人员使用或参考。

图书在版编目（CIP）数据

互换性与技术测量 / 张昌娟主编. -- 北京 : 化学工业出版社, 2025. 6. --（普通高等教育机械类教材）.
ISBN 978-7-122-47562-6

Ⅰ. TG801

中国国家版本馆 CIP 数据核字第 2025F2S882 号

责任编辑：严春晖　张海丽　　文字编辑：王帅菲
责任校对：李雨晴　　装帧设计：刘丽华

出版发行：化学工业出版社
（北京市东城区青年湖南街 13 号　邮政编码 100011）
印　　装：北京云浩印刷有限责任公司
787mm×1092mm　1/16　印张 18¼　字数 454 千字
2025 年 7 月北京第 1 版第 1 次印刷

购书咨询：010-64518888　　售后服务：010-64518899
网　　址：http://www.cip.com.cn
凡购买本书，如有缺损质量问题，本社销售中心负责调换。

定　　价：59.00 元

前　言

为全面贯彻党的教育方针，推进我国机械制造业的发展，本书以“双一流”和“新工科”课程建设需要以及高等院校教育机械类专业人才培养目标为依据，坚持以“教育优先发展、科技自立自强、人才引领驱动”为导向，以加强基础学科建设、增强科技基础能力、培养青年科技人才为宗旨，践行“中国制造 2025”制造强国战略，助力我国制造业向智能制造模式转型升级。

“互换性与技术测量”是高等工科院校机械类和近机械类专业的一门主干专业基础课，是联系设计系列课程和工艺系列课程的纽带，也是架设在基础课、实践课和专业课之间的桥梁。“互换性与技术测量”主要研究标准化和工程计量学相关的内容，内容涉及机械产品及其零部件的设计、制造、装配、维修等相关方面的标准和技术知识。结合编者多年的教学经验，并适应新技术、新标准和人才培养的新要求，本书以满足机械工程学科的教学为原则，重视基础，提高起点，精简内容，注重理论与实践创新相结合。

本书内容特点如下。

① 注重基础内容和最新标准的应用，加强几何量测试基本技能的培养，每章辅以针对性强的实例和习题，注重实践性和综合性。

② 基于国家级机械类一流本科课程体系的特点和需要，筛选并精简内容，知识点“化繁为简”，强化学生整体认知，着重理解应用方法。

③ 内容丰富、资料翔实。做到相近概念辨析、讲解全面、贯标彻底、精选重点、联系实际。

④ 与国际工程教育认证接轨，增设“本章学习目标”栏目，在每章开始明确本章教学内容，及对学生应达成能力的要求。

本书由河南理工大学张昌娟担任主编，赵明利、李瑜、郑建新、郄吉才参与本书编写。编写分工如下：张昌娟编写第 1 章、第 4 章和第 5 章，赵明利编写第 2 章和第 6 章，李瑜编写第 3 章和第 7 章，郑建新编写第 8 章，郄吉才编写第 9 章。本书由张昌娟负责统稿。胡俊超参与完成本书的资料收集和整理工作。

本书在策划、编写及出版过程中，得到有关部门、相关专家学者以及兄弟院校同行的大力支持和热忱指导。此外，本书在编写中还引用了部分标准和技术文献资料。在此，对相关单位和人员一并表示衷心感谢。

由于编者水平有限，书中难免存在不妥之处，恳请广大读者在使用本书时多提宝贵意见，以便修订时改进。

本书配套资源

编者

2024 年 12 月

目　录

本书配套资源

第 1 章 绪论

思维导图

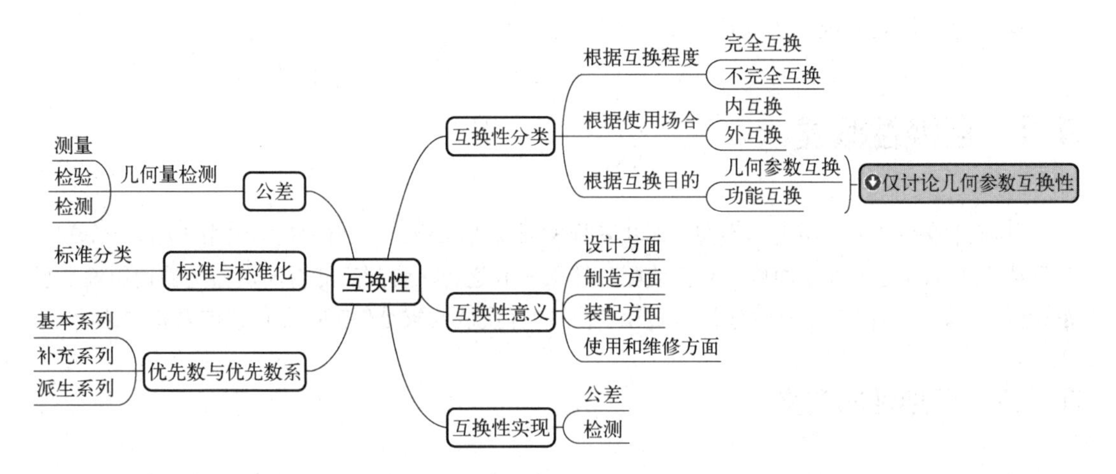

案例引入

在日常生活中，机器或仪器上掉了一个螺钉，按相同的规格更换后机器即可正常使用；灯泡坏了，换一个新的就可以正常照明。小到手表，大到自行车、缝纫机、汽车、拖拉机等，某个零部件磨损或者损坏了，换一个新的便能满足使用要求。之所以这样方便，是因为这些产品都是按互换性原则组织生产的，产品零件都具有互换性。那么，怎样才能保证它们具有互换性，又如何控制它们在加工时产生的误差呢？

学习目标

① 掌握互换性的含义、分类和重要意义。
② 明确互换性、公差、技术测量和标准化之间的关系。
③ 认识标准和标准化的重要性。
④ 掌握 GB/T 321—2005《优先数和优先数系》国家标准。

制造业的全球化发展，使得社会生产专业化分工越来越细，供应链越来越复杂，对产品的质量要求也越来越高。无论是批量生产还是客户化定制，出于技术优势、生产能力、成本控制、市场响应和质量保证等多种目的，都需要由多个组织利用自身的核心优势，进行分工协作才能完成生产。当今汽车、家电、飞机、手机、航天器的制造，其供货商成百上千，遍布全球，如何确保来自不同国家、不同组织生产的产品最终能顺利地装配成目标产品，就要求所有的组织在生产和贸易活动中必须遵循一定的生产规则，即互换性原则。而检验和保证产品是否符合该原则的手段则是测量技术。

随着全球协同化、数字化、信息化和智能化技术在产品全生命周期中的应用，目前我国的产品几何技术规范（geometrical product specifications，GPS）已形成新一代的GPS标准体系，并与质量管理标准ISO9000系列、产品模型数据交换（STEP）等跨领域国际标准体系建立了紧密的联系，是基于大数据智能制造的基础标准。而基于三维模型几何精度设计的互换性技术以及基于实物和数字模型的测量技术成为智能制造体系中不可或缺的核心技术。因此，为了满足互换性，数字化机械产品精度设计必须基于GPS展开，并通过设计、制造、质检和营销等多部门协同完成，不断循环反馈改进。

1.1 互换性概述

任何机械产品都是由大小不同、形状各异的零部件组成。零部件是由不同的工段、车间或工厂成批大量地生产加工而成。它们装配时能否顺利进行，装配后能否满足预定的使用性能要求，都与产品零部件的互换性有关。因此，产品的互换性要求是保证产品质量的基本要求之一。

1.1.1 互换性的定义

如图1-1所示，减速器由多个不同种类、规格的零部件组成，而这些零部件分别由不同的专业工厂或车间生产。装配减速器时需将来自各专业工厂的各种零部件进行组装，这就要求所有的零部件必须符合各自的技术性能指标。这种在同一规格零部件中任取一件，不需经过任何挑选、调整或修配就能装配到机器上，并满足预定使用性能要求的特性，称为零部件的互换性。保证产品具有互换性的生产，被称为遵循互换性原则的生产。

在日常生活中，互换性的应用随处可见，其是现代化生产中产品设计、制造和装配需遵循的重要原则。

1.1.2 互换性的分类

（1）按照互换程度分类

① 完全互换　亦称绝对互换，不限定互换范围，零件在装配或更换时不需挑选、调整或修配就能保证使用性能要求的互换性。为适合专业化生产和装配，一般标准件都具有完全互换性，如螺钉与螺母，滚动轴承内圈与轴颈、外圈与轴承座孔等。

完全互换有利于组织专业化的协作生产，并可实现加工和装配过程的机械化、自动化，提高劳动生产率，降低生产成本，同时也有利于维修。但当装配精度要求很高时，采用完全互换将使各零件的尺寸变动范围很小，造成加工困难，甚至出现无法加工的情况，因此可采用不完全互换。

② 不完全互换　亦称有限互换，限定互换范围，即因某种特殊原因，零件在装配或更换时允许有附加条件的选择或调整才能保证使用性能要求的互换性。例如，当机器上某些部位

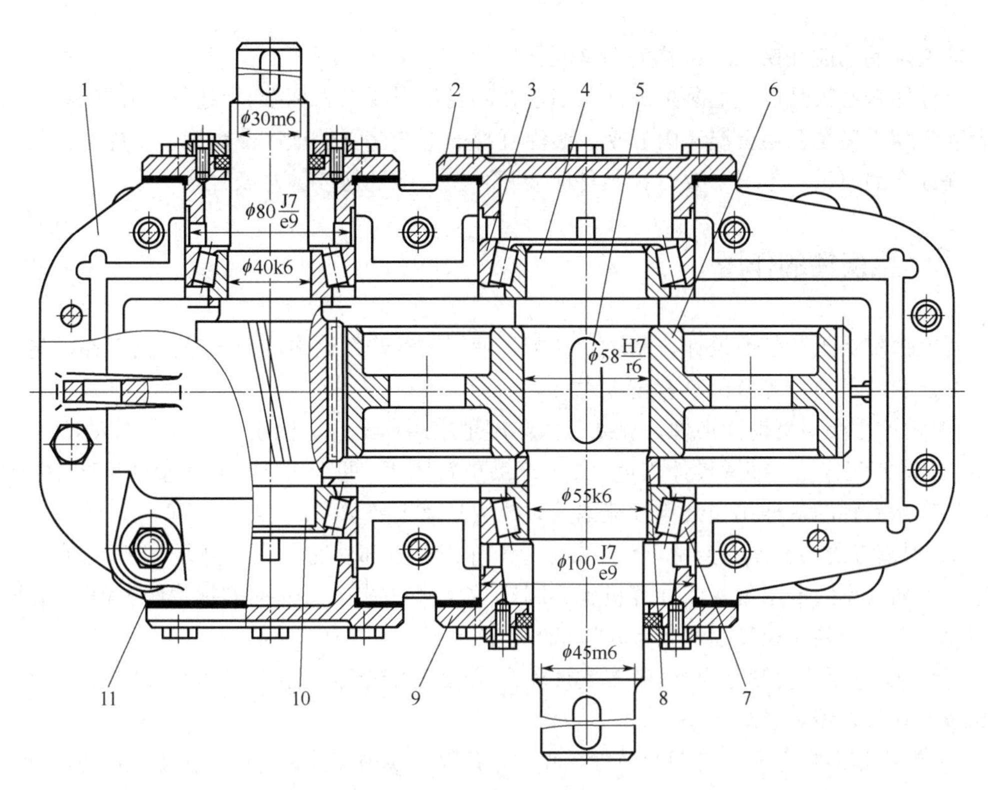

图 1-1　一级圆柱齿轮减速器

1—箱体；2—轴承端盖（闷盖）；3，7—滚动轴承；4—输出轴；5—平键；6—圆柱齿轮；

8—挡油板；9—轴承端盖（透盖）；10—齿轮轴；11—垫片

的装配精度要求很高时，则与之相配合的零件精度要求也高，此时若采用完全互换，会导致加工困难和制造成本增加。实际生产中，常采用不完全互换，即将零件的精度适当降低，以便于制造。然后，再根据实际尺寸的大小分成相应的组，比较相配组的尺寸，进行分组装配。这不但在一定程度上解决了加工的困难，而且也保证了装配的精度要求。

（2）按照使用场合分类

① 外互换　指标准部件或机构与其相配件间的互换性。例如，滚动轴承内圈与轴颈的配合以及外圈与轴承座孔的配合。通常，从方便使用的角度出发，外互换采用完全互换，用于厂外协作件的配合和使用中需要更换的零件及与标准件配合的零件。

拓展阅读：不完全互换采取的工艺措施

② 内互换　指标准部件或机构内部各组成零件间的互换性，例如，滚动轴承内、外圈滚道与滚动体的配合。通常，由于这些组成零件的精度要求高，加工难度大，故采用分组装配，为不完全互换，只限于部件或机构的制造厂内部装配需要满足的互换。

在实际生产中，具体采用何种互换才能既满足使用性能要求又满足加工经济性要求，应根据产品的精度要求、复杂程度、生产纲领、工装设备、使用要求、技术水平等综合因素考虑设计决定。

（3）按照互换目的分类

① 装配互换　规定几何参数公差达到装配要求的几何参数互换性。又称为狭义互换性。

② 功能互换　既规定几何参数公差达到装配要求，又规定机械物理和化学等性能满足产

品功能要求的功能互换性。又称为广义互换性。

零件能否互换是以它们装配成产品后能否满足使用要求为标准。上述的外互换和内互换、完全互换和不完全互换皆属装配互换。装配互换的目的在于保证产品精度，功能互换的目的在于保证产品质量。本书主要讨论零件的装配互换，即几何参数互换性。

1.1.3 互换性的作用

互换性贯穿于产品的设计、制造、装配、使用和维修等诸多环节，在提高产品质量、产品可靠性和经济效益等方面具有重大意义。

① 设计方面　贯彻互换性，就要最大限度地采用标准件、通用件，这可大大减少设计、计算、绘图等工作量，缩短设计周期，加速产品更新换代，便于实现计算机辅助设计（CAD），对保证产品品种的多样化和结构性能的及时改进具有重要意义。

② 制造方面　贯彻互换性，就要实现分散加工及零部件的专业化协调生产，这有利于先进工艺和高效率的专用装备或计算机辅助制造（CAM）的应用，从而实现生产过程的自动化、机械化，提高产品质量和生产效率，降低制造成本。

③ 装配方面　贯彻互换性，就要实现流水线或自动线组织生产，这可大大减轻劳动强度、提高装配质量，缩短装配周期。

④ 使用和维修方面　贯彻互换性，就是用备件替换损坏件，这可大大缩短维修时间，节约维修费用，提高机器使用效率，延长产品使用寿命。尤其对重、大型技术装备及对国民经济和财产生命安全有重大影响的装备（电厂设备、消防设备等）的使用和修复，零部件的互换性意义重大。

随着科学技术的发展，现代制造业已由传统的生产模式发展到利用数控技术（CNC）、计算机辅助设计（CAD）、计算机辅助制造（CAM）、计算机辅助制造工艺（CAPP）、柔性制造系统（FMS）、计算机集成制造系统（CIMS）等现代生产模式进行组织生产。这些先进技术无一不对互换性提出更严格的要求，互换性原则已成为现代制造业中一个普遍遵守的基本原则。但并不是任何情况下都适用互换性原则，当采用单个配制才符合经济原则时，零件就不能互换，但同样具有公差和检测要求。

1.1.4 互换性的实现

（1）加工误差与公差

实际生产中，任何加工方法都无法也没有必要将零件制造得绝对准确。受工艺系统（机床、刀具、夹具、工件）各类误差及环境因素的影响，由零件的实际几何参数（尺寸、形状、位置和表面粗糙度等）与图样的理论设计尺寸、理想形状和理论位置不完全相同而造成的差别，称为加工误差。

加工误差的客观存在，使得加工后同批次的同一规格的零部件之间相对应的实际几何参数不可能完全相同。因此，要使零部件具有互换性，必须将加工后零部件的实际几何参数控制在产品性能所允许的变动范围之内，这个允许变动的范围称为公差。只要控制加工环节，将零部件各几何参数所产生的误差控制在公差范围内，就可保证其使用功能，同时还能实现互换性。

（2）测量、检验与检测

完工后的零部件是否满足公差要求，需要通过检测手段来判断。

测量：是将被测量（未知量）与作为计量单位的标准量比较，并获得被测量具体数值的过程。也是对被测量定量认识的过程。

检验：是确定零件的几何参数是否在规定的极限范围内，并判断其是否合格的过程。通常不一定要求测出具体值，可理解为不要求知道具体数值的测量。

检测：在工艺流程中，检测包括测量、检验和测试等意义比较宽广的参数测量过程。它不仅用来评定产品质量，还用于分析产品不合格的原因，通过监督工艺过程及时调整生产，预防废品产生。

现代工业生产规模大、分工细、协作单位多、互换性要求高。为适应生产过程中各部门的协调以及各生产环节的衔接，必须使分散的、局部的生产部门和生产环节保持必要的技术统一，使之成为一个有机整体，从而实现互换性生产。标准化正是联系这种关系的重要途径和手段，是互换性生产的基础。因此，采用标准化合理地确定公差并正确地进行检测是保证产品质量、实现互换性生产必不可少的条件和手段。

1.2 标准与标准化

标准化是互换性生产的基础，一切标准都是标准化活动的结果，而标准化的目的，又通过制定标准来体现，因此制定标准和修订标准是标准化的基本任务。

1.2.1 标准

标准是对重复性事物和概念所做的统一规定。它以科学、技术和实践经验的综合成果为基础，经有关部门协调一致，由主管部门批准，以特定形式发布，作为共同遵守的技术准则和依据。标准的分类如下。

（1）按照标准的级别分类

按照《中华人民共和国标准化法》规定，我国标准分为国家标准、行业标准、地方标准和企业标准四个级别。四级标准之间的关系是：上级标准是下级标准的依据；下级标准是上级标准的补充；互不重复，互不抵触。

拓展阅读：标准的分类（按级别）

拓展阅读：标准的分类（按强制程度）

（2）按照标准实施的强制程度分类

通常将标准分为强制性标准和推荐性标准（非强制性标准）。这种分类是国际标准化组织（ISO）和一些国家标准化机构广泛采用的一种分类方式。

（3）按照标准的对象分类

可分为技术标准、工作标准和管理标准。

拓展阅读：标准的分类（按对象）

拓展阅读：标准的分类（按作用和有效范围）

（4）按照标准作用和有效范围分类

可分为国际标准、区域标准、国家标准、行业标准、地方标准和企业（公司）标准。

1.2.2 标准化

标准化是指在经济、技术、科学及管理等社会实践中，对重复性事物和概念，通过制定、发布和实施统一的标准，以获得最佳秩序和社会效益的有组织的活动过程。

标准化包括制定标准、发布标准、组织实施标准和对标准的实施进行监督的全部活动过程。因此，标准与标准化虽然是两个不同的概念，但有着不可分割的联系。没有标准，也就没有标准化；反之没有标准化，标准也就失去了存在的意义。

在机械制造中，标准化是实现互换性生产、组织专业化生产的重要手段，是保证产品质量、降低产品成本和提高产品竞争能力的重要条件，是消除贸易障碍、促进国际技术交流和贸易发展、使产品顺利进入国际市场的必要条件。随着经济建设和科学技术的发展、国际贸易的扩大，标准化的作用和重要性越来越受到各个国家特别是工业发达国家的高度重视。

1.3 优先数与优先数系

无论产品的设计制造还是使用过程，其规格、零件尺寸大小、原材料尺寸大小、公差大小、承载能力、承载速度、工作环境及其加工所用设备、刀具、量具的尺寸等性能参数与几何参数，都要用数值来表示，当选定某数值作为产品的基本技术特性参数后，该数值就会按一定规律，向一切有关制品和材料的技术特性参数进行传播与扩散。例如，复印机规格与复印纸尺寸有关，复印纸尺寸则取决于书刊、杂志尺寸，复印机规格又影响造纸机械、包装机械的相关规格。又如，某尺寸的螺栓会扩散传播出螺母尺寸、制造螺栓的刀具（丝锥、板牙、滚丝轮等）尺寸、检验螺栓的量具尺寸及工件上螺栓孔的尺寸等。由于数值如此不断关联、传播，常会形成“牵一发而动全身”的现象，这就牵涉许多部门和领域。这种技术参数的传播性，在生产实际中极为普遍，并且跨越行业和部门的界限。工程技术上的参数值，即使只有很小差别，经反复传播扩散后，也会造成尺寸规格的繁多杂乱，给组织生产、协作配套以及使用维修等带来很大困难。因此，产品技术参数值不能随意选取，否则将造成产品技术参数数值的不规范传播，直接影响生产过程、产品质量及生产成本。

生产实践表明，对产品技术参数合理分档、分组，实现产品技术参数的简化、协调统一，就必须按照科学、统一的数值标准来选取，这个标准就是优先数和优先数系。

优先数和优先数系是国际上统一采用的一种科学的数值分级制度，是一种无量纲的分级数系，适用于各种量值的分级。优先数是优先数系中的任一个数值。

1.3.1 优先数系的构成

目前，我国数值分级标准 GB/T 321—2005《优先数和优先数系》采用十进制等比数列为优先数系。国家标准规定了五个公比形成的优先数系，分别用符号 R5、R10、R20、R40 和 R80 表示。其中，R5、R10、R20 和 R40 是常用系列，称为基本系列，而 R80 作为补充系列仅在参数分级很细、基本系列不能适应实际需要时才考虑采用。

优先数的理论值一般为无理数，不便于实际应用。在做参数系列的精确计算时可采用计算值，即对理论值取 5 位有效数字，计算值对理论值的相对误差小于 1/20000。五个优先数系的公比如表 1-1 所示。基本系列 R5、R10、R20、R40 的 1～10 之间的常用值和计算值如表 1-2 所示。

表 1-1　优先数系的公比

优先数系	公比
R5	$\sqrt[5]{10} \approx 1.60$
R10	$\sqrt[10]{10} \approx 1.25$
R20	$\sqrt[20]{10} \approx 1.12$
R40	$\sqrt[40]{10} \approx 1.06$
R80	$\sqrt[80]{10} \approx 1.03$

十进制要求数系中包括 1，10，100，…，10^N 和 1，0.1，0.01，…，$1/10^N$ 等数，其中的指数 N 是正整数。数列中按 1～10，10～100，…和 1～0.1，0.1～0.01，…划分区间，称为十进区间，每个十进区间的项数相等，相邻区间对应项的数值只是扩大或缩小 10 倍。例如，在 1～10 的区间，R5 系列有 1.6、2.5、4.0、6.3、10 五个优先数，R10 系列为在 R5 系列中插入 1.25、2.00、3.15、5.00、8.00 的共十个优先数，即在 R5 系列中插入比例中项 1.25，即可得到 R10 系列。因此，R5 系列的各项数值包含在 R10 系列之中。同理，R10 系列的各项数值包含在 R20 系列中，R20 系列的各项数值包含在 R40 系列中，R40 系列的各项数值包含在 R80 系列中。

表 1-2　优先数系基本系列（摘自 GB/T 321—2005）

基本系列（常用值）				计算值
R5	R10	R20	R40	
1.00	1.00	1.00	1.00	1.0000
			1.06	1.0593
		1.12	1.12	1.1220
			1.18	1.1885
	1.25	1.25	1.25	1.2589
			1.32	1.3335
		1.40	1.40	1.4125
			1.50	1.4962
1.60	1.60	1.60	1.60	1.5849
			1.70	1.6788
		1.80	1.80	1.7783
			1.90	1.8836
	2.00	2.00	2.00	1.9953
			2.12	2.1135
		2.24	2.24	2.2387
			2.36	2.3714
2.50	2.50	2.50	2.50	2.5119
			2.65	2.6607
		2.80	2.80	2.8184
			3.00	2.9854

续表

<table>
<tr><th colspan="4">基本系列（常用值）</th><th rowspan="2">计算值</th></tr>
<tr><th>R5</th><th>R10</th><th>R20</th><th>R40</th></tr>
<tr><td rowspan="4">2.50</td><td rowspan="4">3.15</td><td rowspan="2">3.15</td><td>3.15</td><td>3.1623</td></tr>
<tr><td>3.35</td><td>3.3497</td></tr>
<tr><td rowspan="2">3.55</td><td>3.55</td><td>3.5481</td></tr>
<tr><td>3.75</td><td>3.7584</td></tr>
<tr><td rowspan="8">4.00</td><td rowspan="4">4.00</td><td rowspan="2">4.00</td><td>4.00</td><td>3.9811</td></tr>
<tr><td>4.25</td><td>4.2170</td></tr>
<tr><td rowspan="2">4.50</td><td>4.50</td><td>4.4668</td></tr>
<tr><td>4.75</td><td>4.7315</td></tr>
<tr><td rowspan="4">5.00</td><td rowspan="2">5.00</td><td>5.00</td><td>5.0119</td></tr>
<tr><td>5.30</td><td>5.3088</td></tr>
<tr><td rowspan="2">5.60</td><td>5.60</td><td>5.6234</td></tr>
<tr><td>6.00</td><td>5.9566</td></tr>
<tr><td rowspan="8">6.30</td><td rowspan="4">6.30</td><td rowspan="2">6.30</td><td>6.30</td><td>6.3096</td></tr>
<tr><td>6.70</td><td>6.6834</td></tr>
<tr><td rowspan="2">7.10</td><td>7.10</td><td>7.0795</td></tr>
<tr><td>7.50</td><td>7.4989</td></tr>
<tr><td rowspan="4">8.00</td><td rowspan="2">8.00</td><td>8.00</td><td>7.9433</td></tr>
<tr><td>8.50</td><td>8.4140</td></tr>
<tr><td rowspan="2">9.00</td><td>9.00</td><td>8.9125</td></tr>
<tr><td>9.50</td><td>9.4405</td></tr>
<tr><td>10.00</td><td>10.00</td><td>10.00</td><td>10.00</td><td>10.00</td></tr>
</table>

1.3.2 派生系列和复合系列

优先数具有相邻两项的相对差均匀、疏密适中、运算方便、简单易记等主要优点。同时，在同一系列中，优先数（理论值）的积、商、整数（正或负）的乘方等仍是优先数。因此，优先数得到了广泛应用。

为了使优先数系具有更大的适应性来满足生产需要，优先数系还变形出派生系列和复合系列。

① 派生系列 从基本系列或补充系列 Rr 中，每隔 p 项取值导出的系列，以 Rr/p 表示，其公比为 $q_{r/p}=q_r^p=(\sqrt[r]{10})^p=10^{p/r}$ 。例如 R10/3 系列，即是在 R10 系列中按每隔 3 项取 1 项所组成的数列，其公比为 R10/3=$(\sqrt[10]{10})^3\approx 2$，但其项值是多义的，可导出三种不同项值的系列：1，2，4，8，…；1.25，2.5，5，10，…；1.60，3.15，6.30，12.5，…。再如，在表面粗糙度标准中规定的取样长度分段即是采用 R10 系列的派生数系 R10/5，即 0.08、0.25、0.8、2.5、8.0、25。

② 复合系列 指由若干等比系列混合构成的多公比系列，如 10、16、25、35.5、50、71、100、125、160 这一系列，分别由 R5、R20/3 和 R10 这 3 种系列构成混合系列。

1.3.3 优先数系的选用规则及应用

选用基本系列时，应遵守先疏后密的规则，即按 R5、R10、R20、R40 的顺序选用；当基本系列不能满足要求时，可选用派生系列，注意应优先选用公比较大和延伸项含有项值 1 的派生系列；根据经济性和需要量等不同条件，还可分段选用最合适的系列，以复合系列的形式来组成最佳系列。

优先数系的应用很广泛，适用于各种尺寸、参数的系列化和质量指标的分级，对保证各种工业产品品种、规格的合理化分档和协调配套具有十分重要的意义。其具体应用如下。

① 用于产品几何参数、性能参数的系列化。通常，一般机械的主要参数按 R5 或 R10 系列，如立式车床主轴直径、专用工具的主要参数尺寸都按 R10 系列；通用型材、零件及工具的尺寸和铸件壁厚等按 R20 系列；锻压机床吨位采用 R5 系列。

② 用于产品质量指标分级。本书所涉及的有关标准中，诸如尺寸分段、公差分级及表面粗糙度参数系列等，基本上均采用优先数。

1.4 产品几何技术规范（GPS）与几何量检测技术

1.4.1 产品几何技术规范（GPS）

产品几何技术规范是面向产品开发全过程而构建的控制产品几何特征的一套完整标准，由涉及产品几何特征及其特征量的诸多技术标准组成。GPS 全面覆盖从宏观到微观的产品几何特征描述，全面规范产品（工件）的尺寸公差、几何（形状、方向、位置、跳动）公差以及表面结构等控制要求和检测方法，贯穿于一切几何产品的开发、设计、制造、检验、使用、维修、报废等整个生命全过程。

GPS 标准体系是国家标准中影响最广的重要基础标准，不仅是为达到产品功能要求所必须遵守的技术依据和产品信息传递与交换的基础标准，而且是进行产品合格评定和技术交流的重要工具，也是签订生产合约、承诺质量保证的重要基础。在国际标准中，GPS 标准体系与质量管理体系标准（ISO9000）、产品模型数据交互规范（STEP）等重要标准体系有密切的联系，是制造业信息化、质量管理、工业自动化系统与集成等工作的基础。随着新世纪知识的快速扩张和经济全球化，GPS 标准体系的重要作用日益为国际社会所认同，其水平不但影响一个国家的经济发展，而且对衡量一个国家的科学技术水平和制造业水平有着决定性的作用。其具体作用如下：

① GPS 标准体系为产品开发提供了一套全新的工具，可为产品数字化设计和制造提供基础支撑；

② GPS 标准体系能实现产品的精确几何定义及精确的精度过程定义，更合理、经济、有效地利用设计、制造和检测的资源，显著降低产品的开发成本；

③ GPS 标准体系不仅是产品开发的重要依据，而且是规范计量器具研制、软件开发的重要准则；

④ GPS 标准体系为国际通用的技术语言，其应用有利于促进国际技术交流和合作，有利于消除贸易中的技术壁垒，大大减少沟通困难等问题；

⑤ GPS 标准体系的实施可显著提高产品质量，提高企业的市场竞争力。

1.4.2 几何量检测技术

现代工业生产对产品质量要求愈来愈高，而产品质量的提高在一定程度上有赖于检测准确度的提高。因此，制造和测量是现代工业不可缺少的部分，如何检测产品质量亦成为一项必不可少的技能。近年来，现代精密测量技术越来越引起密切关注，在高精度加工和质量管理过程中，随着光机电一体化、系统化、集成化技术的快速发展，以及计算机、数字控制、光学影像等技术的应用，现代精密测量技术得到了迅速发展，相应的各种现代精密测量仪器大量涌现。

（1）发展历程

在古代，人类为了测量田地就已经开始进行以手、足等作为长度单位的长度测量，但测量单位的随机性容易引起测量的不准确，于是出现了物体测量单位：如公元前 2400 年的古埃及腕尺、中国商朝的象牙尺以及公元 9 年的新莽铜卡尺等。英国分别于 1496 年和 1760 年开始采用端面基准尺和线纹码基准尺作为测量单位，法国于 1789 年提出米制标准并于 1799 年制成阿希夫米尺。

在机械制造业中最早应用的是基于机械原理的测量技术。1631 年开始应用游标细分原理，18 世纪中叶开始应用螺纹放大原理。机械测量技术迄今仍是工业测量中的基本测量技术之一，且能达到很高的精确度。

应用光学原理的测量技术也出现得较早，19 世纪末就出现了立式测长仪，20 世纪 20 年代前后已应用自准直和光波干涉等原理进行测量，使工业测量进入了非接触测量领域，解决了一些小型复杂形状工件的测量问题，如螺纹几何参数、样板轮廓尺寸和大型工件的直线度、同轴度等几何误差的测量问题。

气动原理测量技术于 20 世纪 20 年代后期发展起来，其测量效率高，对环境条件要求不高，适宜在车间使用，但其示值范围小，阻碍了其进一步发展。

电学原理测量技术于 20 世纪 30 年代初期发展起来，首先出现的是应用电感原理的测微仪；后来由于电子技术的发展，电学原理的测长技术发展很快，可以把微小误差放大至 100 万倍，即 0.01μm 的误差可以 10mm 的刻度间隔表示出来，且电子线路还能实现各种验算和自动测量。

20 世纪 60 年代中期以后，现代测量逐渐引入了计算机技术。计算机具有自动修正误差、自动控制和高速数据处理的功能，为高精度、自动化和高效率测量开辟了新的途径。现代测量技术已经发展成为精密机械、光、电和计算机等技术相结合的综合性技术。典型的现代精密测量仪器有激光干涉仪、三坐标测量机、三维扫描仪等。

（2）发展趋势

随着非接触、高效率、高精度测量仪器设备的大量出现，现代精密测量技术的主要发展方向如下：

① 新技术和新测量原理的应用，如图像处理技术、遥感技术等在精密测量仪器中得到了推广和普及；

② 测量精度由微米级向纳米级发展，进一步提高了测量分辨能力，如芯片测量精度可达 1～10nm；

③ 由点测量向面测量过渡，提高整体测量精度和测量速度，即由长度精密测量扩展至形状精密测量；

④ 测量方式多样化，即针对同一个被测对象，可以采用不同测量仪器对其不同测量部位进行测量；

⑤ 测量仪器设备逐步向小型化、集成化、便捷化等方向发展；

⑥ 随着标准化体系的确立和测量不确定度的数值化，将有效提高测量的可靠性。

总之，测量技术正在向高精度化、高速化和高效率化方向发展，非接触测量和高效率测量必然成为21世纪现代精密测量技术的重要发展方向。

拓展阅读

习题与思考题

一、选择题

1．保证互换性生产的基础是（　　）。

A．大量生产　B．现代化　C．标准化　D．检测技术

2．优先数列中R10/3系列是（　　）。

A．基本系列　B．补充系列　C．派生系列　D．等差系列

3．滚动轴承中滚动体的更换属于（　　）互换性。

A．外互换　B．内互换　C．完全互换　D．都不是

4．下列在零件图中不需标注的公差是（　　）。

A．配合尺寸公差　B．形状公差　C．位置公差　D．粗糙度

5．下列关于标准说法正确的是（　　）。

A．国家标准由国务院标准化行政主管部门负责

B．线性尺寸公差标准属于基础标准

C．以GB/T为代号的标准是推荐性标准

D．ISO是世界上最大的标准化组织

二、判断题

1．为了使零件具有完全互换性，必须使各零件的几何尺寸几乎完全一致。

2．对大批量生产的同规格零件要求有互换性，单件生产则不必遵循互换性原则。

3．遵循互换性原则将使设计工作简化，生产效率提高，制造成本降低，使用维修方便。

4．标准化是通过制定、发布和实施标准，并达到统一的过程，因而标准是标准化活动的核心。

5．国家标准规定，我国以“十进制等差数列”作为优先数系。

三、综合题

1．什么是互换性？简述互换性的分类及作用。

2．什么是标准及标准化？举例说明常用的国家标准。

3．什么是优先数系？简述优先数系的特点及选择原则？

4．按照优先数系确定优先数：

① 第一个数为10，按R5系列确定后三项优先数；

② 第一个数为100，按R10/3系列确定后三项优先数。

5．下列两组数据分别属于哪种优先数系？

① 电机转速（单位为r/min）：375，750，1500，3000，…

② 摇臂钻床的主参数（单位为mm）：25，40，63，80，100，125等。

习题参考答案

第 2 章 孔和轴的极限与配合

思维导图

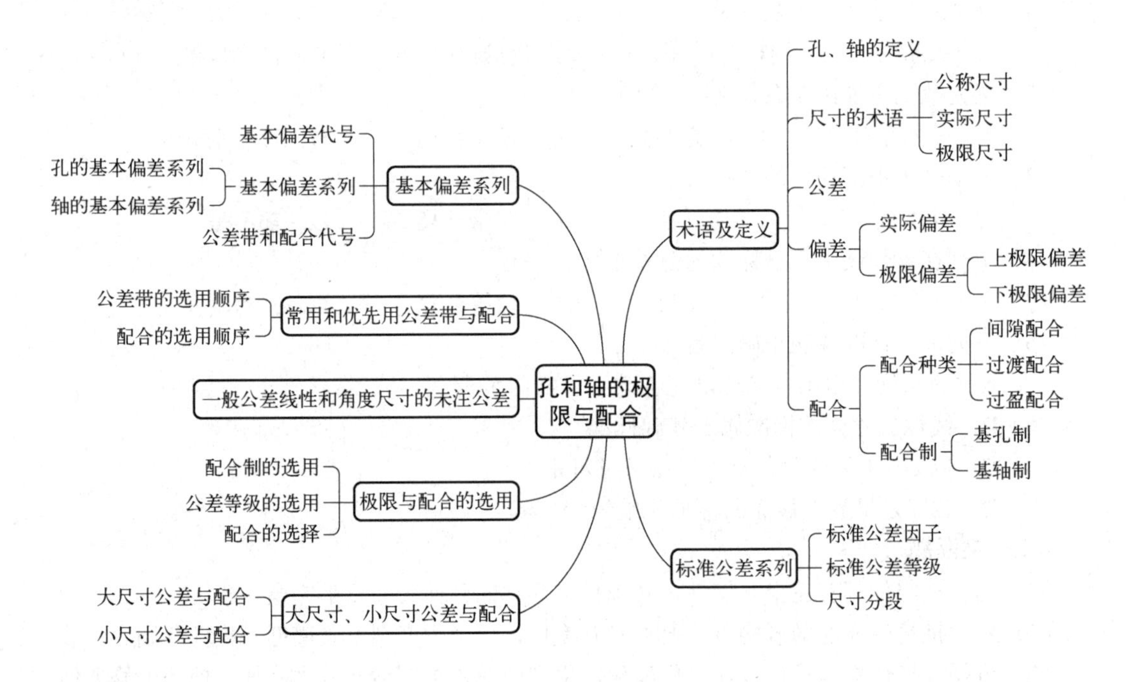

案例引入

2024 年 11 月 12 日至 17 日，第十五届中国国际航空航天博览会在珠海国际航展中心举行。本届航展全方位展示了我国航空航天及国防领域的创新成果，展品覆盖“陆、海、空、天、电、网”全领域，一批代表世界先进水平的“高、精、尖”展品集体亮相，这些展品表现出出色的性能。事实上，包括高精尖产品在内的机械产品一般都由若干零件和部件装配而成，其中孔与轴的结合是机械产品中应用最广泛的一种形式。在设计时要对孔和轴提出什么样的要求才能够保证其优良性能呢？另外，如何在满足其性能要求的同时，控制其生产成本呢？

学习目标

① 掌握公差与配合的一般规律，为合理选择尺寸公差与配合，学习其他典型零件的公差

与配合奠定基础。

② 理解尺寸公差有关的基本术语与定义。

③ 明确尺寸公差带的特点。

④ 掌握选用尺寸公差等级及其数值的原则和方法。

⑤ 学会在图样上正确标注尺寸公差。

孔、轴结合的极限与配合制是机械工程中重要的基础标准，它不仅应用于圆柱体内、外表面，也应用于其他结合中有单一尺寸确定的表面和结构。例如键配合中，键与键槽、花键孔和花键轴等。为使加工后的孔与轴均能满足互换性，必须在设计阶段采用关于尺寸的极限与配合制标准。极限与配合制的标准化有利于机器的设计、制造、使用及维修，也便于组织协作化专业生产。

为了满足产品精度不断提高的要求，我国的基础标准逐渐与国际标准接轨，并进一步适应我国的技术条件，GB/T 1800.1—2020《产品几何技术规范（GPS）线性尺寸公差 ISO 代号体系　第 1 部分：公差、偏差和配合的基础》代替了 GB/T 1800.1—2009《产品几何技术规范（GPS）极限与配合　第 1 部分：公差、偏差和配合的基础》和 GB/T 1801—2009《产品几何技术规范（GPS）极限与配合　公差带和配合的选择》。用修改采用国际标准的 GB/T 1800.2—2020《产品几何技术规范（GPS）线性尺寸公差 ISO 代号体系　第 2 部分：标准公差带代号和孔、轴的极限偏差表》代替了 ISO 286—2:2010；用修改采用国际标准的 GB/T 38762.1—2020《产品几何技术规范（GPS）尺寸公差　第 1 部分：线性尺寸》代替了 ISO 14405-1；删除了 ISO 14660-1:1999 和 ISO 14660-2:1999；增加引用了 GB/T 24637.1—2020《产品几何技术规范（GPS）通用概念　第 1 部分：几何规范和检验的模型》。

除此之外，与本章内容有关的现行国家标准有 GB/T 1804—2000《一般公差　未注公差的线性和角度尺寸的公差》、GB/T 1803—2003《极限与配合　尺寸至 18mm 孔、轴公差带》。

2.1 概述

2.1.1 加工误差与公差

零件在加工过程中会因机床精度不足、刀具磨损和工艺系统热变形等因素的影响而产生误差，因此不可能被完全加工成理想要素的状态。零件的实际要素偏离理想要素的程度即为加工误差。如图 2-1 所示，轴套的理想形状用点划线表示，实际形状用粗实线表示，它们之间的偏离量就是加工误差。

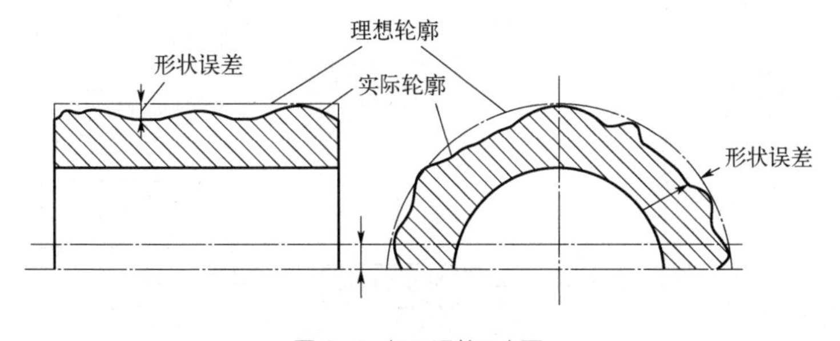

图 2-1　加工误差示意图

根据误差形态，加工误差可分为以下几种类型。

① 尺寸误差　指零件加工后实际尺寸与其理想尺寸的差值。如直径误差、长度误差等。

② 形状误差　指零件加工后表面的实际形状对其理想形状的偏离量。如圆度误差、直线度误差等。它是从整个形体角度来看待形状方面存在的误差的，故又被称为宏观几何形状误差。

③ 位置误差　指零件加工后实际位置对其理想位置的偏离量。如同轴度误差、垂直度误差等。

④ 表面粗糙度　指零件加工表面上具有的较小间距和峰谷形成的微观高低不平的痕迹。其特点是具有微小的波形，又称为微观几何形状误差。

公差与加工误差是两个相对应的不同概念。公差是指允许零件的尺寸、几何形状、几何位置及表面粗糙度的误差数值变动的范围。不同的加工误差对应不同类型的公差，因而公差类型有尺寸公差、形状公差、位置公差和表面粗糙度公差等。

误差在加工过程中产生。随着制造水平的不断提高，误差可以被减小，但不可能消除，即误差的产生是不可避免的；而公差是设计者给定的，用来限制加工误差的范围。为保证零件的功能和互换性要求，必须限制加工误差，允许它们在一定的范围内变化，只有当一批零件的加工误差控制在产品性能所允许的变动范围内，才能使零部件具有互换性。可见，公差是保证零部件互换性的基本条件。

2.1.2 极限与配合制的构成

国家标准 GB/T 1800.1—2020、GB/T 1800.2—2020 采用了国际极限与配合制，其主要特点是：将“公差带大小”与“公差带位置”两个构成公差带的基本要素分别标准化（“公差带大小”和“公差带位置”的含义详见 2.2.2 节中“公差带图”部分）；形成标准公差系列和基本偏差系列，且二者原则上独立，即“公差带大小”不随“公差带位置”的不同而改变，“公差带位置”也不随“公差带大小”的不同而变化。二者结合构成孔或轴的公差带，再由不同的孔、轴公差带形成配合。国际极限与配合制中另一个重要特点是：包括了测量与检验的内容，这样有利于保证极限与配合标准的贯彻，并形成比较完整的体系。国际极限与配合制的基本结构如图 2-2 所示。

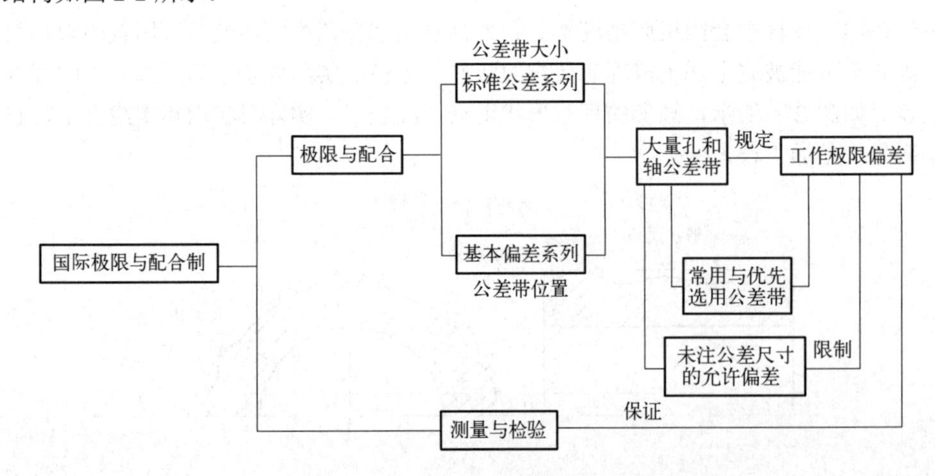

图 2-2　国际极限与配合制的基本结构

2.2 术语和定义

为正确掌握极限与配合标准及其应用，统一设计、制造、检验等人员对公差与配合标准的理解，必须明确规定极限与配合的基本概念、术语和定义。这是从事机械设计与制造等工作所必备的“极限与配合”的共同技术语言。

2.2.1 有关“尺寸”的术语及其定义

(1) 有关孔与轴的定义

孔通常指工件的圆柱形内尺寸要素，也包括非圆柱形的内尺寸要素（由两平行平面或切面形成的包容面）。轴通常指工件的圆柱形外尺寸要素，也包括非圆柱形的外尺寸要素（由两平行平面或切面形成的被包容面）。

从孔与轴的定义可知，孔不一定是圆柱形的，可以是非圆柱形的，键槽也可以理解为孔。同样，轴也并不一定是圆柱形的，也可以是非圆柱形的。如图2-3、图2-4所示。

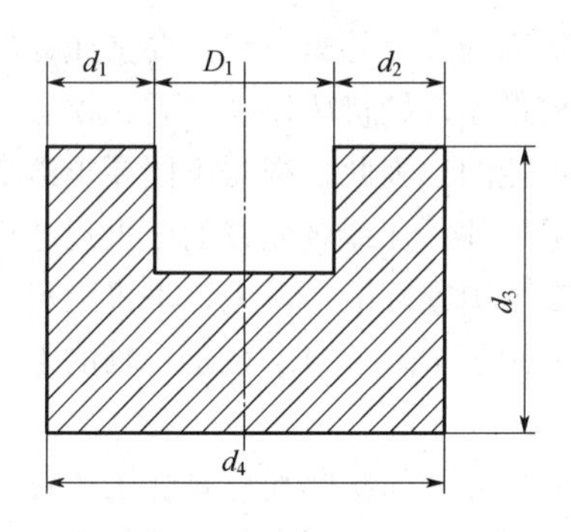

图2-3 孔、轴示例 I

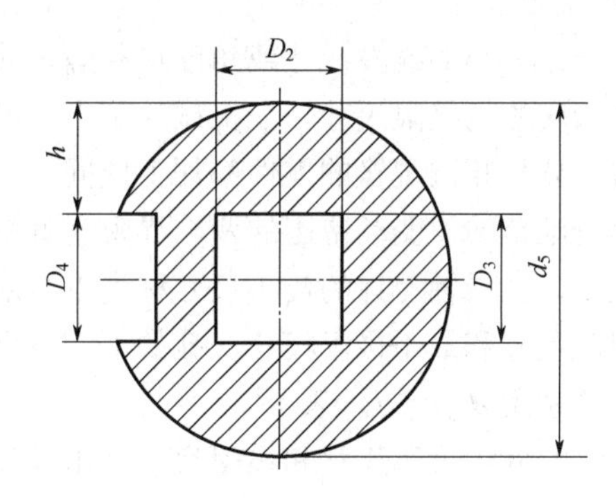

图2-4 孔、轴示例 II

孔和轴具有以下特点：

① 零件装配后，结合形成包容和被包容的关系，凡包容面称为孔，被包容面称为轴；

② 在切削过程中，孔的尺寸由小变大，而轴的尺寸由大变小。

(2) 有关尺寸的术语定义

尺寸包括线性尺寸和角度尺寸，其中线性尺寸是以特定单位表示线性尺寸值的数值。尺寸由数值和特定单位两部分组成，如20mm、60km等。直径、半径、宽度、长度、深度、高度、中心距等都是线性尺寸。在技术图纸和一定范围内，已约定共同单位，如技术图纸中的尺寸标注以mm为单位时，可只写数字而不写单位。

① 公称尺寸

由图样规范确定的理想形状要素的尺寸是公称尺寸。它是根据零件的强度计算、结构和制造工艺由设计者给定的尺寸，是计算极限尺寸和极限偏差的起始尺寸。

公称尺寸一般按标准选取，因为公称尺寸的标准化可以减少定值刀具、量具、夹具等的规格数量。孔和轴配合的公称尺寸必须相同。通常孔的公称尺寸用“D”表示，轴的公称尺寸用“d”表示。

② 实际尺寸

实际尺寸是指拟合组成要素的尺寸，实际尺寸是通过测量得到的尺寸，用 D_a 表示。由于测量过程中存在测量误差（测量误差的产生受测量仪器的精度、环境条件及人员操作水平等因素的影响），测量尺寸并非尺寸真值；同时零件本身也存在形状误差，所以，零件同一表面上的不同位置的实际尺寸也不一定相同，如图 2-5、图 2-6 所示。

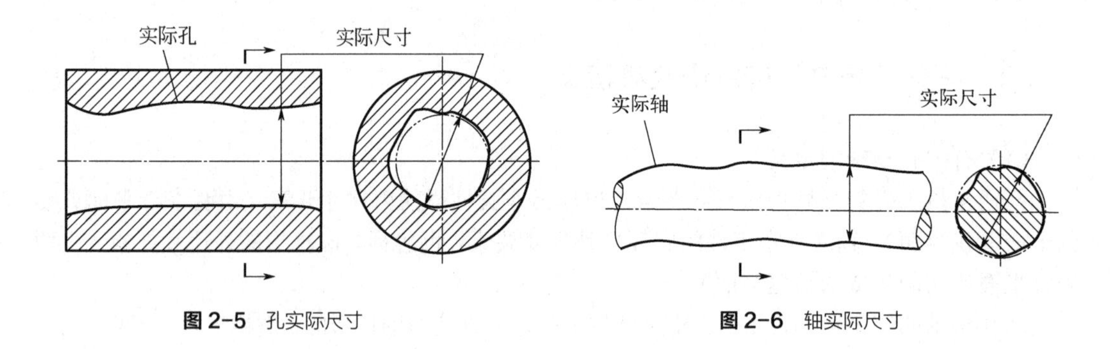

图 2-5 孔实际尺寸　　**图 2-6** 轴实际尺寸

③ 极限尺寸

由一定大小的线性尺寸或角度尺寸确定的几何形状称为尺寸要素。尺寸要素允许的尺寸的两个极端称为极限尺寸。在机械加工中，因存在各种误差，如机床误差、刀具误差、量具误差等，要把相同规格的零件都加工成同一尺寸是不可能的。因此，根据不同要求给实际尺寸一个变动范围，变动范围的两个界限值就是两个极限尺寸。孔或轴允许的最大尺寸称为上极限尺寸，孔或轴允许的最小尺寸称为下极限尺寸，在旧国家标准中，上、下极限尺寸称为最大极限尺寸和最小极限尺寸。孔的上、下极限尺寸分别用 D_{max}、D_{min} 表示，轴的上、下极限尺寸分别用 d_{max}、d_{min} 表示。

上述尺寸中公称尺寸和极限尺寸是由设计者给定的尺寸；而实际尺寸是加工后对零件测量得到的尺寸。为保证使用要求，极限尺寸应控制实际尺寸，即完工零件尺寸的合格条件是实际尺寸均不得超出上、下极限尺寸。

对于孔：$D_{max} \geqslant D_a \geqslant D_{min}$；

对于轴：$d_{max} \geqslant d_a \geqslant d_{min}$。

2.2.2 有关“公差与偏差”的术语及其定义

（1）尺寸偏差（简称偏差）

某一尺寸减去其公称尺寸所得的代数差称为尺寸偏差，简称偏差。偏差可以为正值或负值，也可以为零。

① 实际偏差：实际尺寸减去其公称尺寸所得的代数差称为实际偏差。

孔的实际偏差为：

$$E_a = D_a - D \tag{2-1}$$

轴的实际偏差为：

$$e_a = d_a - d \tag{2-2}$$

② 极限偏差：极限尺寸减去其公称尺寸所得的代数差称为极限偏差。

由于极限尺寸有上极限尺寸和下极限尺寸之分，因而极限偏差有上极限偏差和下极限偏差之分。上（下）极限尺寸减去公称尺寸所得的代数差称为上（下）极限偏差。孔的上（下）极限偏差分别用 ES、EI 表示；轴的上（下）极限偏差分别用 es、ei 表示。偏差是代数值，除零值外，其他偏差计算结果前必须注明相应的“+”或“−”号。

$$\mathrm{ES} = D_{max} - D \tag{2-3}$$

$$\mathrm{EI} = D_{min} - D \tag{2-4}$$

$$\mathrm{es} = d_{max} - d \tag{2-5}$$

$$\mathrm{ei} = d_{min} - d \tag{2-6}$$

国家标准规定，上（下）极限偏差标在公称尺寸的右上（下）角，如 $\phi 50^{+0.02}_{-0.01}$；为使标注保持严谨性，即使上极限偏差或下极限偏差为零，仍须标注，如 $\phi 50^{+0.02}_{0}$；当上、下极限偏差值相等而符号相反时，可简化用对称形式标注为±0.006。

例 2-1　某孔的公称尺寸为 ϕ50mm，上极限尺寸为 ϕ50.048mm，下极限尺寸为 ϕ50.009mm，求孔的上、下极限偏差。

解：由式（2-3）和式（2-4）可知，孔的上、下极限偏差为

$$\mathrm{ES} = D_{max} - D = 50.048-50 = +0.048\mathrm{mm}$$
$$\mathrm{EI} = D_{min} - D = 50.009-50 = +0.009\mathrm{mm}$$

例 2-2　某轴的公称尺寸为 ϕ60mm，上极限尺寸为 ϕ60.018mm，下极限尺寸为 ϕ59.998mm，求轴的上、下极限偏差。

解：由式（2-5）和式（2-6）可知，轴的上、下极限偏差为

$$\mathrm{es} = d_{max} - d = 60.018 - 60 = +0.018\mathrm{mm}$$
$$\mathrm{ei} = d_{min} - d = 59.998 - 60 = -0.002\mathrm{mm}$$

（2）尺寸公差（简称公差）

尺寸公差是设计人员根据零件使用的精度要求，并考虑制造的经济性，对尺寸变动范围给定的允许值。尺寸公差等于上极限尺寸与下极限尺寸之差的绝对值，或上极限偏差与下极限偏差之差的绝对值。孔和轴的尺寸公差分别用 T_h 和 T_s 表示，其表达式为

$$T_h = |D_{max} - D_{min}| = |\mathrm{ES} - \mathrm{EI}| \tag{2-7}$$

$$T_s = |d_{max} - d_{min}| = |\mathrm{es} - \mathrm{ei}| \tag{2-8}$$

公差是一个无正、负符号的绝对值，不能为零，更不能为负值。公称尺寸、极限尺寸、极限偏差及公差之间的相互关系如图 2-7 所示。

例 2-3　求孔 $\phi 20^{+0.104}_{+0.020}$ 的尺寸公差。

解：根据式（2-3）和式（2-4）进行计算可知：

$$D_{max} = D + \mathrm{ES} = 20 + 0.104 = 20.104\mathrm{mm}$$
$$D_{min} = D + \mathrm{EI} = 20 + 0.020 = 20.020\mathrm{mm}$$
$$T_h = |D_{max} - D_{min}| = |20.104 - 20.020| = 0.084\mathrm{mm}$$

亦可根据式（2-7）进行计算得：

$$T_h = |\mathrm{ES} - \mathrm{EI}| = |0.104 - 0.020| = 0.084\mathrm{mm}$$

由例 2-3 可知，求公差的大小可采用极限尺寸和极限偏差两种方法。工厂生产用图上标

注的一般是公称尺寸和上、下极限偏差，因此，采用极限偏差的计算方法要简单一些。

（3）公差带图

公差带图可清楚地表示尺寸、偏差和公差的相互关系。由于公差、偏差的数值比公称尺寸的数值小得多，不便于用同一比例表示，为此，可只将公差值放大，画出公差带位置图，用尺寸公差带的宽度和相对位置表示公差大小和配合性质，如图 2-8 所示。

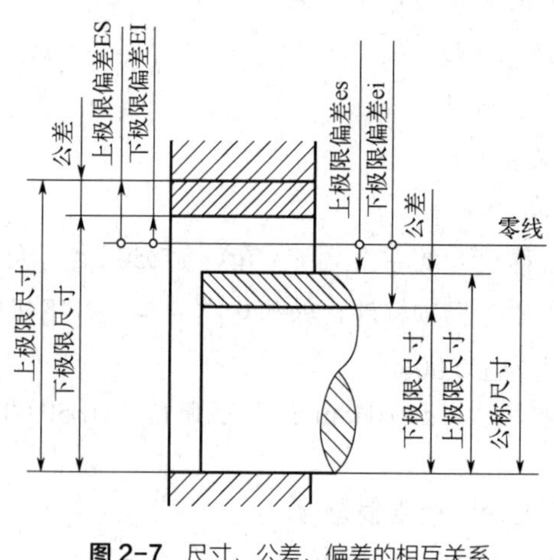

图 2-7 尺寸、公差、偏差的相互关系

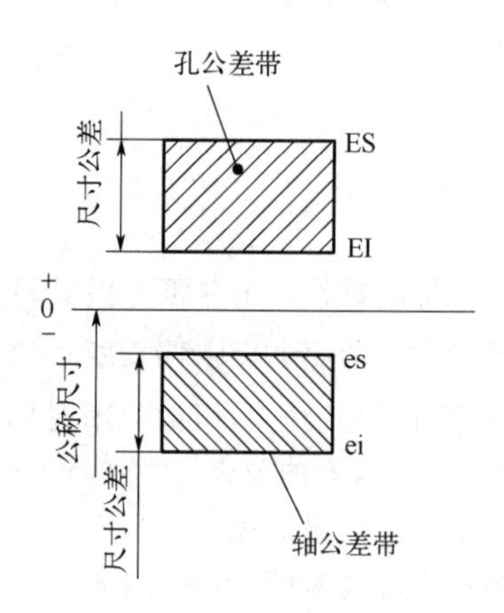

图 2-8 公差带图

① 零线　零线是在公差带图中，表示公称尺寸的一条直线，以此为基准确定偏差和公差。极限偏差位于零线上方，表示偏差为正；位于零线下方，表示偏差为负；当与零线重合，表示偏差为零。

② 公差带　在公差带图中，由代表上极限偏差和下极限偏差或上极限尺寸和下极限尺寸的两条直线所限定的一个区域就是公差带。

由上可知，**公差带由“公差带大小”和“公差带位置”两个要素决定。前者指公差带在零线垂直方向上的宽度，后者指公差带相对于零线的位置。**

例 2-4　已知公称尺寸 $D=d=30\text{mm}$，孔的极限尺寸 $D_{max}=30.021\text{mm}$，$D_{min}=30.000\text{mm}$，轴的极限尺寸 $d_{max}=29.980\text{mm}$，$d_{min}=29.967\text{mm}$，求孔和轴的极限偏差及公差，并画出公差带图。

解： 根据式（2-3）、式（2-4）、式（2-5）、式（2-6）进行计算，可得：

孔的上极限偏差　$ES=D_{max}-D=30.021-30=+0.021\text{mm}$

孔的下极限偏差　$EI=D_{min}-D=30.000-30=0$

轴的上极限偏差　$es=d_{max}-d=29.980-30=-0.020\text{mm}$

轴的下极限偏差　$ei=d_{min}-d=29.967-30=-0.033\text{mm}$

孔的公差　$T_h=|D_{max}-D_{min}|=|30.021-30.000|=0.021\text{mm}$

或　$T_h=|ES-EI|=|+0.021-0|=0.021\text{mm}$

轴的公差　$T_s=|d_{max}-d_{min}|=|29.980-29.967|=0.013\text{mm}$

或　$T_s=|es-ei|=|-0.020-(-0.033)|=0.013\text{mm}$

公差带如图 2-9 所示。

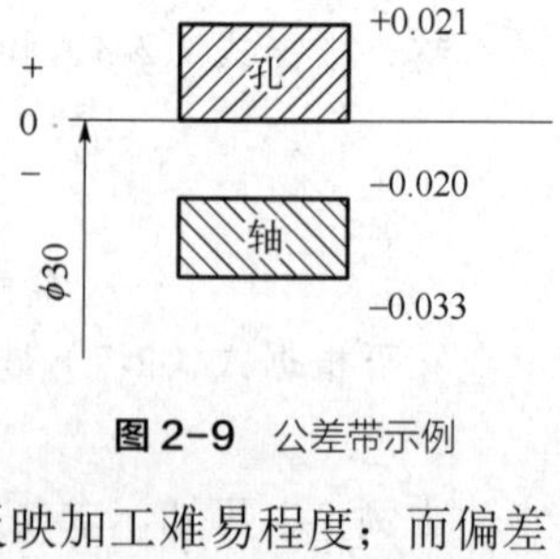

+0.021　孔　+　0　−　−0.020　轴　$\phi30$　−0.033

图 2-9 公差带示例

（4）公差与偏差的区别

公差与偏差是两个不同的概念。公差表示制造精度的要求，反映加工难易程度；而偏差

表示与公称尺寸偏离的程度。通过以上讨论分析可见公差与偏差有两点区别。

① 从数值上　极限偏差是代数值，正、负或零值均有意义；而公差是允许尺寸的变动范围，是没有正负号的绝对值，也不能为零。实际计算时由于上极限尺寸大于下极限尺寸，故可省略绝对值符号。

② 从作用上　极限偏差用于控制实际偏差，是判断完工零件是否合格的依据，表示公差带的位置，影响配合的松紧；而公差则用于控制一批零件实际尺寸的差异程度。

（5）极限制

极限制是指经标准化的公差与偏差制度。为使公差带标准化，GB/T 1800 系列标准中相应提出了标准公差和基本偏差两个术语。标准公差是指在国家标准极限与配合制中所规定的任一公差；**基本偏差是指距离零线最近的极限偏差**。如图 2-8 所示，孔的下偏差和轴的上偏差分别为图示中孔和轴的基本偏差。国家标准对基本偏差实施了标准化，即对公差带的位置实施了标准化。

2.2.3 有关“配合”的术语及定义

（1）配合

公称尺寸相同的、可相互结合的孔和轴的公差带之间的关系称为配合。相互配合的孔和轴的公称尺寸必须相同；孔和轴公差带之间的不同关系决定了孔和轴结合的松紧程度，即决定了孔和轴的配合性质。

（2）配合种类

国家标准根据零件配合松紧程度的不同要求，即根据孔和轴公差带位置不同，将配合分为三种类型：间隙配合、过盈配合和过渡配合。

在工程实际中，由于零件的作用和工作情况不同，相结合两零件的配合性质也往往存在差别，如图 2-10 所示三个滑动轴承，图 2-10（a）中轴直接装入轴承座孔中，要求轴能够自由转动且不偏摆；图 2-10（c）要求衬套装在轴承座孔中，要求紧固，且不得松动；图 2-10（b）所示衬套装在轴承座孔中，要求紧固，且易装入，其配合松紧位于图 2-10（a）与（c）之间，可用塞尺测量校正。

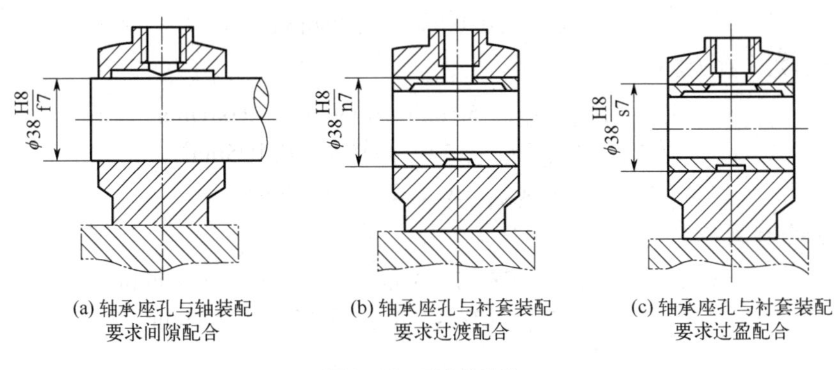

图 2-10　配合的种类

1）间隙与间隙配合

① 间隙　**孔尺寸减去相配合的轴尺寸所得的代数差为正值时，称为间隙。**间隙数值前应

标“+”号，如“+0.06”。在孔与轴的配合中，间隙的存在是孔与轴能相对运动的基本条件。

② 间隙配合 **具有间隙（包括最小间隙等于零）的配合称为间隙配合**。这时，孔的公差带应在轴的公差带的上方，如图 2-11 所示。

在间隙配合中，孔和轴分别有两个极限尺寸，因而间隙也有两个极限间隙，分别为：最大间隙和最小间隙。孔的上极限尺寸与轴的下极限尺寸之差，称为最大间隙，用 X_{max} 表示，此时配合处于最松状态；孔的下极限尺寸与轴的上极限尺寸之差，称为最小间隙，用 X_{min} 表示，此时配合处于最紧状态。它们的平均值称为平均间隙，用 X_{av} 表示。计算公式为

$$X_{max} = D_{max} - d_{min} = \mathrm{ES} - \mathrm{ei} \tag{2-9}$$

$$X_{min} = D_{min} - d_{max} = \mathrm{EI} - \mathrm{es} \tag{2-10}$$

$$X_{av} = (X_{max} + X_{min})/2 \tag{2-11}$$

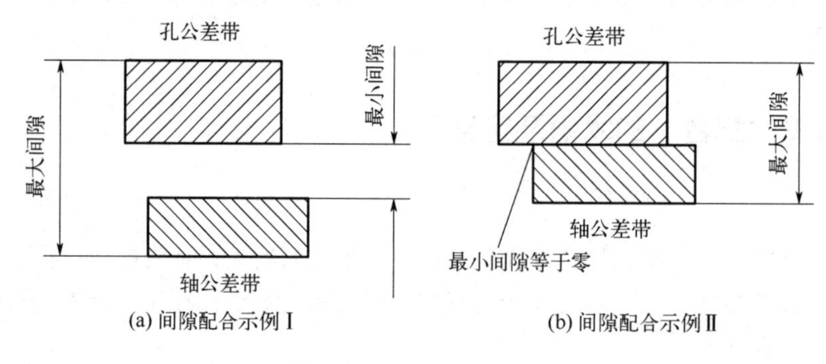

图 2-11 间隙配合示意图

例 2-5 $\phi 50^{+0.039}_{0}$ mm 的孔与 $\phi 50^{-0.025}_{-0.050}$ mm 的轴是间隙配合，求最大间隙、最小间隙和平均间隙。

解：①按极限尺寸计算

依题意有:

$$D_{max} = 50 + 0.039 = 50.039\text{mm}$$
$$D_{min} = 50 + 0 = 50\text{mm}$$
$$d_{max} = 50 - 0.025 = 49.975\text{mm}$$
$$d_{min} = 50 - 0.050 = 49.950\text{mm}$$

由式（2-9）、式（2-10）可得:

$$X_{max} = D_{max} - d_{min} = 50.039 - 49.950 = +0.089\text{mm}$$
$$X_{min} = D_{min} - d_{max} = 50 - 49.975 = +0.025\text{mm}$$
$$X_{av} = (X_{max} + X_{min})/2 = +0.057\text{mm}$$

② 按偏差计算

$$X_{max} = D_{max} - d_{min} = \mathrm{ES} - \mathrm{ei} = 0.039 - (-0.050) = +0.089\text{mm}$$
$$X_{min} = D_{min} - d_{max} = \mathrm{EI} - \mathrm{es} = 0 - (-0.025) = +0.025\text{mm}$$
$$X_{av} = (X_{max} + X_{min})/2 = +0.057\text{mm}$$

两种方法的计算结果一样，但用偏差计算比较方便。

2）过盈与过盈配合

① 过盈 **孔尺寸减去相配合的轴尺寸所得的代数差为负值时，称为过盈**。过盈数值前面

应标“−”号，如“−0.06”。因过盈的存在，孔与轴配合后，可使零件之间传递载荷或使零件之间位置固定。

② 过盈配合　具有过盈（包括最小过盈等于零）的配合称为过盈配合。这时，孔的公差带应在轴的公差带的下方，如图 2-12 所示。

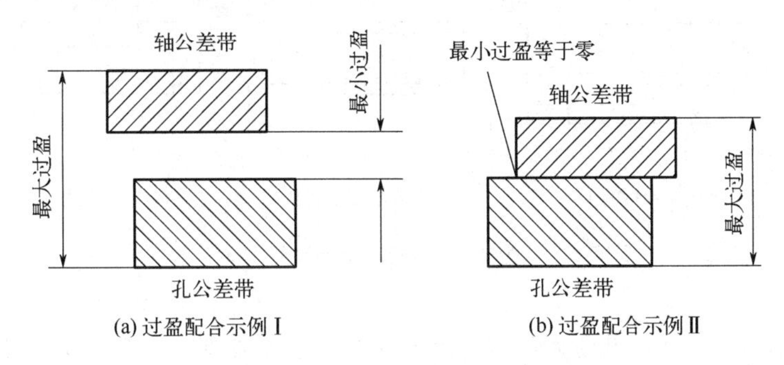

图 2-12　过盈配合示意图

同样，由于孔和轴的实际尺寸允许在其公差带内变动，因而过盈是变动的，所以，也有最大过盈和最小过盈之分。孔的下极限尺寸与轴的上极限尺寸之差，称为最大过盈，用 Y_{max} 表示，此时配合处于最紧状态；孔的上极限尺寸与轴的下极限尺寸之差，称为最小过盈，用 Y_{min} 表示，此时配合处于最松状态。它们的平均值称为平均过盈，用 Y_{av} 表示。计算公式为：

$$Y_{max} = D_{min} - d_{max} = \mathrm{EI} - \mathrm{es} \tag{2-12}$$

$$Y_{min} = D_{max} - d_{min} = \mathrm{ES} - \mathrm{ei} \tag{2-13}$$

$$Y_{av} = (Y_{max} + Y_{min})/2 \tag{2-14}$$

例 2-6　$\phi 50^{+0.025}_{0}$ mm 的孔与 $\phi 50^{+0.059}_{+0.043}$ 的轴配合是过盈配合，求最大、最小过盈和平均过盈。

解：由式（2-12）可得：$Y_{max} = \mathrm{EI} - \mathrm{es} = 0 - (+0.059) = -0.059\text{mm}$

由式（2-13）可得：$Y_{min} = \mathrm{ES} - \mathrm{ei} = +0.025 - (+0.043) = -0.018\text{mm}$

由式（2-14）可得：$Y_{av} = (Y_{max} + Y_{min})/2 = -0.0385\text{mm}$

零间隙和零过盈都是孔尺寸减去轴尺寸所得的代数差为零的状态，判断究竟是零间隙还是零过盈，主要看孔和轴形成的配合是间隙配合还是过盈配合。如 EI−es = 0，而 ES−ei＞0，此时为间隙配合，为零值的代数差表示零间隙；如 ES−ei = 0，而 EI−es＜0，此时为过盈配合，为零值的代数差表示零过盈。

3）过渡配合

过渡配合是指可能具有间隙或过盈的配合，是介于间隙配合与过盈配合间的一种配合。

过渡配合时，孔的公差带与轴的公差带相互交叠，如图 2-13 所示。当孔尺寸大于轴尺寸时，具有间隙。当孔为上极限尺寸，而轴为下极限尺寸时，配合处于最松状态，此时的间隙为最大间隙。过渡配合中的最大间隙也用式（2-9）计算。当孔尺寸小于轴尺寸时，具有过盈。当孔为下极限尺寸，而轴为上极限尺寸时，配合处于最紧状态，此时的过盈为最大过盈。过渡配合中的最大过盈也用式（2-12）计算。它们的平均值是间隙还是过盈，取决于平均值的符号，为正时，是平均间隙 X_{av}；为负时，是平均过盈 Y_{av}。计算公式如下：

$$\begin{cases}(X_{max} + Y_{max})/2 > 0 \quad X_{av} \\ (X_{max} + Y_{max})/2 < 0 \quad Y_{av}\end{cases} \tag{2-15}$$

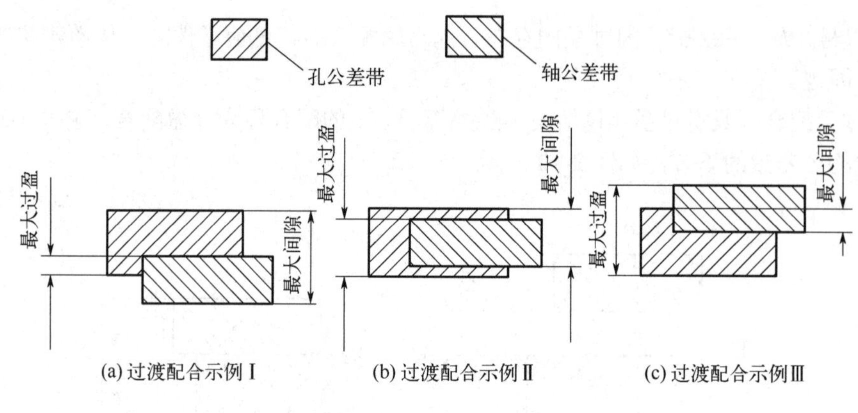

(a) 过渡配合示例Ⅰ (b) 过渡配合示例Ⅱ (c) 过渡配合示例Ⅲ

图 2-13 过渡配合示意图

例 2-7 $\phi 50_{0}^{+0.025}$ mm 的孔与 $\phi 50_{+0.002}^{+0.018}$ mm 的轴相配合是过渡配合，求最大间隙、最大过盈和平均过盈（或间隙）。

解：由式（2-9）得：X_{max} = ES−ei = +0.025−(+0.002)= + 0.023mm

由式（2-12）得：Y_{max} = EI−es = 0−(+0.018)= −0.018mm

由式（2-15）得：(X_{max} + Y_{max})/2 =(+0.023 − 0.018)/2= + 0.0025mm=X_{av}

在设计阶段，孔、轴配合有间隙、过盈和过渡三种形式，但对加工完工后实际的孔和轴而言，只可能有两种配合形式，即间隙配合或过盈配合。

（3）配合公差

配合公差是指组成配合的两个尺寸要素（孔和轴）公差之和。它是允许间隙或过盈的变动量，用 T_f 表示。配合公差是设计人员根据机器配合部位使用性能的要求，对配合松紧的程度给定的允许值，表示配合精度，是评定配合质量的一个综合指标。某一配合的配合公差越大，则配合时形成的间隙或过盈出现的差别越大，也就是**配合后产生的松紧差别的程度越大，配合的精度就越低**。反之，配合公差越小，间隙或过盈出现的差别也越小，其松紧差别的程度也越小，配合的精度就越高。

现行国家标准 GB/T 1800.1—2020 中明确说明：依据对间隙与过盈的定义，间隙是正值，过盈是负值。这就意味着间隙为“+”号，过盈为“−”号。在对计算结果解释后，取绝对值传达和描述间隙和过盈。因此，间隙配合的配合公差等于最大间隙与最小间隙之差；过盈配合的配合公差等于最大过盈与最小过盈之差；过渡配合的配合公差，等于最大间隙与最大过盈之和。

配合公差用公式表示如下：

间隙配合 $$T_f = |X_{max} - X_{min}| \tag{2-16}$$

过盈配合 $$T_f = |Y_{max} - Y_{min}| \tag{2-17}$$

过渡配合 $$T_f = |X_{max} - Y_{max}| \tag{2-18}$$

若将以上三式中的极限间隙（或过盈）分别以孔和轴的极限偏差代入，则可得：

$$T_f = |X_{max}(Y_{min}) - X_{min}(Y_{max})| = |(ES-ei)-(EI-es)| = |(ES-EI)+(es-ei)| = T_h + T_s \tag{2-19}$$

与尺寸公差相似，配合公差也是一个没有正、负号，且其值也不能为零的绝对值。式(2-19)说明，配合公差 T_f 反映配合松紧的变化范围，即配合的精确程度，是功能要求（即设计要求）；

而孔公差 T_h 和轴公差 T_s 分别表示孔和轴加工的精确程度，是制造要求（即工艺要求）。通过关系式 $T_f = T_h + T_s$ 将这两方面的要求联系在了一起。若功能要求（设计要求）提高，即 T_f 减小，则 $(T_h + T_s)$ 也要减小，结果使加工和测量困难，成本增加。这个关系式正好说明"公差"的实质，即反映了零件的功能要求与制造要求之间的矛盾或设计与工艺的矛盾。

例 2-8　试计算孔 $\phi50^{+0.039}_{0}$ mm 与轴 $\phi50^{-0.025}_{-0.050}$ 的配合公差。

解：极限间隙　$X_{max} = ES-ei = +0.039-(-0.050) = +0.089mm$

$$X_{min} = EI-es = 0-(-0.025) = +0.025mm$$

配合公差　$T_f = |X_{max}-X_{min}| = |+0.089-(+0.025)| = 0.064mm$

另外，配合公差亦可由式（2-19）求得:

$$T_f = T_h + T_s = (ES-EI) + (es-ei) = (+0.039-0) + (-0.025-0.050)$$
$$=0.039+0.025$$
$$=0.064mm$$

两种计算结果相同。

例 2-9　计算孔 $\phi30^{+0.021}_{0}$ 与轴 $\phi30^{+0.015}_{+0.002}$ 配合的最大间隙和最大过盈、平均间隙或平均过盈及配合公差。

解：最大间隙　$X_{max} = ES-ei = (+0.021)-(+0.002) = +0.019mm$

最大过盈　$Y_{max} = EI-es = 0-(+0.015) = -0.015mm$

平均间隙或平均过盈　$(X_{max} + Y_{max})/2 = +0.002mm$(平均间隙)

配合公差　$T_f = |X_{max}-Y_{max}| = |(+0.019)-(-0.015)| = 0.034mm$

（4）配合制

配合制，也称基准制，是指同一极限制的孔和轴组成的一种配合制度，即以两个相配合零件中的一个作为基准件，并使其公差带位置固定，通过改变另一个（非基准件）的公差带位置来形成各种配合的一种制度。GB/T 1800.1—2020 中规定了两种等效的配合制：基孔制配合和基轴制配合。

① 基孔制配合

基孔制是指基本偏差为一定的孔的公差带，与不同基本偏差的轴的公差带形成各种配合的制度，如图 2-14 所示。基孔制配合中，孔是基准件，称为基准孔；轴是非基准件，称为配合轴。同时规定，孔的下极限尺寸与公称尺寸相等，孔的下极限偏差为零，即 EI = 0。国家标准规定，基准孔的下极限偏差为基本偏差，以基本偏差代号 H 表示，基准孔的上极限偏差为正值，通过改变与之配合的轴的基本偏差（即公差带的位置）形成各种不同性质的配合。

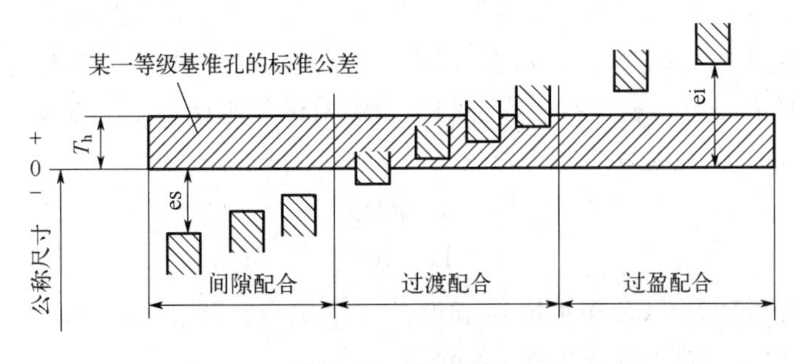

图 2-14　基孔制配合

② 基轴制配合

基轴制是指基本偏差为一定的轴的公差带，与不同基本偏差的孔的公差带形成各种配合的制度，如图 2-15 所示。基轴制配合中，轴是基准件，称为基准轴；孔是非基准件，称为配合孔。同时规定，轴的上极限尺寸与公称尺寸相等，轴的上极限偏差为零，即 es = 0。国家标准规定，基准轴的上极限偏差为基本偏差，以基本偏差代号 h 表示，基准轴的下极限偏差为负值，通过改变与之配合的孔的基本偏差（即公差带的位置）形成各种不同性质的配合。

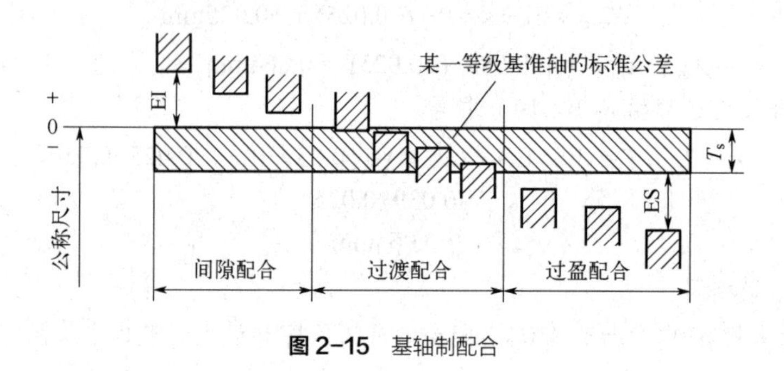

图 2-15 基轴制配合

基孔制配合和基轴制配合是两种等效平行的配合制度，基孔制配合能满足要求的，用同一偏差代号按基轴制形成的配合，也能满足使用要求。即在基孔制配合中规定的配合种类，在基轴制配合中也有同名的配合。

2.3 标准公差系列

生产工艺规律表明，加工方法的精度愈高，加工误差愈小；相同加工方法的误差随公称尺寸的增大而增加。这说明影响加工误差大小的主要因素有加工方法和公称尺寸。

标准公差是指在标准极限与配合制中所规定的任一公差。它的制定原则是，依据生产总结的工艺规律，并考虑产品零件在不同场合的使用要求等。标准公差由以下几个因素构成。

2.3.1 标准公差因子

标准公差因子，即公差单位，用 i 或 I 表示。生产实践表明，对公称尺寸相同的零件，可按公差大小评定其尺寸制造精度的高低。但对公称尺寸不同的零件，就不能只按公差大小评定其精度等级。正如对比重不同的物体，不能单凭物体大小评定其重量一样。因此，为科学评定零件“精度等级”或“公差等级”高低，合理规定公差数值，需要建立公差因子。

通过专门试验和统计分析，找出零件加工及测量误差随直径变化的规律。确定公差因子 i（或 I）与公称尺寸 D 的函数关系式为：

$$i = f(D)$$

$$\mathrm{IT} = a \times i \tag{2-20}$$

式中 i——标准公差因子（公差单位），μm；

D——公称尺寸分段的计算尺寸，mm；

IT——标准公差值；

a——公差等级系数，与加工方法有关。

在 ISO 公差制中，公差等级系数 a 不随公差带位置的不同而改变，对孔、轴都一样，即它是划分“公差等级”的唯一指标，所以依据系数 a 的数值即可评定零件精度或公差等级的高低。这样，公差因子就成为划分公差等级，按不同公称尺寸合理规定公差数值的一个基本计算单位，是制订公差表格的基础。

由大量实验数据和统计分析得知，在一定工艺条件下，加工误差和测量误差按一定规律随公称尺寸的增大而增大。因公差是用来控制加工误差的，所以公差与公称尺寸之间也符合这个规律。在公称尺寸小于 500mm 的情况下，这个规律在标准公差因子计算式中表示为：

$$i = 0.45\sqrt[3]{D} + 0.001D \tag{2-21}$$

上式中的第一项主要反映加工误差的规律，符合立方抛物线关系；第二项用于补偿测量时温度变化引起的与公称尺寸成正比关系的测量误差。公差单位与公称尺寸关系见图 2-16。

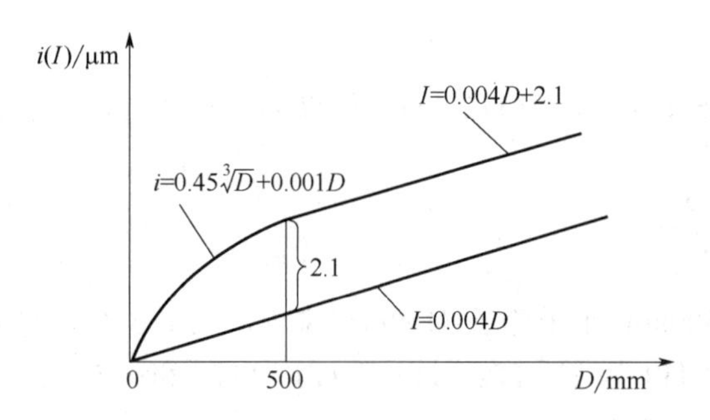

图 2-16 公差单位与公称尺寸的关系

当公称尺寸很小时，上式第二项所占的比例很小；但是随着公称尺寸的逐渐增大，第二项的影响越来越显著。对大尺寸而言，温度变化引起的误差随尺寸的增大呈线性关系。当公称尺寸大于 500mm 小于等于 3150mm 时，公差单位（以 I 表示）按式（2-22）计算：

$$I = 0.004D + 2.1 \tag{2-22}$$

当公称尺寸大于 3150mm 时，用式（2-22）来计算标准公差，也不能完全反映误差出现的规律，但目前仍没有发现更加合理的公式。

2.3.2 标准公差等级

标准公差等级是指在标准极限与配合制中，认为同一公差等级（例如 IT8）对所有公称尺寸的一组公差具有同等精确程度。它以公差等级系数（a）作为分级依据。在公称尺寸一定的情况下，a 是决定标准公差大小的唯一系数，其大小在一定程度上反映出加工方法的精度高低。因此，标准公差等级的划分通常以加工方法在一般条件下能达到的经济精度为依据。

标准公差等级用字母 IT 加阿拉伯数字表示，IT 为英语“international tolerance”的词头缩写，表示标准公差，阿拉伯数字表示标准公差等级数，如 IT7 表示标准公差为 7 级。为满足生产需要，国家标准 GB/T 1800.1—2020 在公称尺寸小于等于 500mm 的范围内，设置了 20 个公差等级，各级标准公差的代号分别为 IT01，IT0，IT1，IT2，…，IT18。IT01 精度最高，其余依次降低。同一公称尺寸段内，从IT01至IT18，标准公差值依次增大。

在公称尺寸小于等于500mm的常用尺寸范围内，各级标准公差的计算公式如表2-1所示。在公称尺寸大于500mm小于等于3150mm的尺寸范围内，各级标准公差的计算公式如表2-2所示。对于IT5～IT18，标准公差IT均按下式计算：

$$\mathrm{IT} = a \times i(I) \tag{2-23}$$

式中 a——公差等级系数。

在公称尺寸小于等于500mm的常用尺寸范围内，从IT6起，a值按R5优先数系增加，即每隔五个等级，公差值增加10倍；对高精度IT01、IT0、IT1，主要考虑测量误差的影响，标准公差计算式采用如表2-1所列线性关系式；IT2、IT3和IT4是在IT1和IT5之间的三个插入级。标准中没有给出标准公差计算式，但仍按几何级数递增。设公比为q，则：

$\mathrm{IT2} = \mathrm{IT1} \times q$；

$\mathrm{IT3} = \mathrm{IT2} \times q = \mathrm{IT1} \times q^2$；

……

$\mathrm{IT5} = \mathrm{IT1} \times q^4$。

因此，公比$q=(\mathrm{IT5}/\mathrm{IT1})^{1/4}$，则IT2、IT3和IT4的计算公式分别为：

$\mathrm{IT2}=\mathrm{IT1}\,(\mathrm{IT5}/\mathrm{IT1})^{1/4}$；

$\mathrm{IT3}=\mathrm{IT1}\,(\mathrm{IT5}/\mathrm{IT1})^{1/2}$；

$\mathrm{IT4}=\mathrm{IT1}\,(\mathrm{IT5}/\mathrm{IT1})^{3/4}$。

对公称尺寸大于500mm小于等于3150mm来说，从IT5起，与常用尺寸的公差等级的分布规律相同；高精度IT1为$2I$，IT2、IT3和IT4为IT1和IT5之间的三个插入级，仍按插入级方法计算[公比$q=(\mathrm{IT5}/\mathrm{IT1})^{1/4}$]。

综上所述，各标准公差等级之间的公差分布规律性强，便于向更高、更低等级方向延伸，如按R5数系延伸。

表2-1 公称尺寸小于等于500mm的标准公差数值计算公式

标准公差等级	计算公式	标准公差等级	计算公式	标准公差等级	计算公式
IT01	$0.3+0.008D$	IT6	$10i$	IT13	$250i$
IT0	$0.5+0.012D$	IT7	$16i$	IT14	$400i$
IT1	$0.8+0.02D$	IT8	$25i$	IT15	$640i$
IT2	$(\mathrm{IT1})(\mathrm{IT5}/\mathrm{IT1})^{1/4}$	IT9	$40i$	IT16	$1000i$
IT3	$(\mathrm{IT1})(\mathrm{IT5}/\mathrm{IT1})^{1/2}$	IT10	$64i$	IT17	$1600i$
IT4	$(\mathrm{IT1})(\mathrm{IT5}/\mathrm{IT1})^{3/4}$	IT11	$100i$	IT18	$2500i$
IT5	$7i$	IT12	$160i$		

表2-2 公称尺寸大于500mm小于等于3150mm的标准公差数值计算公式

标准公差等级	计算公式	标准公差等级	计算公式	标准公差等级	计算公式
IT01	$1I$	IT6	$10I$	IT13	$250I$
IT0	$2^{1/2}I$	IT7	$16I$	IT14	$400I$
IT1	$2I$	IT8	$25I$	IT15	$640I$
IT2	$(\mathrm{IT1})(\mathrm{IT5}/\mathrm{IT1})^{1/4}$	IT9	$40I$	IT16	$1000I$
IT3	$(\mathrm{IT1})(\mathrm{IT5}/\mathrm{IT1})^{1/2}$	IT10	$64I$	IT17	$1600I$
IT4	$(\mathrm{IT1})(\mathrm{IT5}/\mathrm{IT1})^{3/4}$	IT11	$100I$	IT18	$2500I$
IT5	$7I$	IT12	$160I$		

2.3.3 尺寸分段

根据标准公差和标准公差因子的计算公式，若对每个公称尺寸都计算出一个对应的公差值，就会产生一个庞大的公差数值表，将给实际应用带来很多困难。为减少公差值的数目和简化公差数值表，方便实际使用，必须对公称尺寸进行分段。对同一尺寸段内的所有公称尺寸，在相同公差等级情况下规定相同的标准公差。

在计算尺寸的标准公差时，按尺寸分段内的首、尾两个尺寸的几何平均值来计算，使标准公差因子计算误差减小。式（2-21）和式（2-22）中的公称尺寸 D 为每一尺寸段中首、尾两个尺寸的几何平均值，即：

$$D=\sqrt{D_1 \times D_2} \tag{2-24}$$

式中　D_1——尺寸分段中首位尺寸；

D_2——尺寸分段中末位尺寸。

公称尺寸分段分为主段落和中间段落，如表 2-3 所示。

表 2-3　公称尺寸分段　　单位：mm

主段落		中间段落	
大于	至	大于	至
—	3		
3	6		
6	10		
10	18	10	14
		14	18
18	30	18	24
		24	30
30	50	30	40
		40	50
50	80	50	65
		65	80
80	120	80	100
		100	120
120	180	120	140
		140	160
		160	180
180	250	180	200
		200	225
		225	250

主段落		中间段落	
大于	至	大于	至
250	315	250	280
		280	315
315	400	315	355
		355	400
400	500	400	450
		450	500
500	630	500	560
		560	630
630	800	630	710
		710	800
800	1000	800	900
		900	1000
1000	1250	1000	1120
		1120	1250
1250	1600	1250	1400
		1400	1600
1600	2000	1600	1800
		1800	2000
2000	2500	2000	2240
		2240	2500
2500	3150	2500	2800
		2800	3150

例 2-10　公称尺寸为 25mm，求 IT6 和 IT7 的标准公差值。

解：25mm 属于 18～30mm 尺寸段，则：

公称尺寸几何平均值　$D=\sqrt{18\times 30}\approx 23.24\text{ mm}$

标准公差因子 $i=0.45\sqrt[3]{D}+0.001D=0.45\times\sqrt[3]{23.24}+0.001\times 23.24\approx 1.31\mu\text{m}$

$$\text{IT6}=10\times i=10\times 1.31=13.1\approx 13\mu\text{m}$$

$$\text{IT7}=16\times i=16\times 1.31=20.96\approx 21\mu\text{m}$$

标准公差值经过这样的计算过程，并按规定的尾数化整规则进行圆整后，即可获得标准公差数值表 2-4。

表 2-4 标准公差数值（摘自 GB/T 1800.1—2020）

基本尺寸	公差等级																			
	IT01	IT0	IT1	IT2	IT3	IT4	IT5	IT6	IT7	IT8	IT9	IT10	IT11	IT12	IT13	IT14	IT15	IT16	IT17	IT18
	单位：μm														单位：mm					
≤3	0.3	0.5	0.8	1.2	2	3	4	6	10	14	25	40	60	100	0.14	0.25	0.40	0.60	1	1.4
＞3～6	0.4	0.6	1	1.5	2.5	4	5	8	12	18	30	48	75	120	0.18	0.30	0.48	0.75	1.2	1.8
＞6～10	0.4	0.6	1	1.5	2.5	4	6	9	15	22	36	58	90	150	0.22	0.36	0.58	0.90	1.5	2.2
＞10～18	0.5	0.8	1.2	2	3	5	8	11	18	27	43	70	110	180	0.27	0.43	0.70	1.10	1.8	2.7
＞18～30	0.6	1	1.5	2.5	4	6	9	13	21	33	52	84	130	210	0.33	0.52	0.84	1.30	2.1	3.3
＞30～50	0.6	1	1.5	2.5	4	7	11	16	25	39	62	100	160	250	0.39	0.62	1.00	1.60	2.5	3.9
＞50～80	0.8	1.2	2	3	5	8	13	19	30	46	74	120	190	300	0.46	0.74	1.20	1.90	3	4.6
＞80～120	1	1.5	2.5	4	6	10	15	22	35	54	87	140	220	350	0.54	0.87	1.40	2.20	3.5	5.4
＞120～180	1.2	2	3.5	5	8	12	18	25	40	63	100	160	250	400	0.63	1.00	1.60	2.50	4	6.3
＞180～250	2	3	4.5	7	10	14	20	29	46	72	115	185	290	460	0.72	1.15	1.85	2.90	4.6	7.2
＞250～315	2.5	4	6	8	12	16	23	32	52	81	130	210	320	520	0.81	1.30	2.10	3.20	5.2	8.1
＞315～400	3	5	7	9	13	18	25	36	57	89	140	230	360	570	0.89	1.40	2.30	3.60	5.7	8.9
＞400～500	4	6	8	10	15	20	27	40	63	97	155	250	400	630	0.97	1.55	2.50	4.00	6.3	9.7
＞500～630			9	11	16	22	32	44	70	110	175	280	440	700	1.10	1.75	2.8	4.4	7	11
＞630～800			10	13	18	25	36	50	80	125	200	320	500	800	1.25	2.0	3.2	5.0	8	12.5
＞800～1000			11	15	21	28	40	56	90	140	230	360	560	900	1.40	2.3	3.6	5.6	9	14
＞1000～1250			13	18	24	33	47	66	105	165	260	420	660	1050	1.65	2.6	4.2	6.6	10.5	16.5
＞1250～1600			15	21	29	39	55	78	125	195	310	500	780	1250	1.95	3.1	5.0	7.8	12.5	19.5
＞1600～2000			18	25	35	46	65	92	150	230	370	600	920	1500	2.30	3.7	6.0	9.2	15	23
＞2000～2500			22	30	41	55	78	110	175	280	440	700	1100	1750	2.80	4.4	7.0	11.0	17.5	28
＞2500～3150			26	36	50	68	96	135	210	330	540	860	1350	2100	3.30	5.4	8.6	13.5	21	33

注：从 IT6～IT18，标准公差是每 5 级乘以因数 10。该规则应用于所有标准公差，还可用于表 2-1 没有给出的 IT 等级的外插值。

2.4 基本偏差系列

基本偏差确定了公差带的位置，从而确定了配合的性质。为满足各种不同配合和生产的需要，必须设置若干基本偏差并将其标准化。标准化的基本偏差组成基本偏差系列。国际上对孔和轴各规定了 28 个基本偏差。

2.4.1 基本偏差代号

基本偏差代号用拉丁字母表示，大写字母代表孔的基本偏差，小写字母代表轴的基本偏差。在 26 个拉丁字母中，易与其他代号混淆的 I、L、O、Q、W(i、l、o、q、w)5 个字母除外，再加上用两个字母 CD、EF、FG、ZA、ZB、ZC、JS(cd、ef、fg、za、zb、zc、js)表示的 7 个，共有 28 个代号，构成了孔和轴的基本偏差系列，如图 2-17 所示。

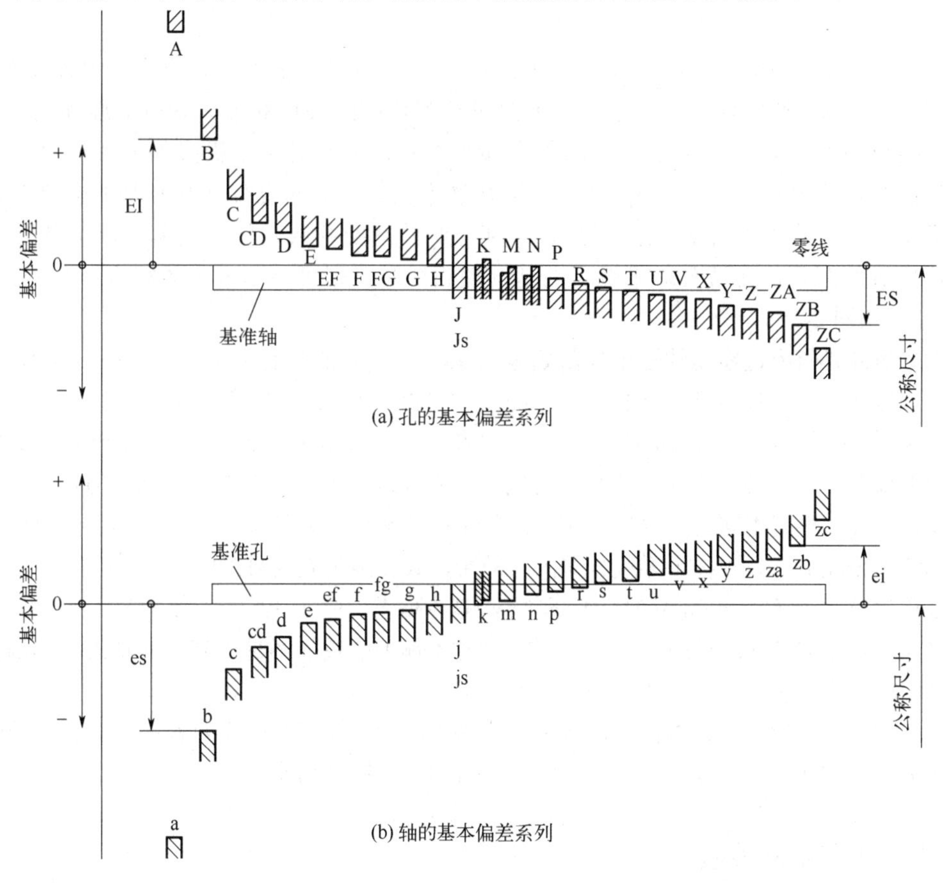

图 2-17　基本偏差系列图（摘自 GB/T 1800.1—2020）

2.4.2 基本偏差系列图及其特征

图 2-17 是基本偏差系列图，表示公称尺寸相同的 28 种孔、轴的基本偏差相对于零线的

位置关系。图中所画公差带是开口的，这是因为基本偏差只表示公差带的位置，不表示公差带的大小，开口端的极限偏差由公差等级来决定。

从基本偏差系列图可以看出：

① 对于孔 A～H 的基本偏差为下极限偏差 EI，除 H 基本偏差为零外，其余均为正值，其绝对值依次减小；J～ZC 的基本偏差为上极限偏差 ES，除 J、K 和 M、N 外，其余皆为负值，其绝对值依次增大。

② 对于轴 a～h 的基本偏差为上极限偏差 es，除 h 基本偏差为零外，其余均为负值，其绝对值依次减小；j～zc 的基本偏差为下极限偏差 ei，除 j 和 k（当代号为 k 时，IT≤3 或 IT＞7，则基本偏差为零）外，其余皆为正值，其绝对值依次增大。

③ 代号 JS 和 js 在各公差等级中完全对称，因此，基本偏差可为上极限偏差（数值为+IT/2），也可为下极限偏差（数值为−IT/2）。JS 和 js 将逐渐取代近似对称偏差 J 和 j。所以，在国家标准中，孔仅保留了 J6、J7、J8，轴仅保留了 j5、j6、j7、j8 等。

2.4.3 基本偏差的构成规律

在孔和轴的各种基本偏差中，A～H 和 a～h 与基准件相配合时，可以得到间隙配合；J～N 和 j～n 与基准件相配时，基本上得到过渡配合；P～ZC 和 p～zc 与基准件相配时，基本上得到过盈配合。由于基准件的基本偏差为零，它的另一个极限偏差就取决于其公差等级的高低（公差带的大小），因此，某些基本偏差的非基准件（基孔制的配合轴或基轴制的配合孔）在与公差较大的基准件（基孔制的基准孔或基轴制的基准轴）相配时，可以形成过渡配合，而与公差带较小的基准件相配时，则可能形成过盈配合，如 N、n、P、p 等，见图 2-15。

基本偏差是指靠近零线的那个极限偏差，因此 a～h 为轴的上极限偏差(es)，j～zc 为轴的下极限偏差(ei)；A～H 为孔的下极限偏差(EI)，J～ZC 为孔的上极限偏差(ES)。

公称尺寸小于等于 500mm 时，轴的 28 种基本偏差值是按表 2-5 中所列的计算公式确定的。一般情况下，轴的基本偏差的数值与轴的公差等级无关，如表 2-6 所示。但也有例外，如基本偏差 k，根据不同公差等级规定了两种不同的数值；如基本偏差 j，只用于 IT5～IT8 级；如基本偏差 js，是对称于零线分布的公差带，其极限偏差为±IT/2。

公称尺寸小于等于 500mm 时，孔的 28 种基本偏差，除了 JS（js）是对称于零线分布的公差带，其极限偏差为±IT/2 以外，其余 27 种基本偏差的数值都是由同名的轴的基本偏差的数值按照一定的规则（呈反射关系）换算得到的。

一般地，孔的基本偏差与同名的轴的基本偏差相对于零线是完全对称的。即孔与轴的基本偏差对应（例如 A 对应 a）时，二者的绝对值相等，符号相反。

2.4.4 基本偏差数值

（1）轴的基本偏差数值

轴的基本偏差数值是以基孔制配合为基础，按照各种配合要求，根据生产经验和统计分析结果所得出的一系列公式，经计算后圆整尾数得到。轴的基本偏差计算公式见表 2-5。

表 2-5　公称尺寸小于等于 500mm 的轴的基本偏差计算公式

基本偏差代号	适用范围/mm	基本偏差 上极限偏差 es/μm	基本偏差代号	适用范围	基本偏差 下极限偏差 ei/μm
a	$D \leqslant 120$mm	$-(265+1.3D)$	j	IT5～IT8	经验数据
	$D > 120$mm	$-3.5D$	k	≤IT3 或>IT7	0
b	$D \leqslant 160$mm	$-(140+0.85D)$		IT4～IT7	$+0.6\sqrt[3]{D}$
	$D > 160$mm	$-1.8D$	m		+(IT7−IT6)
c	$D \leqslant 40$mm	$-52D^{0.2}$	n		$+5D^{0.34}$
	$D > 40$mm	$-(95+0.8D)$	p		+IT7+(0～5)
cd	$0 < D \leqslant 10$mm	$-\sqrt{cd}$	r		$+\sqrt{ps}$
d		$-16D^{0.44}$	s	$D \leqslant 50$mm	+IT8+(1～4)
e		$-11D^{0.41}$		$D > 50$mm	+IT7+0.4D
ef		$-\sqrt{ef}$	t		+IT7+0.63D
f		$-5.5D^{0.41}$	u		+IT7+D
fg		$-\sqrt{fg}$	v		+IT7+1.25D
g		$-2.5D^{0.34}$	x		+IT7+1.6D
h		0	y		+IT7+2D
js		$es=+\frac{IT}{2}$ 或 $ei=-\frac{IT}{2}$	z		+IT7+2.5D
			za		+IT8+3.15D
			zb		+IT9+4D
			zc		+IT10+5D

为方便使用，按轴的基本偏差计算公式计算出轴的基本偏差数值，见表 2-6。

查表 2-6 可得到轴的基本偏差，另一个极限偏差可由基本偏差值和标准公差值计算得到：

$$ei = es - IT \tag{2-25}$$

$$es = ei + IT \tag{2-26}$$

（2）孔的基本偏差数值

孔的基本偏差数值是由同名的轴的基本偏差换算得到。换算原则为：同名配合的配合性质不变，即基孔制的配合（如ϕ30H9/f9、ϕ40H7/g6）变成同名基轴制的配合（如ϕ30F9/h9、ϕ40G7/h6）时，其配合性质（极限间隙或极限过盈）不变。

根据上述原则，孔的基本偏差按以下两种规则换算：

① 通用规则　用同一字母表示的孔、轴的基本偏差的绝对值相等，符号相反。孔的基本偏差是轴的基本偏差相对于零线的倒影。即：

$$EI = -es \quad (适用于 A～H) \tag{2-27}$$

$$ES = -ei \quad (适用于同级配合的 K～ZC) \tag{2-28}$$

通用规则的应用范围如下：公称尺寸小于等于 500mm 的所有公差等级的 A～H，标准公差大于 IT8 的 K、M、N 和标准公差大于 IT7 的 P～ZC。但也有例外，对于公称尺寸大于 3mm，标准公差大于 IT8 的 N，其基本偏差 ES = 0。

表 2-6 轴的基本偏差数值

基本偏差		上极限偏差 es/μm											js	下极限偏差 ei/μm																		
		a	b	c	cd	d	e	ef	f	fg	g	h		j			k		m	n	p	r	s	t	u	v	x	y	z	za	zb	zc
公称尺寸/mm		公差等级																														
大于	至	所有级												5、6	7	8	4~7	≤3 >7	所有级													
	3	−270	−140	−60	−34	−20	−14	−10	−6	−4	−2	0	上偏差或下偏差等于 $\pm\frac{IT}{2}$	−2	−4	−6	0	0	+2	+4	+6	+10	+14	—	+18	—	+20	—	+26	+32	+40	+60
3	6	−270	−140	−70	−46	−30	−20	−14	−10	−6	−4	0		−2	−4	—	+1	0	+4	+8	+12	+15	+19	—	+23	—	+28	—	+35	+42	+50	+80
6	10	−280	−150	−80	−56	−40	−25	−18	−13	−8	−5	0		−2	−5	—	+1	0	+6	+10	+15	+19	+23	—	+28	—	+34	—	+42	+52	+67	+97
10	14	−290	−150	−95	—	−50	−32	—	−16	—	−6	0		−3	−6	—	+1	0	+7	+12	+18	+23	+28	—	+33	—	+40	—	+50	+64	+90	+130
14	18																									+39	+45	—	+60	+77	+108	+150
18	24	−300	−160	−110	—	−65	−40	—	−20	—	−7	0		−4	−8	—	+2	0	+8	+15	+22	+28	+35	—	+41	+47	+54	+63	+73	+98	+136	+188
24	30																							+41	+48	+55	+64	+75	+88	+118	+160	+218
30	40	−310	−170	−120	—	−80	−50	—	−25	—	−9	0		−5	−10	—	+2	0	+9	+17	+26	+34	+43	+48	+60	+68	+80	+94	+112	+148	+200	+274
40	50	−320	−180	−130																				+54	+70	+81	+97	+114	+136	+180	+242	+325
50	65	−340	−190	−140	—	−100	−60	—	−30	—	−10	0		−7	−12	—	+2	0	+11	+20	+32	+41	+53	+66	+87	+102	+122	+144	+172	+226	+300	+405
65	80	−360	−200	−150																		+43	+59	+75	+102	+120	+146	+174	+210	+274	+360	+480
80	100	−380	−220	−170	—	−120	−72	—	−36	—	−12	0		−9	−15	—	+3	0	+13	+23	+37	+51	+71	+91	+124	+146	+178	+214	+258	+335	+445	+585
100	120	−410	−240	−180																		+54	+79	+104	+144	+172	+210	+254	+310	+400	+525	+690
120	140	−460	−260	−200	—	−145	−85	—	−43	—	−14	0		−11	−18	—	+3	0	+15	+27	+43	+63	+92	+122	+170	+202	+248	+300	+365	+470	+620	+800
140	160	−520	−280	−210																		+65	+100	+134	+190	+228	+280	+340	+415	+535	+700	+900
160	180	−580	−310	−230																		+68	+108	+146	+210	+252	+310	+380	+465	+600	+780	+1000
180	200	−660	−340	−240	—	−170	−100	—	−50	—	−15	0		−13	−21	—	+4	0	+17	+31	+50	+77	+122	+166	+236	+284	+350	+425	+520	+670	+880	+1150
200	225	−740	−380	−260																		+80	+130	+180	+258	+310	+385	+470	+575	+740	+960	+1250
225	250	−820	−420	−280																		+84	+140	+196	+284	+340	+425	+520	+640	+820	+1050	+1350
250	280	−920	−480	−300	—	−190	−110	—	−56	—	−17	0		−16	−26	—	+4	0	+20	+34	+56	+94	+158	+218	+315	+385	+475	+580	+710	+920	+1200	+1550
280	315	−1050	−540	−330																		+98	+170	+240	+350	+425	+525	+650	+790	+1000	+1300	+1700
315	355	−1200	−600	−360	—	−210	−125	—	−62	—	−18	0		−18	−28	—	+4	0	+21	+37	+62	+108	+190	+268	+390	+475	+590	+730	+900	+1150	+1500	+1900
355	400	−1350	−680	−400																		+114	+208	+294	+435	+530	+660	+820	+1000	+1300	+1650	+2100
400	450	−1500	−760	−440	—	−230	−135	—	−68	—	−20	0		−20	−32	—	+5	0	+23	+40	+68	+126	+232	+330	+490	+595	+740	+920	+1100	+1450	+1850	+2400
450	500	−1650	−840	−480																		+132	+252	+360	+540	+660	+820	+1000	+1250	+1600	+2100	+2600

注：公称尺寸小于或等于 1mm 时，基本偏差 a 和 b 均不采用。

② 特殊规则　对公称尺寸小于等于 500mm 且标准公差小于等于 IT8 的 K、M、N 和标准公差小于等于 IT7 的 P～ZC 的孔，其基本偏差 ES 采用特殊规则换算，即 ES 与同名轴的基本偏差 ei 的符号相反，而绝对值相差一个 Δ 值。这是因为在较高的公差等级中，同一公差等级的孔比轴加工困难，因而常采用孔比轴低一级的配合，并要求两种基准制所形成的配合性质相同，即所谓的“工艺等价原则”，见图 2-18。

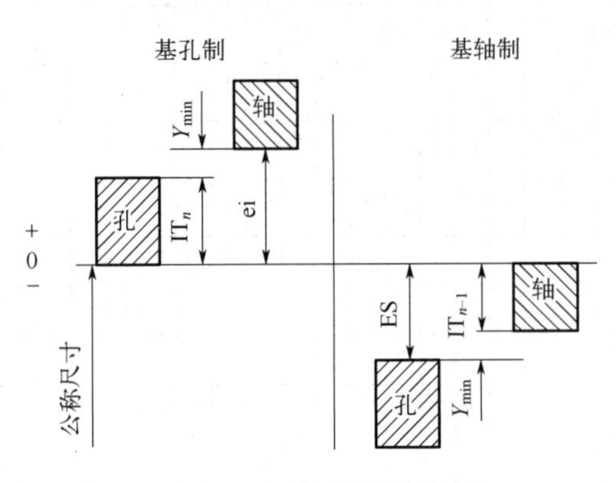

图 2-18　孔基本偏差的计算

基孔制时最小过盈：$Y_{min} = ES - ei = IT_n - ei$；

基轴制时最小过盈：$Y_{min} = ES - ei = ES - (-IT_{n-1})$ 。

因为要求最小过盈保持不变，所以，$IT_n - ei = ES - (-IT_{n-1})$，故孔的基本偏差为：

$$ES = -ei + \Delta \tag{2-29}$$

$$\Delta = IT_n - IT_{n-1} = IT_h - IT_s \tag{2-30}$$

孔的另一个极限偏差可根据孔的基本偏差数值和标准公差值按计算方法得到：

$$EI = ES - IT \quad 或\ ES = EI + IT$$

根据上述换算规则，可得到尺寸小于等于 500mm 孔的基本偏差数值。表 2-7 给出了尺寸小于等于 500mm 的孔的基本偏差数值。

例 2-11　试确定 ϕ50H7/p6 和 ϕ50P7/h6 的孔、轴极限偏差，画出公差带图，并比较其配合性质。

解：① 根据公称尺寸，查表 2-4 得：

$$IT6 = 16\mu m$$
$$IT7 = 25\mu m$$

② ϕ50H7 为基准孔，即：$EI = 0$，$ES = EI + IT7 = +25\mu m$

③ ϕ50p6 的基本偏差，查表 2-6 得：$ei = +26\mu m$

则 $es = ei + IT6 = 26 + 16 = +42\mu m$

④ ϕ50H7/p6 配合的极限过盈：

$$Y_{max} = EI - es = 0 - 42 = -42\mu m$$
$$Y_{min} = ES - ei = 25 - 26 = -1\mu m$$

⑤ ϕ50h6 为基准轴，即：$es = 0$，$ei = es - IT6 = 0 - 16 = -16\mu m$

⑥ ϕ50P7 应按特殊规则计算：

因为 $\Delta = IT7 - 1T6 = 25 - 16 = 9\mu m$，查表 2-6 得：$ei = +26\mu m$。由式（2-29）得：

表 2-7 孔的基本偏差数值（摘自 GB/T 1800.2—2020）

基本偏差		下极限偏差 EI/μm											JS	上极限偏差 ES/μm																						Δ②/μm					
		A①	B①	C	CD	D	E	EF	F	FG	G	H		J			K		M•		N		P到ZC	P	R	S	T	U	V	X	Y	Z	ZA	ZB	ZC						
公称尺寸/mm		公差等级																																							
大于	至	所有公差等级												6	7	8	≤8	>8	≤8	>8	≤8	>8	≤7	>7												3	4	5	6	7	8
—	3	+270	+140	+60	+34	+20	+14	+10	+6	+4	+2	0	上偏差或下偏差等于 $\pm\frac{IT}{2}$	+2	+4	+6	0	0	-2	-2	-4	-4	在大于7级的相应数值上增加一个Δ值	-6	-10	-14		-18		-20		-26	-32	-40	-60	0					
3	6	+270	+140	+70	+46	+30	+20	+14	+10	+6	+4	0		+5	+6	+10	-1+Δ		-4+Δ	-4	-8+Δ	0		-12	-15	-19		-23		-28		-35	-42	-50	-80	1	1.5	1	3	4	6
6	10	+280	+150	+80	+56	+40	+25	+18	+13	+8	+5	0		+5	+8	+12	-1+Δ		-6+Δ	-6	-10+Δ	0		-15	-19	-23		-28		-34		-42	-52	-67	-97	1	1.5	2	3	6	7
10	14	+290	+150	+95		+50	+32		+16		+6	0		+6	+10	+15	-1+Δ		-7+Δ	-7	-12+Δ	0		-18	-23	-28		-33		-40		-50	-64	-90	-130	1	2	3	3	7	9
14	18																												-39	-45		-60	-77	-108	-150						
18	24	+300	+160	+110		+65	+40		+20		+7	0		+8	+12	+20	-2+Δ		-8+Δ	-8	-15+Δ	0		-22	-28	-35		-41	-47	-54	-63	-73	-98	-136	-188	1.5	2	3	4	8	12
24	30																										-41	-48	-55	-64	-75	-88	-118	-160	-218						
30	40	+310	+170	+120		+80	+50		+25		+9	0		+10	+14	+24	-2+Δ		-9+Δ	-9	-17+Δ	0		-26	-34	-43	-48	-60	-68	-80	-94	-112	-148	-200	-274	1.5	3	4	5	9	14
40	50	+320	+180	+130																							-54	-70	-81	-97	-114	-136	-180	-242	-325						
50	65	+340	+190	+140		+100	+60		+30		+10	0		+13	+18	+28	-2+Δ		-11+Δ	-11	-20+Δ	0		-32	-41	-53	-66	-87	-102	-122	-144	-172	-226	-300	-405	2	3	5	6	11	16
65	80	+360	+200	+150																					-43	-59	-75	-102	-120	-146	-174	-210	-274	-360	-480						
80	100	+380	+220	+170		+120	+72		+36		+12	0		+16	+22	+34	-3+Δ		-13+Δ	-13	-23+Δ	0		-37	-51	-71	-91	-124	-146	-178	-214	-258	-335	-445	-585	2	4	5	7	13	19
100	120	+410	+240	+180																					-54	-79	-104	-144	-172	-210	-254	-310	-400	-525	-690						
120	140	+460	+260	+200		+145	+85		+43		+14	0		+18	+26	+41	-3+Δ		-15+Δ	-15	-27+Δ	0		-43	-63	-92	-122	-170	-202	-248	-300	-365	-470	-620	-800	3	4	6	7	15	23
140	160	+520	+280	+210																					-65	-100	-134	-190	-228	-280	-340	-415	-535	-700	-900						
160	180	+580	+310	+230																					-68	-108	-146	-210	-252	-310	-380	-465	-600	-780	-1000						
180	200	+660	+340	+240		+170	+100		+50		+15	0		+22	+30	+47	-4+Δ		-17+Δ	-17	-31+Δ	0		-50	-77	-122	-166	-236	-284	-350	-425	-520	-670	-880	-1150	3	4	6	9	17	26
200	225	+740	+380	+260																					-80	-130	-180	-258	-310	-385	-470	-575	-740	-960	-1250						
225	250	+820	+420	+280																					-84	-140	-196	-284	-340	-425	-520	-640	-820	-1050	-1350						
250	280	+920	+480	+300		+190	+110		+56		+17	0		+25	+36	+55	-4+Δ		-20+Δ	-20	-34+Δ	0		-56	-94	-158	-218	-315	-385	-475	-580	-710	-920	-1200	-1550	4	4	7	9	20	29
280	315	+1050	+540	+330																					-98	-170	-240	-350	-425	-525	-650	-790	-1000	-1300	-1700						
315	355	+1200	+600	+360		+210	+125		+62		+18	0		+29	+39	+60	-4+Δ		-21+Δ	-21	-37+Δ	0		-62	-108	-190	-268	-390	-475	-590	-730	-900	-1150	-1500	-1900	4	5	7	11	21	32
355	400	+1350	+680	+400																					-114	-208	-294	-435	-530	-660	-820	-1000	-1300	-1650	-2100						
400	450	+1500	+760	+440		+230	+135		+68		+20	0		+33	+43	+66	-5+Δ		-23+Δ	-23	-40+Δ	0		-68	-126	-232	-330	-490	-595	-740	-920	-1100	-1450	-1850	-2400	5	5	7	13	23	34
450	500	+1650	+840	+480																					-132	-252	-360	-540	-660	-820	-1000	-1250	-1600	-2100	-2600						

①公称尺寸在 1mm 以下时，各公差等级的基本偏差 A 和 B，以及大于 8 级的基本偏差 N 均不采用。

注：1．标准公差小于等于 IT8 级的 K、M、N 及小于等于 IT7 的 P～ZC 的基本偏差中的 Δ 值从续表的右侧选取，例：大于 18～30mm 的 P7，因为 P8 的 ES′= −22μm，而 P7 的 Δ =8μm，因此 ES= ES′+ Δ=−14μm；

2．特殊情况，当公称尺寸大于 250～315mm 时，M6 的 ES 等于−9（代替−11）μm。

$$ES = -ei + \varDelta = -26 + 9 = -17\mu m$$
$$EI = ES - IT7 = -17 - 25 = -42\mu m$$

⑦　ϕ50P7/h6 配合的极限过盈：

$$Y_{max} = EI - es = -42 - 0 = -42\mu m$$
$$Y_{min} = ES - ei = -17 - (-16) = -1\mu m$$

⑧ 比较ϕ50H7/p6 和ϕ50P7/h6 两个配合，由上述计算可以看出，它们的配合性质完全相同。即 $Y_{min} = -1\mu m$，$Y_{max} = -42\mu m$。公差带如图 2-19 所示。

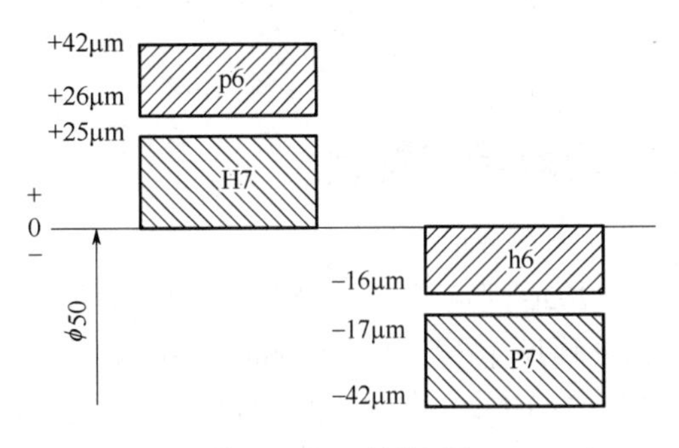

图 2-19　公差带示例

2.4.5　公差带和配合在图样上的标注

（1）公差带代号与配合代号

孔、轴的公差带代号由基本偏差代号和公差等级数字组成，例如，H7、F8、K8、P7 等为孔的公差带代号；h7、g7、m8、r6 等为轴的公差带代号。

当孔和轴组成配合时，配合代号写成分数形式，分子为孔的公差带代号，分母为轴的公差带代号，如 H7/s6。如指某公称尺寸的配合，则公称尺寸标在配合代号之前，如ϕ25H7/s6。

（2）图样中尺寸公差的标注形式

零件图中尺寸公差的两种标注形式如图 2-20 所示。孔、轴公差在零件图上主要标注公称尺寸和极限偏差数值，也可标注公称尺寸、公差带代号和极限偏差数值。

在装配图上，主要标注配合代号，即标注孔、轴的基本偏差代号及公差等级，如图 2-21 所示。

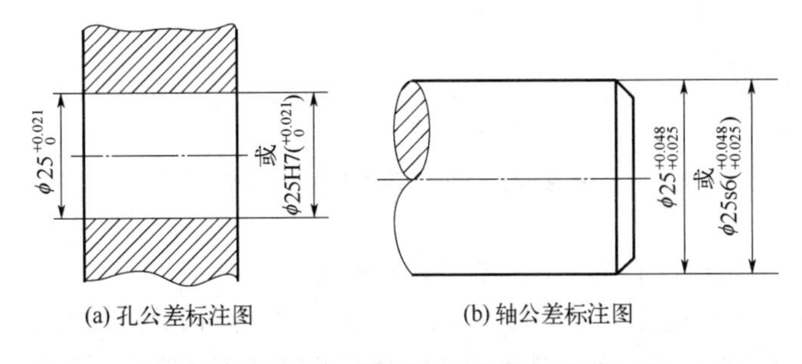

(a) 孔公差标注图　　(b) 轴公差标注图

图 2-20　孔、轴公差在零件图上的标注

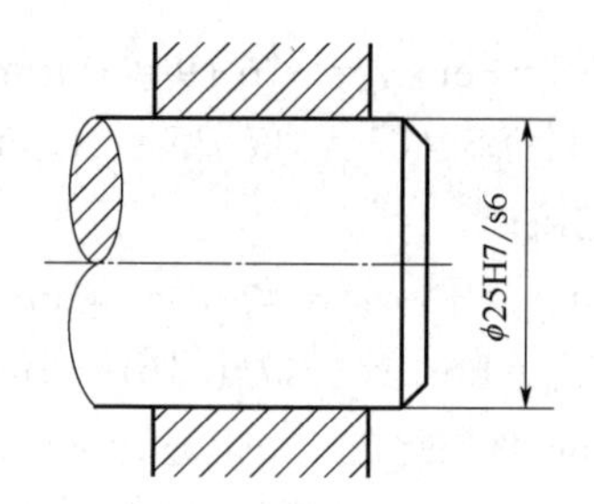

图 2-21 孔、轴公差在装配图上的标注

2.5 常用和优先用公差带与配合

国家标准 GB/T 1800.1—2020 规定了 20 个公差等级和 28 种基本偏差，如将任一基本偏差与任一标准公差组合，在公称尺寸小于等于 500mm 范围内，孔公差带有 20×27+3(J6、J7、J8)=543 个，轴公差带有 20×27+4(j5、j6、j7、j8)=544 个。如此多的公差带都使用显然是不经济的，因为会导致定值刀具和量具规格的繁多。

为此，国家标准 GB/T 1800.1—2020 推荐，公差带代号应尽可能从图 2-22 和图 2-23 分别给出的孔和轴相应的公差带代号中选取。其中框格中所示的公差带代号应优先选取。

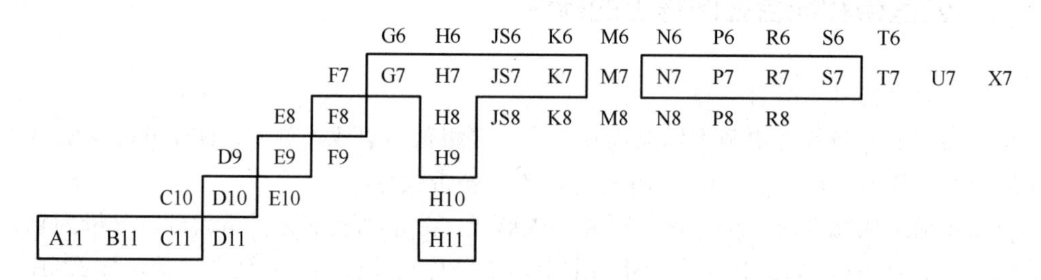

图 2-22 孔的常用和优先用公差带

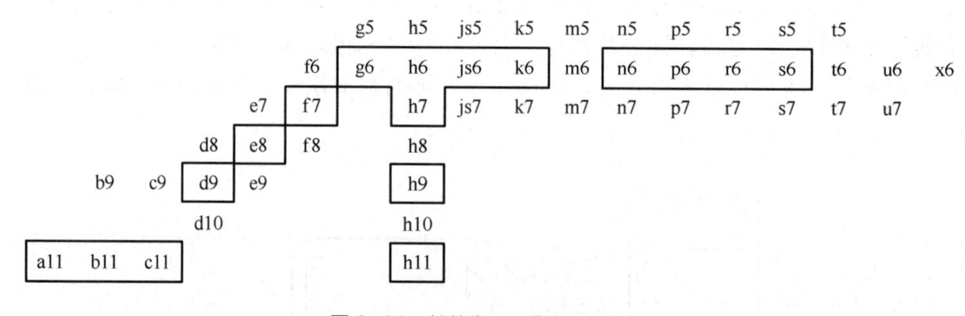

图 2-23 轴的常用和优先用公差带

针对公差带代号选取，有以下 3 点需要特别说明：

① 极限与配合公差制给出了多种公差带代号，即使这种选取仅受限于 GB/T 1800.2—2020 所示的那些公差带代号，其可选性也非常宽。通过对公差带代号选取的限制，可以避免工具和量具不必要的多样性。

② 图 2-22 和图 2-23 中的公差带代号仅应用于不需要对公差带代号进行特定选取的一般性用途。例如，键槽需要特定选取公差带代号。

③ 在特定应用中若有必要，偏差 js 和 JS 可被相应的偏差 j 和 J 替代。

对于通常的工程目的，只需要许多可能的配合中的少数配合。国家标准 GB/T 1800.1—2020 中指出，图 2-24 和图 2-25 中的配合可满足普通工程机构需要。基于经济因素，如有可能，配合应优先选择框中所示的公差带代号。可由基孔制获得符合要求的配合，或在特定应用中由基轴制获得。

基准孔	轴公差带代号																	
	间隙配合							过渡配合				过盈配合						
H6						g5	h5	js5	k5	m5		n5	p5					
H7					f6	g6	h6	js6	k6	m6	n6		p6	r6	s6	t6	u6	x6
H8				e7	f7		h7	js7	k7	m7					s7		u7	
			d8	e8	f8		h8											
H9			d8	e8	f8		h8											
H10	b9	c9	d9	e9			h9											
H11	b11	c11	d10				h10											

图 2-24 基孔制优先、常用配合（摘自 GB/T 1800.1—2020）

基准轴	孔公差带代号																	
	间隙配合							过渡配合				过盈配合						
h5						G6	H6	JS6	K6	M6		N6	P6					
h6					F7	G7	H7	JS7	K7	M7	N7		P7	R7	S7	T7	U7	X7
h7				E8	F8		H8											
h8			D9	E9	F9		H9											
h9				E8	F8		H8											
			D9	E9	F9		H9											
	B11	C10	D10				H10											

图 2-25 基轴制优先、常用配合（摘自 GB/T 1800.1—2020）

2.6 一般公差线性和角度尺寸的未注公差

在普通工艺条件下，机床设备的一般加工能力可保证的公差称为一般公差。对某些在功能上无特殊要求的要素，可给出一般公差，即未注公差。在正常维护和操作情况下，它代表车间一般经济加工精度。国家标准 GB/T 1804—2000《一般公差 未注公差的线性和角度尺寸的公差》采用了国际标准中的有关部分，替代了 GB/T 1804—1992《一般公差 线性尺寸的未注公差》。

国家标准 GB/T 1804—2000 对线性尺寸的一般公差规定了四个公差等级，即**精密级 f**、

中等级 m、粗糙级 c、最粗级 v。对适用尺寸也采用了较大的分段，具体数值见表 2-8。倒圆半径与倒角高度尺寸的极限偏差数值见表 2-9，角度的极限偏差数值见表 2-10。采用表中规定的未注公差角度的极限偏差时，对一般角度按角度的短边长度确定，对圆锥角按圆锥素线长确定。

表 2-8 线性尺寸的极限偏差数值（摘自 GB/T 1804—2000）

公差等级	尺寸分段/mm							
	0.5～3	>3～6	>6～30	>30～120	>120～400	>400～1000	>1000～2000	>2000～4000
精密级(f)	±0.05	±0.05	±0.1	±0.15	±0.2	±0.3	±0.5	—
中等级(m)	±0.1	±0.1	±0.2	±0.3	±0.5	±0.8	±1.2	±2
粗糙级(c)	±0.2	±0.3	±0.5	±0.8	±1.2	±2	±3	±4
最粗级(v)	—	±0.5	±1	±1.5	±2.5	±4	±6	±8

表 2-9 倒圆半径与倒角高度尺寸的极限偏差数值（摘自 GB/T 1804—2000）

公差等级	公称尺寸分段/mm			
	0.5～3	>3～6	>6～30	>30
精密级(f) 中等级(m)	±0.2	±0.5	±1	±2
粗糙级(c) 最粗级(v)	±0.4	±1	±2	±4

注：倒圆半径与倒角高度的含义参见国家标准 GB/T 6403.4—2008《零件倒圆与倒角》

表 2-10 角度的极限偏差数值（摘自 GB/T 1804—2000）

公差等级	尺寸分段/mm				
	～10	>10～50	>50～120	>120～140	>400
精密级(f) 中等级(m)	±1°	±30′	±20′	±10′	±5′
粗糙级(c)	±1°30′	±1°	±30′	±15′	±10′
最粗级(v)	±3°	±2°	±1°	±30′	±20′

线性和角度尺寸的一般公差是在车间普通工艺条件下机床设备可保证的公差，在正常维护和操作情况下，它代表车间通常的加工精度。线性尺寸的一般公差主要用于一般精度的非配合尺寸。采用一般公差的尺寸，在该尺寸后不标注出极限偏差，因此“一般公差”也称为“未注公差”。只有当要素的功能允许比一般公差更大的公差，且采用该公差比一般公差更为经济时，其相应的极限偏差才要在尺寸后注出。

零件上应用一般公差，设计者不必逐一考虑几何要素的公差值，节省图样的设计时间，并可简化制图，使图样清晰易读。线性尺寸的一般公差是在保证车间一般加工精度的情况下加工出来的，一般可以不检验，可简化这些要素的检验要求，并能突出图样上标注要素的重要性，以便在加工和检验时引起重视，从而有利于质量管理。

采用 GB/T 1804—2000 规定的一般公差，在图样、技术文件或标准中用该标准号和公差等级符号表示。例如，选用中等级 m 时，表示为 GB/T 1804—2000-m。

2.7 极限与配合的选用

极限与配合的选用是机械设计与机械制造的重要环节。其基本原则是满足使用性能要求，并获得最佳技术经济效益。极限与配合国家标准的应用，就是根据使用要求正确合理地选择符合标准规定的孔、轴的公差带大小和公差带位置。即在公称尺寸确定之后，对配合制、公差等级和配合种类（基本偏差）进行正确合理的选择。

2.7.1 配合制的选用

国家标准规定了两种配合制，基孔制和基轴制配合。一般来说，表 2-6、表 2-7 中的孔、轴基本偏差数值，可保证在一定条件下，基孔制和基轴制配合的性质相同，即极限间隙或极限过盈相同，如 H7/f6 与 F7/h6 有相同的最大、最小间隙。所以，在一般情况下，无论选用基孔制还是基轴制配合，均可满足同样的使用要求。因此，配合制的选择基本上与所需达到的配合性质无关，主要应从生产、工艺的经济性和结构的合理性等方面综合考虑。

（1）一般情况下优先选用基孔制

在机械制造中，从工艺和宏观经济效益考虑，一般情况下孔比轴难加工，所以优先选用基孔制。另外，在机械产品的设计中采用基孔制配合，可以最大限度地减少孔的尺寸种类，随之减少定尺寸刀具及量具（如钻头、铰刀、拉刀、塞规等）的规格种类，从而获得显著的经济效益，有利于刀具、量具的标准化、系列化，也将给经济合理地使用它们带来方便。

（2）有明显经济效益时选用基轴制

“基轴制配合”应仅用于那些可以带来切实经济利益的情况，如：

① 在农业和纺织机械中，经常使用具有一定精度的冷拔光轴，其外径不用切削加工就能满足使用要求时，应选用基轴制。

② 当与之配合的标准件是被包容面时，必须按标准件来选择配合制。如滚动轴承的外圈与壳体孔的配合应采用基轴制。

③ 一根轴和多个孔相配时，考虑结构需要，宜采用基轴制。如图 2-26 所示，活塞销 1 同时与活塞 2 和连杆 3 上的孔配合，连杆要转动，故采用间隙配合，活塞销与活塞孔配合应紧一些，故采用过渡配合。如采用基孔制，则如图 2-26（c）所示。活塞销需做成中间小，两头大的形状，这样既不便于加工，也不便于连杆装配。若采用基轴制，如图 2-26（b）所示，活塞销可制成光轴，则便于加工和装配，以降低成本。

（3）与标准件配合的配合制选择

若与标准件（零件或部件）配合，应以标准件为基准件来确定采用基孔制还是基轴制。如滚动轴承为标准件，因此，它的内圈与轴颈的配合应是基孔制，而外圈与外壳孔的配合应是基轴制。

（4）非基准制配合的采用

在实际生产中，由于结构或某些特殊的需要，采用基孔制与基轴制配合均不适宜，允许采用非基准制配合。即非基准孔和非基准轴配合，如图 2-27 所示，箱体孔与滚动轴承和轴承端盖的配合。由于滚动轴承是标准件，它与箱体孔的配合选用基轴制配合，箱体孔的公差带代号为 J7，箱体孔与端盖的配合可选低精度的间隙配合 J7/f9，既便于拆卸又能保证轴承的轴向定位，还有利于降低成本。

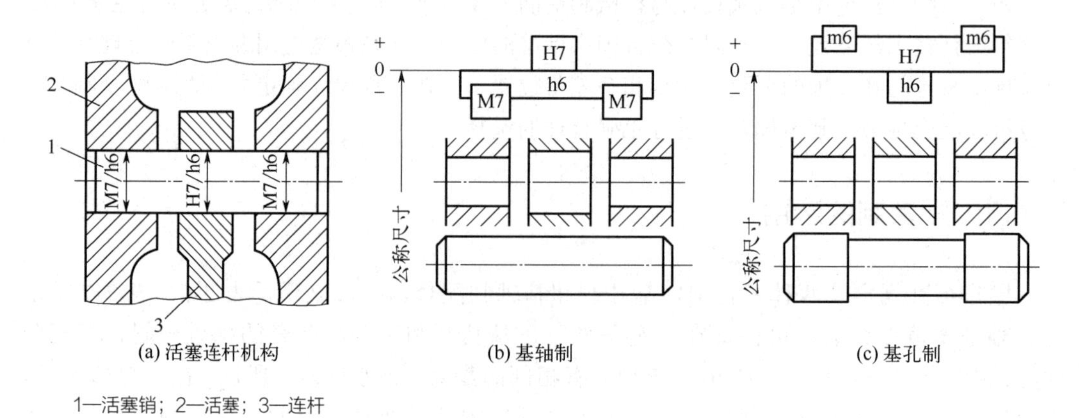

(a) 活塞连杆机构　(b) 基轴制　(c) 基孔制

1—活塞销；2—活塞；3—连杆

图 2-26 基轴制的选择

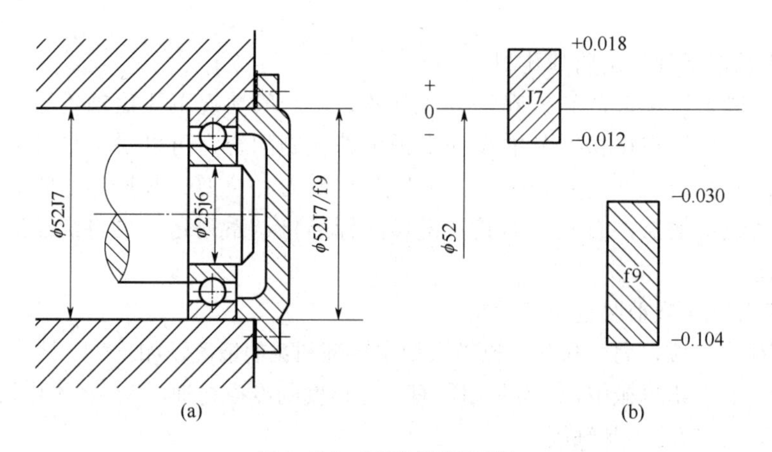

(a)　(b)

图 2-27 非基准制选择示例

2.7.2 公差等级的选用

选择公差等级时，要正确处理使用要求、制造工艺和成本之间的关系。选用的基本原则是：在满足使用要求的前提下，尽量选用较低的公差等级。

公差等级可采用计算法或类比法进行选择。

用计算法选择公差等级的依据是 $T_f=T_h+T_s$ (极值法)，$T_f=\sqrt{T_h^2+T_s^2}$ (概率法)，T_h 与 T_s 的分配可按工艺等价原则来考虑。

对于小于等于 500mm 的公称尺寸，当公差等级在 IT8 及其以上精度时，推荐孔比轴低一级，如 H8/s7、H7/g6 等；当公差等级为 IT8 级时，也可采用孔、轴同级配合，如 H8/f8 等；当公差等级在 IT9 及以下时，一般采用孔、轴同级配合，如 H9/d9、H11/c11 等。对于大于

500mm 的公称尺寸，一般采用孔、轴同级配合。

采用类比法选择公差等级时，要参考经验资料，结合实际使用情况进行比照选用。

选择公差等级时应考虑以下几方面的问题。

① 为了使孔、轴工艺等价，相配合的孔、轴加工难易程度应相当。

② 与标准零件或部件相配合时，公差等级与标准件的精度相适应。如与滚动轴承相配合的轴颈和轴承座孔的公差等级，应与滚动轴承的内圈及外圈的精度等级相适应，与齿轮孔相配合的轴的公差等级要与齿轮孔的精度等级相适应。

③ 过渡配合与过盈配合的公差等级不能太低。一般孔的标准公差小于 IT8 级，轴的标准公差小于 IT7 级。间隙配合则不受此限制，但对小间隙的配合，公差等级应较高，而间隙大的配合，公差等级应低些。

④ 考虑生产成本。产品精度愈高，加工工艺愈复杂，生产成本愈高。图 2-28 所示为公差等级与生产成本的关系曲线图。由图可见：在高精度区，加工精度稍有提高就会使生产成本急剧上升。所以，对高精度等级的选用要特别谨慎；在低精度区，精度等级提高使生产成本的增加不显著，因而可在工艺条件许可的情况下适当提高精度等级，以使产品有一定的精度储备，从而取得更好的综合经济效益。

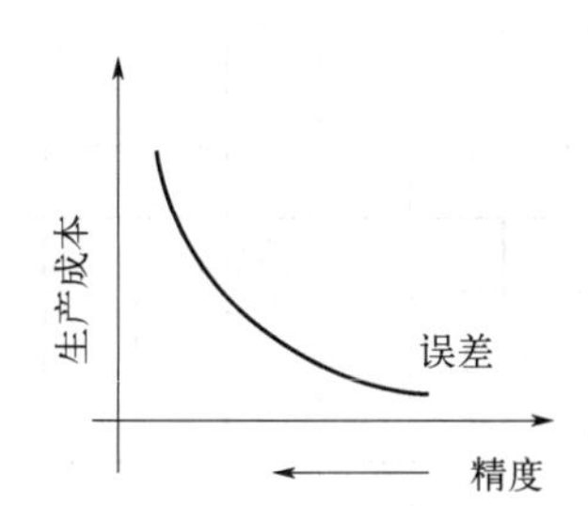

图 2-28　公差（精度）等级与生产成本的关系

具体公差等级的选择，可参考国家标准推荐的各公差等级的基本应用范围，见表 2-11；各种加工方法能够达到的公差等级，见表 2-12；常用公差等级的应用，见表 2-13。

表 2-11　各公差等级的基本应用范围

应用	IT 等级																			
	01	0	1	2	3	4	5	6	7	8	9	10	11	12	13	14	15	16	17	18
块规	—	—	—																	
量规			—	—	—	—	—	—	—											
配合尺寸							—	—	—	—	—	—	—	—	—					
特别精密零件的配合				—	—	—	—	—												
非配合尺寸（大制造公差）														—	—	—	—	—	—	—
原材料公差										—	—	—	—	—	—	—				

表 2-12　加工方法能够达到的公差等级

加工方法	IT 等级																			
	01	0	1	2	3	4	5	6	7	8	9	10	11	12	13	14	15	16	17	18
研磨	—	—	—	—	—	—														
珩磨						—	—	—	—											
圆磨							—	—	—	—										
平磨							—	—	—	—										
金刚石车							—	—	—											
金刚石镗							—	—	—											
拉削							—	—	—	—										
铰孔								—	—	—	—	—								
车									—	—	—	—	—							
镗									—	—	—	—	—							
铣										—	—	—	—							
刨、插												—	—							
钻孔												—	—	—	—					
滚压、挤压												—	—							
冲压												—	—	—	—	—				
压铸													—	—	—	—				
粉末冶金成型								—	—	—										
粉末冶金烧结									—	—	—	—								
砂型铸造、气割																		—	—	—
锻造																	—	—		

表 2-13　常用公差等级的应用

公差等级	应用
5 级	主要用于配合精度、几何精度要求较高的地方，一般在机床、发动机、仪表等重要部位应用。如：与 5 级滚动轴承配合的箱体孔，与 6 级滚动轴承配合的机床主轴；机床尾架与套筒，精密机械及高速机械中的轴径，精密丝杠轴径等
6 级	用于配合均匀性要求较高的地方，如：与 6 级滚动轴承配合的孔、轴颈；与齿轮、蜗轮、联轴器、带轮、凸轮等连接的轴径，机床丝杠轴径；摇臂钻立柱，机床夹具中导向件外径，6 级齿轮的基准孔，7、8 级齿轮的基准轴径等
7 级	在一般机械制造中应用较为普遍。如：联轴器、带轮、凸轮等的孔径；机床夹盘座孔，夹具中固定钻套、可换钻套孔径；7、8 级齿轮基准孔，9、10 级齿轮基准轴
8 级	在机器制造中属于中等精度。如：轴承座衬套沿宽度方向尺寸，低精度齿轮基准孔与基准轴，通用机械中与滑动轴承配合的轴颈；重型机械或农业机械中某些较重要的零件
9 级、10 级	精度要求一般。如：键与键槽等
11 级、12 级	精度较低，适用于基本上没有什么配合要求的场合。如：机床上法兰盘与止口，滑块与滑移齿轮，冲压加工的配合件等

2.7.3 配合的选择

在配合制确定之后，根据使用要求所允许的配合性质来确定配合种类及非基准件的基本偏差代号。

（1）设计阶段配合类别的选择

选择配合种类时，应按照工作条件要求的松紧程度，在保证机器正常工作的情况下来选择适当的配合。孔、轴间有相对回转或直线运动要求时，要选择间隙配合；孔、轴间无相对运动，应视具体的工作要求来确定采用过盈、过渡或者间隙配合。选择配合时，应尽可能地选用国家标准推荐的优先和常用配合。若优先和常用配合不能满足要求，则可按需要选择标准中推荐的一般用途的孔、轴公差带组成配合。若仍不能满足要求，则可从国家标准所提供的孔、轴公差带中选取合适的公差带，组成所需要的配合。

除动压轴承的间隙配合和在弹性变形范围内由过盈传递力矩或轴向力的过盈配合外，工作条件要求的松紧程度很难用量化指标衡量表示。在实际工作中，除少数可用计算法进行配合选择的设计计算外，多数采用类比法和试验法选择配合种类。具体选择配合类别时可参考表 2-14。

表 2-14 选择配合类别

<table>
<tr><td rowspan="5">无相对运动</td><td rowspan="4">需传递力矩</td><td rowspan="2">精确定心</td><td>不可拆卸</td><td>过盈配合</td></tr>
<tr><td>可拆卸</td><td>过渡配合或基本偏差为 H(h)的间隙配合加键、销紧固件</td></tr>
<tr><td colspan="2">不需精确定心</td><td>间隙配合加键、销紧固件</td></tr>
<tr><td colspan="2"></td><td></td></tr>
<tr><td colspan="3">不需传递力矩</td><td>过渡配合或过盈量较小的过盈配合</td></tr>
<tr><td rowspan="2">有相对运动</td><td colspan="3">缓慢移动或转动</td><td>基本偏差为 H(h)、G(g)等的间隙配合</td></tr>
<tr><td colspan="3">转动、移动或复合运动</td><td>基本偏差为 A～F(a～f)等的间隙配合</td></tr>
</table>

（2）孔、轴基本偏差的选择

配合类别确定后，非基准件基本偏差的选择有下列三种方法。

① 计算法　根据液体润滑和弹塑性理论计算出所需间隙或过盈的最佳值，而后选择接近的配合种类。

② 试验法　对产品性能影响重大的某些配合，往往需用试验法来确定最佳间隙或最佳过盈，因其成本高，故不常用。

③ 经验法　由生产实践积累的经验和通过类比法确定配合种类，是最常用的方法。

表 2-15 列出了轴、孔的各种基本偏差特性及应用，表 2-16 为优先配合的选用说明。当相配孔、轴的材料强度较低时，过盈量不能太大；滑动轴承的相对运动速度越高、润滑油的黏度越大，间隙应越大。当生产批量较大时，还要考虑尺寸分布规律的影响。

表 2-15 轴、孔的各种基本偏差特性及应用

<table>
<tr><td>配合</td><td>基本偏差</td><td>特性及应用</td></tr>
<tr><td rowspan="2">间隙配合</td><td>a(A)、b(B)</td><td>可得到特别大的间隙，应用很少。主要用于工作时温度高、热变形大的零件配合，如发动机中活塞与缸套的配合为 H9/a9</td></tr>
<tr><td>c(C)</td><td>可得到很大的间隙，一般用于工作条件较差（如农业机械），工作时受力变形大及装配工艺性不好的零件的配合，也适用于高温工作的动配合，如内燃机排气阀与导管的配合为 H8/c7</td></tr>
</table>

续表

配合	基本偏差	特性及应用
间隙配合	d(D)	与IT7～IT11对应，适用于较松的间隙配合（如滑轮、空转带轮与轴的配合），以及大尺寸滑动轴承与轴的配合（如涡轮机、球磨机等的滑动轴承）。如活塞环与活塞环槽的配合可用H9/d9
	e(E)	与IT6～IT9对应，具有明显的间隙，用于大跨距及多支点的转轴与轴承的配合，以及高速、重载的大尺寸轴与轴承的配合。如大型电动机、内燃机的主要轴承处的配合为H8/e7
	f(F)	多与IT6～IT8对应，用于一般转动的配合，受温度影响不大，采用普通润滑油的轴与滑动轴承的配合。如齿轮箱、小电动机、泵等的转轴与滑动轴承的配合为H7/f6
	g(G)	多与IT5～IT7对应，形成配合的间隙较小，用于轻载精密装置中的转动配合，适合不回转的精密滑动配合，也用于插销等定位配合，如精密连杆轴承、活塞及滑阀、连杆销等处的配合
	h(H)	多用于IT4～IT7级的配合。广泛用于无相对转动的零件，作为一般的定位配合，若没有温度、变形影响，也可用于精密滑动配合。如车床尾座孔与滑动套筒的配合为H6/h5
过渡配合	js(JS)、j(J)	多用于IT4～IT7具有平均间隙的过渡配合和略有过盈的定位配合，如联轴器、齿圈与轮毂的配合，滚动轴承外圈与外壳孔的配合多用Js7或J7。一般用手或木槌装配
	k(K)	多用于IT4～IT7平均间隙接近零的配合，用于定位配合，如滚动轴承的内、外圈分别与轴颈、外壳孔的配合。用木槌装配
	m(M)	多用于IT4～IT7平均过盈较小的配合，用于精密定位的配合，如蜗轮的青铜轮缘与轮毂的配合为H7/m6。一般用木槌装配
	n(N)	多用于IT4～IT7平均过盈较大的配合，很少形成间隙。用于加键传递较大转矩的配合，如冲床上齿轮与轴的配合，推荐采用H6/n5，用木槌或压力机装配
过盈配合	p(P)	用于小过盈配合。与H6或H7的孔形成过盈配合，而与H8的孔形成过渡配合。碳钢和铸铁零件形成的配合为标准压入配合，如卷扬机的绳轮与齿圈的配合为H7/p6。对弹性材料，如轻合金等，往往要求很小的过盈，故可采用p（或P）与基准件形成配合
	r(R)	用于传递大转矩或受冲击负荷而需要加键的配合，如蜗轮与轴的配合为H7/r6。配合H8/r7在公称尺寸小于100mm时，为过渡配合；公称尺寸大于100mm时，为过盈配合
	s(S)	用于钢和铸铁零件的永久性和半永久性结合，可产生相当大的结合力，如套环压在轴、阀座上用H7/s6的配合。尺寸较大时，为避免损伤配合表面，需用热胀或冷缩法装配
	t(T)	用于钢和铸铁零件的永久性结合，不用键可传递转矩，如联轴器与轴的配合为H7/t6，需用热胀或冷缩法装配
	u(U)	用于大过盈配合，最大过盈需验算材料的承受能力。如火车轮毂和轴的配合为H6/u5，用热胀或冷缩法装配
	v(V)、x(X)、y(Y)、z(Z)	用于特大过盈配合，目前相关使用经验和资料很少。须经试验后才能应用，一般不推荐

表2-16 优先配合选用

配合	优先配合		选用说明
	基孔制	基轴制	
间隙配合	H11/c11	C11/h11	间隙极大。用于转速很高、轴与孔温度差很大的滑动轴承，大公差、大间隙的外露部分，要求装配极方便的配合
	H9/d9	D9/h9	用于间隙较大的自由转动配合，也用于非主要精度要求，或是温度变化大、转速较高、轴颈压力较大的场合
	H8/f7	F8/h7	用于间隙不大的转动配合，也用于中等转速、中等轴颈压力、有一定精度要求的精确传动和要求装配方便的中等定位精度的配合
	H7/g6	G7/h6	用于小间隙的滑动配合，也用于不能转动，但可以自由移动和滑动并能精密定位的配合
	H7/h6	H7/h6	用于在工作时一般没有相对运动，但装卸很方便的间隙定位配合
	H8/h7	H8/h7	
	H9/h9	H9/h9	
	H11/h11	H11/h11	
过渡配合	H7/k6	K7/h6	平均间隙接近于零。用于要求装卸的精密定位配合（约有30%的过盈）
	H7/n6	N7/h6	较紧的过渡配合。用于一般不拆卸的更精密定位的配合（有40%～60%的过盈）

续表

配合	优先配合		选用说明
	基孔制	基轴制	
过盈配合	H7/p6	P7/h6	过盈较小。用于定位精度很高的小过盈配合，并且能以最好的定位精度达到部件的刚性和对中性要求
	H7/s6	S7/h6	过盈适中。用于靠过盈传递中等载荷的配合，如普通钢件压入配合和薄壁件的冷缩配合
	H7/u6	U7/h6	过盈较大。用于靠过盈传递较大载荷的配合，如可承受大压入力零件的压入配合和不适宜承受大压入力的冷缩配合

（3）选择配合种类应该考虑的主要问题

选择配合时，还要综合考虑以下因素。

① 孔和轴的定心精度　当相互配合的孔、轴定心精度要求高时，不宜用间隙配合，多用过渡配合。过盈配合也能保证定心精度。

② 受载荷情况　若载荷较大，应增大过盈配合的过盈量，对过渡配合要选用过盈概率大的过渡配合。

③ 拆装情况　经常拆装的孔和轴的配合比不经常拆装的配合要松些。对于虽不经常拆装、但受结构限制导致装配困难的零件，要选松一些的配合。

④ 配合件的材料、温度　当配合件的材料不同（线性膨胀系数相差较大）且其工作温度与标准温度（+20℃）相差较大时，要考虑热变形的影响。必要时，需进行修正计算。

⑤ 装配变形　对薄壁套筒的装配，还要考虑到装配变形问题。如图 2-29 所示，套筒外表面与机座孔的配合为过盈配合ϕ80H7/u6，套筒内表面与轴的配合为ϕ60H7/f6。由于套筒外表面与机座孔为过盈配合，当套筒压入机座孔后，套筒内孔收缩，直径变小。若套筒内孔与轴之间要求最小间隙为 0.03mm，则由于装配变形，此时实际将有可能产生过盈，不仅不能保证配合要求，甚至无法自由装配。一般装配图上规定的配合，应是装配后的要求。因此，对有装配变形的套筒类零件，在设计绘图时应对公差带进行必要的修正。如将内孔公差带上移，使孔的极限尺寸加大；或者用工艺措施加以保证，如将套筒压入机座孔后再精加工套筒孔，以达到图样设计要求，从而保证装配后的配合要求。

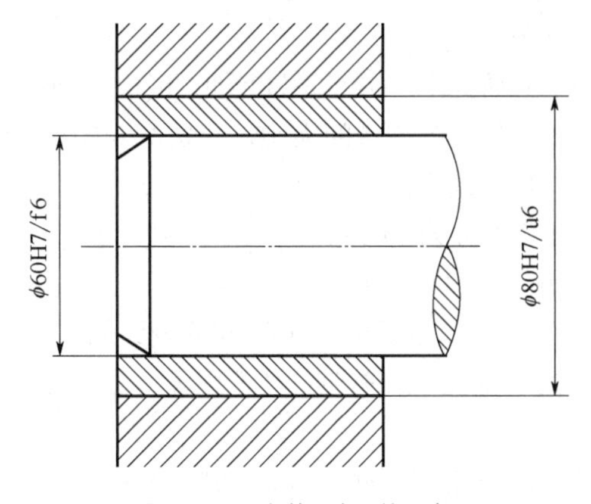

图 2-29　有装配变形的配合

⑥ 生产类型　大批量生产时，加工后的尺寸通常按正态分布。但在小批量生产时，多采

用试切法加工，加工后孔的尺寸多偏向最小极限尺寸，轴的尺寸多偏向最大极限尺寸。因此对同一配合要求，单件小批量生产比大批量生产总体上就显得紧一些。因此在选择配合时，对同一配合要求，单件小批量生产采用的配合要比大批量生产时要适当松一些。

在选择配合时，应根据零件的工作条件，综合考虑以上各因素的影响，当工作条件变化时，对配合的间隙或过盈的大小进行适当的调整。

2.8 大尺寸、小尺寸公差与配合

拓展阅读：大尺寸、小尺寸公差与配合

“大尺寸”指的是公称尺寸大于500mm的零件尺寸，“小尺寸”是相对“大尺寸”和“中尺寸”而言，国家标准对“小尺寸”和“中尺寸”并没有严格地划分界限。

习题与思考题

拓展阅读

一、判断题

1．公称尺寸不同的零件，只要它们的公差值相同，就可以说明它们的精度要求相同。(　　)

2．图样标注$\phi20_{-0.021}^{\ 0}$mm的轴，加工得越靠近公称尺寸就越精确。(　　)

3．孔的基本偏差即下偏差，轴的基本偏差即上偏差。(　　)

4．某孔要求尺寸为$\phi20_{-0.067}^{-0.046}$mm，今测得其实际尺寸为ϕ19.962mm，可以判断该孔合格。(　　)

5．未注公差尺寸即对该尺寸无公差要求。(　　)

6．某一配合，其配合公差等于孔与轴的尺寸公差之和。(　　)

二、选择题

1．下列有关公差等级的论述中，正确的有（　　）。

A．公差等级高，则公差带宽

B．在满足使用要求的前提下，应尽量选用低的公差等级

C．公差等级的高低，影响公差带的大小，决定配合的精度

D．孔、轴相配合，均为同级配合

E．标准规定，标准公差分为18级

2．实际尺寸是具体零件上（　　）尺寸的测得值。

A．某一位置的　B．整个表面的　C．部分表面的

3．基孔制是基本偏差为一定孔的公差带，与不同（　　）轴的公差带形成各种配合的一种制度。

A．基本偏差的　B．公称尺寸的　C．实际偏差的

4．配合是（　　）相同的孔与轴的结合。

A．公称尺寸　　B．实际尺寸

C．作用尺寸　　D．实效尺寸

三、填空题

1．ϕ50H10 的孔和ϕ50js10 的轴，已知 IT10=0.100mm，其 ES=____mm，EI=____mm，es=____mm，ei=____mm。

2. 常用尺寸段的标准公差的大小，随公称尺寸的增大而____，随公差等级的提高而____。

3. 孔的公差带在轴的公差带之上为________配合；孔的公差带与轴的公差带相互交叠为________配合；孔的公差带在轴的公差带之下为________配合。

4．公差带的位置由________________决定，公差带的大小由________________决定。

5．标准对标准公差规定了________级，最高级为________最低级为________。

6．标准公差的数值只与________________和________________有关。

四、综合题

1．什么是尺寸公差？尺寸公差与极限偏差或极限尺寸之间有何关系？

2．比较间隙配合、过渡配合、过盈配合的特点。各类配合中孔、轴的公差带相互位置如何？

3．孔的公称尺寸 D=50mm，最大极限尺寸 D_{max}=50.087mm，最小极限尺寸 D_{min}=50.025mm，求该孔的上偏差 ES，下偏差 EI 及公差 T_h，并画出公差带图。

4．有一孔、轴配合，公称尺寸为 60mm，X_{max}=+40μm，T_h=30μm，T_s=20μm，es=0。试求 ES、EI 及 X_{min} 或(Y_{max})，并画出孔、轴公差带图。

5．什么是配合制？选择配合制的依据是什么？在哪些情况下采用基轴制？

6．孔、轴配合，已知轴的尺寸为ϕ10h8，X_{max}=+0.007mm，Y_{max}=−0.037mm，试计算孔的极限尺寸，并说明该配合是什么配合制、配合类别，并画出公差带图。

7．某一配合的配合公差 T_f = 0.050mm，最大间隙 X_{max} = +0.030mm，试问该配合属于哪类配合？

8．如图 2-30 所示为起重机吊钩的铰链，叉头 1 的左右两孔与销轴 2 的公称尺寸都为ϕ20mm，要求它们之间采用过渡配合，要求拉杆 3 的ϕ20mm 孔与销轴 2 的配合采用间隙配合，试分析它们应该采用何种配合制？

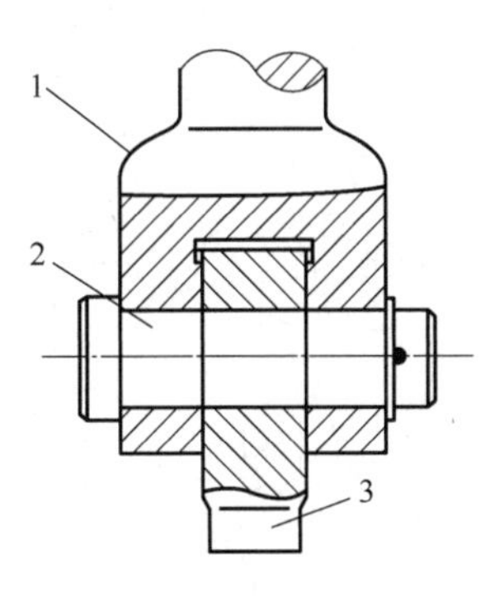

图 2-30　吊钩铰链

1—叉头；2—销轴；3—拉杆

习题参考答案

第 3 章 技术测量基础

思维导图

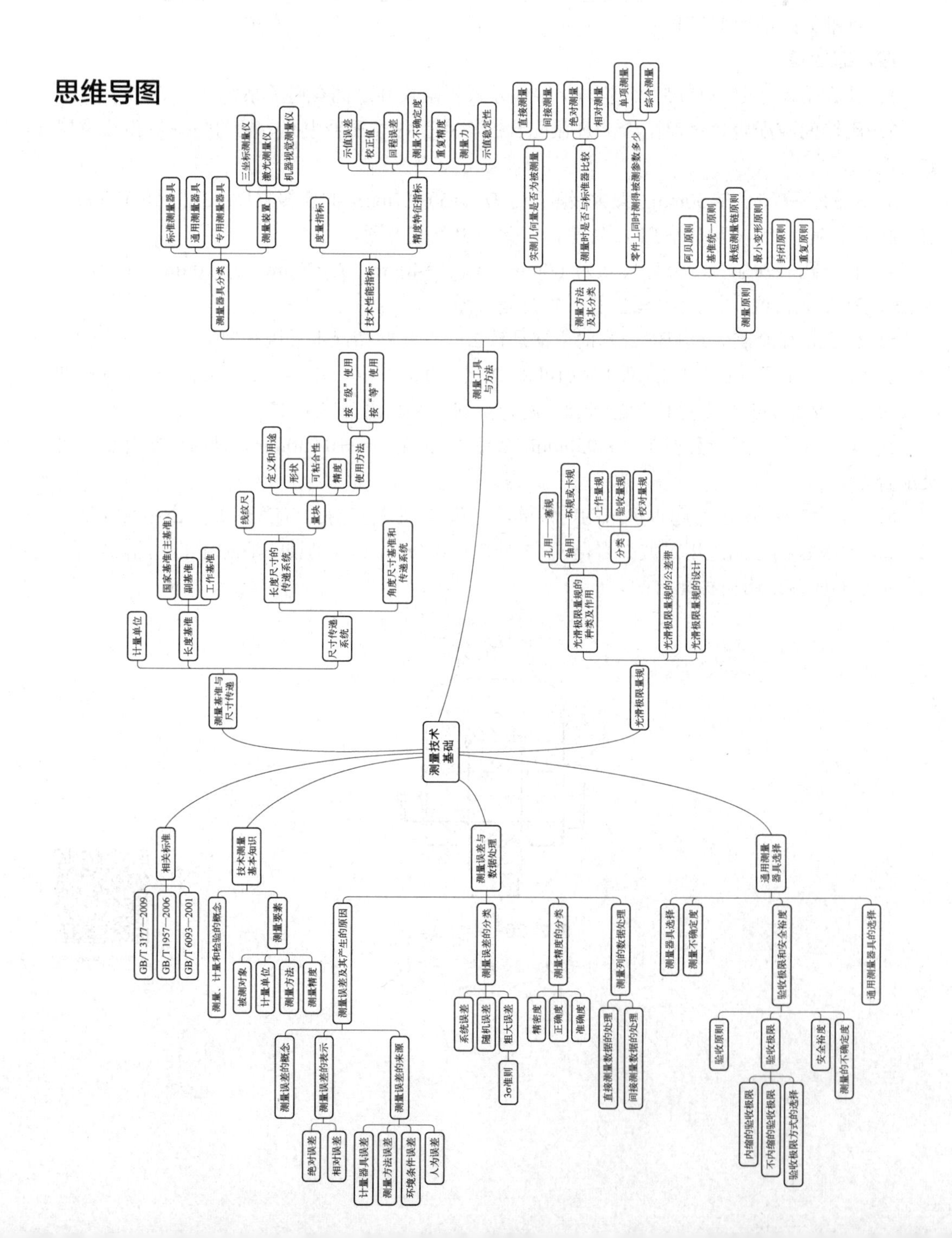

案例引入

一家航天制造公司正在开发一种新型卫星的关键部件，这些部件对尺寸精度和表面粗糙度有极高的要求，以确保在太空环境中的可靠性和性能。由于部件的复杂性，制造过程涉及多个供应商和多个制造阶段。尽管每个供应商都按照严格的公差要求生产了零部件，但在最终组装时发现零部件之间的配合存在问题，从而导致组装效率低下，并且增加了返工率和废品率。这与供应链体系的尺寸标准和测量方法差异是否有关呢？

学习目标

① 掌握测量的基本概念及其四要素，尺寸传递的概念，测量误差的概念。
② 熟悉测量器具的分类及常用的度量指标，熟悉测量方法的分类及其特点。
③ 了解尺寸传递中的重要媒介之一——量块的基本知识。
④ 熟悉光滑量规的设计步骤。

本章内容涉及的相关标准主要有：GB/T 6093—2001《几何量技术规范（GPS） 长度标准 量块》、GB/T 3177—2009《产品几何技术规范（GPS） 光滑工件尺寸的检验》、GB/T 1957—2006《光滑极限量规 技术条件》

3.1 技术测量基本知识

在机械制造业中，要实现零件的互换性，除了合理地规定公差外，还需要利用测量技术对加工后的零件进行几何量的测量或检验，以判断它们是否符合技术要求。只有经检验合格的零件才具有互换性。本章所涉及的测量技术，主要研究如何对零件的几何量（如长度、角度、几何形状和相互位置）以及表面特性（如表面粗糙度）进行测量或检验。

3.1.1 测量、计量和检验的概念

拓展阅读：测量相关概念

测量技术包括测量和检验，具有比较广泛的含义。

被测量的量值可表示为：

$$L=qE \tag{3-1}$$

即测量所得量值为用计量单位表示的被测量的数值。

习惯上将以实现量值统一和传递为目的的专门测量称为计量，而将研究测量、保证量值统一和准确的科学称为计量学。计量既是测量的基础，又是最高层次的测量。

加工完成后的零件几何精度是否满足设计时所规定的要求，需要经过测量或检验。检验是指判断被测对象是否合格的实验过程。

对测量技术的基本要求是：合理地选用计量器具与测量方法，保证一定的测量精度，具有较高的测量效率、较低的测量成本；通过测量分析零件的加工工艺，积极采取预防措施，避免废品的产生。

测量过程包括测量对象、测量单位、测量方法、测量器具、测量者、测量环境等要素。因测量过程诸要素的缺陷及不稳定性，测得的量值与被测量的真值有差别，这就是测量误差。

3.1.2 测量要素

测量是进行互换性生产的重要组成部分和前提之一，也是保证各种极限与配合标准贯彻实施的重要手段。机械制造中的技术测量或精密测量是指几何参数的测量。测量对象包括长度、角度、形状误差、位置误差、表面微观形貌误差等。对技术测量的基本要求是：采用正确的测量方法与测量器具，将测量误差控制在允许限度内，正确判断测量结果是否符合技术规范的要求。

任何一个完整的测量过程必须有被测对象和所采用的计量单位，同时要采用与被测对象相适应的测量方法，并使测量结果达到所要求的测量精度。为进行测量并达到一定的精度，必须使用统一的标准，采用一定的测量方法和运用适当的测量器具。因此，测量过程应包括被测对象、计量单位、测量方法和测量精度 4 个要素。

拓展阅读：测量要素

3.2 测量基准与尺寸传递系统

为保证测量的准确、可靠和统一，必须建立科学的计量单位制以及从计量单位到测量实践的量值传递系统。对几何量进行测量时，必须有统一的计量单位和相应的、准确可靠的计量基准。

3.2.1 计量单位

计量单位是有明确定义名称且其数值为 1 的一个固定物理量。对计量单位的要求是：统一稳定，能够复现，便于应用。

我国国务院于 1984 年发布了《关于在我国统一实行法定计量单位的命令》，决定在采用先进的国际单位制基础上，规定我国计量单位一律采用《中华人民共和国法定计量单位》中规定的计量单位，其中规定“米”（m）为长度的基本单位，同时使用米的十进倍数和分数单位。

机械制造中常用的公制长度单位为毫米（mm），几个换算关系如下：$1mm=10^{-3}m$；$1\mu m=10^{-3}mm$。在超精密测量中，长度计量单位采用纳米（nm），$1nm=10^{-3}\mu m$。在实际工作中，如遇到英制长度单位时，常以英寸作为基本单位，它与法定长度单位的换算关系是 1 英寸=25.4mm。

机械制造中常用的角度单位为弧度（rad）、微弧度（μrad）和度(°)、分（′）、秒(″)。$1\mu rad=10^{-6}rad$，1°=0.0174533rad。度、分、秒的关系采用 60 进位制，即 1°=60′，1′=60″。

3.2.2 长度基准

为了保证长度测量的精度，首先需要建立国际统一的、稳定可靠的长度基准。在 1983 年第 17 届国际计量大会上通过了作为长度基准的米的新定义：“米是光在真空中于 1/299792458s 时间间隔内所经路程的长度。”由于激光稳频技术的发展，采用激光波长作为长度基准具有很好的稳定性和复现性。国际计量大会推荐用稳频激光辐射来复现它。

复现及保存长度计量单位并通过它传递给其他计量器具的物质称长度计量基准。长度计量基准分国家基准（主基准）、副基准和工作基准。

拓展阅读：长度计量基准分类

3.2.3 尺寸传递系统

（1）长度尺寸基准和长度量值传递系统

在实际应用中，不便用光波作为长度基准进行测量。为了保证测量值的统一，必须把国家基准所复现的长度计量单位量值经计量标准逐级传递到生产中的计量器具和工件上去，以保证对被测对象所测得的量值的准确和一致。为此，需要在全国范围内从技术上和组织上建立起严密的长度量值传递系统。

拓展阅读：长度量值传递系统

量值传递的主要方式是用实物计量标准器逐级传递，传递中的主要环节是计量基准和标准器。长度的量值传递即用这种方式。我国长度量值传递系统如图 3-1 所示。长度量值分两个平行的系统向下传递：一个是端面量具（量块）系统；另一个是刻线量具（线纹尺）系统。目前，线纹尺和量块是实际工作中常用的两种实体基准。

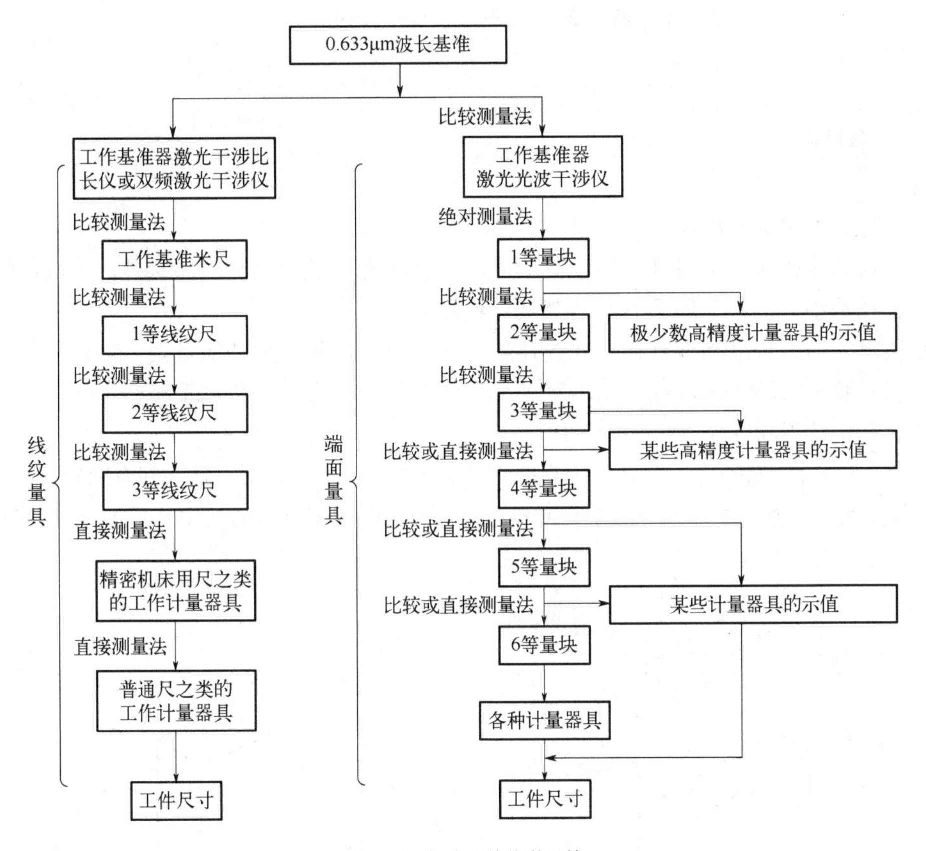

图 3-1 长度量值传递系统

（2）角度尺寸基准和角度量值传递系统

角度是重要的几何量之一，也属于长度计量范畴，弧度可用长度之间的比值求得。由于圆周定义为360°，因此角度不需要像长度一样建立一个自然基准。但在实际应用中，为了测量和检定的方便，采用多面棱体和标准度盘作为角度测量的基准。机械制造中的角度标准一般是角度量块、测角仪或分度头等。

多面棱体常见的有 4 面、6 面、8 面、12 面、24 面、36 面、72 面等，一般用特殊合金钢或石英玻璃精细加工而成。以多面棱体作为基准的角度量值传递系统如图 3-2 所示。

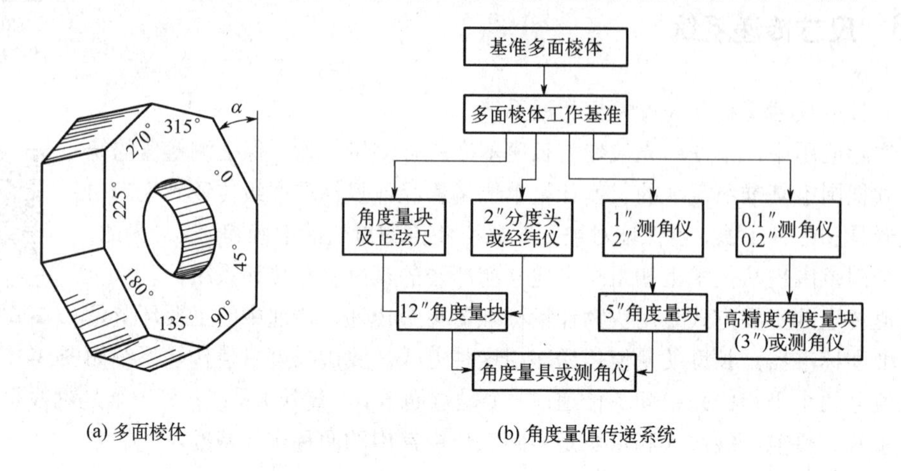

图 3-2 多棱面体与角度量值传递系统

3.2.4 量块

（1）量块的定义和用途

量块通常也叫块规，它是一种没有刻度的、截面为矩形的平行端面量具，一般用铬锰钢或用线胀系数小、不易变形及耐磨的其他材料制成。

量块除了作为长度基准进行尺寸传递外，还用于检定和校准其他量具、量仪，相对测量时调整量具和量仪的零位，以及用于精密机床的调整、精密划线和测量精密零件。

（2）量块的形状

如图 3-3 所示，量块有一对相互平行的测量端面和 4 个非工作面，量面间有精确尺寸。量块长度是指量块一个测量面上的一点至与此量块另一测量面相研合的辅助体表面之间的垂直距离。

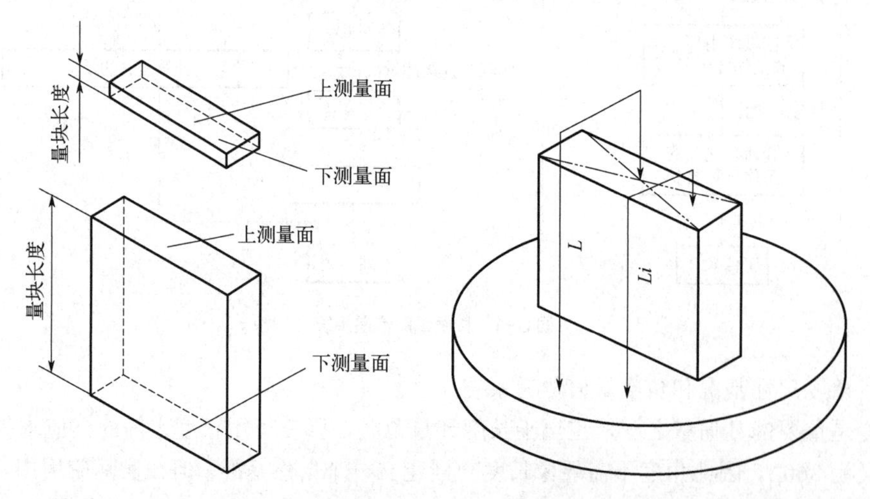

图 3-3 量块几何特征与尺寸

量块一个测量面上任意一点的量块长度，定为量块的任意点长度，如图 3-3 所示的 *Li*。量块一个测量面上中心点的量块长度，定为量块的中心长度，如图 3-3 所示的 *L*，它也是量块的标称长度。标称长度小于 10mm 的量块，其截面尺寸为 30mm×9mm；标称长度为 10～1000mm 的量块，其截面尺寸为 35mm×9mm。

（3）量块的可黏合性

量块有可黏合特性。用无水酒精或航空汽油把量块测量面擦净，以少许压力把两个量块的测量面相互推合，二者即可牢固地连接起来。此种现象发生的原因是量块测量面经过精密加工，其平面度误差和微观形貌误差都非常小，当表面上留有极薄一层油膜（约 0.02nm）时，在推合作用下，分子之间的吸力使得量块黏合在一起。这种粘合特性极大扩展了量块的应用，使得在一定范围内，可根据需要将不同工作尺寸的量块组合起来。

为能用较少的块数组合成需要的尺寸，量块应按一定的尺寸系列成套生产供应。GB/T 6093—2001《几何量技术规范（GPS）长度标准 量块》中共规定了量块系列有 91 块、83 块、46 块、38 块、10 块……共 17 种系列的成套量块。成套量块的级别、尺寸系列、间隔和块数见表 3-1。

表 3-1 成套量块尺寸表

套别	总块数	级别	尺寸系列/mm	间隔/mm	块数
1	91	00，0，1	0.5		1
			1		1
			1.001，1.002，…，1.009	0.001	9
			1.01，1.02，…，1.49	0.01	49
			1.5，1.6，…，1.9	0.1	5
			2.0，2.5，…，9.5	0.5	16
			10，20，…，100	10	10
2	83	00，0，1	0.5		1
		2，（3）	1		1
			1.005		1
			1.01，1.02，…，1.49	0.01	49
			1.5，1.6，…，1.9	0.1	5
			2.0，2.5，…，9.5	0.5	16
			10，20，…，100	10	10
3	46	0，1，2	1		1
			1.001，1.002，…，1.009	0.001	9
			1.01，1.02，…，1.09	0.01	9
			1.1，1.2，…，1.9	0.1	9
			2，3，…，9	1	8
			10，20，…，100	10	10
4	38	0，1，2	1		1
		（3）	1.005		1
			1.01，1.02，…，1.09	0.01	9
			1.1，1.2，…，1.9	0.1	9
			2，3，…，9	1	8
			10，20，…，100	10	10
5～16	…	…	…	…	…
17	10	00，0，1	1，1.001，…，1.009	0.001	10

组合量块成一定尺寸时，为了迅速选择量块，应从所给尺寸的最后一位数字考虑，每选一块应使尺寸的位数减小一位，其余依此类推。

为减少量块组合的累积误差，应尽量用最少数量的量块组成所需的尺寸，通常不多于4～5块。

例 3-1 试用83块套别和38块套别的两套量块组成59.995mm的尺寸。

解：①用83块一套的量块

59.995
−)1.005　第一块量块尺寸
58.99
−)1.49　第二块量块尺寸
57.5
−)7.5　第三块量块尺寸
50　第四块量块尺寸

② 用38块一套的量块

59.995
−)1.005　第一块量块尺寸
58.99
−)1.09　第二块量块尺寸
57.9
−)1.9　第三块量块尺寸
56
−)6　第四块量块尺寸
50　第五块量块尺寸

由上例可以看出，用83块套别的要比用38块套别的量块好。

（4）量块的精度

量块的精度虽然很高，但其测量面亦非理想平面，两测量面也非绝对平行。为满足不同应用场合对量块精度的要求，GB/T 6093—2001把量块按制造精度分为0、1、2、3和K级，其中0级精度最高，3级精度最低，K级为校准级。按级使用时，各级量块的标称长度偏差（极限偏差）和长度变动量的允许值见表3-2。

表 3-2 各级量块的精度指标

		量块制造精度									
		K级		0级		1级		2级		3级	
		①	②	①	②	①	②	①	②	②	②
大于	至	允许值/μm									
0.5	10	0.20	0.05	0.12	0.10	0.20	0.16	0.45	0.30	1.00	0.50
10	25	0.30	0.05	0.14	0.10	0.30	0.16	0.60	0.30	1.20	0.50
25	50	0.40	0.06	0.20	0.10	0.40	0.18	0.80	0.30	1.60	0.55
50	75	0.50	0.06	0.25	0.12	0.50	0.18	1.00	0.35	2.00	0.55
75	100	0.60	0.07	0.30	0.12	0.60	0.20	1.20	0.35	2.50	0.60
100	150	0.80	0.08	0.40	0.14	0.80	0.20	1.60	0.40	3.00	0.65
150	200	1.00	0.09	0.50	0.16	1.00	0.25	2.00	0.40	4.00	0.70
200	250	1.20	0.10	0.60	0.16	1.20	0.25	2.40	0.45	5.00	0.75

续表

		量块制造精度									
		K级		0级		1级		2级		3级	
		①	②	①	②	①	②	①	②	②	②
大于	至	允许值/μm									
250	300	1.40	0.10	0.70	0.18	1.40	0.25	2.80	0.50	6.00	0.80
300	400	1.80	0.12	0.90	0.20	1.80	0.30	3.60	0.50	7.00	0.90
400	500	2.20	0.14	1.10	0.25	2.20	0.35	4.40	0.60	9.00	1.00
500	600	2.60	0.16	1.30	0.25	2.60	0.40	5.00	0.70	11.00	1.10

分级的主要依据是量块长度的极限偏差、量块长度的变动允许值、测量面的平行度精度、量块的研合性及测量面粗糙度等，如图3-4所示。量块按检定精度分为6等，即1、2、3、4、5、6等，其中1等精度最高。分等的主要依据是量块中心长度测量的极限误差和平面平行性的极限误差。

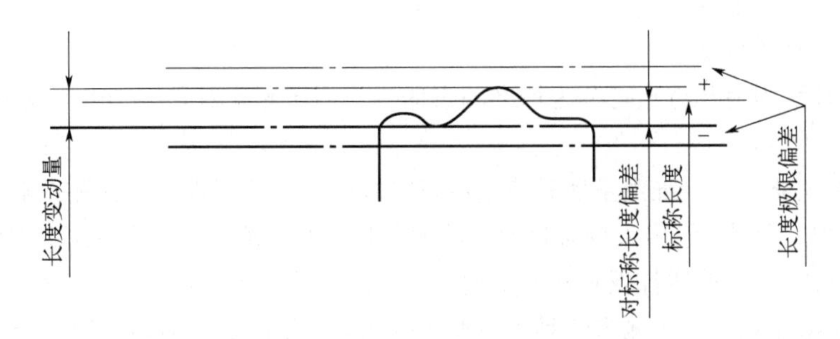

图3-4 量块的长度极限偏差和长度变动量

为了扩大量块的应用范围，可采用量块附件，量块附件中主要是夹持器和各种量爪，如图3-5（a）所示。量块及其附件装配后，可用于测量外径、内径或作精密划线等，如图3-5（b）所示。

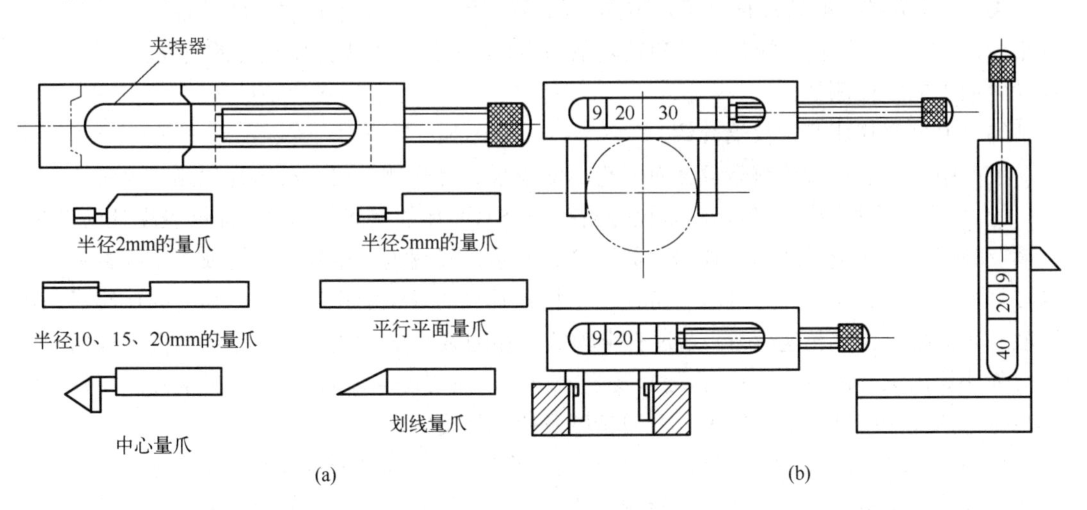

图3-5 量块附件及其应用

（5）量块的使用方法

量块的使用方法可分为按“级”使用和按“等”使用两种。

① 按“级”使用，是以量块的标称尺寸为工作尺寸，不计量块的制造误差和磨损误差，精度不高，但使用方便。

② 按“等”使用，是用经检定后的量块的实测值作为工作尺寸，它不包含量块的制造误差，因此提高了测量精度，但使用不够方便。

拓展阅读：量块使用注意事项

3.3 测量工具与测量方法

3.3.1 测量器具的分类

（1）测量器具

直接或间接测量被测对象的测量工具（量具）、测量仪器（量仪）和其他用于测量目的的测量装置统称为测量器具。

（2）测量器具的分类

测量器具按照用途和特点可分为标准测量器具、通用测量器具、专用测量器具和测量装置四类。

① 标准测量器具　标准测量器具是指测量时以固定形式复现量值的测量器具。这种量具通常只有某一固定尺寸，常用来校对和调整其他测量器具，或作为标准与被测工件进行比较。如量块、直角尺、各种曲线样板和标准量规。

② 通用测量器具　通用测量器具是指通用性大，可测量某一范围内的任一尺寸（或其他几何量），并能获得具体读数值的测量器具。

拓展阅读：通用测量器具的分类

③ 专用测量器具　专用测量器具是指专门用来测量某种特定参数的测量器具，如圆度仪、渐开线检查仪、丝杠检查仪、极限量规等。

④ 测量装置　测量装置是确定被测几何量值所需的测量器具和辅助设备的集合，它能够测量较多的几何量和较复杂的零件，有助于实现测量过程的自动化，如连杆、滚动轴承中的零件测量。

（3）典型现代化测量仪器介绍

生产中常用的现代化测量仪器有三坐标测量仪、激光测量仪、机器视觉测量仪等。

① 三坐标测量仪　三坐标测量仪是指在一个六面体的空间范围内，能够表现几何形状、长度及圆周分度等测量能力的仪器，如图 3-6 所示，又称为三坐标测量机或三坐标量床。三坐标测量仪又可定义为“一种具有可在三个相互垂直的导轨上作三个方向移动的探测器，以接触或非接触等方式传递信号，通过三个轴的位移测量系统（如光栅尺），经数据处理器或计算机等计算出工件的各点（x，y，z）及各项功能，而实现测量的仪器”。三坐标测量仪的测量功能包括尺寸精度、定位精度、几何精度及轮廓精度等。

② 激光测量仪　激光测量仪是一种涉及激光技术、光学、精密机械、电子学、自动控制和计算机等多学科技术的现代光电检测仪器，可以对位移、厚度、振动、距离、直径等几何参数进行高精度测量。激光有直线度好的优良特性，相对于超声波有更高的精度；同时，其属于非接触测量，对被测物无损伤，便于测量一些不能接触的产品的尺寸。

按照测量原理，测量方法分为激光三角测量法和激光回波分析法。如图 3-7 所示，激光三角测量法通过激光发射器的镜头将可见红色激光射向被测物体表面，激光经物体表面散射后通过接收器镜头被内部的 CCD 线性相机接收。根据距离的不同，CCD 线性相机可以在不同的角度下“看见”这个光点。根据这个角度及已知的激光发射器和相机之间的距离，数字信号处理器就能计算出传感器和被测物体之间的距离。采取激光三角测量法的激光位移传感器的最高线性度可达 1μm，分辨率更是可达到 0.1μm 的水平。如图 3-8 所示，采用激光回波分析原理来测量时，通过激光发射器每秒发射一百万个激光脉冲到检测物并返回至接收器，处理器计算激光脉冲遇到检测物并返回至接收器所需的时间，以此计算出距离值，该输出值是将上千次的测量结果进行平均后的输出。激光回波分析法适合于长距离检测，最远检测距离可达 250m。

图 3-6　三坐标测量仪

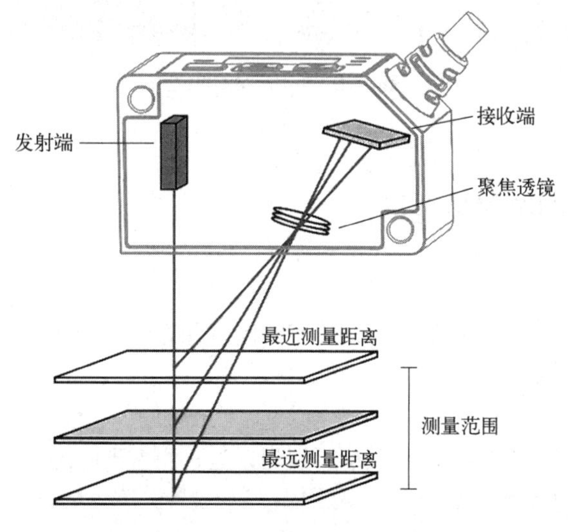

图 3-7　激光三角测量法原理

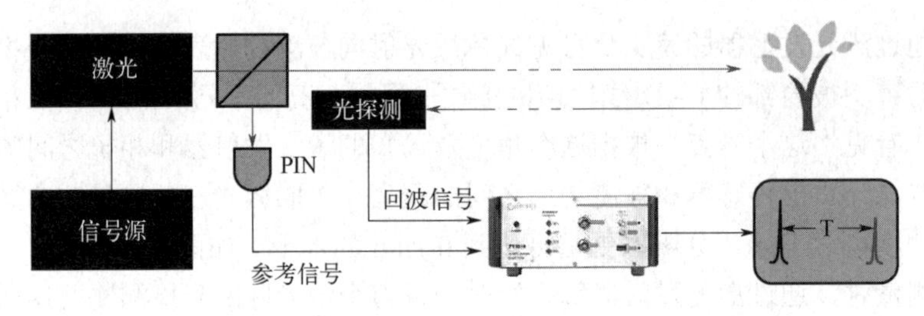

图 3-8 激光回波分析法原理

③ 机器视觉测量仪 机器视觉测量仪（或称数字近场摄影测量仪）是一种立体视觉测量技术，如图 3-9 所示。利用 CCD 摄像机可以获得三维物体的二维图像，即能实现实际空间坐标系与摄像机平面坐标系之间的透视变换。通过由多个摄像机从不同方向拍摄的两帧（或两帧以上）的二维图像，即可综合测出物体的三维曲面轮廓或三维空间点位、尺寸。这种非接触测量方法既可以避免对被测对象的损坏又适合被测对象不可接触的情况，如处于高温、高压、流体、危险环境等场合。并且，机器视觉系统可以同时对多个尺寸一起测量，实现了测量工作的快速完成，适于在线测量。而对于微小尺寸的测量，机器视觉系统可以利用高倍镜头放大被测对象，使得测量精度达到微米以上，以进行细微的尺寸测量，如晶圆测量、芯片测量等。

图 3-9 机器视觉测量仪

3.3.2 测量器具的技术性能指标

拓展阅读：基本度量指标

（1）度量指标

度量指标是选择和使用测量器具、研究和判断测量方法正确性的依据，是表征测量器具的性能和功用的指标。

拓展阅读：精度特征指标

（2）精度特征指标

精度特征指标包括示值误差、校正值、回程误差、测量不确定度、重复精度、测量力、示值稳定性等。

3.3.3 测量方法及其分类

被测对象的结构特征和测量要求在很大程度上决定了测量方法。广义的测量方法是指测量时所采用的方法、计量器具和测量条件的综合。但在实际工作中，往往单纯从获得测量结果的方式来理解测量方法。按照不同的出发点，测量方法有不同的分类。

（1）按实测几何量是否为被测量来分类

① 直接测量 凡是被测的量,可直接由量具或计量仪器的读数装置上读得的测量方法称为直接测量。例如，用游标卡尺测量轴的直径。

② 间接测量 测量与被测量有一定函数关系的其他参数，然后通过函数关系算出被测量的测量方法。例如，欲测两孔的孔心距 L，如图 3-10 所示，可先测出 L_1 和 L_2 然后算出孔心距：

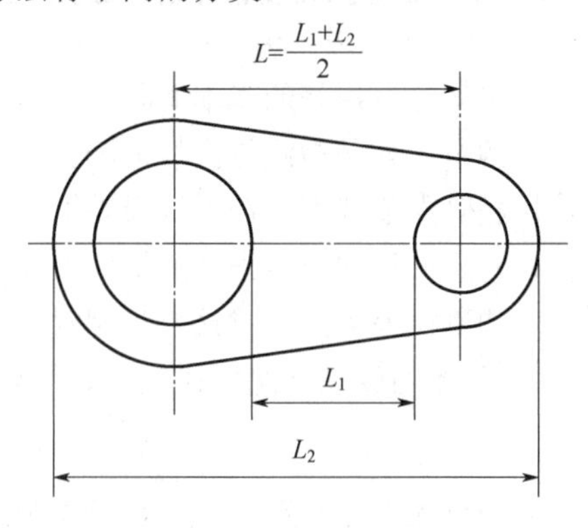

图 3-10 间接测量

（2）按测量时是否与标准器比较来分类

① 绝对测量 测量时,被测量的全值可以直接从计量器具的读数装置上获得。例如，用测长仪测量轴颈。

② 相对测量 测量时，先用标准器调整计量器具的零位，然后再把被测件放进去测量，由计量仪器的读数装置上读出被测量相对于标准器的偏差。

例如，用量块调整比较仪测量轴的直径，被测量值等于计量仪器所示偏差值与标准量值的代数和。相对测量又称比较测量。

一般而言，相对测量比绝对测量的精度要高一些。

（3）按零件上同时测得被测参数的多少来分类

① 单项测量 对工件上的各个被测几何量分别进行测量。如用公法线千分尺测量齿轮的公法线长度变动，用跳动仪测量齿轮的齿圈径向跳动等。

② 综合测量 综合测量是指同时测量零件几个相关参数得到综合效应或综合参数,以判断综合结果是否合格。例如，用齿距仪测量齿轮的齿距累积误差，实际上反映的是齿轮的公法线长度变动和齿圈径向跳动两种误差的综合结果；或者，用螺纹通规检验螺纹的作用中径实际反映的是螺纹中径尺寸误差、螺纹形状误差、螺纹表面质量、测量工具误差以及其他因素的综合结果。

综合测量的效率比单项测量高，对保证零件的互换性更为可靠，常用于零件的检验，即只需要判断零件合格与否，而不需要得到具体的测得值的场合。而单向测量则能分别确定每一被测参数的误差，一般用于刀具与量具的测量、废品分析及工序检验等，便于分析工艺指标。

3.3.4 测量原则

拓展阅读：测量原则

为了获得正确、可靠的测量结果，在测量过程中，要注意应用并遵循有关测量原则，阿贝原则、基准统一原则、最短测量链原则、最小变形原则、封闭原则和重复原则等都是其中比较重要的原则和公理。

3.4 测量误差与数据处理

3.4.1 测量误差及其产生的原因

（1）测量误差的基本概念

测量误差是指测得值与被测量的真值之差。一般说来，真值难以得到，在实际测量中，常用相对真值或不存在系统误差情况下的算术平均值来代替真值。例如，用量块检定千分尺时，对千分尺的示值来说，量块的尺寸就可作为约定真值。

测量误差可用绝对误差和相对误差来表示。

① 绝对误差　绝对误差 Δ 是指被测量的实际值 x 与其真值 μ_0 之差，即：

$$\Delta = x - \mu_0 \tag{3-2}$$

绝对误差是代数值，即它可能是正值、负值或零。

例如，用外径千分尺测量某轴的直径，若测得的实际直径为 35.005mm，而用高精度量仪测得的结果为 35.012mm（可看作约定真值），则用千分尺测得的实际直径的绝对误差为 Δ=35.005−35.012=−0.007mm。

② 相对误差　相对误差 ϵ 是指绝对误差的绝对值与被测量的真值（或用约定测得值 x_i 代替真值）之比，即：

$$\varepsilon = \frac{|\Delta|}{\mu_0} \times 100\% \approx \frac{|\Delta|}{x_i} \times 100\% \tag{3-3}$$

则上述测量的相对误差为：

$$\varepsilon = \frac{|-0.007|}{35.012} \times 100\% = 0.02\%$$

当被测量的大小相同时，可用绝对误差的大小来比较测量精度的高低。而当被测量的大小不同时，则用相对误差的大小来比较测量精度的高低。例如，有（100±0.008）mm 和（80±0.007）mm 两个测量结果。倘若用绝对误差进行比较，则无法判断测量精度高低，这就需要用相对误差进行比较。有：

$$\varepsilon_1 = \frac{0.008}{100} \times 100\% = 0.008\%$$

$$\varepsilon_2 = \frac{0.007}{80} \times 100\% = 0.00875\%$$

可见，前者的测量精度较后者高。

在长度测量中，相对误差应用比较少，通常所说的测量误差是指绝对误差。

（2）测量误差的来源

在测量过程中产生误差的原因很多，主要的误差来源如下。

① 计量器具的误差　计量器具误差是指计量器具本身的误差。计量器具误差的来源十分

复杂，它与计量器具的结构设计、制造和安装调试不良等许多因素有关，主要反映在示值误差和测量的重复性上。

拓展阅读：计量器具误差来源

② 测量方法误差　测量方法的误差是指采用近似测量方法或测量方法不当而引起的测量误差。例如，用V形块和指示计（如千分表、测微仪等）测量圆度误差时，取指示计的最大和最小读数之差作为圆度误差；用测量径向圆跳动的方法测量同轴度误差；用π尺测量大型零件的外径（测量圆周长 S，按 $d=S/\pi$ 算得平均直径，当被测截面轮廓存在较大椭圆形状误差时，可能出现最大和最小实际直径已超出，但平均直径仍合格的情况，从而做出错误判断）；测量圆柱表面的素线直线度误差代替测量轴线直线度误差等。

③ 环境条件误差　环境条件误差是指测量时的环境条件不符合测量要求的标准条件而引起的测量误差。测量环境的温度、湿度、气压、振动和灰尘等都会引起测量误差。这些影响测量误差的诸因素中，温度的影响是主要的，而其余的各因素一般在精密测量时才予以考虑。例如，在长度测量中，特别是在测量大尺寸零件时，温度的影响尤为明显；当温度变化时，因被测件、量仪和基准件的材料不同，其线胀系数也不同，这将产生一定的测量误差。

④ 人为误差　人为引起的测量误差常指测量者的估计判断误差、眼睛分辨能力误差、斜视误差等。

3.4.2 测量误差的分类

为提高测量精度就必须减小测量误差，而要减小测量误差，就必须了解和掌握测量误差的性质及其规律。根据误差的性质和出现规律，可将测量误差分为系统误差、随机误差和粗大误差三类。

（1）系统误差

系统误差是指在一定测量条件下，对某一被测几何量进行多次重复测量时，误差的绝对值和符号保持不变或按一定规律变化的测量误差。前者称为定值（或已定）系统误差，后者称为变值（或未定）系统误差。例如，在光学比较仪上用相对测量法测量轴的直径时，按量块的标称尺寸调整光学比较仪的零点，由量块的制造误差引起的测量误差就是定值系统误差，而千分表指针的回转中心与刻度盘上各条刻线中心的偏心所产生的示值误差则是变值系统误差。

在测量过程中，应尽量消除或减小系统误差，以提高测量结果的正确度。

拓展阅读：系统误差消除方法

（2）随机误差

随机误差是指在一定的测量条件下，对同一被测量连续多次测量时，绝对值和符号以不可预见方式变化的误差。对于随机误差，虽然每次测量所产生的误差的绝对值和符号不能预料，但若以足够多的次数重复测量，随机误差的总体将服从一定的统计规律。

拓展阅读：随机误差的特性与分布

随机误差是由测量过程中未加控制又不起显著作用的多种随机因素引起的。这些随机因素包括温度波动、测量力变动、量仪中油膜变化、传动件之间的摩擦力变化及人员读数时的视差等。

随机误差是难以消除的。但可用概率论和数理统计的方法，估算随机误差对测量结果的影响程度，并通过对测量数据的适当处理减小其对测量结果的影响程度。

（3）粗大误差

粗大误差（简称粗误差）又称过失误差，它是指超出在一定测量条件下预计的测量误差。粗大误差是由某些不正常的原因造成的。例如，测量者粗心大意造成读数错误或记录错误，被测零件或计量器具的突然振动等。因粗大误差会明显歪曲测量结果，因此要从测量数据中将粗大误差剔除。

判断是否存在粗大误差，以随机误差的分布范围为依据，凡超出规定范围的误差，就可视为粗大误差。例如，对服从正态分布的等精度的多次测量结果，测得值的残差绝对值超出 $\pm 3\sigma$ 的概率仅为 0.27%，因此可按 3σ 准则剔除粗大误差。

3σ 准则又称拉依达准则。对服从正态分布的误差，应计算标准偏差的估计值 S，然后用 $3S$ 作为准则来检查所有的残余误差 υ_i。若某一个或若干个 $|\upsilon_i| > 3S$，则该残差（或若干个残差）为粗大误差，相对应的测量值应从测量列中剔除。然后将剔除了粗大误差的测量列重新计算标准偏差 S，再根据新计算出的残余误差进行判断，直到无粗大误差为止。

3.4.3 测量精度的分类

前面讨论了随机误差和系统误差的特性及其对测量结果的影响。在实际测量过程中，常用测量精度来描述测量误差的大小。测量精度是指测得值与其真值的接近程度。而测量误差是指测得值与其真值的差别量。它和测量误差是从两个不同角度说明同一概念的术语。测量误差越大，则测量精度就越低；反之，则测量精度就越高。为反映不同性质的测量误差对测量结果的不同影响，测量精度可分为以下几类。

① 精密度　指在一定条件下进行多次测量时，各测得值的一致程度。它表示测量结果中随机误差的大小，即随机误差越小，精密度越高；反之，精密度越低。

② 正确度　指在一定条件下进行多次测量时，各测得值的平均值与其真值的一致程度。它表示测量结果中定值系统误差的大小，定值系统误差越小，正确度越高。

③ 准确度　指在一定条件下进行多次测量时，各测得值与其真值的一致程度。它表示系统误差和随机误差的综合影响。

测量精度和测量误差的概念可用如图 3-11 所示的打靶例子加以说明。图 3-11（a）表示随机误差小而系统误差大，即精密度高，正确度低；图 3-11（b）表示随机误差大而系统误差小，即精密度低，正确度高；图 3-11（c）表示随机误差和系统误差均较大，即精密度和正确度均较低；图 3-11（d）表示随机误差和系统误差都小，即准确度高。

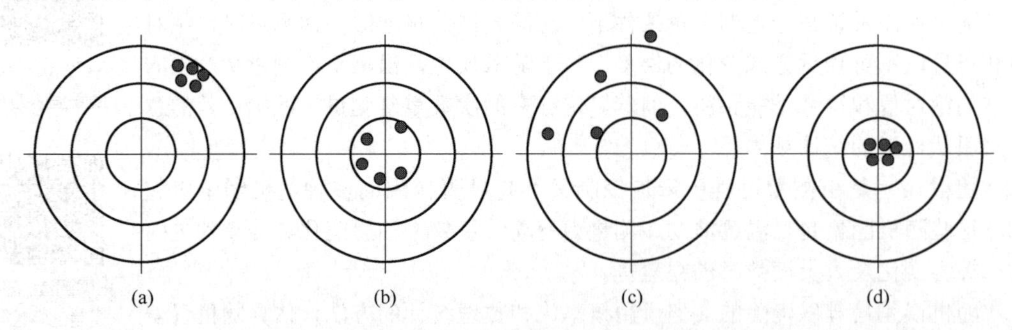

图 3-11　靶示测量精度与测量误差

3.4.4　测量列的数据处理

（1）直接测量数据的处理

在测得值中，可能含有系统误差、随机误差和粗大误差，为获得可靠的测量结果，应对这些测量数据进行以下处理。

Ⅰ：对于粗大误差应剔除。

Ⅱ：对于已定系统误差按代数和合成，即：

$$\Delta_{总,系}=\sum_{i=1}^{n}\Delta_{i,系} \tag{3-4}$$

式中　$\Delta_{总,系}$——测量结果总的系统误差；

$\Delta_{i,系}$——各误差来源的系统误差。

Ⅲ：对于服从正态分布、彼此独立的随机误差和未定系统误差，按方和根法合成，即：

$$\Delta_{总,\lim}=\sqrt{\sum_{i=1}^{n}\Delta_{i,\lim}^{2}} \tag{3-5}$$

式中　$\Delta_{总,\lim}$——测量结果的极限误差；

$\Delta_{i,\lim}$——各误差来源的极限误差。

拓展阅读：单次测量数据处理案例

拓展阅读：多次测量数据处理案例

（2）间接测量数据的处理

间接测量是指测量与被测量有确定函数关系的其他量，并按照这种确定的函数关系通过计算求得被测量。

若令被测量 y 与实际测量的其他有关量 $x_1, x_2, \ldots, x_k$ 的函数表达式为 $y=f\left(x_1、x_2 \ldots、x_k\right)$，则被测量 y 的已定系统误差为：

$$\Delta y=\sum_{i=1}^{k}C_i\Delta x_i$$

式中　Δx_i——各实测量的系统误差；

C_i——各实测量 x_i 对确定函数的偏导数，称为误差传递函数，$C_i=\dfrac{\partial f}{\partial x_i}$。

若各实测量的随机误差服从正态分布，则被测量 y 的极限误差为：

$$\Delta_{y,\lim}=\sqrt{\sum_{i=1}^{k}C_i^2\Delta_{i,\lim}^{2}}$$

式中　$\Delta_{i,\lim}$——各实测量的极限误差。

拓展阅读：间接测量数据处理案例

3.5　通用测量器具的选择

3.5.1　验收极限和安全裕度

（1）验收原则

工件尺寸的检测是使用普通计量器具来测量尺寸，并按规定的验收极限判断工件尺寸是否合格的过程，是兼有测量和检验两种特性的综合鉴别过程。

由于存在测量误差，测量孔和轴所得的实际尺寸并非真实尺寸，即真实尺寸=测得的实际尺寸+测量误差。在生产中，特别是在批量生产时，一般不可能采用多次测量取平均值的办法来减小随机误差以提高测量精度，也不会对温度、湿度等环境因素引起的测量误差进行修正，通常只进行一次测量来判断工件尺寸是否合格。因此，若根据实际尺寸是否超出极限尺寸来判断其合格性，即以孔、轴的极限尺寸作为孔、轴尺寸的验收极限，则当测得值在工件上、下极限尺寸附近时，就有可能将真实尺寸处于公差带之内的合格品判为废品，称为误废，或将真实尺寸处于公差带之外的废品判为合格品，称为误收。误收会影响产品质量，误废会造成经济损失。因此，在测量工件尺寸时，必须正确确定验收极限。

为了保证产品质量，GB/T 3177—2009《产品几何技术规范（GPS） 光滑工件尺寸的检验》对验收原则、验收极限、检验尺寸用的计量器具的选择以及仲裁等做出了规定，以保证验收合格的尺寸位于根据零件功能要求而确定的尺寸极限内。该标准适用于使用通用计量器具，如千分尺游标卡尺及车间使用的比较仪、投影仪等量具量仪。

GB/T 3177—2009 规定的验收原则是：所用验收方法应只接收位于规定的尺寸极限之内的工件，即允许有误废而不允许有误收。

（2）验收极限

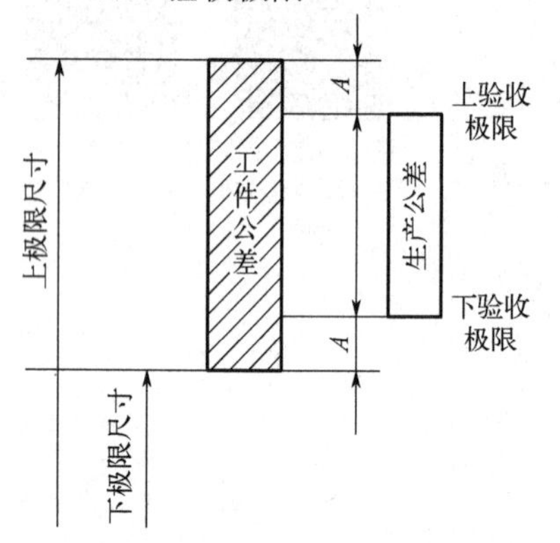

图 3-12 验收极限与安全裕度

为了保证零件既满足互换性要求，又将误废减至最少，国家标准规定了验收极限。

验收极限是判断所检验工件尺寸合格与否的尺寸界限。国家标准规定了两种验收极限方式，并明确了相应的计算公式。

1）内缩的验收极限

内缩的验收极限是从规定的最大实体尺寸（MMS）和最小实体尺寸（LMS）分别向工件公差带内移动一个安全裕度（A）来确定，如图 3-12 所示。

工件上验收极限=上极限尺寸$-A$；

工件下验收极限=下极限尺寸$+A$。

由于验收极限向工件的公差内移动，为了保证验收时合格，在生产时工件不能按原来的极限尺寸加工，应按由验收极限所确定的范围生产，这个范围称为“生产公差”。

生产公差=上验收极限−下验收极限=工件公差$-2A$

2）不内缩的验收极限

不内缩的验收极限等于规定的最大实体尺寸（MMS）和最小实体尺寸（LMS），即安全裕度（A）等于零，如图 3-13 不内缩的验收极限所示。

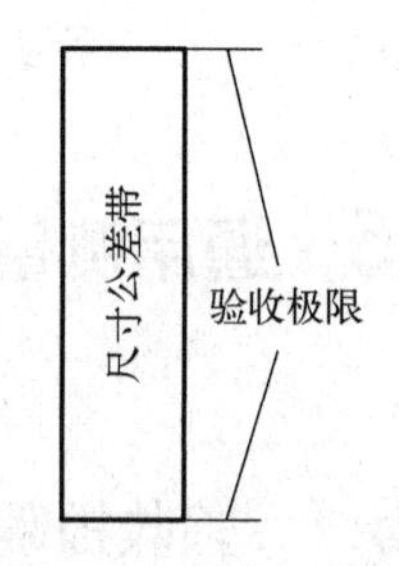

图 3-13 不内缩的验收极限

3）验收极限方式的选择

选择上述哪种验收极限方式，应综合考虑被测工件的不同精度要求、标准公差等级的高低、加工后尺寸的分布特性和工艺能力等因素。具体原则如下。

① 对于遵循包容要求的尺寸和标准公差等级高的尺寸，其验收极限按双向内缩方式确定。

② 当工艺能力指数 $C_p \geqslant 1$ 时，验收极限按不内缩方式确定；但对于采用包容要求的孔、

轴，其最大实体尺寸一边的验收极限按单向内缩方式确定。

工艺能力指数C_p是指工件尺寸公差T与加工工序工艺能力$c \cdot \sigma$的比值。其中，c为常数，σ为工序样本的标准偏差。如果工序尺寸遵循正态分布，则该工序的工艺能力为的6σ，此时$C_p = \dfrac{T}{6\sigma}$。

③ 对于偏态分布的尺寸，其验收极限只对尺寸偏向的一边按单向内缩方式确定。

④ 对于非配合尺寸和未注公差尺寸，其验收极限按不内缩方式确定。

确定工件尺寸的验收极限后，还需正确选择计量器具进行测量。

（3）安全裕度

安全裕度A值选择得大，易于保证产品质量，但生产公差减小过多，误废率相应增大，加工的经济性差；A值选择得小，加工经济性好，但为了保证较小的误收率，就要提高对计量器具精度的要求，带来计量器具选择的困难。因此，国家标准规定A值按工件尺寸公差（T）的1/10确定。

（4）测量的不确定度

由于测量误差的存在，同一真实尺寸的测得值必然有一分散范围，表示测得尺寸分散程度的测量范围称为测量不确定度u_1。也就是说，不确定度用来表征测量结果对真值可能分散的一个区间。它包括以下两个方面的因素。

① 测量器具的不确定度u_1　它包括测量器具内在误差及调整标准器具的不确定度，其允许值$u_1 \approx 0.9A$。

② 其他因素引起的不确定度u_2　主要是由于温度、压陷效应和工件形状误差等因素影响所引起的不确定度，其允许值$u_2 \approx 0.45A$。

按随机误差的合成规则，其误差总不确定度$u = \sqrt{u_1^2 + u_2^2} = \sqrt{(0.9A)^2 + (0.45A)^2} \approx A$。

测量器具不确定度的允许值按测量不确定度（u）与工件公差的比值分档；对IT6～IT11公差等级的分为Ⅰ、Ⅱ、Ⅲ三档；对IT12～IT18公差等级的分为Ⅰ、Ⅱ、两档。测量不确定度的Ⅰ、Ⅱ、Ⅲ三档值分别为工件公差的1/10、1/6、1/4。测量器具不确定度的允许值约为测量不确定度的0.9倍，其三档数值列于表3-3。千分尺和游标卡尺的测量器具不确定度u_1'见表3-4，比较仪的测量器具不确定度u_1'见表3-5，指示表的测量器具不确定度u_1'见表3-6。

3.5.2 通用测量器具的选择

（1）测量器具选择时应考虑的因素

在选择测量器具时，要综合考虑测量器具的技术指标和经济性；在保证工件性能质量的前提下，还要综合考虑加工和检验的经济性。具体考虑时要注意以下事项。

① 选择的测量器具应与被测工件的外形位置、尺寸的大小及被测参数特性相适应，使所选测量器具的测量范围能满足工件的要求。

② 选择测量器具应考虑工件的尺寸公差，使所选测量器具的不确定度既要保证测量精度要求，又要符合经济性要求。

③ 应根据生产类型和要求选择测量器具。一般来说，单件小批量生产时应选用通用量具；大批大量生产时应选用专用量具（如极限量规等），以提高检验效率。

表 3-3 安全裕度（A）与测量器具不确定度（u_1）

公差等级		IT6					IT7					IT8					IT9					IT10					IT11					IT12				IT13			
公称尺寸/mm		T	A	u_1			T	A	u_1			T	A	u_1			T	A	u_1			T	A	u_1			T	A	u_1			T	A	u_1		T	A	u_1	
大于	至			Ⅰ	Ⅱ	Ⅲ			Ⅰ	Ⅱ	Ⅲ			Ⅰ	Ⅱ	Ⅲ			Ⅰ	Ⅱ	Ⅲ			Ⅰ	Ⅱ	Ⅲ			Ⅰ	Ⅱ	Ⅲ			Ⅰ	Ⅱ			Ⅰ	Ⅱ
		单位：μm																																					
-	3	6	0.6	0.54	0.9	1.4	10	1.0	0.9	1.5	2.3	14	1.4	1.3	2.1	3.2	25	2.5	2.3	3.8	5.6	40	4.0	3.6	6.0	9.0	60	6.0	5.4	9.0	14	100	10	9.0	15	140	14	13	21
3	6	8	0.8	0.72	1.2	1.8	12	1.2	1.1	1.8	2.7	18	1.8	1.6	2.7	4.1	30	3.0	2.7	4.5	6.8	48	4.8	4.3	7.2	11	75	7.5	6.8	11	17	120	12	11	18	180	18	16	27
6	10	9	0.9	0.81	1.4	2.0	15	1.5	1.4	2.3	3.4	22	2.2	2.0	3.3	5.0	36	3.6	3.3	5.4	8.1	58	5.8	5.2	8.7	13	90	9.0	8.1	14	20	150	15	14	23	220	22	20	33
10	18	11	1.1	1.0	1.7	2.5	18	1.8	1.7	2.7	4.1	27	2.7	2.4	4.1	6.1	43	4.3	3.9	6.5	9.7	70	7.0	6.3	11	16	110	11	10	17	25	180	18	16	27	270	27	24	41
18	30	13	1.3	1.2	2.0	2.9	21	2.1	1.9	3.2	4.7	33	3.3	3.0	5.0	7.4	52	5.2	4.7	7.8	12	84	8.4	7.6	13	19	130	13	12	20	29	210	21	19	32	330	33	30	50
30	50	16	1.6	1.4	2.4	3.6	25	2.5	2.3	3.8	5.6	39	3.9	3.5	5.9	8.8	62	6.2	5.6	9.3	14	100	10	9.0	15	23	160	16	14	24	36	250	25	23	38	390	39	35	59
50	80	19	1.9	1.7	2.9	4.3	30	3.0	2.7	4.5	6.8	46	4.6	4.1	6.9	10	74	7.4	6.7	11	17	120	12	11	18	27	190	19	17	29	43	300	30	27	45	460	46	41	69
80	120	22	2.2	2.0	3.3	5.0	35	3.5	3.2	5.3	7.9	54	5.4	4.9	8.1	12	87	8.7	7.8	13	20	140	14	13	21	32	220	22	20	33	50	350	35	32	53	540	540	49	81
120	180	25	2.5	2.3	3.8	5.6	40	4.0	3.6	6.0	9.0	63	6.3	5.7	9.5	14	100	10	9.0	15	23	160	16	15	24	36	250	25	23	38	56	400	40	36	60	630	63	57	95
180	250	29	2.9	2.6	4.4	6.5	46	4.6	4.1	6.9	10	72	7.2	6.5	11	16	115	12	10	17	26	185	18	17	28	42	290	29	26	44	65	460	46	41	69	720	72	65	110
250	315	32	3.2	2.9	4.8	7.2	52	5.2	4.7	7.8	12	81	8.1	7.3	12	18	130	13	12	19	29	210	21	19	32	47	320	32	29	48	72	520	52	47	78	810	81	73	120
315	400	36	3.6	3.2	5.4	8.1	57	5.7	5.1	8.4	13	89	8.9	8.0	13	20	140	14	13	21	32	230	23	21	35	52	360	36	32	54	81	570	57	51	80	890	89	80	130
400	500	40	4.0	3.6	6.0	9.0	63	6.3	5.7	9.5	14	97	9.7	8.7	15	22	155	16	14	23	35	250	25	23	38	56	400	40	36	60	90	630	63	57	95	970	97	87	150

表 3-4　千分尺和游标卡尺的测量器具不确定度　　单位：mm

<table>
<tr><td colspan="2" rowspan="2">尺寸范围</td><td colspan="4">测量器具类型</td></tr>
<tr><td>分度值 0.01 的外径千分尺</td><td>分度值 0.01 的内径千分尺</td><td>分度值 0.02 的游标卡尺</td><td>分度值 0.05 的游标卡尺</td></tr>
<tr><td>大于</td><td>至</td><td colspan="4">测量器具不确定度 u_1'</td></tr>
<tr><td>0</td><td>50</td><td>0.004</td><td rowspan="3">0.008</td><td rowspan="6">0.020</td><td rowspan="4">0.05</td></tr>
<tr><td>50</td><td>100</td><td>0.005</td></tr>
<tr><td>100</td><td>150</td><td>0.006</td></tr>
<tr><td>150</td><td>200</td><td>0.007</td><td rowspan="3">0.013</td></tr>
<tr><td>200</td><td>250</td><td>0.008</td><td rowspan="8">0.1</td></tr>
<tr><td>250</td><td>300</td><td>0.009</td></tr>
<tr><td>300</td><td>350</td><td>0.010</td><td rowspan="3">0.020</td><td rowspan="7"></td></tr>
<tr><td>350</td><td>400</td><td>0.011</td></tr>
<tr><td>400</td><td>450</td><td>0.012</td></tr>
<tr><td>450</td><td>500</td><td>0.013</td><td>0.025</td></tr>
<tr><td>500</td><td>600</td><td rowspan="3"></td><td rowspan="3">0.030</td></tr>
<tr><td>600</td><td>700</td></tr>
<tr><td>700</td><td>1000</td><td>0.150</td></tr>
</table>

注：1．当采用比较测量时，千分尺的不确定度可小于本表规定的数值，一般可减小 40%；

2．考虑某些车间的实际情况，当从本表中选用的计量器具不确定度（u_1'）需在一定范围内大于 GB/T 3177—2009 规定的 u_1 值时，需按式 $A'=u_1'/0.9$ 重新计算出相应的安全裕度。

表 3-5　比较仪的测量器具不确定度　　单位：mm

<table>
<tr><td colspan="2" rowspan="2">尺寸范围</td><td colspan="4">所使用的测量器具</td></tr>
<tr><td>分度值为 0.0005（相当于放大 2000 倍）的比较仪</td><td>分度值为 0.001（相当于放大 1000 倍）的比较仪</td><td>分度值为 0.002（相当于放大 400 倍）的比较仪</td><td>分度值为 0.005（相当于放大 250 倍）的比较仪</td></tr>
<tr><td>大于</td><td>至</td><td colspan="4">测量器具不确定度 u_1'</td></tr>
<tr><td></td><td>25</td><td>0.0006</td><td rowspan="2">0.0010</td><td>0.0017</td><td rowspan="6">0.0030</td></tr>
<tr><td>25</td><td>40</td><td>0.0007</td><td rowspan="3">0.0018</td></tr>
<tr><td>40</td><td>65</td><td rowspan="2">0.0008</td><td rowspan="2">0.0011</td></tr>
<tr><td>65</td><td>90</td></tr>
<tr><td>90</td><td>115</td><td>0.0009</td><td>0.0012</td><td rowspan="2">0.0019</td></tr>
<tr><td>115</td><td>165</td><td>0.0010</td><td>0.0013</td></tr>
<tr><td>165</td><td>215</td><td>0.0012</td><td>0.0014</td><td>0.0020</td><td rowspan="3">0.0035</td></tr>
<tr><td>215</td><td>265</td><td>0.0014</td><td>0.0016</td><td>0.0021</td></tr>
<tr><td>265</td><td>315</td><td>0.0016</td><td>0.0017</td><td>0.0022</td></tr>
</table>

注：测量时使用的标准器由 4 块 1 级（或 4 等）量块组成。

表 3-6　指示表的测量器具不确定度　　单位：mm

<table>
<tr><td colspan="2" rowspan="2">尺寸范围</td><td colspan="4">所使用的测量器具</td></tr>
<tr><td>分度值为 0.001mm 的千分表（0 级在全程范围内，1 级在 0.2mm 内）；分度值为 0.002mm 的千分表在 1 转范围内</td><td>分度值为 0.001mm、0.002mm、0.005mm 的千分表(1 级在全程范围内)；分度值为 0.01mm 的百分表（0 级在任意 1mm 内）</td><td>分度值为 0.01mm 的百分表（0 级在全程范围内，1 级在任意 1mm 内）</td><td>分度值为 0.01mm 的百分表（1 级在全程范围内）</td></tr>
<tr><td>大于</td><td>至</td><td colspan="4">测量器具不确定度 u_1'</td></tr>
<tr><td></td><td>25</td><td rowspan="2">0.005</td><td rowspan="2">0.010</td><td rowspan="2">0.018</td><td rowspan="2">0.030</td></tr>
<tr><td>25</td><td>40</td></tr>
</table>

续表

<table>
<tr><td colspan="2" rowspan="2">尺寸范围</td><td colspan="4">所使用的测量器具</td></tr>
<tr><td>分度值为0.001mm的千分表（0级在全程范围内，1级在0.2mm内）；分度值为0.002mm的千分表在1转范围内</td><td>分度值为0.001mm、0.002mm、0.005mm的千分表(1级在全程范围内)；分度值为0.01mm的百分表（0级在任意1mm内）</td><td>分度值为0.01mm的百分表（0级在全程范围内，1级在任意1mm内）</td><td>分度值为0.01mm的百分表（1级在全程范围内）</td></tr>
<tr><td>大于</td><td>至</td><td colspan="4">测量器具不确定度 u_1'</td></tr>
<tr><td>40</td><td>65</td><td rowspan="3">0.005</td><td rowspan="7">0.010</td><td rowspan="7">0.018</td><td rowspan="7">0.030</td></tr>
<tr><td>65</td><td>90</td></tr>
<tr><td>90</td><td>115</td></tr>
<tr><td>115</td><td>165</td><td rowspan="4">0.006</td></tr>
<tr><td>165</td><td>215</td></tr>
<tr><td>215</td><td>265</td></tr>
<tr><td>265</td><td>315</td></tr>
</table>

（2）选择测量器具

为了保证测量的可靠性和量值的统一，国家标准规定：根据测量器具不确定度的允许值选择测量器具。一般情况下，优先选用Ⅰ档，其次选用Ⅱ档、Ⅲ档。选用测量器具时，应使所选器具的测量器具不确定度等于或小于表 3-3 所列测量器具不确定度的允许值，即 $u_1' \leqslant u_1$。

例 3-2 被检验零件尺寸为轴 ϕ65e9Ⓔ，试确定验收极限并选择适当的计量器具。

解：由极限与配合标准中查得：ϕ65e9 的极限偏差为 $\phi 65_{-0.134}^{-0.060}$。

① 确定安全裕度 A 和测量器具不确定度 u_1 由表 3-3 中查得：安全裕度 A=7.4μm，测量器具不确定度 u_1=6.7μm。

② 确定验收极限因为此工件尺寸遵循包容要求，其验收极限应按照内缩的验收极限确定，即：

上验收极限=ϕ(65－0.060－0.0074)mm＝ϕ64.9326 mm

下验收极限=ϕ(65－0.134+0.0074)mm＝ϕ64.8734 mm

③ 选择测量器具。由表 3-5 查得分度值为 0.01mm 的外径千分尺，在尺寸为 50～100mm 范围内，测量器具不确定度 u_1'=0.005mm，因 0.005＜u_1=0.0067mm，故可满足使用要求。

例 3-3 被检验零件为孔 ϕ130H10Ⓔ，工艺能力指数 C_p=1.2，试确定验收极限并选择适当的计量器具。

解：由极限与配合标准中查得：ϕ130H10 的极限偏差为 $\phi 130_{0}^{+0.16}$。

① 确定安全裕度 A 和测量器具不确定度允许值 u_1 由表 3-3 中查得安全裕度 A=16μm，按优先选用Ⅰ档的原则，查得计量器具不确定度允许值 u_1=15μm。

② 确定验收极限因 C_p=1.2＞1，其验收极限可以按不内缩验收极限确定，即 A=0；但因该零件尺寸遵循包容要求，因此其最大实体极限一边的验收极限仍按内缩的验收极限确定，则有：

上验收极限=ϕ(130+0.16)mm=ϕ130.16mm

下验收极限=ϕ(130+0+0.016)mm=ϕ130.016mm

③ 选择测量器具由表 3-4 查得，分度值为 0.01mm 的内径千分尺在尺寸 100～150mm 范围内，测量器具不确定度为 0.008＜u_1=0.015mm，故可满足使用要求。

3.6 光滑极限量规

对尺寸精度的检测除了用通用测量器具外，还可以用极限量规。光滑极限量规是指被测工件为光滑孔或轴时所用到的极限量规的统称。光滑极限量规是一种没有刻度的专用检验工具，它不能确定工件的实际尺寸，只能确定工件尺寸是否处于规定的极限尺寸范围内，以确定零件是否合格，如图 3-14（a）所示。光滑极限量规结构简单，使用方便，检验效率高，并能保证零件的互换性，因此在批量生产中广泛使用。

3.6.1 光滑极限量规的种类及作用

（1）孔用光滑极限量规和轴用光滑极限量规

孔用光滑极限量规称为塞规。塞规分通端（通规）和止端（止规）。通规或通端按被测孔的最大实体尺寸（即孔的下极限尺寸）制造；止规或止端按被测孔的最小实体尺寸（即孔的上极限尺寸）制造，如图 3-14（b）所示。

轴用光滑极限量规称为环规或卡规。环规分通端（通规）和止端（止规）。通规按被测轴的最大实体尺寸（即轴的上极限尺寸）制造；止规按被测轴的最小实体尺寸（即轴的下极限尺寸）制造，如图 3-14（c）所示。

测量时，必须把通规和止规联合使用，只有当通规能够通过被测孔或轴，同时止规不能通过被测孔或轴时，该孔或轴才是合格品。

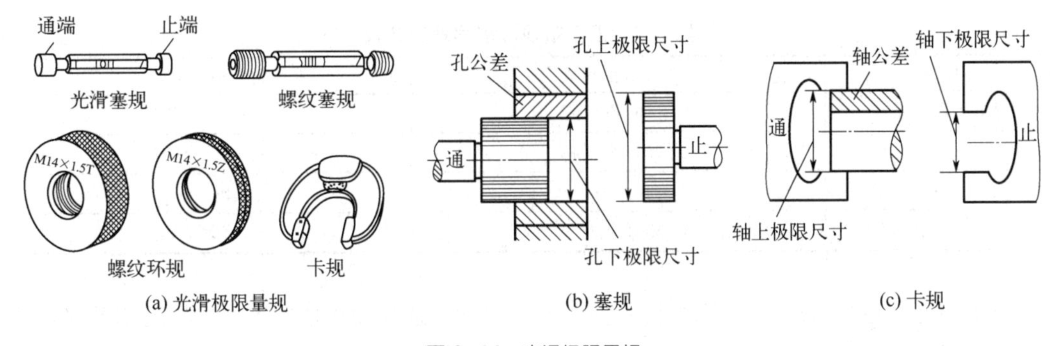

图 3-14 光滑极限量规

（2）光滑极限量规的分类

光滑极限量规按用途可分为以下三类。

① 工作量规：在零件的制造过程中，生产工人用来检验工件的量规。工作量规的通规用代号“T”表示，止规用代号“Z”表示。

② 验收量规：即检验部门或用户代表验收产品时所用的量规。验收量规一般不另行制造，检验人员应该使用与生产工人相同类型且已磨损较多但未超过磨损极限的通规，这样由生产工人自检合格的产品，检验部门验收时也一定合格。

③ 校对量规：是轴用工作量规制造和使用过程中的检验量规。由于轴用工作量规（环

规或卡规）的测量较困难，使用过程中又易变形和磨损，所以必须有校对量规；孔用工作量规（塞规）刚性好、不易变形和磨损，而且用通用测量器具检验方便，所以没有校对量规。

3.6.2 光滑极限量规的公差带

（1）概述

量规和一般零件一样，在制造中存在制造误差，不可能绝对准确地按指定的尺寸制造。量规工作时，也有测量误差。另外，量规作为一种精密的检验工具，使用中通端经常通过被测零件，其工作表面将逐渐磨损以致报废。为使通规有一个合理的使用寿命，还必须留有一适当的磨损储备量。即将通规公差带从最大实体尺寸向工件公差带内缩一段距离。而止规不通过工件，不需要留磨损储备量，即将止规公差带放在工件公差带内紧靠最小实体尺寸处。校对量规也不需要留磨损储备量。

（2）量规公差带

国家标准 GB/T 1957—2006 规定了工作量规、校对量规的公差带，如图 3-15 所示。为了不发生误收的现象，量规的公差带全部安置在被测零件的尺寸公差带之内。其中 T_1 是量规制造公差，Z_1 是位置要素（即通规制造公差带中心到工件最大实体尺寸之间的距离），T_1、Z_1 的大小取决于工件公差的大小。工作量规“通规”的制造公差带对称于 Z 值且在工件的公差带之内，其磨损极限与工件的最大实体尺寸重合。工作量规“止规”的制造公差带从工件的最小实体尺寸起，向工件的公差带内分布。如图 3-15 所示的几何关系，可以得出工作量规上、下极限偏差的计算公式，见表 3-7。

表 3-7 工作量规极限偏差的计算

计算项目	检验孔的量规	检验轴的量规
通端上极限偏差	T_s=EI+Z_1+T_1/2	T_{sd}=es−Z_1+T_1/2
通端下极限偏差	T_i=EI+Z_1−T_1/2	T_s=es−Z_1−T_1/2
止端上极限偏差	Z_s=ES	Z_{sd}=ei+T_1
止端下极限偏差	Z_i=ES−T_1	Z_{id}=ei

通规和止规的极限尺寸可由被检工件的实体尺寸与通规和止规的上、下极限偏差的代数和求得。在图样的标注中，考虑到利于制造加工，量规通、止端工作尺寸的标注推荐采用入体原则，即塞规按轴的公差 h 标上、下极限偏差；卡规（环规）按孔的公差 H 标上、下极限偏差。

（3）量规公差值

通规的公差是由制造公差和磨损公差组成。制造公差的大小决定了量规制造的难易程度，而磨损公差的大小决定了量规的使用寿命。止规通常不通过被测工件，很少磨损，因此不规定其磨损公差。

国家标准 GB/T 1957—2006 规定了检验公称尺寸至 500mm，公差等级为 IT6～IT14 的孔和轴的工作量规的制造公差 T 和位置要素 Z 值，如表 3-8 所示。

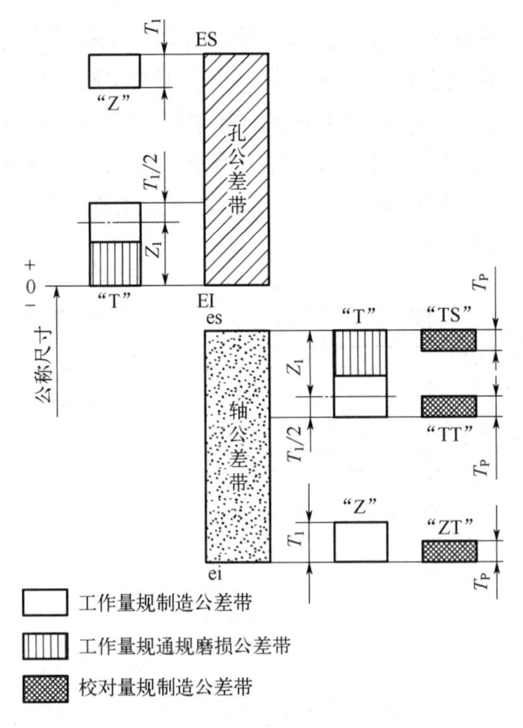

图 3-15　量规的公差带分布

表 3-8　光滑极限量规的尺寸公差 T_1 和位置要素 Z_1 值

工件基本尺寸/mm	IT6		IT7		IT8		IT9		IT10		IT11		IT12		IT13		IT14		IT15		IT16	
	T_1	Z_1	T_1	Z_1	T_1	Z_1	T_1	Z_1	T_1	Z_1	T_1	Z_1	T_1	Z_1	T_1	Z_1	T_1	Z_1	T_1	Z_1	T_1	Z_1
	单位：μm																					
～3	1	1	1.2	1.6	1.6	2	2	3	2.4	4	3	6	4	9	6	14	9	20	14	30	20	40
3～6	1.2	1.4	1.4	2	2	2.6	2.4	4	3	5	4	8	5	11	7	16	11	25	16	35	25	50
6～10	1.4	1.6	1.8	2.4	2.4	3.2	2.8	5	3.6	6	5	9	6	13	8	20	13	30	20	40	30	60
10～18	1.6	2	2	2.8	2.8	4	3.4	6	4	8	6	11	7	15	10	24	15	35	24	50	35	75
18～30	2	2.4	2.4	3.4	3.4	5	4	7	5	9	7	13	8	18	12	28	18	40	28	60	40	90
30～50	2.4	2.8	3	4	4	6	5	8	6	11	8	16	10	22	14	34	22	50	34	75	50	110
50～80	2.8	3.4	3.6	4.6	4.6	7	6	9	7	13	9	19	12	26	16	40	26	60	40	90	60	130
80～120	3.2	3.8	4.2	5.4	5.4	8	7	10	8	15	10	22	14	30	20	46	30	70	46	100	70	150
120～180	3.8	4.4	4.8	6	6	9	8	12	9	18	12	25	16	35	22	52	35	80	52	120	80	180
180～250	4.4	5	5.4	7	7	10	9	14	10	20	14	29	18	40	26	60	40	90	60	130	90	200
250～315	4.8	5.6	6	8	8	11	10	16	12	22	16	32	20	45	28	66	45	100	66	150	100	220
315～400	5.4	6.2	7	9	9	12	11	18	14	25	18	36	22	50	32	74	50	110	74	170	110	250
400～500	6	7	8	10	10	14	12	20	16	28	20	40	24	55	36	80	55	120	80	190	120	280

3.6.3　光滑极限量规的设计

（1）光滑极限量规设计原则

对于要求遵守包容原则的孔和轴，应按极限尺寸判断原则（即泰勒原则）验收。泰勒原则规定：工件的作用尺寸和实际尺寸不能超出最大实体尺寸和最小实体尺寸。因此，光滑极限量规设计时，通规用来控制工件的作用尺寸，止规用来控制工件的实际尺寸。

通规的测量面应是与孔或轴形状相对应的完整表面，其定形尺寸等于零件的最大实体尺寸，且测量长度等于配合长度，如图 3-16（a）所示。因此，通规常称为全形量规。止规的测量面是两点状的，这两点状测量面之间的定形尺寸等于工件的最小实体尺寸，如图 3-16（b）所示。如果量规形状不正确，就会造成误收。

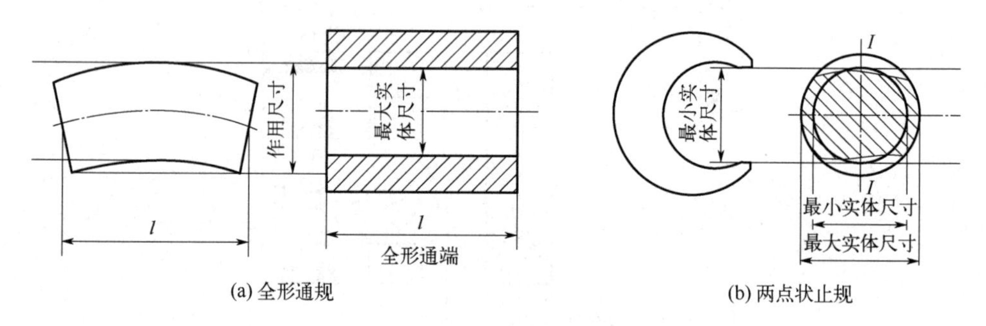

图 3-16 光滑极限量规设计

在量规的实际应用中，往往由于量规制造和使用方面的原因，要求量规的形状完全符合泰勒原则会有困难，有时甚至不能实现，因而不得不使用偏离泰勒原则的量规。为了尽量减少在使用偏离泰勒原则的量规检验时造成的误判，操作量规一定要正确。例如，使用非全形的通端塞规时，应在被检测的孔的全长上沿圆周的几个位置进行检验；使用卡规时，应在被检测轴的配合长度的几个部位以及围绕被检测轴的圆周上的几个位置进行检验。

（2）光滑极限量规设计步骤

光滑极限量规的设计是根据工件图样的要求，设计出能够把工件尺寸控制在允许的公差范围内的适用量规。其设计步骤如下：

① 根据被检测工件的尺寸及结构特点等因素选择量规的结构形式；

② 根据被检工件的公称尺寸和公差等级查出量规的制造公差和位置要素值，画量规公差带图，并计算量规工作尺寸的上、下极限偏差；

③ 确定量规结构尺寸，计算量规工作尺寸，绘制量规工作图、标注尺寸及技术要求。

1）量规的结构形式

GB/T 1957—2006 中列出了不同尺寸范围下的量规形式，如图 3-17 所示。

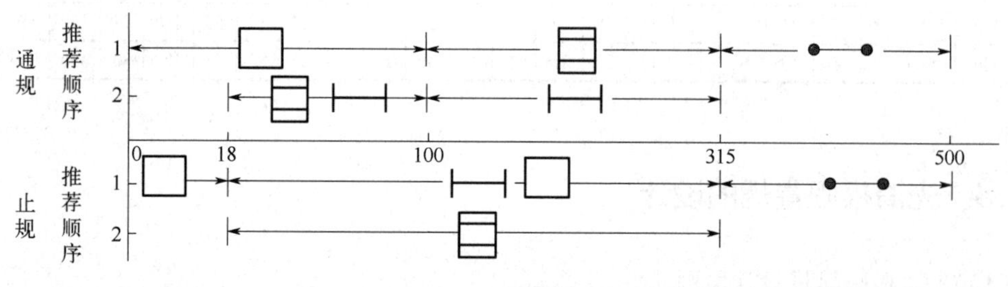

(a) 孔用量规形式和应用尺寸范围

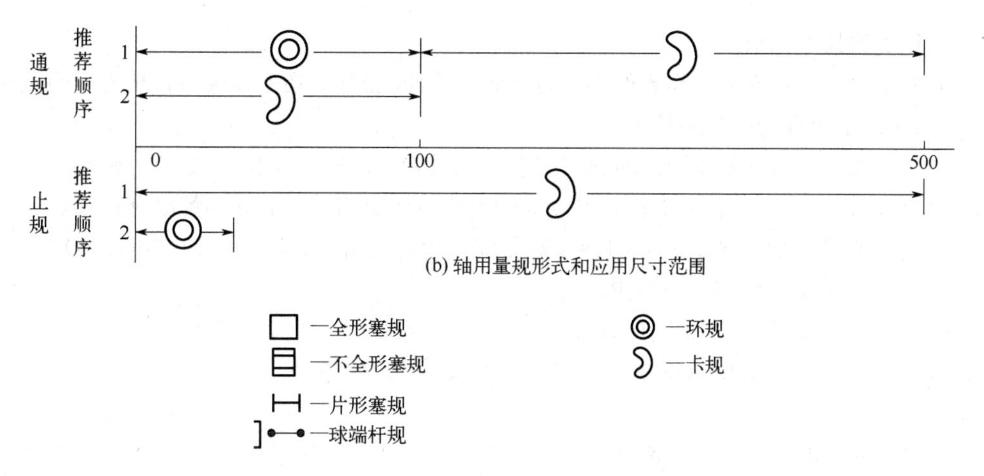

(b) 轴用量规形式和应用尺寸范围

图 3-17　量规形式和应用尺寸

按照国家标准推荐，测孔时可用下列几种形式的量规：锥柄圆柱塞规、单头非全形塞规、片形塞规、球端杆形塞规。常用塞规结构如图 3-18 所示。

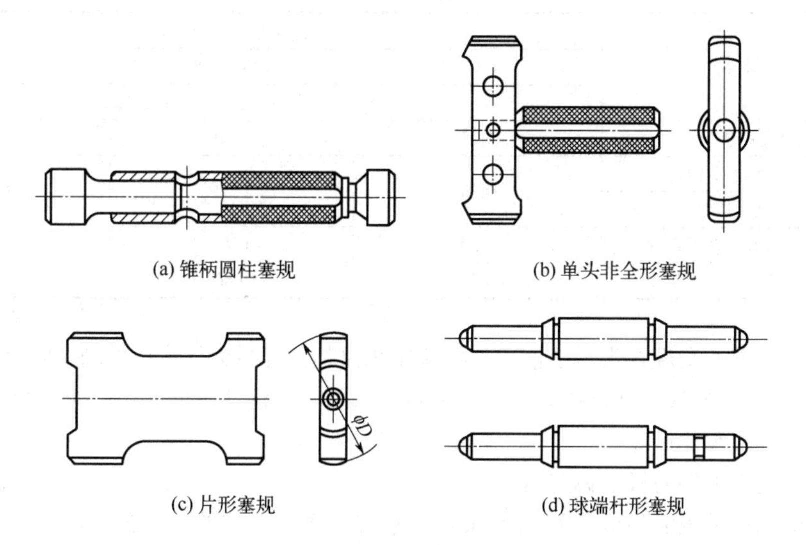

(a) 锥柄圆柱塞规　(b) 单头非全形塞规

(c) 片形塞规　(d) 球端杆形塞规

图 3-18　常用塞规结构

测轴时，可用下列形式的量规，如图 3-19 所示。

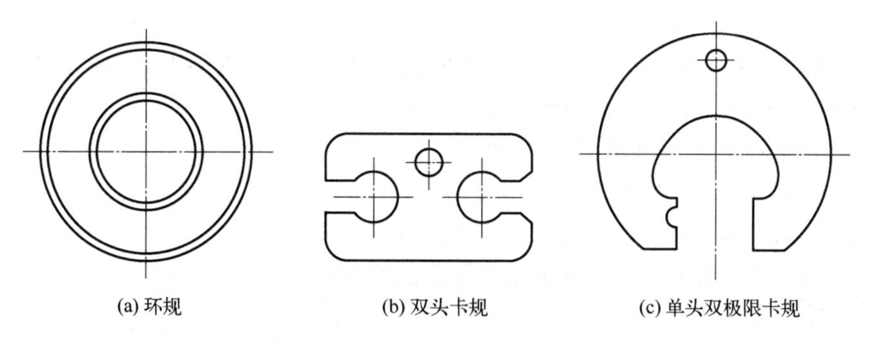
(a) 环规　(b) 双头卡规　(c) 单头双极限卡规

图 3-19　常用环规和卡规结构

2）量规的技术要求

① 外观要求 量规的工作表面不应有毛刺、锈迹、黑斑、划痕等明显影响使用的质量缺陷，其他表面不应有锈蚀和裂纹。

② 材料要求 量规测量面的材料可用合金工具钢、碳素工具钢、渗碳钢、硬质合金及其他耐磨材料，也可在测量表面上镀以厚度大于磨损量的镀铬层、氮化层等耐磨材料。

③ 硬度要求 量规测量表面的硬度对量规使用寿命有一定影响，通常用淬硬钢制造量规，其测量面的硬度应为58～65HRC。

④ 几何公差要求 量规工作表面应遵守包容要求，其几何公差为不大于尺寸公差的50%，但几何公差小于0.001mm时，由于制造和测量都比较困难，因此几何公差都规定选为0.001mm。

⑤ 量规测量面的表面粗糙度要求 这一点主要是从量规使用寿命、工件表面粗糙度及量规制造的工艺水平考虑。一般量规工作面的表面粗糙度要求比被检工件的表面粗糙度要求要严格些，量规测量面的表面粗糙度要求可参照表3-9选用。

表3-9 量规测量面的表面粗糙度 *Ra* 值

工作量规	量规基本尺寸/mm		
	≤120	120～315	315～500
	工作量规测量面的表面粗糙度 *Ra*/μm		
IT6级孔用量规	0.05	0.10	0.20
IT6～IT9级轴用量规 IT7～IT9级孔用量规	0.10	0.20	0.40
IT10～IT12级孔、轴用量规	0.20	0.40	0.80
IT13～IT16级孔、轴用量规	0.40	0.80	0.80

⑥ 其他要求 塞规测头与手柄的连接应牢固可靠。若测头与手柄松动，检验时，测头容易被卡在工件内，导致工件报废。另外，通规（通端）标注T，止规（止端）标注Z。

3）量规工作尺寸计算

① 查出被检工件的极限偏差。

② 查出工作量规的制造公差 T_1 和位置要素 Z_1，确定量规的几何公差。

③ 画出工件和量规的公差带图。

④ 计算量规的极限偏差。

⑤ 计算量规的极限尺寸以及磨损极限尺寸。

例3-4 设计检验 ϕ30H8/f8Ⓔ孔、轴用工作量规。

解：①查公差表和基本偏差表，知 ϕ30H8孔的极限偏差：$\mathrm{ES}=+0.033\mathrm{mm}$，$\mathrm{EI}=0\mathrm{mm}$；$\phi$30f8孔的极限偏差：$\mathrm{es}=-0.020\mathrm{mm}$，$\mathrm{ei}=-0.053\mathrm{mm}$。

② 由表3-8查出工作量规制造公差 T_1 和位置要素 Z_1 值，并确定几何公差。$T_1=0.0034\mathrm{mm}$，$Z_1=0.005\mathrm{mm}$，则 $T_1/2=0.0017\mathrm{mm}$。

③ 画出工件和量规的公差带图，如图3-20所示。

④ 计算量规和极限偏差，并将偏差值标注在图3-20中。

孔用量规通规（T）：

$$上极限偏差=\mathrm{EI}+Z_1+T_1/2=(0+0.005+0.0017)\mathrm{mm}=+0.0067\mathrm{mm}$$

$$下极限偏差 = EI + Z_1 - T_1/2 = (0 + 0.005 - 0.0017)mm = +0.0033mm$$

$$磨损极限偏差 = EI = 0$$

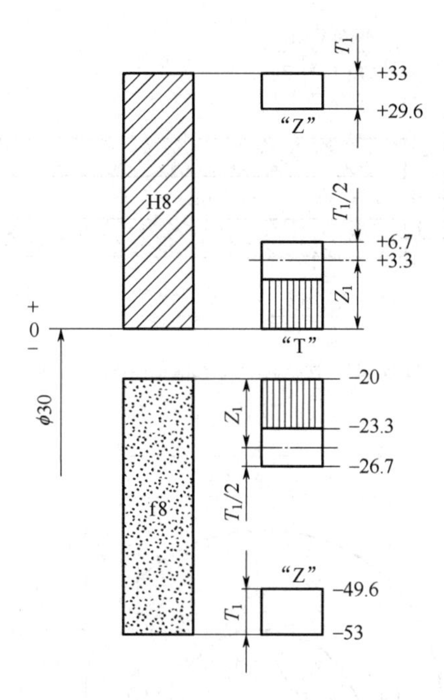

图 3-20 工件和量规的公差带图

孔用量规止规（Z）:

$$上极限偏差 = EI = +0.033mm$$

$$下极限偏差 = EI - T_1 = (+0.033 - 0.0034)mm = +0.0296mm$$

所以，塞规的通规尺寸为 $\phi30^{+0.0067}_{+0.0033}$ mm，按工艺尺寸标注为 $\phi30.0067^{0}_{-0.0034}$ mm。塞规的止规尺寸为 $\phi30^{+0.0330}_{+0.0296}$ mm，按工艺尺寸标注为 $\phi30.033^{0}_{-0.0034}$ mm。

轴用量规通规（T）:

$$上极限偏差 = es - Z_1 + T_1/2 = (-0.020 - 0.005 + 0.0017)mm = -0.0233mm$$

$$下极限偏差 = es - Z_1 - T_1/2 = (-0.020 - 0.005 - 0.0017)mm = -0.0267mm$$

轴用量规止规（Z）:

$$上极限偏差 = ei + T_1 = (-0.053 + 0.0034)mm = -0.0496mm$$

$$下极限偏差 = ei = -0.053mm$$

所以，卡规的通规尺寸为 $\phi30^{-0.0233}_{-0.0267}$ mm，按工艺尺寸标注为 $\phi29.9733^{+0.0034}_{0}$ mm。卡规的止规尺寸为 $\phi30^{-0.0496}_{-0.0530}$ mm，按工艺尺寸标注为 $\phi29.947^{+0.0034}_{0}$ mm。

在使用过程中，量规的通规不断磨损，如塞规通规尺寸可以小于 30.0033mm，但当其尺寸接近磨损极限尺寸 30mm 时，就不能再用作工作量规，而只能转为验收量规使用；当通规尺寸磨损到 30mm 时，通规应报废。

⑤ 按量规的常用形式绘制量规图样并标注工作尺寸。把量规的设计结果通过图样表示出来，为量规的加工制造提供技术依据。本题的孔用量规选用锥柄双头塞规，如图 3-21 检验

ϕ30H8 孔的工作量规工作图所示；轴用量规选用单头双极限卡规，如图 3-22 检验ϕ30f8 孔的工作量规工作图所示。

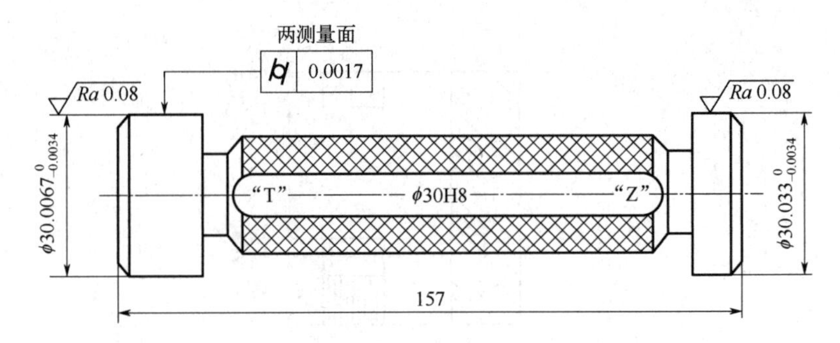

图 3-21 检验ϕ30H8 孔的工作量规工作图

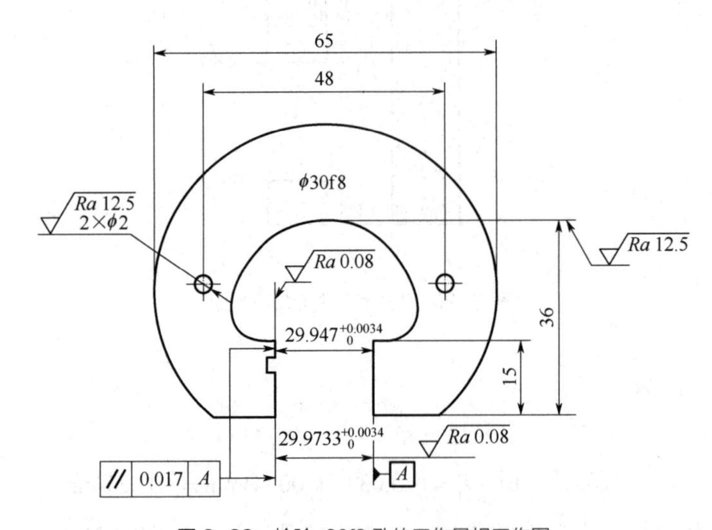

图 3-22 检验ϕ30f8 孔的工作量规工作图

习题与思考题

拓展阅读

一、判断题

1．在测量列中若发现有太大或太小的数值时，直接将它删去即可。（　　）

2．在相对测量（比较测量）中，仪器的示值范围应大于被测尺寸的公差值。（　　）

3．分度值相同的仪器，其精度一定是相同的。（　　）

二、选择题

1．用光滑极限量规检验遵守包容要求的轴时，检验结果能确定该轴（　　）。

A．实际尺寸的大小　　B．形状误差值

B．实际尺寸的大小和形状误差值　　D．合格与否

2．光滑极限量规设计应符合（　　）。

A．独立原则　　B．泰勒原则

C．与理想要素比较原则　　　　　　　D．偏差入体原则

三、实作题

1. 仪器读数在 20mm 处的示值误差为+0.002mm，当用它测量工件时，读数正好是 20mm，试问工件的实际尺寸是多少。

2. 三个量块的标称尺寸和极限误差分别为（20±0.0003）、（1.005±0.0003）、（1.48±0.0003）mm，试计算这三个量块组合后的尺寸和极限误差。

3. 在万能工具显微镜上用影像法测量圆弧样板（见图 3-23），测得弦长 L 为 95mm，弓高 h 为 30mm，测量弦长的测量极限误差 $\Delta_{L,\mathrm{lim}}$ 为±2.5μm，测量弓高的测量极限误差 $\Delta_{h,\mathrm{lim}}$ 为±2μm。试确定圆弧的直径及其极限误差。

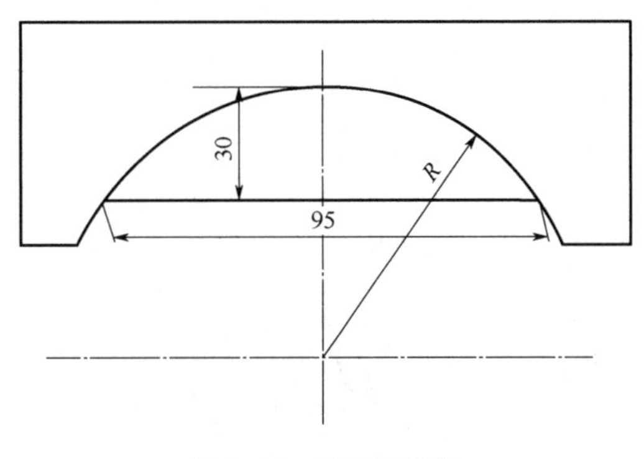

图 3-23 测量圆弧样板

4. 用游标卡尺测量箱体的中心距（见图 3-24），有以下三种测量方案：

① 测量孔径 d_1、d_2 和孔边距 L_1；

② 测量孔径 d_1、d_2 和孔边距 L_2；

③ 测量孔边距 L_1 和 L_2。

若已知它们的测量极限误差 $\Delta_{d_1,\mathrm{lim}} = \Delta_{d_2,\mathrm{lim}} = \pm 40\mu\mathrm{m}$，$\Delta_{L_1,\mathrm{lim}} = \pm 60\mu\mathrm{m}$，$\Delta_{L_2,\mathrm{lim}} = \pm 70\mu\mathrm{m}$，试计算三种测量方案的测量极限误差。

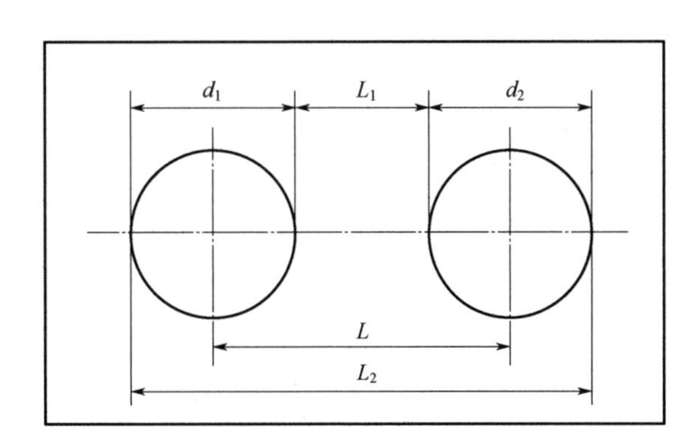

图 3-24 测量箱体的中心距

5. 设计检验 ϕ40H8/f7 孔、轴用工作量规，绘出尺寸公差带图。

四、综合题

1．什么是测量过程的四大要素？

2．阿贝原则的含义是什么？

3．尺寸传递系统有何实际意义？

4．测量误差产生的原因有哪些？

5. 光滑极限量规的通规和止规分别检验工件的什么尺寸？工作量规的公差带是如何设置的？

习题参考答案

6．什么是极限尺寸判断原则？

7．检验零件的被测要素时，何时使用通用测量器具？何时使用量规？

本书配套资源

第 4 章 几何公差与检测

思维导图

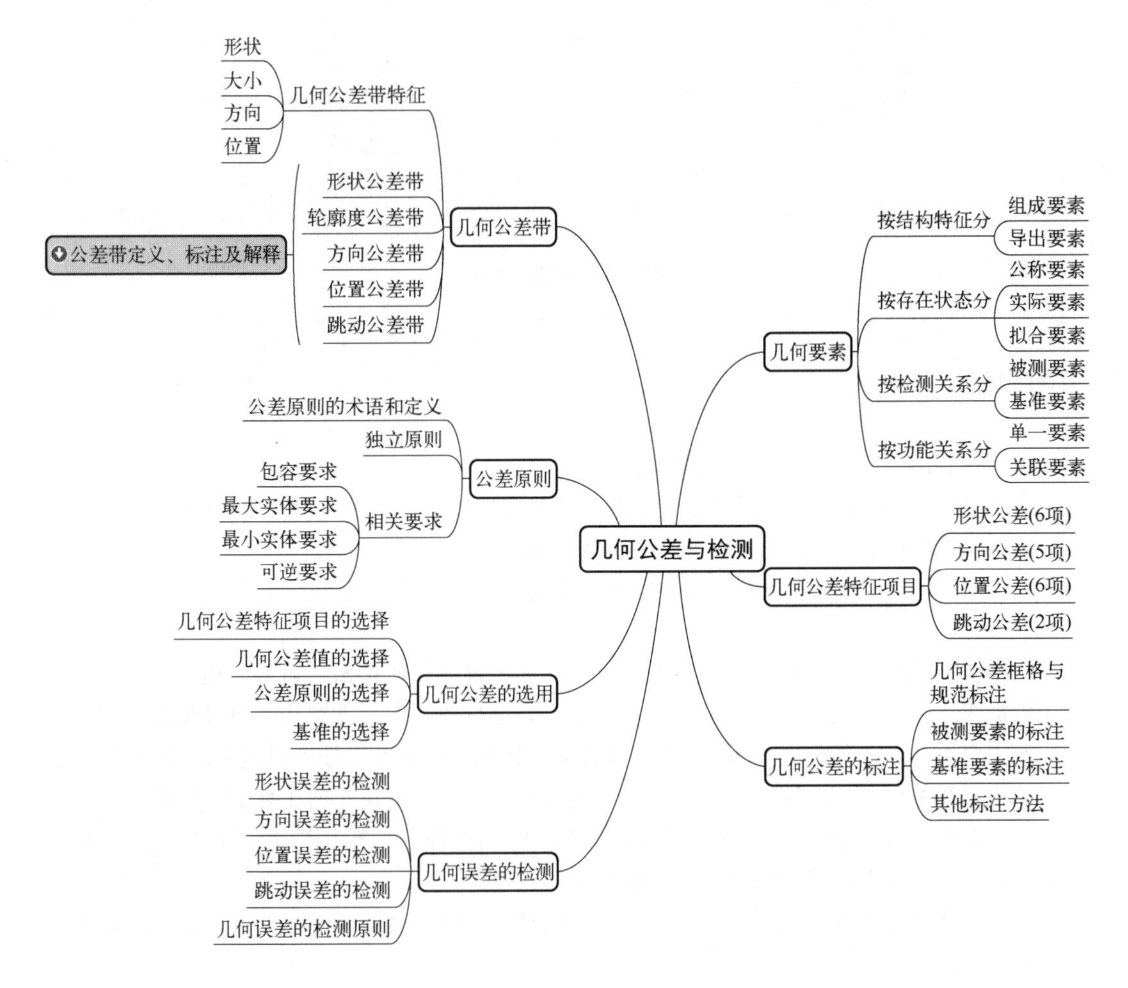

案例引入

图 4-1 为一减速器输出轴。根据功能要求，轴上有两处分别与轴承、齿轮配合。图中设计的配合尺寸公差是否能满足轴的使用要求？如果加工中零件存在几何误差，对配合性质是否有影响？如何限制这些几何误差？

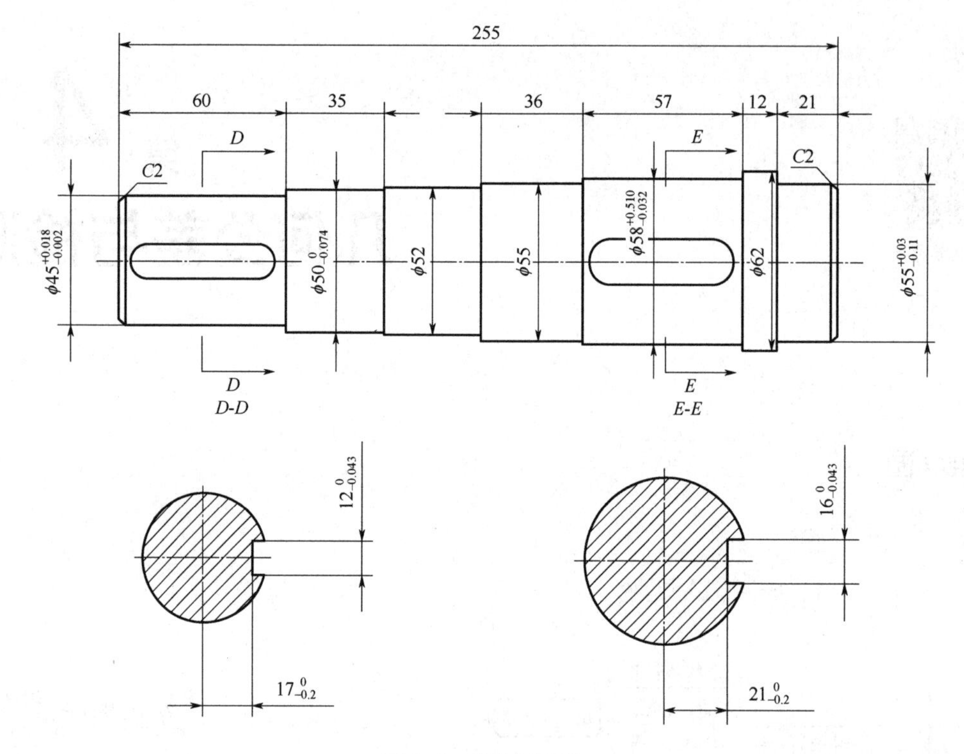

图 4-1 减速器输出轴

学习目标

① 熟记几何公差特征项目名称及符号。
② 掌握几何公差带（形状公差带、方向公差带、位置公差带、跳动公差带）的特点。
③ 熟练掌握几何公差要求在图样中的标注方法。
④ 理解公差原则在图样中的标注方法、含义及主要应用场合。

在零件的机械加工过程中，不论加工设备和加工方法如何精密、可靠，由于整个工艺系统（由机床、刀具、夹具和工件组成的加工系统）自身在制造、调整误差以及加工过程中产生的受力变形、受热变形、振动以及磨损等因素的影响，被加工零件不可避免地会产生形状、方向、位置和跳动误差，这些误差统称为几何误差。几何误差决定着工件的几何精度，影响产品的性能和寿命，决定了产品质量的高低。因此，为保证机械产品的质量和零件的互换性，就应该在零件图样上给出几何公差，以限制几何误差。

我国已将几何公差标准化，并制订了一系列有关几何公差的新国家标准，现行的有关国家标准如下：

GB/T 1182—2018《产品几何技术规范（GPS） 几何公差 形状、方向、位置和跳动公差标注》；

GB/T 4249—2018《产品几何技术规范（GPS） 基础 概念、原则和规则》；

GB/T 16671—2018《产品几何技术规范（GPS） 几何公差 最大实体要求（MMR）、最小实体要求（LMR）和可逆要求（RPR）》；

GB/T 1184—1996《形状和位置公差 未注公差值》；

GB/T 13319—2020《产品几何技术规范（GPS） 几何公差 成组（要素）与组合几何规范》；

GB/T 17851—2022《产品几何技术规范（GPS） 几何公差 基准和基准体系》；

GB/T 17852—2018《产品几何技术规范（GPS） 几何公差 轮廓度公差标注》；

GB/T 1958—2017《产品几何技术规范（GPS） 几何公差 检测与验证》。

4.1 几何公差研究对象与几何公差特征项目

4.1.1 几何公差的有关术语

（1）几何要素的术语和定义

任何机械零件都是由构成其几何特征的点、线、面组成的，这些点、线或面统称为几何要素（简称要素）。几何公差的研究对象，就是零件几何要素本身的形状及其相互间方向或位置方面的精度问题。

如图4-2所示，零件由若干个独立的要素组成：球面、球心、轴线、圆锥面、平面、圆柱面、素线、轴线等。

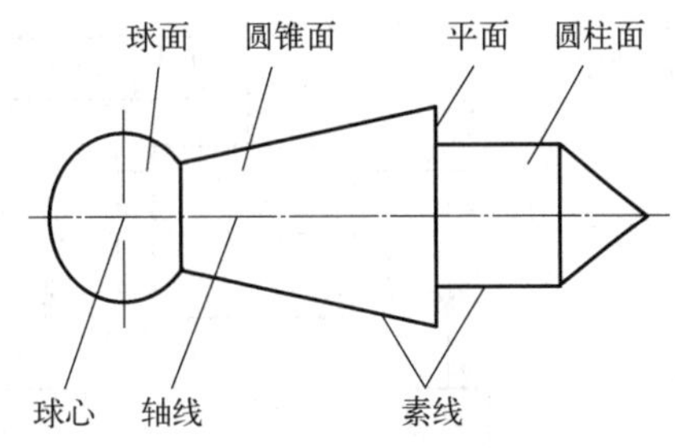

图4-2 零件的几何要素

零件的几何要素可按下列不同的特征分类。

1）按结构特征分

① 组成要素　组成要素是指构成零件外形的可触及的点、线、面。如图4-2中的球面、圆锥面、平面、圆柱面、素线等都属于组成要素。

② 导出要素　导出要素是指组成要素对称中心的不可触及的点、线、面。其特点是不为人们直接感觉到，由组成要素导出的要素。如图4-2中的球心、轴线均为导出要素。

2）按存在状态分

① 公称组成要素　由制图或其他方法确定的理论正确组成要素为公称组成要素。它是无误差的理想的点、线、面。

由若干个公称组成要素导出的中心点、轴线或中心平面称为公称导出要素。

公称要素又称理想要素，只作为评定实际要素的依据。

② 实际（组成）要素　由接近实际（组成）要素限定的工件实际表面的组成要素部分称为实际（组成）要素。它是加工后得到的要素。因为加工误差不可避免，所以实际（组成）要素总要偏离其公称组成要素，通常用提取要素来代替。

③ 提取组成要素　按规定方法，由实际（组成）要素提取有限数目的点形成的实际（组成）要素的近似替代称为提取组成要素。它是通过测量得到的，由于测量误差客观存在，故提取组成要素并非实际（组成）要素的真实体现。

由一个或几个提取组成要素得到的中心点、中心线或中心面称为提取导出要素。为方便起见，提取圆柱面的导出中心线称为提取中心线；两相对提取平面的导出中心面称为提取中心面。

④ 拟合组成要素　按规定方法，由提取组成要素形成的并具有理想形状的组成要素称为拟合组成要素。

由一个或几个拟合组成要素导出的中心点、轴线或中心平面称为拟合导出要素。

3）按所处地位分

① 被测要素　被测要素是指在图样上给出几何公差要求的要素，是检测的对象。

② 基准要素　基准要素是指用来确定被测要素方向或（和）位置的要素。基准要素应具有理想状态，理想的基准要素称为基准，在图样上标有基准符号及代号，如图 4-3 所示的下平面。

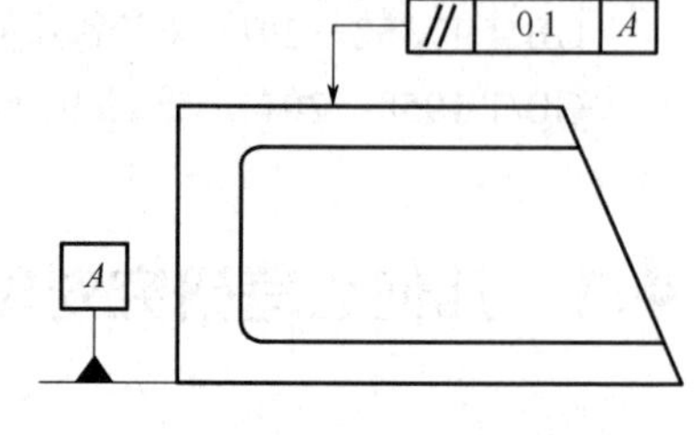

图 4-3　被测要素与基准要素

基准是确定被测要素方向和位置的依据。设计时，在图样上标出的基准一般分以下 4 种。

a．单一基准。由一个要素建立的基准称为单一基准。由一个平面或一根轴线均可建立单一基准。如图 4-3 所示为由一个平面要素建立的基准。

b．组合基准（公共基准）。由两个或两个以上的要素建立的一个独立基准称为组合基准或公共基准。如图 4-4 所示，由两段轴线 *A*、*B* 建立起公共基准轴线 *A*-*B*，它是包容两个实际轴线的理想圆柱的轴线，作为一个独立基准使用。

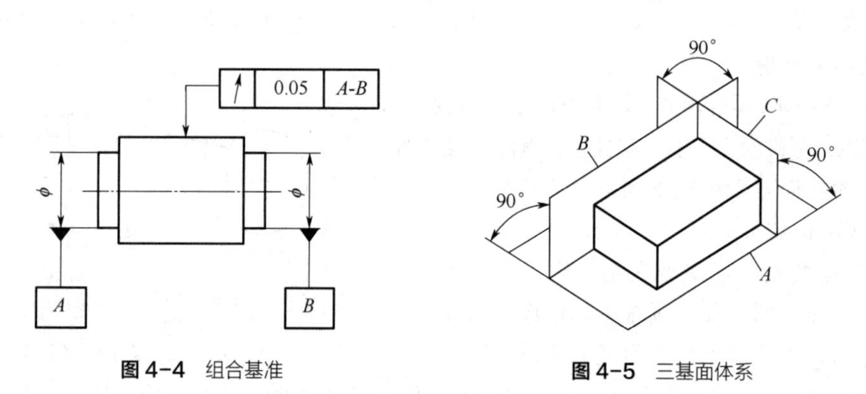

图 4-4　组合基准

图 4-5　三基面体系

c．基准体系（三基面体系）。由三个相互垂直的平面所构成的基准体系，称为三基面体系。如图 4-5 所示，*A*、*B* 和 *C* 这三个平面互相垂直，分别被称作第一基准平面、第二基准平面和第三基准平面。每两个基准平面的交线构成基准轴线，三基准轴线的交点构成基准点。因此，单一基准或基准轴线均可从三基面体系中得到。应用三基面体系时，应注意基准的标注顺序，一般选最重要的或尺寸最大的表面作为第一基准，选次要或较长的表面或线作为第二基准，选相对不重要的要素作为第三基准。

d. 基准目标。零件上与加工或检验设备相接触的点、线或局部区域，用来体现满足功能要求的基准称为基准目标。就一个表面而言，基准要素可能大大偏离其理想形状，如锻造、铸造零件的表面，若以整个表面做基准要素，则会在加工或检测过程中带来较大的误差，或使加工过程缺乏再现性。因此，需要引入基准目标。

4）按功能关系分

① 单一要素　单一要素是指仅对要素本身给出形状公差要求而与其他要素没有功能关系的要素。

② 关联要素　关联要素是指与其他要素有功能关系而给出方向、位置和跳动公差要求的要素。从图 4-3 中平行度公差要求的角度来看，上表面是一个关联要素，因为要求它与下表面保持平行关系。

（2）相交平面、定向平面和组合平面

1）相交平面

相交平面是指由工件的提取要素建立的平面，用于标识提取面上的线要素（组成要素或导出要素）或提取线上的点要素。

2）定向平面

定向平面是指由工件的提取要素建立的平面，用于标识公差带的方向。只有当被测要素是导出要素（中心点、中心线）且公差带由两平行直线或两平行平面定义时，或被测要素是中心点、圆柱时，才可以使用定向平面。定向平面可用于定义矩形局部区域的方向。

3）组合平面

组合平面是指由工件上的一个要素建立的平面，用于定义封闭的组合连续要素。当使用全周符号时，应同时使用组合平面。

4.1.2　几何公差的特征项目及其符号

根据国家标准 GB/T 1182—2018 的规定，几何公差特征项目共有 19 个。其中，形状公差是对单一要素的要求；方向公差、位置公差和跳动公差是对关联要素的要求；线轮廓度和面轮廓度，既可能是形状公差，也可能是方向公差或位置公差。

几何公差的特征项目和符号如表 4-1 所示。被测要素、基准要素的标注要求及其他附加符号如表 4-2 所示。

表 4-1　几何公差的特征项目与符号

公差类型	几何特征	符号	有无基准
形状公差	直线度	—	无
	平面度	⏥	无
	圆度	○	无
	圆柱度	⌭	无
	线轮廓度	⌒	无
	面轮廓度	⌓	无
方向公差	平行度	//	有
	垂直度	⊥	有
	倾斜度	∠	有
	线轮廓度	⌒	有
	面轮廓度	⌓	有
位置公差	位置度	⌖	有或无
	同心度（用于中心点）	◎	有
	同轴度（用于轴线）	◎	有
	对称度	⌯	有
	线轮廓度	⌒	有
	面轮廓度	⌓	有
跳动公差	圆跳动	↗	有
	全跳动	⌰	有

表 4-2　几何公差的有关符号

说明	符号	说明	符号
被测要素		全周（轮廓）	
基准要素	A　A	包容要求	Ⓔ
基准目标	ϕ2 / A1	公共公差带	CZ
理论正确尺寸	20	小径	LD
延伸公差带	Ⓟ	大径	MD
最大实体要求	Ⓜ	中径、节径	PD
最小实体要求	Ⓛ	线素	LE
可逆要求	Ⓡ	不凸起	NC
自由状态条件（非刚性零件）	Ⓕ	任意横截面	ACS

4.2 几何公差的标注

国家标准规定，在技术图样中，当零件的要素有几何公差要求时，应在技术图样中采用公差框格、指引线、几何公差特征符号、公差数值和附加符号、基准字母和附加符号等进行标注。只有在无法用符号标注时，才允许在技术要求中用文字加以说明。

4.2.1 几何公差框格与规范标注

在图样上几何公差采用框格的形式标注。形状公差框格共有两格，方向、位置、跳动公差框格有 3～5 格，公差框格的具体个数视需要填写的内容而定。

公差框格在图样上一般水平放置，如图 4-6（a）（c）（d）所示；若有必要，也允许竖直放置，如图 4-6（b）（e）所示。对水平放置的框格，框格中的内容从左到右填写，依次为公差特征符号、公差值及附加符号、基准字母及附加符号。对竖直放置的公差框格，应从下往上填写上述相关内容。

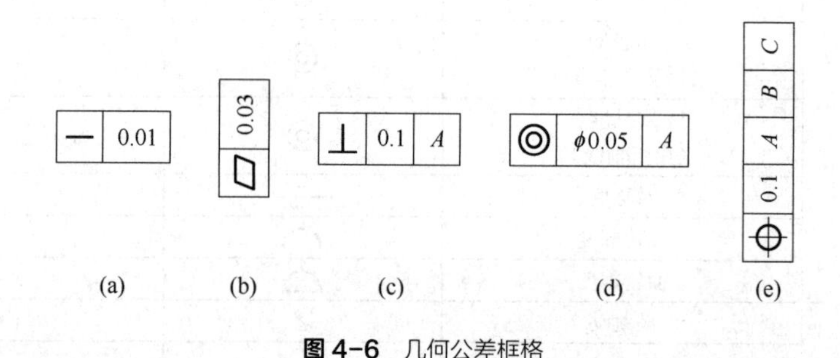

图 4-6　几何公差框格

几何公差框格中注写内容如下。

① 第一格 几何公差特征符号。

② 第二格 几何公差值及附加符号。公差值用线性值表示，单位为mm；若公差带的形状是圆形或圆柱形，则在公差值前加注“ϕ”，若是球形，则加注“Sϕ”；若要求在公差带内进一步限定被测要素的形状或需要采用公差要求时，则应在公差值后加注相关的附加符号，如表4-3所示。

表4-3 几何公差值标注中的附加符号

符号	含义
(+)	被测要素只许中间向材料外凸起
(−)	被测要素只许中间向材料内凹下
(▷)	被测要素只许按符号的方向从左至右减小
(◁)	被测要素只许按符号的方向从右至左减小

③ 第三格及以后各格 基准字母及附加符号。代表基准的字母用大写英文字母表示，为避免混淆，国标规定不准采用E、F、I、J、L、M、O、P、R共9个字母。以单个要素为基准时，用一个字母或字母后附加要求表示；以两个要素建立公共基准时，用中间加连字符的两个字母表示；以两个或三个基准建立组合基准或基准体系时，要求表示基准的字母按基准的优先顺序自左往右填写。

几何公差规范标注由公差框格、可选的辅助平面和要素标注及可选的相邻标注（补充标注）组成，如图4-7所示。其中辅助平面或要素框格不是必选的标注，如果需要标注其中的若干个，相交平面框格应在最接近公差框格的位置标注，其次是定向平面框格或方向要素框格，最后是组合平面框格。相邻标注也不是必选的标注，一般位于公差框格的上/下或左/右。

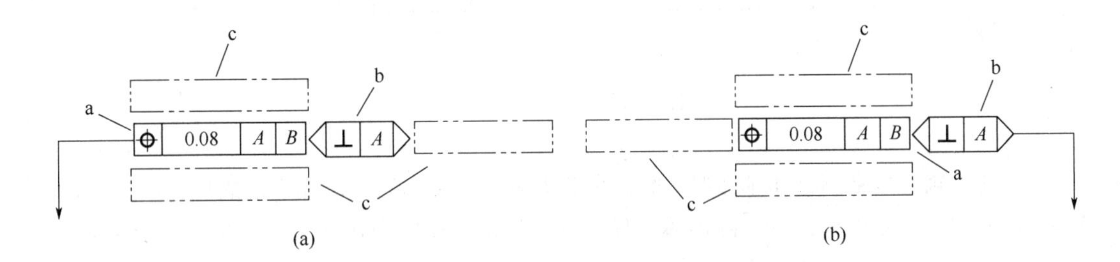

图4-7 几何公差的规范标注

a—公差框格；b—辅助平面或要素框格；c—相邻标注

4.2.2 被测要素的标注

几何公差框格用指引线与被测要素相连，指引线由细实线和箭头构成，它从公差框格的一端引出，并与公差框格垂直，其箭头应指向被测要素几何公差带的宽度方向或径向，如图4-8所示。引向被测要素时允许弯折，但不得多于两次，如图4-8（a）所示。若有需要，指引线也允许从公差框格的侧边引出，如图4-8（b）所示。如果需要就某个要素给出几种几何特征的公差,可将一个公差框格放在另一个的下面,如图4-8（c）所示。

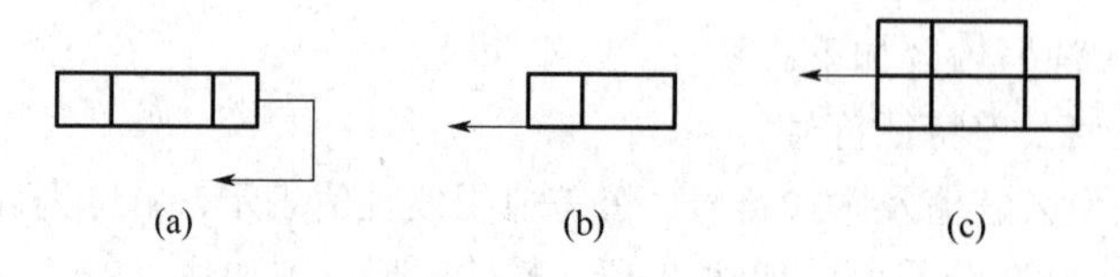

图 4-8 指引线的标注

① 当被测要素为组成要素（轮廓要素）时，指引线箭头应指向该要素的轮廓线或其延长线上，且应明显地与尺寸线错开，如图 4-9（a）（b）所示。指引线箭头也可指向引出线的水平线，引出线引自被测面，如图 4-9（c）所示。

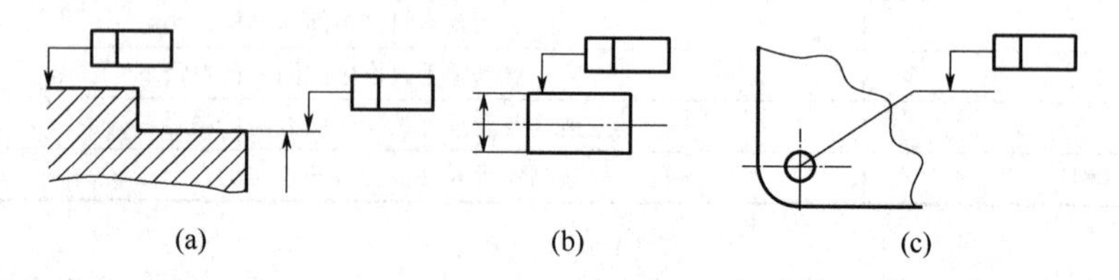

图 4-9 组成要素的标注

② 当被测要素为导出要素（中心要素）时，指引线的箭头应与该要素对应的组成要素的尺寸线对齐，即与尺寸线的延长线相重合，如图 4-10（a）所示。若指引线的箭头与尺寸线的箭头方向一致时，可合并为一个，如图 4-10（b）所示。

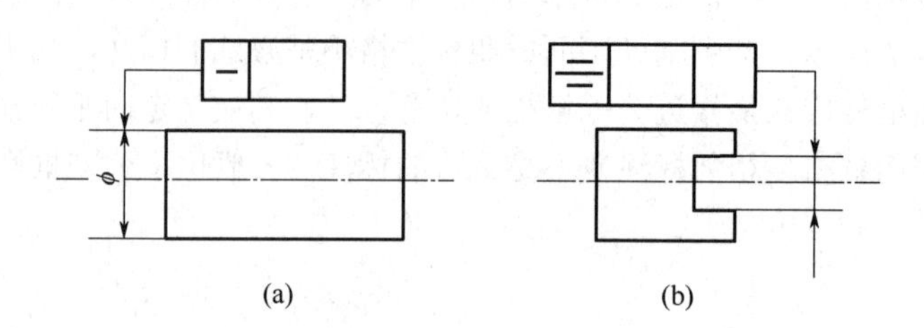

图 4-10 导出要素的标注

③ 当被测要素是圆锥体轴线时，指引线箭头应与圆锥体的大端或小端的尺寸线对齐，如图 4-11（a）所示。必要时也可在圆锥体上任一部位增加一个空白尺寸线并与指引线箭头对齐，如图 4-11（b）所示。如果圆锥体采用角度尺寸标注，则指引线的箭头应与该角度尺寸线对齐，如图 4-11（c）所示。

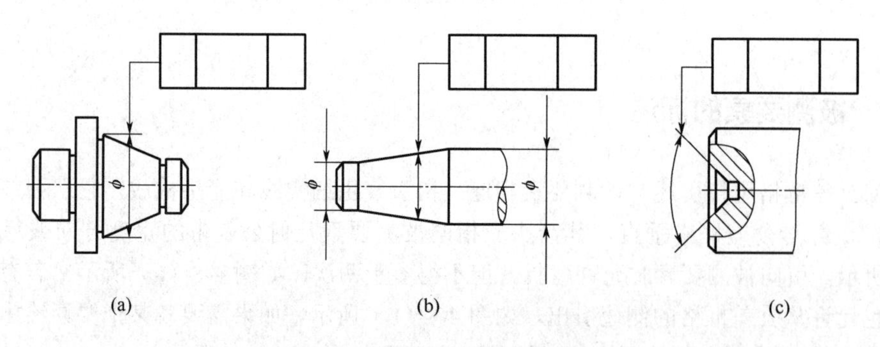

图 4-11 圆锥体轴线被测要素的标注

④ 当若干个分离的被测要素具有相同的几何特征（单项或多项）和公差值时，可以使用同一个公差框格，如图 4-12（a）所示。用同一公差带控制几个被测要素时，应在公差框格内公差值的后面加注公共公差带的符号“CZ”，如图 4-12（b）所示。

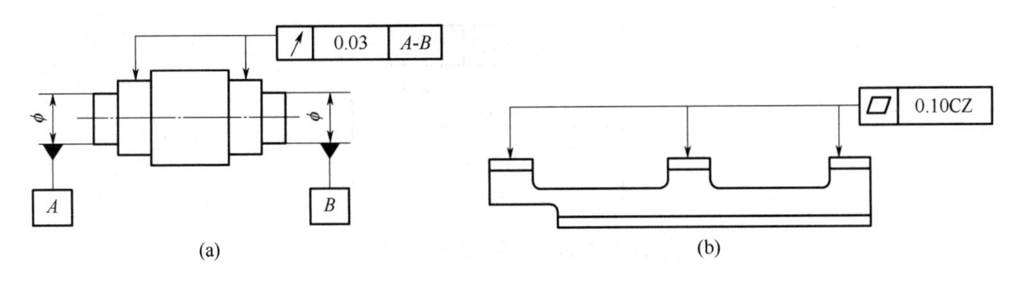

图 4-12　要求相同的被测要素的标注

⑤ 当同一被测要素有几项几何公差要求且其标注方法又一致时，可将这几项要求的公差框格重叠绘出，并用一条指引线指向被测要素，如图 4-13 所示。

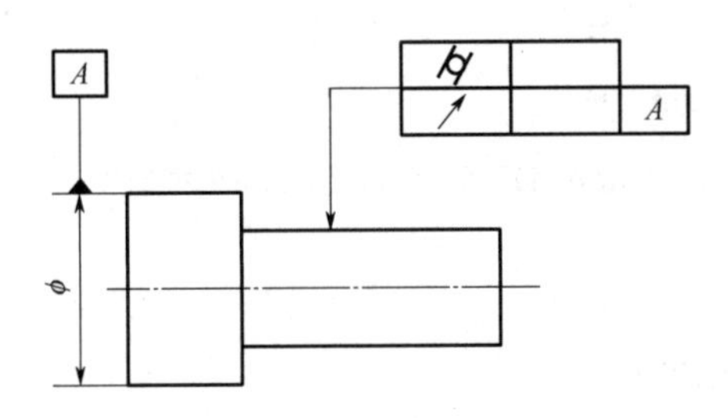

图 4-13　同一要素多项要求的简化标注

⑥ 当被测要素为视图上局部表面时，箭头可指向带点的参考线，该点指在实际表面上，如图 4-14 所示。对被测要素任意局部范围内的公差要求，应将该局部范围的尺寸（长度或直径）标注在几何公差值后面，并用斜线将两者隔开。这种限制要求可以直接放在表示全部被测要素公差要求的框格下面，如图 4-15 所示。当限定局部部位作为被测要素时，应采用粗点划线表示出该部分的范围，并加注尺寸，如图 4-16 所示。

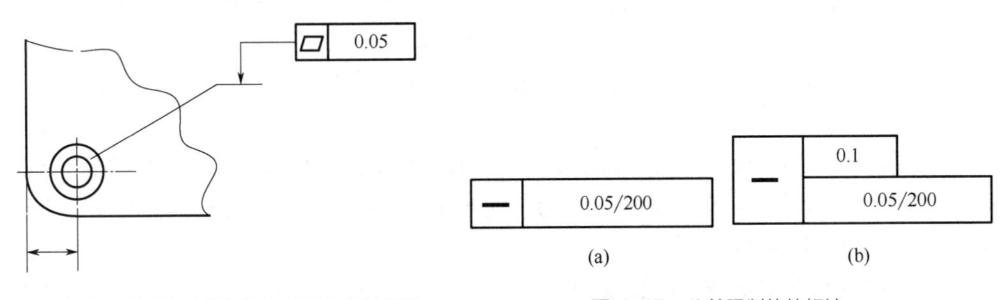

图 4-14　被测要素为视图上局部表面的标注

图 4-15　公差限制值的标注

⑦ 辅助平面或要素框格标注时，主要用于标识线要素要求的方向（相交平面框格）、明确及确定公差带的方向（定向平面框格、方向要素框格）、定义封闭的组合连续要素（组合平

面框格）。如图 4-17 所示，以上框格均可作为公差框格的延伸部分标注在其右侧，如果需要标注其中的若干个，相交平面框格应在最接近公差框格的位置标注，其次是定向平面框格或方向要素框格（此两个不应同时标注），最后是组合平面框格。

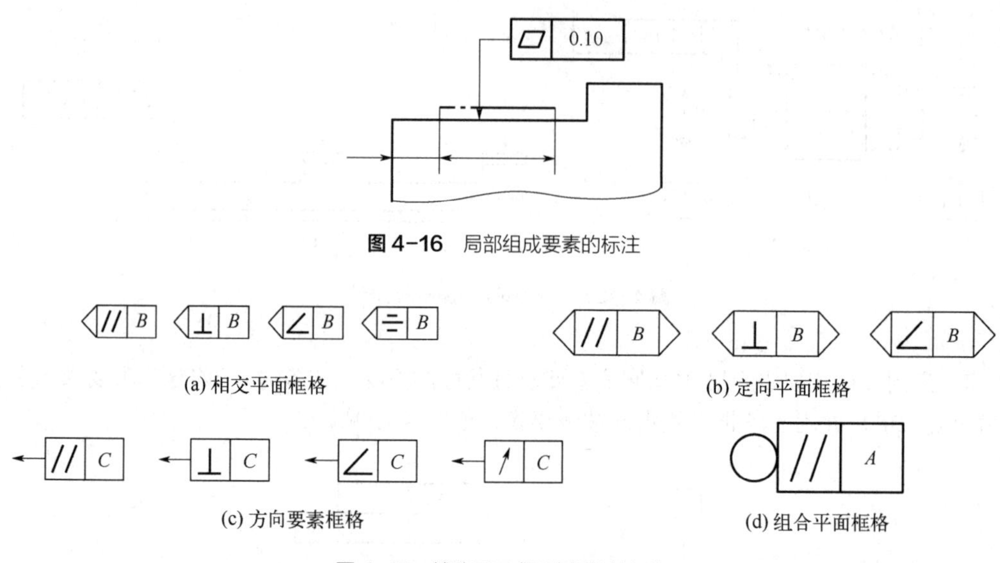

图 4-16 局部组成要素的标注

(a) 相交平面框格

(b) 定向平面框格

(c) 方向要素框格

(d) 组合平面框格

图 4-17 辅助平面或要素框格的标注

4.2.3 基准要素的标注

相对于被测要素的基准由基准字母表示。基准字母标注在基准方格内，与一个涂黑的或空白的三角形相连以表示基准。涂黑的和空白的基准三角形含义相同。无论基准代号在图样上的方向如何，方格及基准字母均应水平书写，如图 4-18 所示。

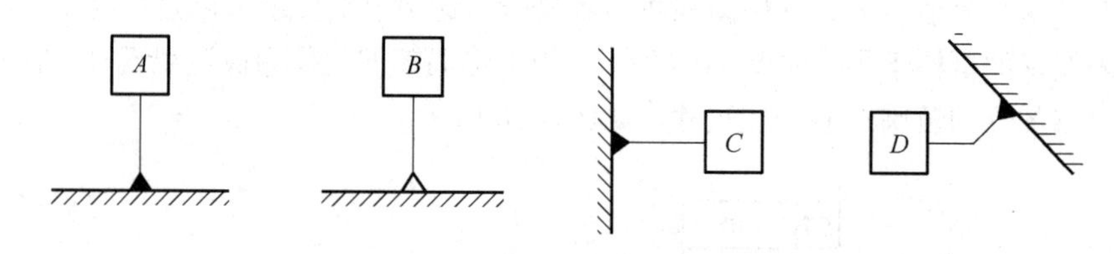

图 4-18 基准代号的标注

① 当基准要素为组成要素时，基准三角形应放置在要素的轮廓线或其延长线上，并应与尺寸线明显错开，如图 4-19（a）所示。为方便起见，基准三角形也可放置在轮廓面引出线的水平线上，如图 4-19（b）所示。

② 当基准为尺寸要素确定的轴线、中心平面或中心点等导出要素时，基准三角形连线应与该要素的尺寸线对齐，如图 4-20（a）所示。当基准三角形与基准要素尺寸线的箭头重叠时，可代替其中一个箭头，如图 4-20（b）所示。

③ 当基准要素为圆锥体的轴线时，基准三角形连线应与圆锥直径的尺寸线对齐，如图 4-21（a）所示。若圆锥采用角度标注，则基准符号应正对该角度的尺寸线，如图 4-21（b）所示。

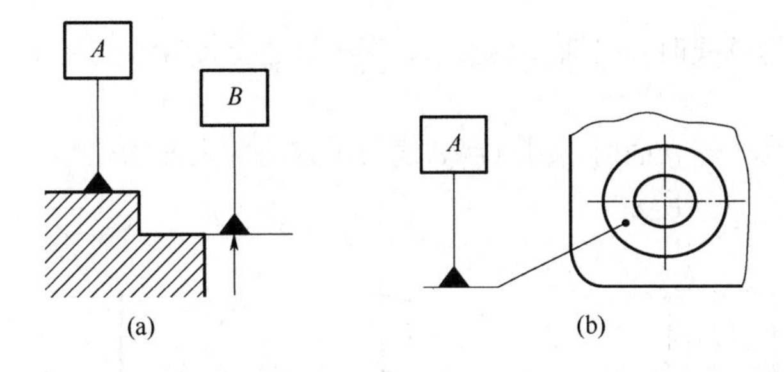

图 4-19　组成基准要素的标注

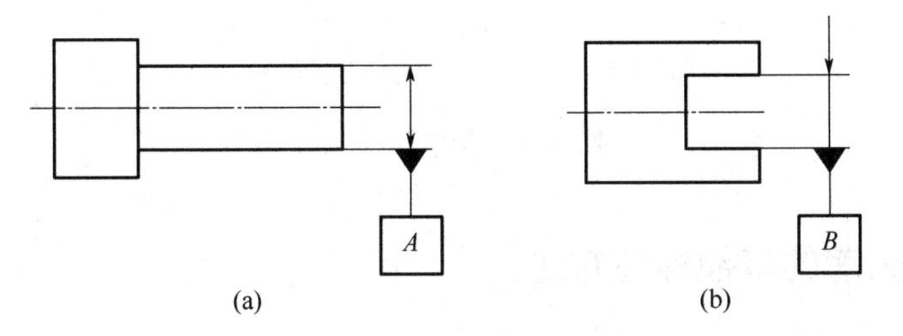

图 4-20　导出基准要素的标注

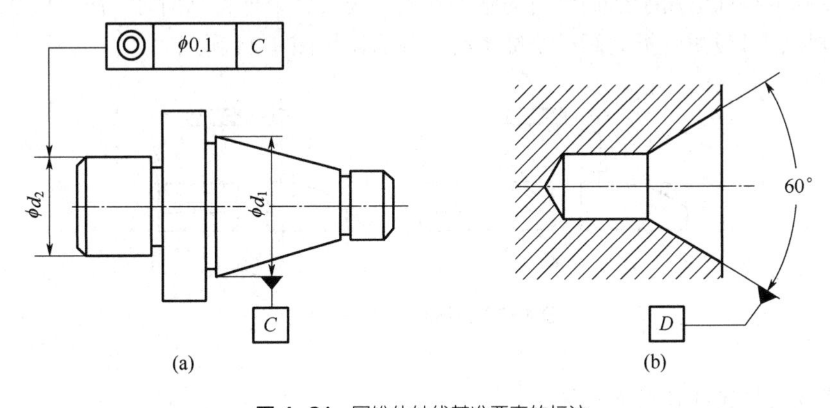

图 4-21　圆锥体轴线基准要素的标注

④ 如果只以要素的某一局部作基准，则应用粗点画线表示出该部分并加注尺寸，如图 4-22 所示。

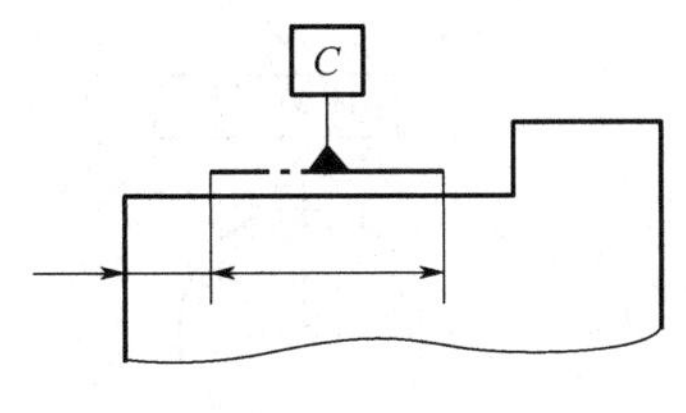

图 4-22　局部基准要素的标注

⑤ 零件上与加工或检验设备相接触的点、线或局部区域，用来体现满足功能要求的基准时，应标注基准目标。基准目标按下列方法标注在图样上：

a．当基准目标为点时，用 45° 交叉粗实线表示，如图 4-23（a）所示；

b．当基准目标为直线时，用细实线表示，并在棱边上加 45° 交叉粗实线，如图 4-23（b）所示；

c．当基准目标为局部表面时，用双点划线画出该局部表面的轮廓，并画上与水平成 45° 的细实线，如图 4-23（c）所示。

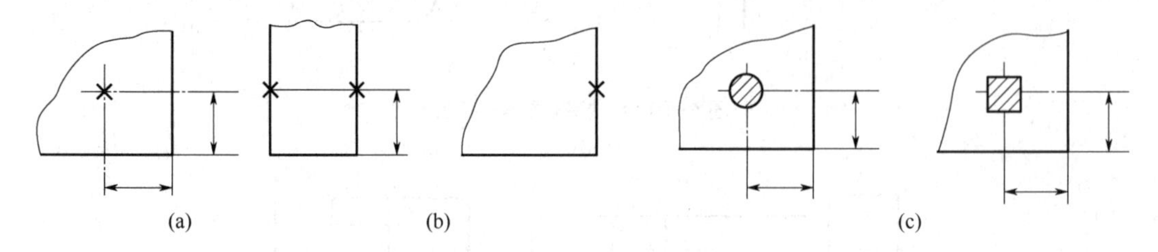

图 4-23 基准目标的标注

4.2.4 几何公差的其他标注方法

（1）全周符号

如果轮廓度特征适用于横截面内的整个外轮廓线或整个外轮廓面时，应采用全周符号，即在公差框格指引线的弯折处画一个细实线小圆圈，如图 4-24 所示。

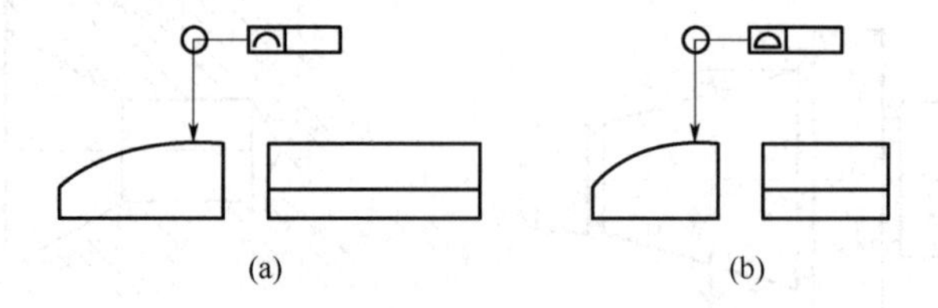

图 4-24 轮廓全周符号的标注

（2）螺纹、齿轮和花键的标注

国家标准规定：以螺纹轴线为被测要素或基准要素时，默认的轴线为螺纹中径圆柱的轴线，否则应另加说明，大径用“MD”表示，小径用“LD”表示；以齿轮和花键为被测要素或基准要素时，需说明所指的要素，如用“PD”表示节径，用“MD”表示大径，用“LD”表示小径。螺纹的标注如图 4-25 所示，齿轮和花键的标注如图 4-26 所示。

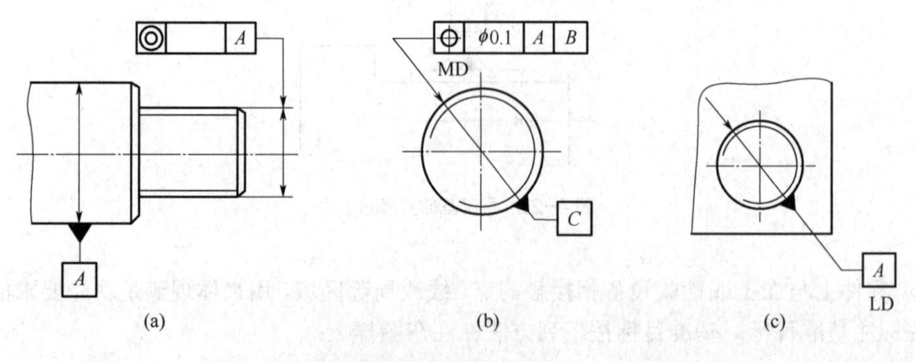

图 4-25 螺纹的标注

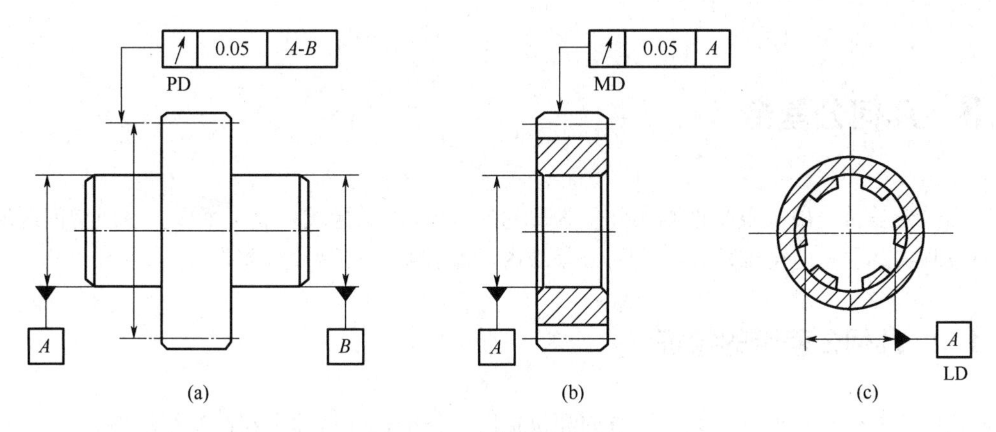

图 4-26 齿轮和花键的标注

（3）理论正确尺寸

当给出一个或一组要素的位置、方向或轮廓度公差时，分别用来确定其理论正确位置、方向或轮廓的尺寸称为理论正确尺寸。它也用于确定基准体系中各基准之间的方向、位置关系。理论正确尺寸没有公差，并标注在方框中，如图 4-27 所示。零件实际尺寸仅是由在公差框格中的位置度、轮廓度或倾斜度公差值来限定的。

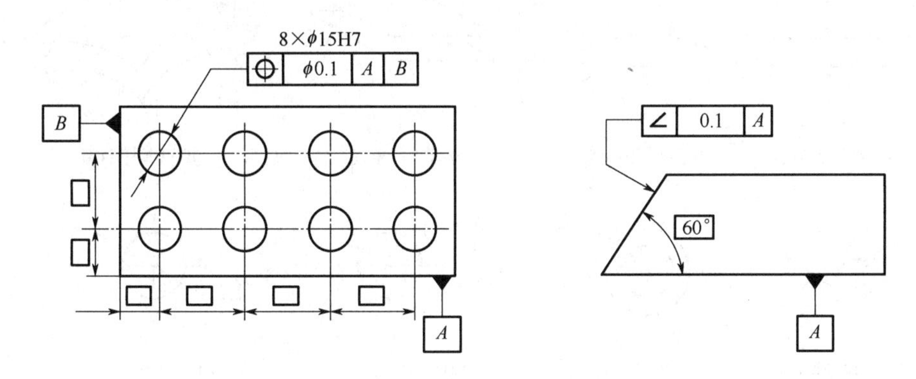

图 4-27 理论正确尺寸的标注

（4）延伸公差带

延伸公差带一般用于保证键和螺栓、螺柱、螺钉、销等紧固件在装配时避免干涉，必须与几何公差联合应用。

延伸公差带符号Ⓟ应置于图样上公差框格中的几何公差值后面，其最小延伸范围和位置应在图样上相应视图中用细双点划线表示，并标注相应的延伸尺寸及在该尺寸前加注符号Ⓟ，如图 4-28 所示。

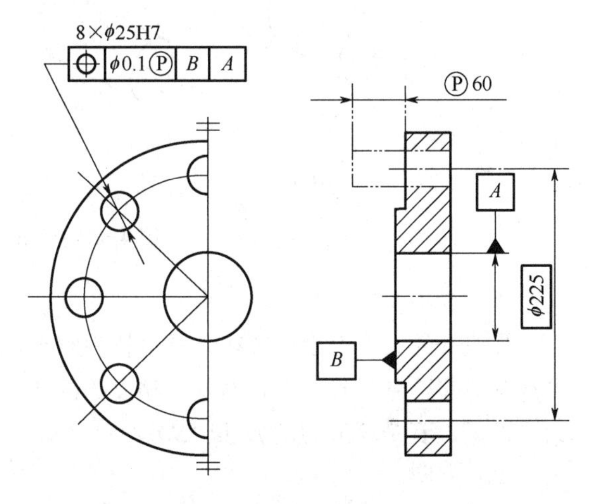

图 4-28 延伸公差带的标注

4.3 几何公差带

几何公差带是用来限制被测实际要素变动的区域。这个区域可以是平面区域或空间区域。只要被测实际要素能全部落在给定的公差带内，就表明该实际被测要素合格。

4.3.1 几何公差带的特征

几何公差带具有形状、大小、方向和位置四个特征，并被体现在图样标注中。

（1）形状

公差带的形状取决于被测要素的几何理想要素和设计要求，具有最小包容区的形状。根据被测要素的特征和结构尺寸，公差带主要形状如图 4-29 所示。几何公差带是按几何概念定义的（除跳动公差带外），取决于被测要素的形状特征、公差项目和设计表达要求，与测量方法无关，在生产中可以采用任何测量方法来测量和评定某一实际被测要素是否满足设计要求。而跳动公差带是按特定的测量方法定义的，其特征与测量方法有关。

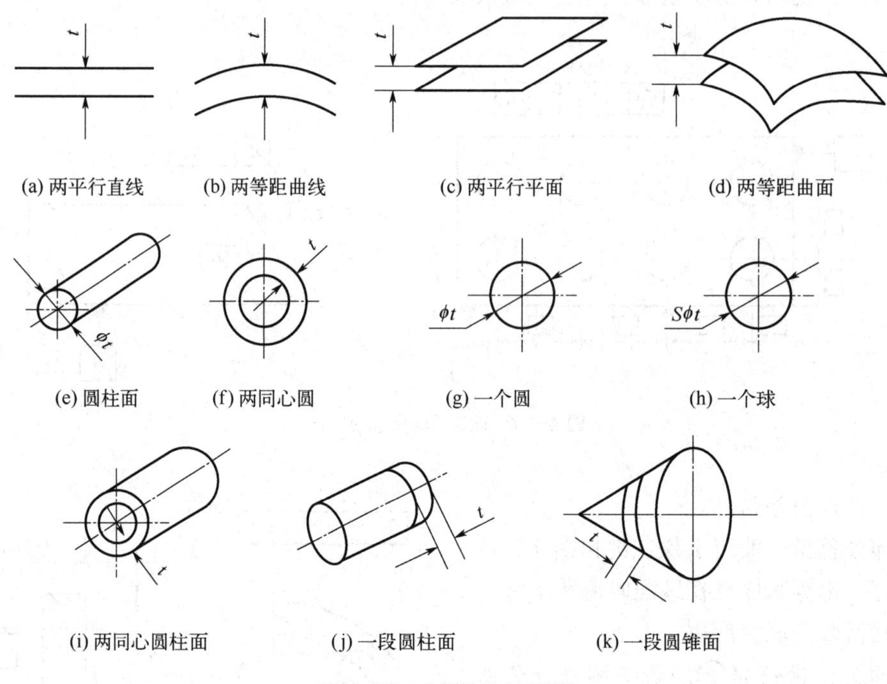

图 4-29 公差带的主要形状

（2）大小

公差带的大小由设计者在公差框格中给定，公差值用线性值 t 的数值表示，指允许实际要素变动的全量，其大小表明几何精度的高低。若公差带是圆形或圆柱形的，则在公差值前加注“ϕ”，若是球形的则加注“$S\phi$”。

（3）方向

除非另有规定，公差带的宽度方向就是给定的方向或垂直于被测要素的方向。

（4）位置

公差带的位置是指该公差带是固定的还是浮动的。所谓固定的是指公差带的位置不随实际尺寸的变动而变化，例如，一切中心要素的公差带位置均是固定的。所谓浮动，是指公差带的位置随实际尺寸的变化（上升或下降）而浮动，如一般轮廓要素的公差带位置都是浮动的。

4.3.2　形状公差带

形状公差是指单一实际被测要素的形状所允许的变动量。形状公差带是限制单一实际被测要素的形状变动的区域，零件提取要素在该区域内为合格。形状公差带的特点是不涉及基准，其公差带是浮动的。

形状公差包括直线度、平面度、圆度、圆柱度、线轮廓度和面轮廓度。

（1）直线度公差带

直线度是限制实际直线相对于理想直线变动的区域，被测要素为直线。直线度公差用于控制直线、轴线的形状误差。根据被测直线的空间特性和零件使用要求，直线度可分为在给定平面内、在给定方向上和在任意方向上 3 种情况。其中，给定平面内的直线度一般用于平面素线、圆柱面素线、刻线等，而任意方向的直线度仅适用于轴线。直线度公差带的定义、标注和解释如表 4-4 所示。

表 4-4　直线度公差带的定义、标注示例及解释

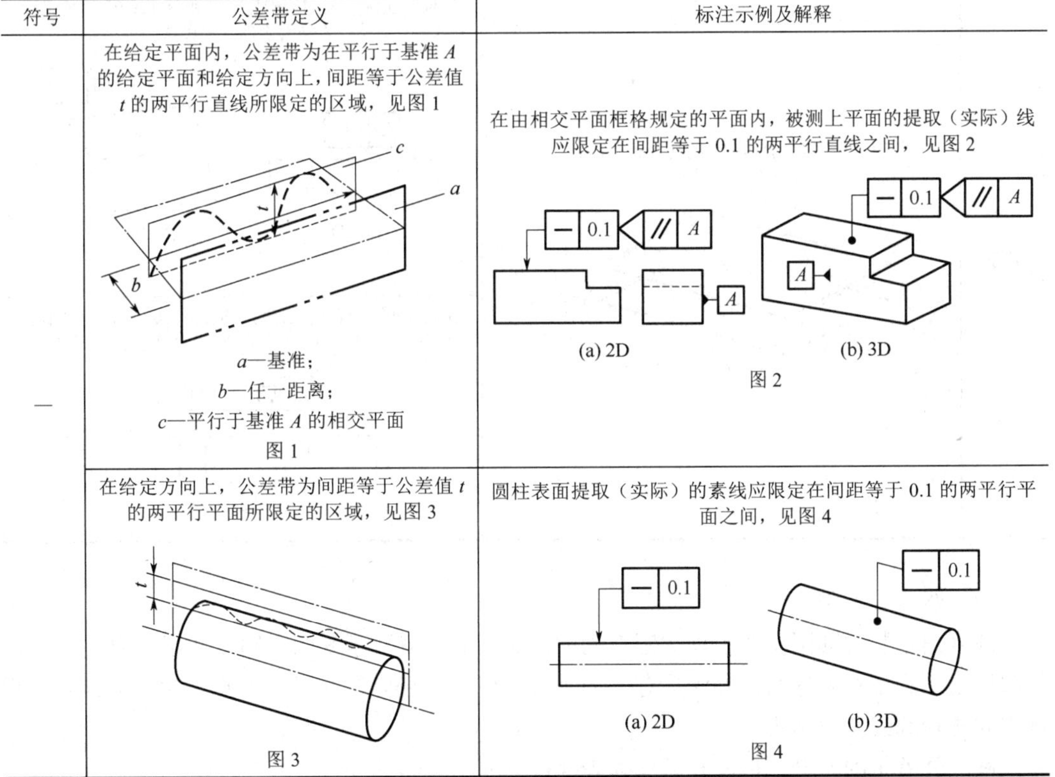

符号	公差带定义	标注示例及解释
—	在给定平面内，公差带为在平行于基准 A 的给定平面和给定方向上，间距等于公差值 t 的两平行直线所限定的区域，见图 1 a—基准； b—任一距离； c—平行于基准 A 的相交平面 图 1	在由相交平面框格规定的平面内，被测上平面的提取（实际）线应限定在间距等于 0.1 的两平行直线之间，见图 2 (a) 2D　(b) 3D 图 2
	在给定方向上，公差带为间距等于公差值 t 的两平行平面所限定的区域，见图 3 图 3	圆柱表面提取（实际）的素线应限定在间距等于 0.1 的两平行平面之间，见图 4 (a) 2D　(b) 3D 图 4

续表

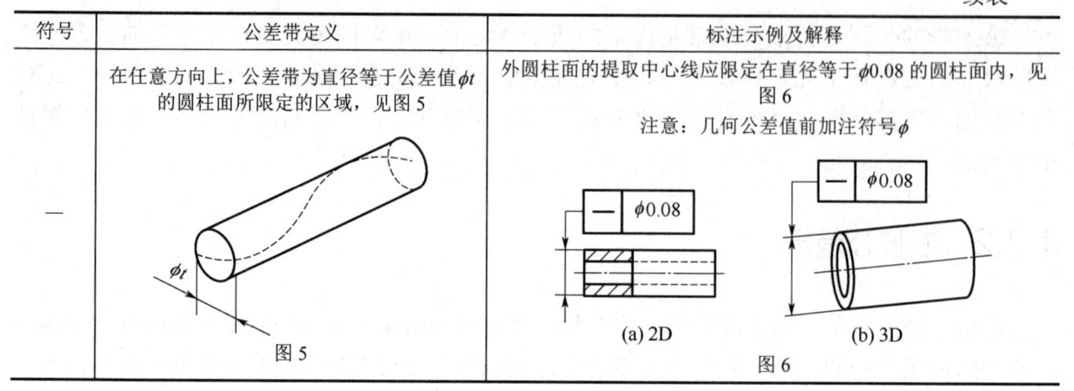

符号	公差带定义	标注示例及解释
—	在任意方向上，公差带为直径等于公差值ϕt的圆柱面所限定的区域，见图5 图5	外圆柱面的提取中心线应限定在直径等于ϕ0.08 的圆柱面内，见图6 注意：几何公差值前加注符号ϕ (a) 2D (b) 3D 图6

（2）平面度公差带

平面度是限制实际平面相对于理想平面变动的区域，其被测要素为平面。其中，中、小尺寸的平面一般以整个平面作为平面度的被测表面；对于大尺寸表面，常对任意一部分表面提出平面度要求；而对于某些重要的平表面，如导轨、工作台及密封环等平表面，除要求平面度外，还需对平面度的误差做进一步的限制，要求实际表面呈中凹或中凸状。

平面度公差带的定义、标注和解释如表4-5所示。

表4-5 平面度公差带的定义、标注示例及解释

符号	公差带定义	标注示例及解释
▱	公差带为间距等于公差值t的两平行平面所限定的区域，见图1 图1	提取（实际）表面应限定在间距等于0.08的两平行平面之间，见图2 (a) 2D (b) 3D 图2
		提取（实际）表面上任意100mm×100mm的范围内，应限定在间距等于0.1的两平行平面之间，见图3 图3

（3）圆度公差带

圆度是限制实际圆相对于理想圆变动的区域，其被测要素为圆。圆度适用于内圆柱面、外圆柱面、圆锥面和球面，其测量方向应垂直于轴线，指向轮廓面。因此，对于圆锥面，测量方向与轮廓线并不垂直。

圆度公差带的定义、标注和解释如表4-6所示。

表 4-6 圆度公差带的定义、标注示例及解释

符号	公差带定义	标注示例及解释
○	公差带为在给定横截面内，半径差等于公差值 t 的两同心圆所限定的区域，见图1 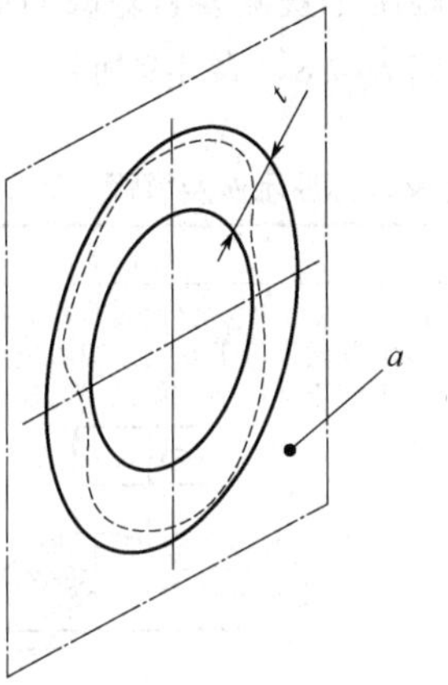 图1 a—任一横截面	在圆柱面的任意横截面内，提取（实际）圆周应限定在半径差等于 0.03 的两共面同心圆之间，见图2 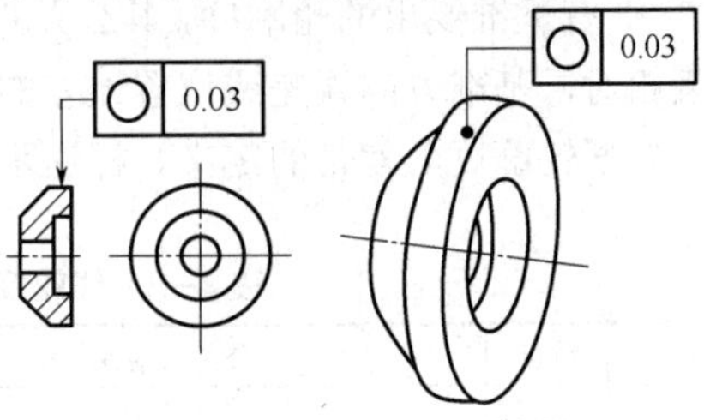 (a) 2D (b) 3D 图2
		在圆锥面的任意横截面内，提取（实际）圆周应限定在半径差等于 0.1 的两共面同心圆之间，见图3 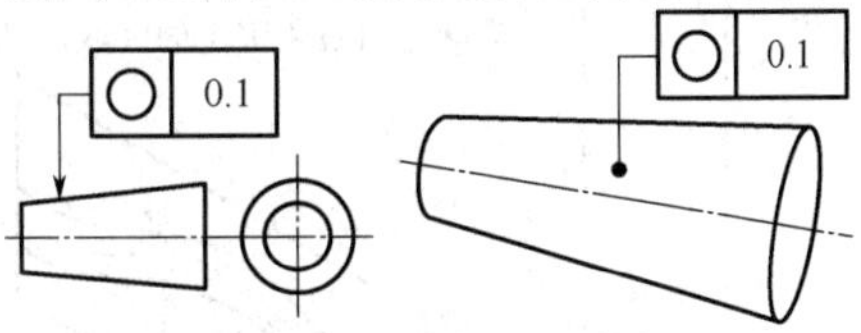 (a) 2D (b) 3D 图3

（4）圆柱度公差带

圆柱度是限制实际圆柱面相对于理想圆柱面变动的区域，其被测要素为圆柱面。圆柱度仅适用于内、外圆柱面，如轴承环内孔，可以通过圆柱度公差来控制圆柱体横截面和轴截面内的各项形状误差。另外，如需限制被测圆柱面的误差状态，可在公差值后附加注符号（▷）或（◁）。

圆柱度公差带的定义、标注和解释如表 4-7 所示。

表 4-7 圆柱度公差带的定义、标注示例及解释

符号	公差带定义	标注示例及解释
⌭	公差带为半径差等于公差值 t 的两同轴圆柱面所限定的区域，见图1 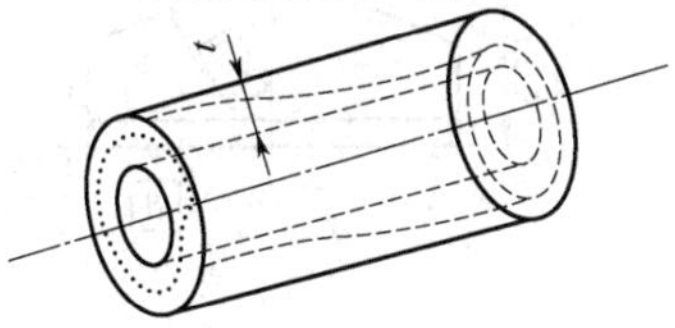 图1	提取（实际）圆柱表面应限定在半径差等于 0.1 的两同轴圆柱面之间，见图2 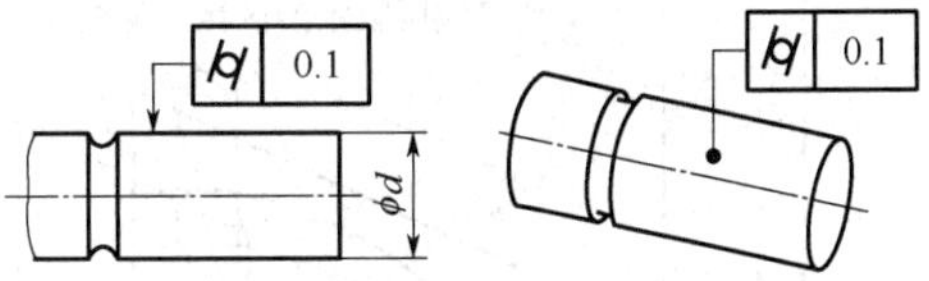 (a) 2D (b) 3D 图2

4.3.3 轮廓度公差带

轮廓度公差包括线轮廓度公差和面轮廓度公差。线轮廓度公差是用以限制平面曲线或曲面截面轮廓的形状误差的，而面轮廓度公差是用以限制曲面的形状误差的。

轮廓度公差可以是形状公差，此时不涉及基准，其公差带的方向和位置是浮动的；也可以是方向或位置公差，此时涉及基准，公差带的方向或（和）位置是固定的。轮廓度的公差

带具有如下特点。

① 无基准要求的轮廓度，只能限制被测要素的轮廓形状。其公差带的形状由理论正确尺寸决定。

② 有基准要求的轮廓度，其公差带的位置需由理论正确尺寸和基准来决定。在限制被测要素相对于基准方向误差或位置误差的同时，也限制了被测要素轮廓的形状误差。

典型轮廓度公差带的定义、标注示例及解释如表 4-8、表 4-9 所示。

表 4-8 线轮廓度公差带定义、标注示例及解释

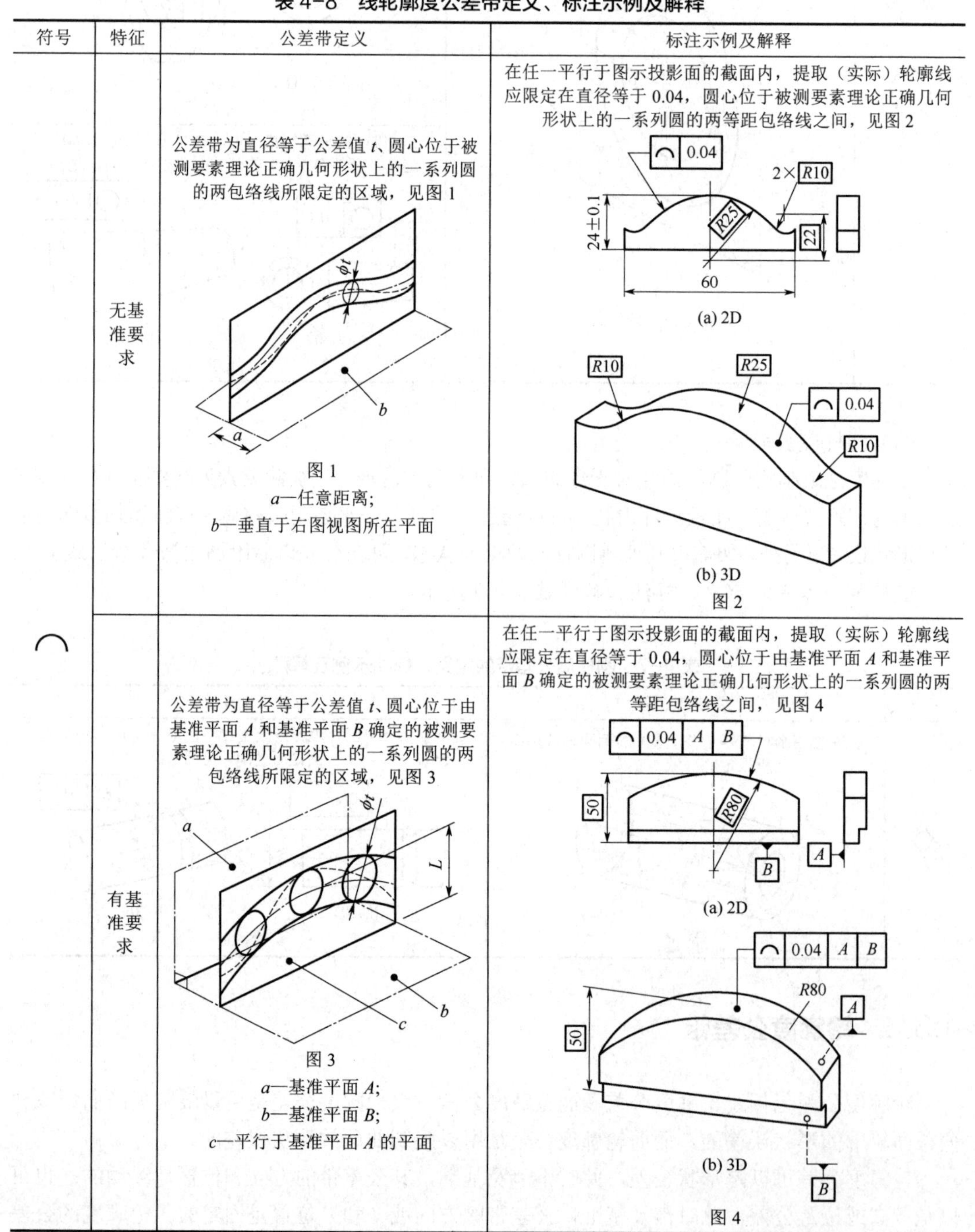

符号	特征	公差带定义	标注示例及解释
⌒	无基准要求	公差带为直径等于公差值 t、圆心位于被测要素理论正确几何形状上的一系列圆的两包络线所限定的区域，见图 1 图 1 a—任意距离； b—垂直于右图视图所在平面	在任一平行于图示投影面的截面内，提取（实际）轮廓线应限定在直径等于 0.04，圆心位于被测要素理论正确几何形状上的一系列圆的两等距包络线之间，见图 2 (a) 2D (b) 3D 图 2
	有基准要求	公差带为直径等于公差值 t、圆心位于由基准平面 A 和基准平面 B 确定的被测要素理论正确几何形状上的一系列圆的两包络线所限定的区域，见图 3 图 3 a—基准平面 A； b—基准平面 B； c—平行于基准平面 A 的平面	在任一平行于图示投影面的截面内，提取（实际）轮廓线应限定在直径等于 0.04，圆心位于由基准平面 A 和基准平面 B 确定的被测要素理论正确几何形状上的一系列圆的两等距包络线之间，见图 4 (a) 2D (b) 3D 图 4

表 4-9　面轮廓度公差带定义、标注示例及解释

符号	特征	公差带定义	标注示例及解释
⌓	无基准要求	公差带为直径等于公差值 t、球心位于具有理论正确几何形状上的一系列圆球的两包络面所限定的区域，见图 1 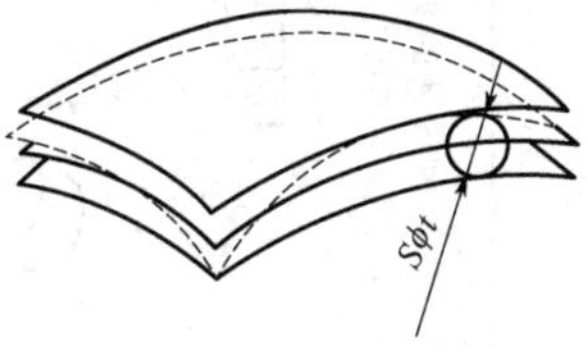 $S\phi t$ 图 1	提取（实际）轮廓面应限定在直径等于 0.02、球心位于被测要素理论正确几何形状上的一系列圆球的两等距包络面之间，见图 2 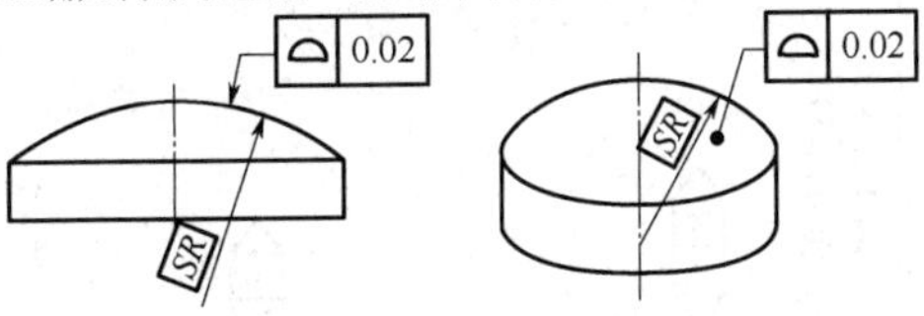 ⌓ 0.02　SR (a) 2D　(b) 3D 图 2
	有基准要求	公差带为直径等于公差值 t、球心位于由基准平面 A 确定的被测要素理论正确几何形状上的一系列圆球的两包络面所限定的区域，见图 3 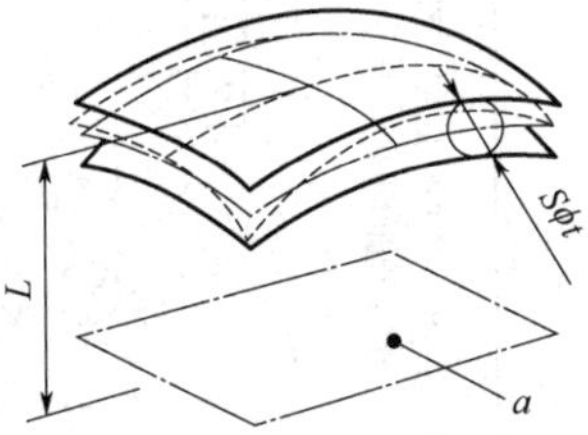 $S\phi t$　L　a 图 3 a—基准平面 A	提取（实际）轮廓面应限定在直径等于 0.1、球心位于由基准平面 A 确定的被测要素理论正确几何形状上的一系列圆球的两等距包络面之间，见图 4 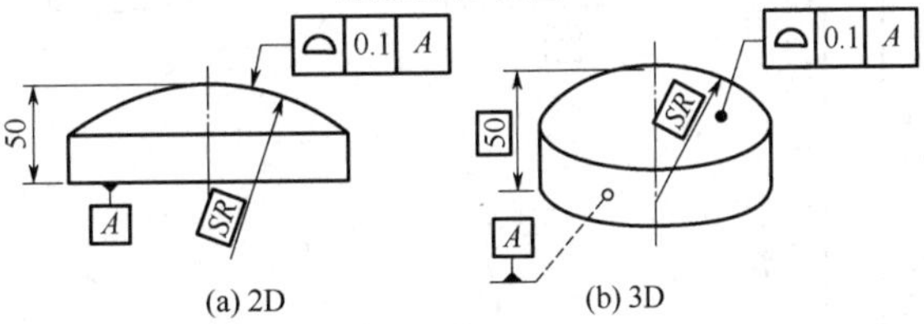 ⌓ 0.1 A　SR　50　A (a) 2D　(b) 3D 图 4

4.3.4　方向公差带

方向公差是指实际关联要素相对基准的实际方向对理想方向的允许变动量，用于限制被测要素在基准相对方向上的变动，其公差带相对于基准有确定的方向，即方向公差带的方向固定，而其位置浮动，由实际被测要素的位置决定。方向公差包括平行度、垂直度、倾斜度 3 种，其被测要素和基准要素都有直线和平面之分。

方向公差涉及基准，被测要素相对于基准要素必须保持图样上给定的平行、垂直和倾斜所夹角度的方向关系，被测要素相对基准要素的方向关系要求由理论正确角度来确定。

（1）平行度公差带

平行度是限制实际要素（线或面）对理想要素变动的区域，且其理想要素应平行于基准。平行度公差带的定义、标注和解释如表 4-10 所示。

（2）垂直度公差带

垂直度是限制实际要素（线或面）对理想要素变动的区域，且其理想要素应垂直于基准。垂直度公差带的定义、标注和解释如表 4-11 所示。

（3）倾斜度公差带

倾斜度是限制实际要素（线或面）对理想要素变动的区域，且其理想要素应与基准呈一给定的理论正确角度。倾斜度公差带的定义、标注和解释如表 4-12 所示。

表 4-10　平行度公差带定义、标注示例及解释

符号	特征		公差带定义	标注示例及解释
//	线对基准线	平行定向平面	公差带为间距等于公差值 t、平行于两基准且沿规定方向的两平行平面所限定的区域，见图 1 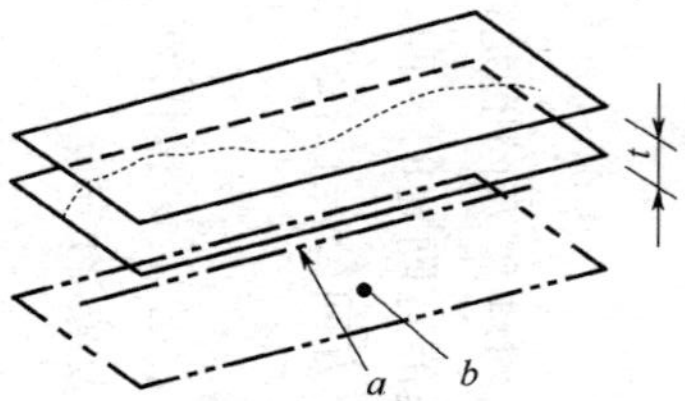 图 1 a—基准轴线 A； b—基准平面 B	提取（实际）中心线应限定在间距等于 0.1、平行于基准轴线 A 的两平行平面之间。限定公差带的平面均平行于由定向平面框格规定的基准平面 B。基准 B 为基准 A 的辅助基准，见图 2 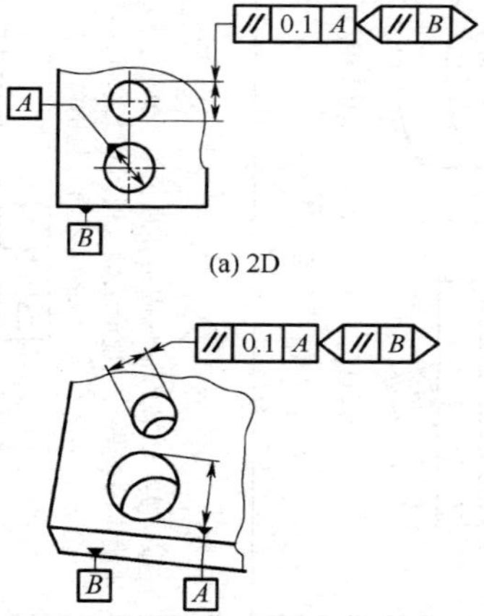 (a) 2D (b) 3D 图 2
		垂直定向平面	公差带为间距等于公差值 t、平行于基准 A 且垂直于基准 B 的两平行平面所限定的区域，见图 3 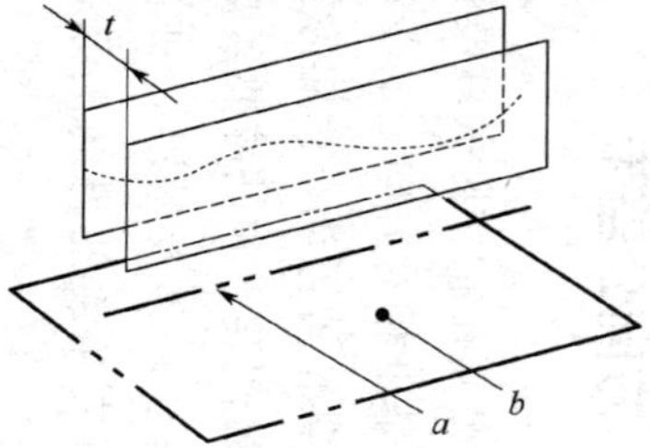 图 3 a—基准轴线 A； b—基准平面 B	提取（实际）中心线应限定在间距等于 0.1、平行于基准轴线 A 的两平行平面之间。限定公差带的平面均垂直于由定向平面框格规定的基准平面 B。基准 B 为基准 A 的辅助基准，见图 4 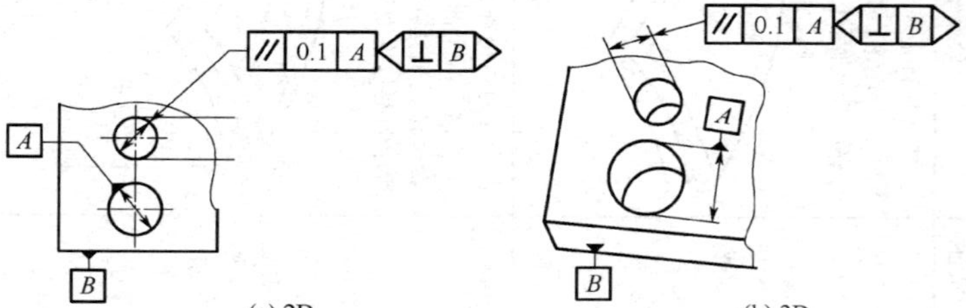 (a) 2D　(b) 3D 图 4

续表

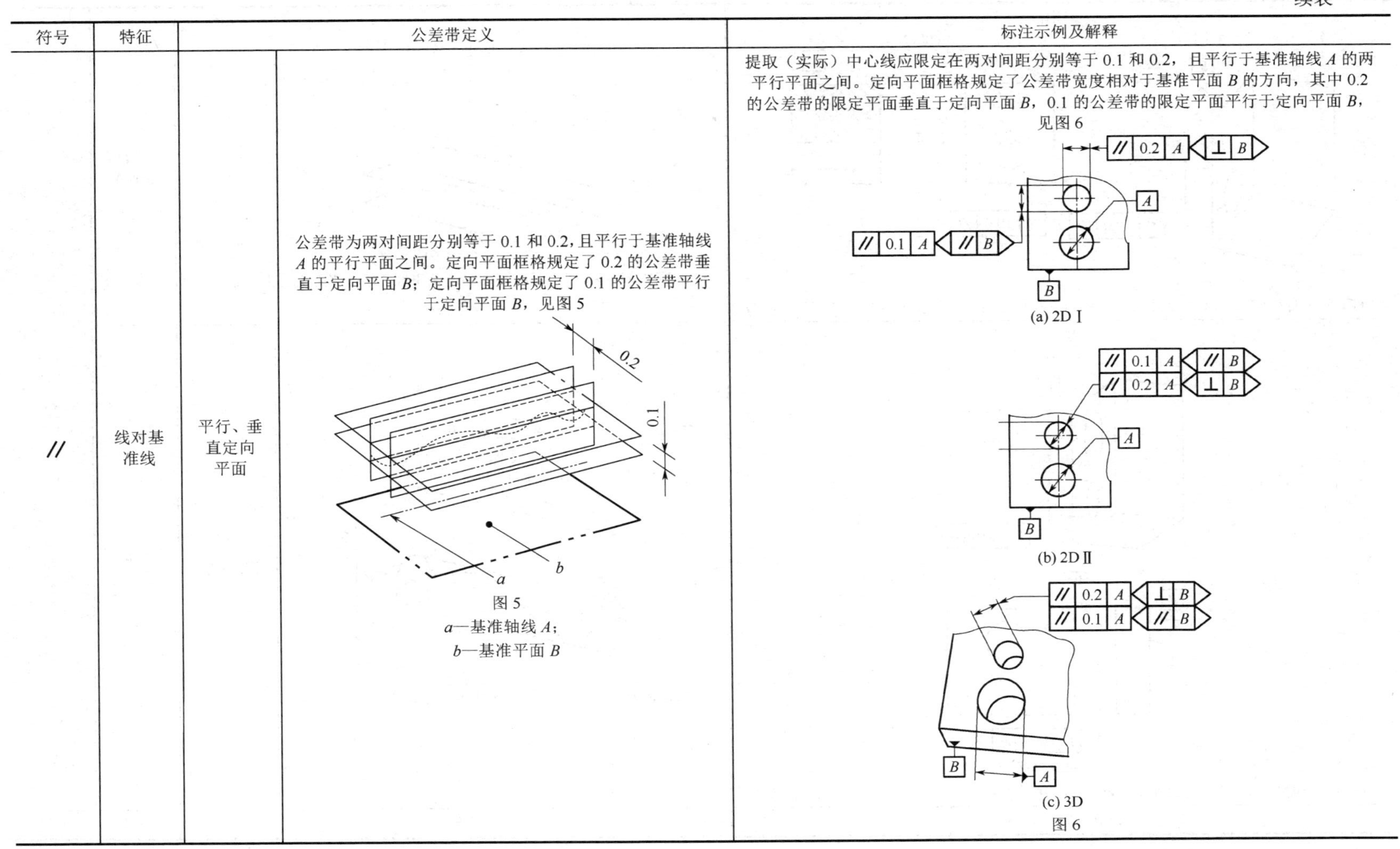

符号	特征	公差带定义		标注示例及解释
//	线对基准线	平行、垂直定向平面	公差带为两对间距分别等于 0.1 和 0.2，且平行于基准轴线 *A* 的平行平面之间。定向平面框格规定了 0.2 的公差带垂直于定向平面 *B*；定向平面框格规定了 0.1 的公差带平行于定向平面 *B*，见图 5 图 5 *a*—基准轴线 *A*； *b*—基准平面 *B*	提取（实际）中心线应限定在两对间距分别等于 0.1 和 0.2，且平行于基准轴线 *A* 的两平行平面之间。定向平面框格规定了公差带宽度相对于基准平面 *B* 的方向，其中 0.2 的公差带的限定平面垂直于定向平面 *B*，0.1 的公差带的限定平面平行于定向平面 *B*，见图 6 (a) 2D Ⅰ (b) 2D Ⅱ (c) 3D 图 6

续表

符号	特征	公差带定义		标注示例及解释
//	线对基准线	任意方向	公差带为直径等于公差值ϕt且平行于基准轴线的圆柱面所限定的区域，见图7 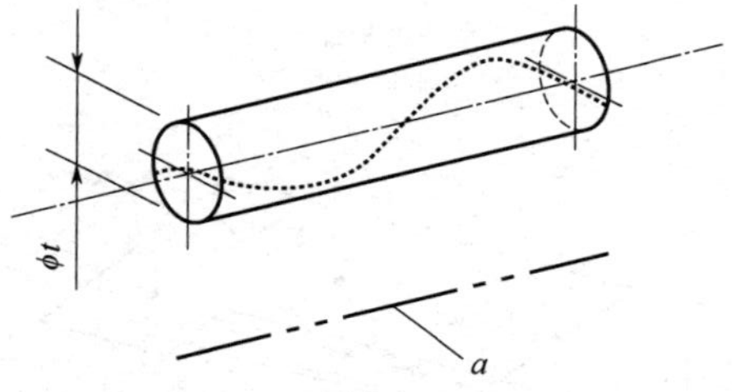 图7 a—基准轴线A	提取（实际）中心线应限定在直径等于ϕ0.03，且平行于基准轴线A的圆柱面内，见图8 注意：公差值前加注符号ϕ (a) 2D (b) 3D 图8
	线对基准面	公差带为平行于基准平面、间距等于公差值t的两平行平面所限定的区域，见图9 图9 a—基准平面		提取（实际）中心线应限定在平行于基准平面B，且间距等于0.01的两平行平面之间，见图11 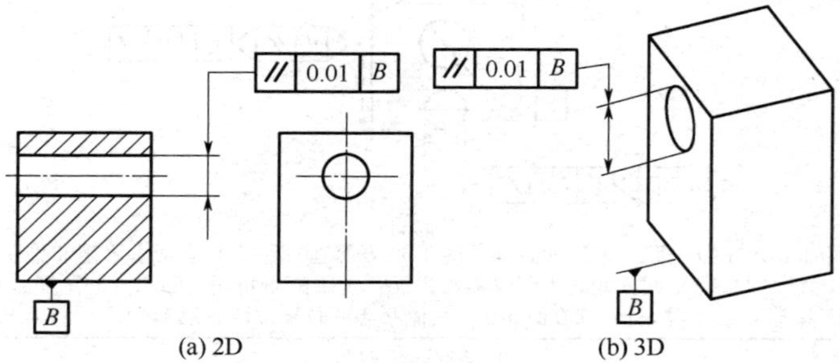 (a) 2D (b) 3D 图11

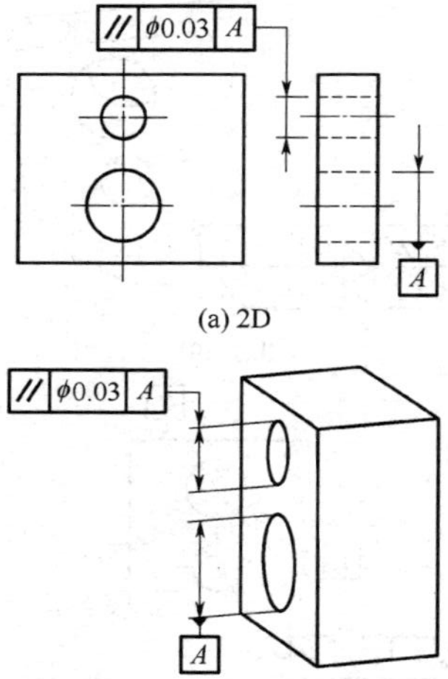

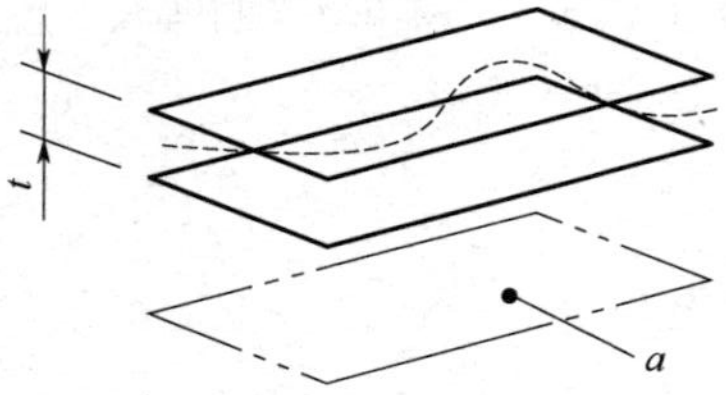

续表

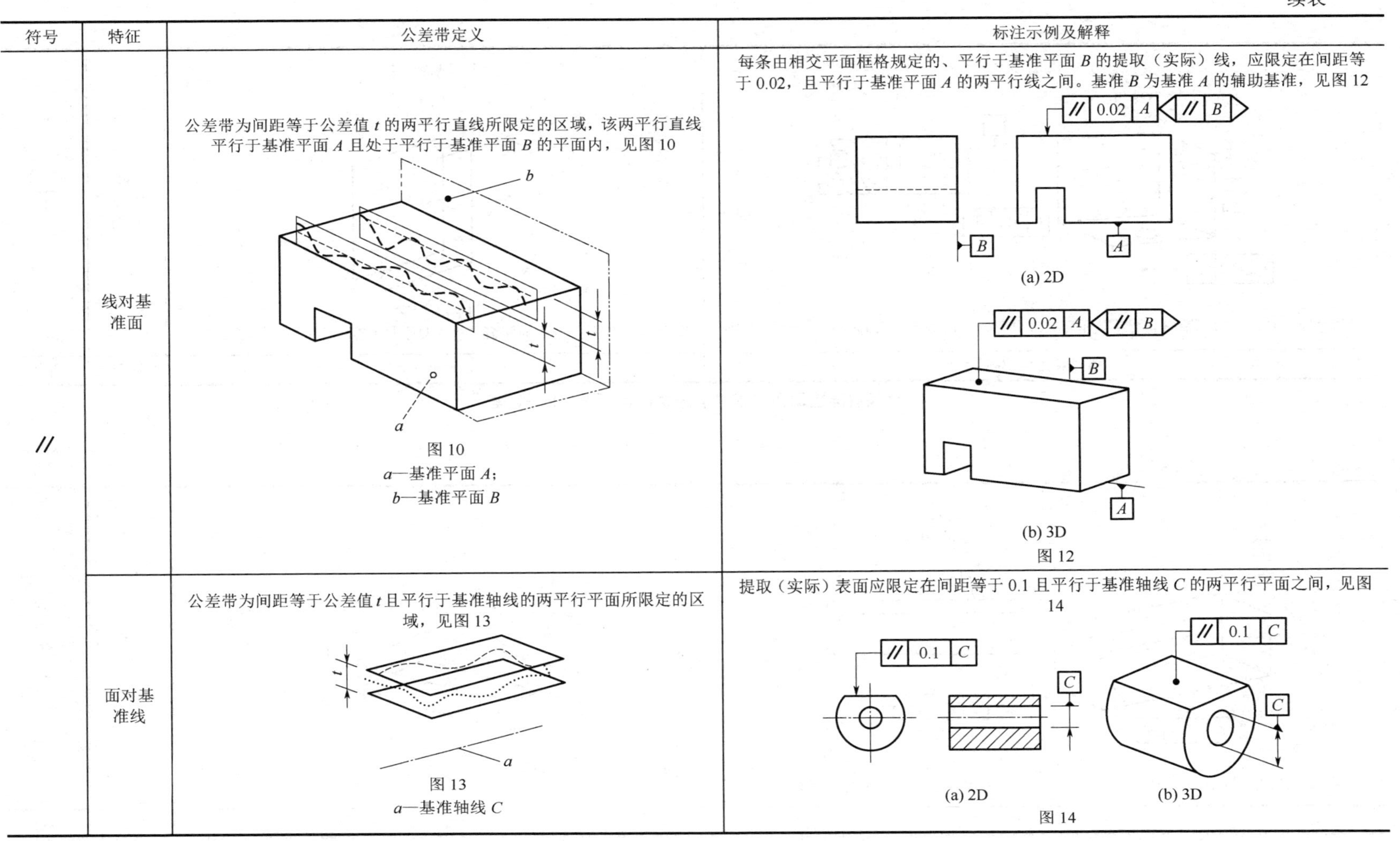

符号	特征	公差带定义	标注示例及解释
//	线对基准面	公差带为间距等于公差值 t 的两平行直线所限定的区域，该两平行直线平行于基准平面 A 且处于平行于基准平面 B 的平面内，见图 10 图 10 a—基准平面 A； b—基准平面 B	每条由相交平面框格规定的、平行于基准平面 B 的提取（实际）线，应限定在间距等于 0.02，且平行于基准平面 A 的两平行线之间。基准 B 为基准 A 的辅助基准，见图 12 (a) 2D (b) 3D 图 12
	面对基准线	公差带为间距等于公差值 t 且平行于基准轴线的两平行平面所限定的区域，见图 13 图 13 a—基准轴线 C	提取（实际）表面应限定在间距等于 0.1 且平行于基准轴线 C 的两平行平面之间，见图 14 (a) 2D　(b) 3D 图 14

续表

符号	特征	公差带定义	标注示例及解释
//	面对基准面	公差带为间距等于公差值 t 且平行于基准平面的两平行平面所限定的区域，见图 15 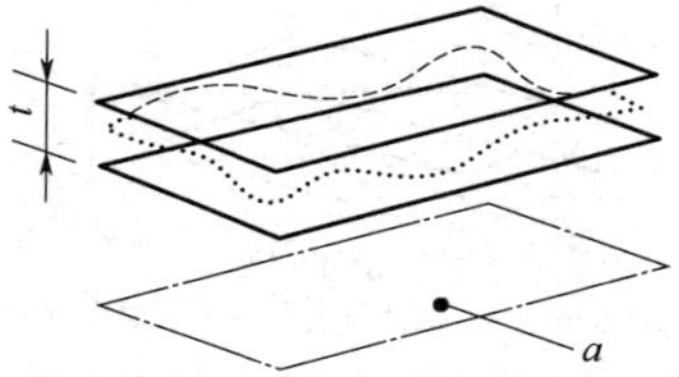 图 15 a—基准平面 D	提取（实际）表面应限定在间距等于 0.01，且平行于基准平面 D 的两平行平面之间，见图 16 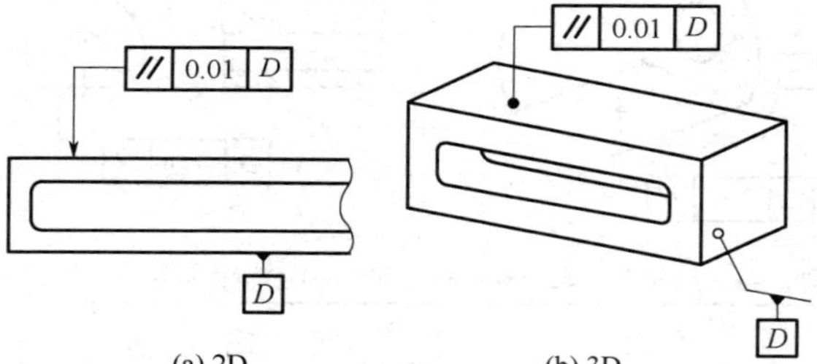 (a) 2D (b) 3D 图 16

表 4-11 垂直度公差带的定义、标注示例及解释

符号	特征	公差带定义	标注示例及解释
⊥	线对基准面	公差带为间距等于公差值 t 且垂直于基准线的两平行平面所限定的区域，见图 1 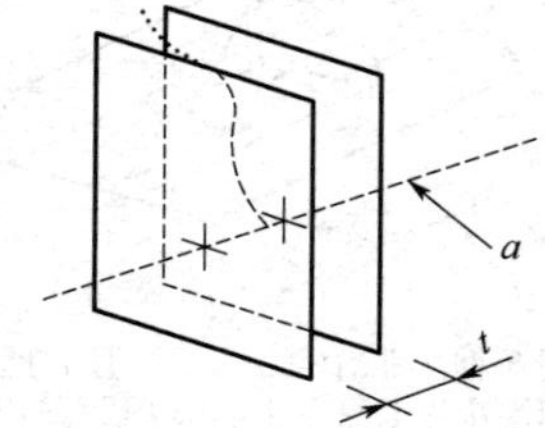 图 1 a—基准线 A	提取（实际）中心线应限定在间距等于 0.06，且垂直于基准轴线 A 的两平行平面之间，见图 2 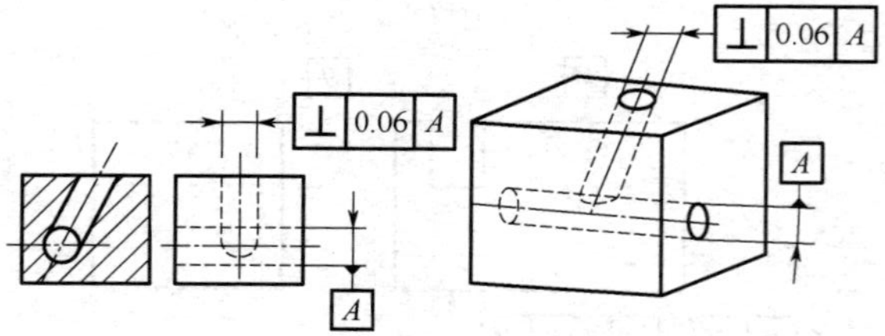 (a) 2D (b) 3D 图 2

续表

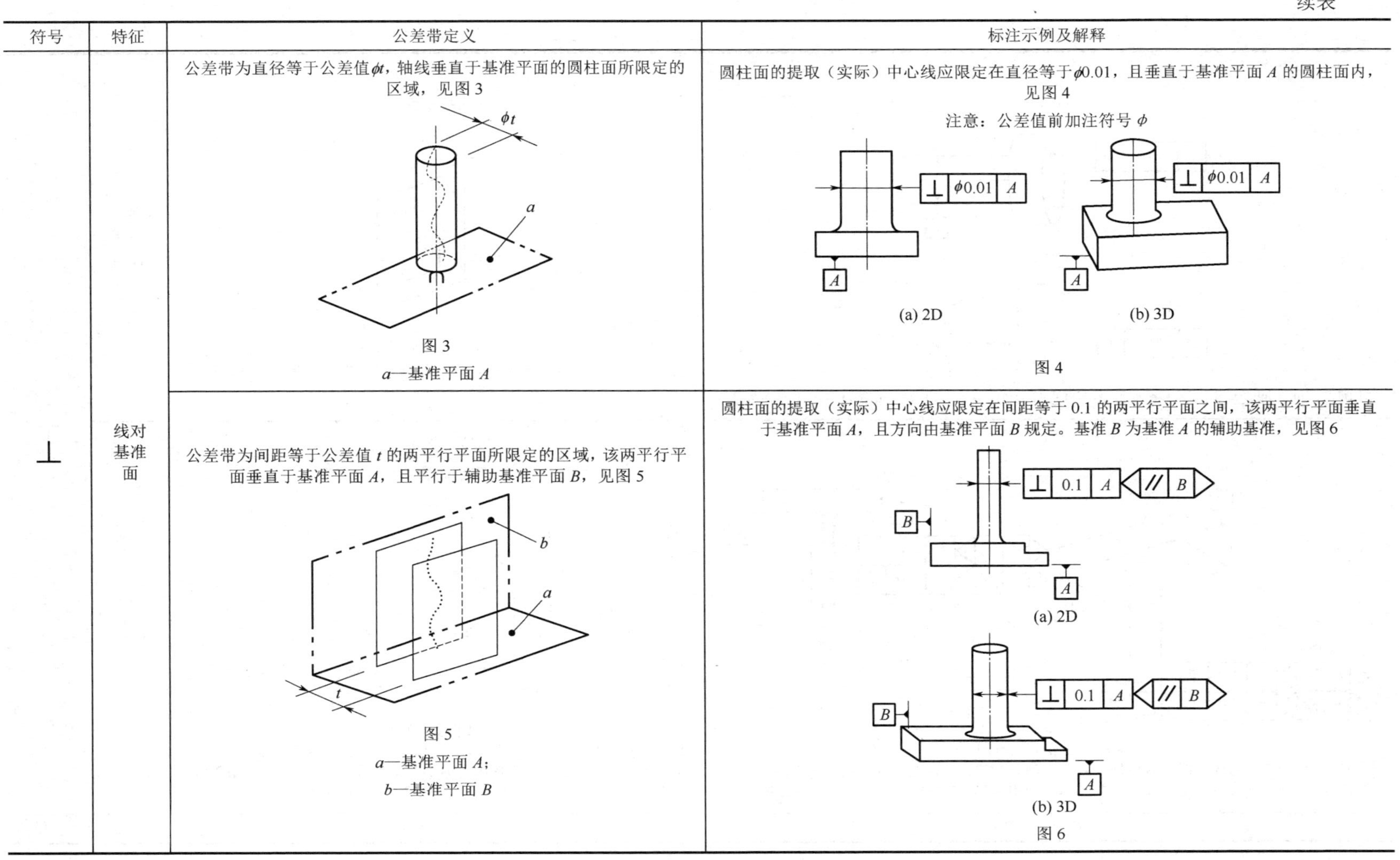

符号	特征	公差带定义	标注示例及解释
⊥	线对基准面	公差带为直径等于公差值 ϕt，轴线垂直于基准平面的圆柱面所限定的区域，见图 3 图 3 a—基准平面 A	圆柱面的提取（实际）中心线应限定在直径等于 ϕ0.01，且垂直于基准平面 A 的圆柱面内，见图 4 注意：公差值前加注符号 ϕ (a) 2D　(b) 3D 图 4
		公差带为间距等于公差值 t 的两平行平面所限定的区域，该两平行平面垂直于基准平面 A，且平行于辅助基准平面 B，见图 5 图 5 a—基准平面 A； b—基准平面 B	圆柱面的提取（实际）中心线应限定在间距等于 0.1 的两平行平面之间，该两平行平面垂直于基准平面 A，且方向由基准平面 B 规定。基准 B 为基准 A 的辅助基准，见图 6 (a) 2D (b) 3D 图 6

续表

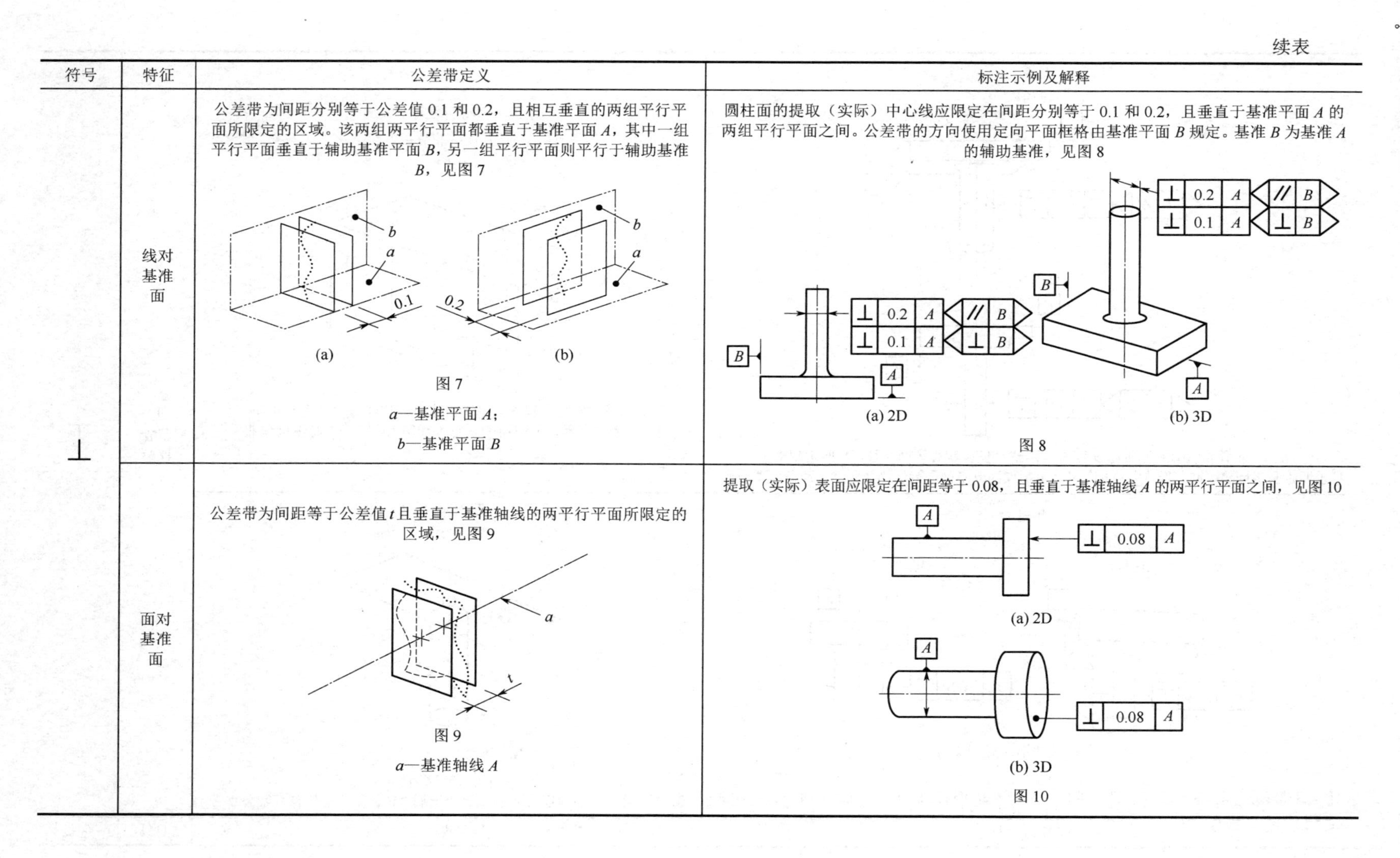

符号	特征	公差带定义	标注示例及解释
⊥	线对基准面	公差带为间距分别等于公差值 0.1 和 0.2，且相互垂直的两组平行平面所限定的区域。该两组两平行平面都垂直于基准平面 A，其中一组平行平面垂直于辅助基准平面 B，另一组平行平面则平行于辅助基准 B，见图 7 (a) (b) 图 7 a—基准平面 A； b—基准平面 B	圆柱面的提取（实际）中心线应限定在间距分别等于 0.1 和 0.2，且垂直于基准平面 A 的两组平行平面之间。公差带的方向使用定向平面框格由基准平面 B 规定。基准 B 为基准 A 的辅助基准，见图 8 (a) 2D (b) 3D 图 8
	面对基准面	公差带为间距等于公差值 t 且垂直于基准轴线的两平行平面所限定的区域，见图 9 图 9 a—基准轴线 A	提取（实际）表面应限定在间距等于 0.08，且垂直于基准轴线 A 的两平行平面之间，见图 10 (a) 2D (b) 3D 图 10

续表

符号	特征	公差带定义	标注示例及解释
⊥	面对基准面	公差带为间距等于公差值 t 且垂直于基准平面的两平行平面所限定的区域，见图 11 图 11 a—基准平面 A	提取（实际）表面应限定在间距等于 0.08，且垂直于基准平面 A 的两平行平面之间，见图 12 (a) 2D (b) 3D 图 12

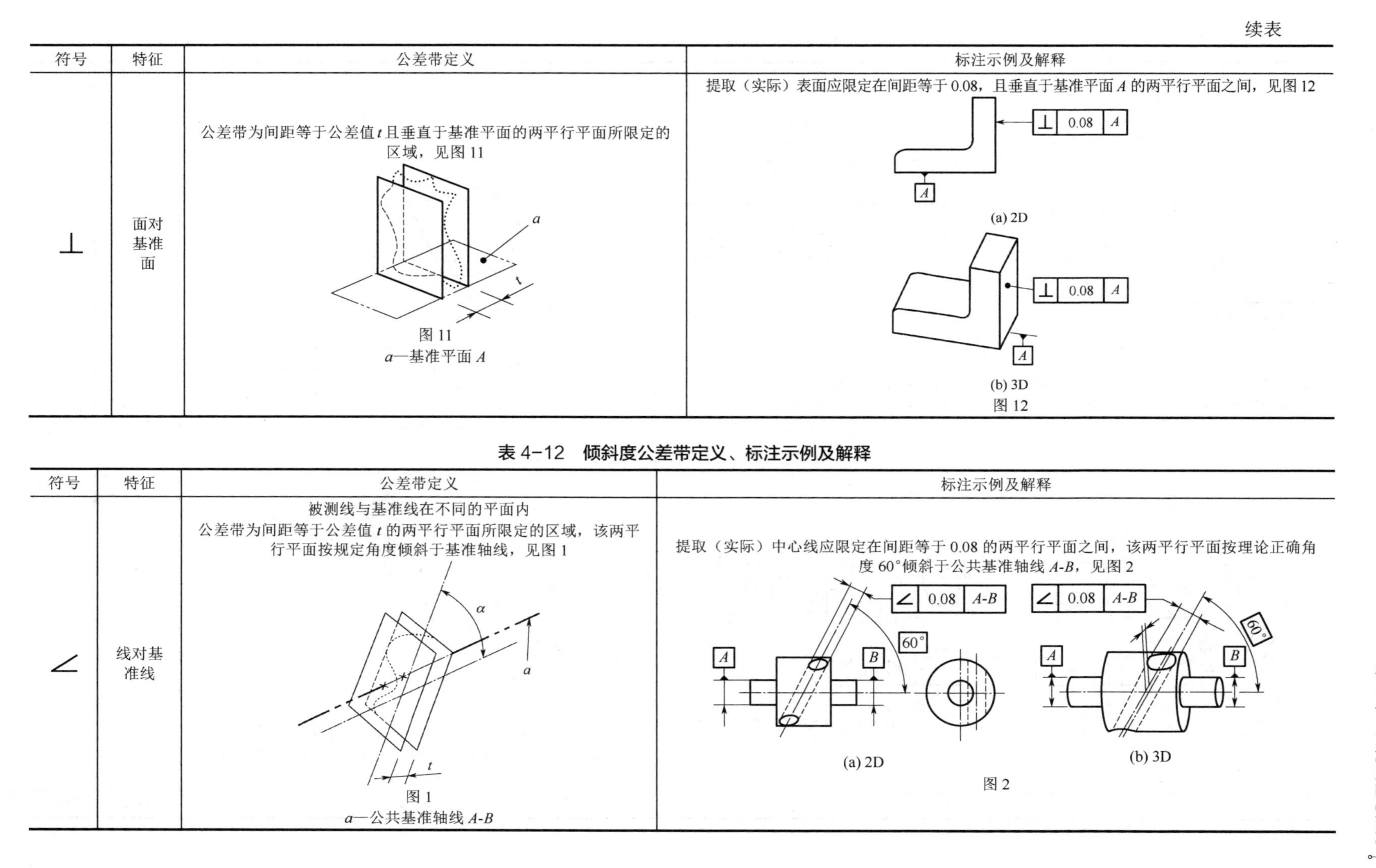

表 4-12　倾斜度公差带定义、标注示例及解释

符号	特征	公差带定义	标注示例及解释
∠	线对基准线	被测线与基准线在不同的平面内 公差带为间距等于公差值 t 的两平行平面所限定的区域，该两平行平面按规定角度倾斜于基准轴线，见图 1 图 1 a—公共基准轴线 A-B	提取（实际）中心线应限定在间距等于 0.08 的两平行平面之间，该两平行平面按理论正确角度 60°倾斜于公共基准轴线 A-B，见图 2 (a) 2D (b) 3D 图 2

续表

符号	特征	公差带定义	标注示例及解释
		被测线与基准线在不同的平面内 公差带为直径等于公差值 ϕt 的圆柱面所限定的区域，该圆柱面按规定角度倾斜于基准，见图 3 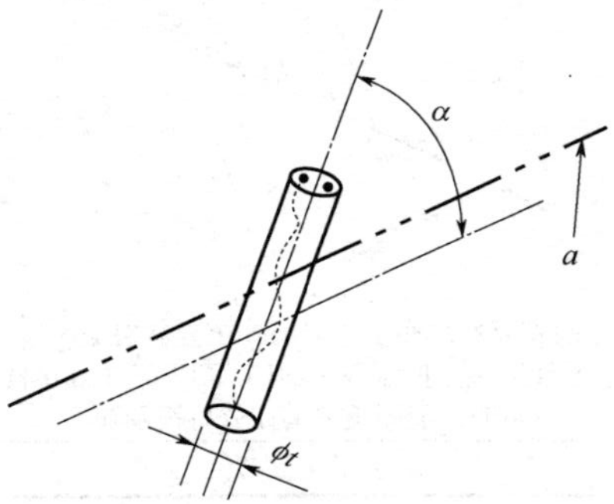 α　a　ϕt 图 3 a—公共基准轴线 A-B	提取（实际）中心线应限定在直径等于 0.08 的圆柱面所限定的区域，该圆柱面按理论正确角度 60°倾斜于公共基准轴线 A-B，见图 4 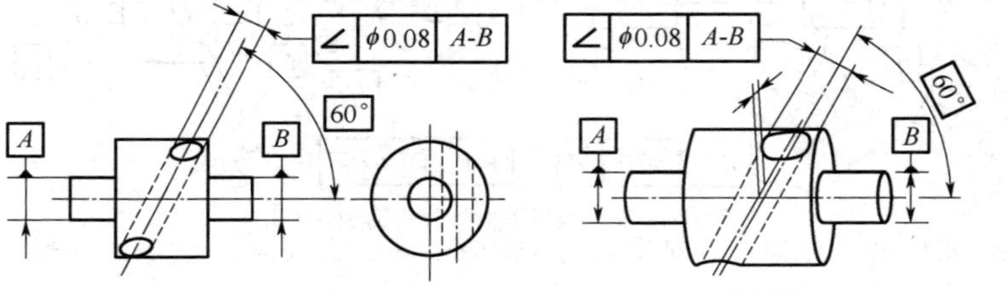 ∠ ϕ0.08 A-B　60°　A　B (a) 2D ∠ ϕ0.08 A-B　60°　A　B (b) 3D 图 4
∠	线对基准面	公差带为直径等于公差值 ϕt 的圆柱面所限定的区域。该圆柱面公差带的轴线按规定角度倾斜于基准平面 A 且平行于基准平面 B，见图 5 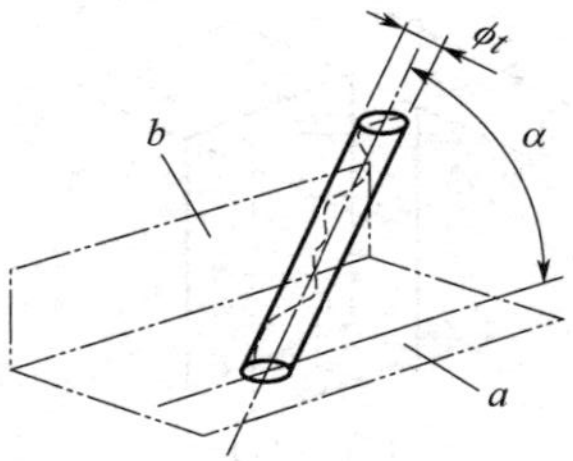 ϕt　α　b　a 图 5 a—基准平面 A； b—基准平面 B	提取（实际）中心线应限定在直径等于 0.1 的圆柱面内，该圆柱面的轴心线按理论正确角度 60°倾斜于基准平面 A 且平行于基准平面 B，见图 6 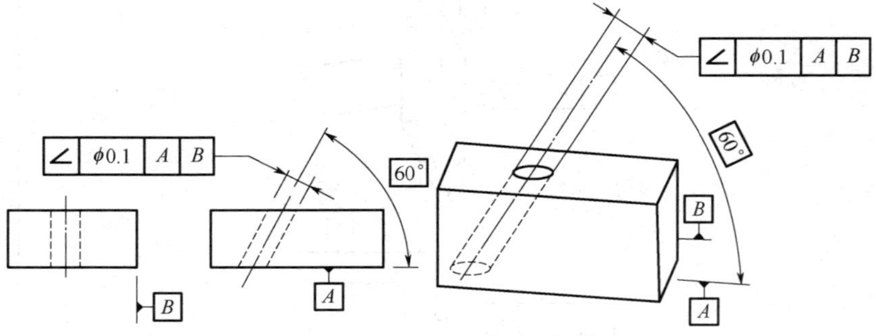 ∠ ϕ0.1 A B　60°　A　B (a) 2D ∠ ϕ0.1 A B　60°　A　B (b) 3D 图 6

续表

符号	特征	公差带定义	标注示例及解释
∠	面对基准线	公差带为间距等于公差值 t 的两平行平面所限定的区域，该两平行平面按规定角度倾斜于基准线，见图7 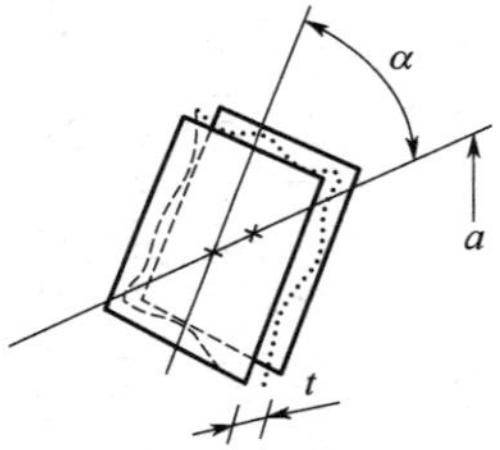 图7 a—基准直线	提取（实际）表面应限定在间距等于0.1的两平行平面之间，该两平行平面按理论正确角度75°倾斜于基准轴线 A，见图8 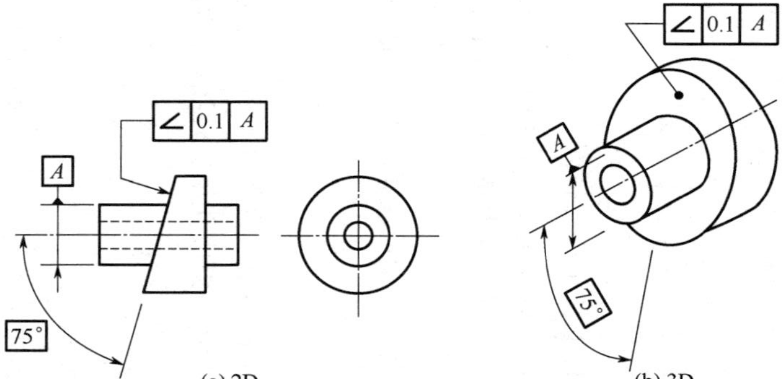 (a) 2D (b) 3D 图8
	面对基准面	公差带为间距等于公差值 t 的两平行平面所限定的区域，该两平行平面按规定角度倾斜于基准平面，见图9 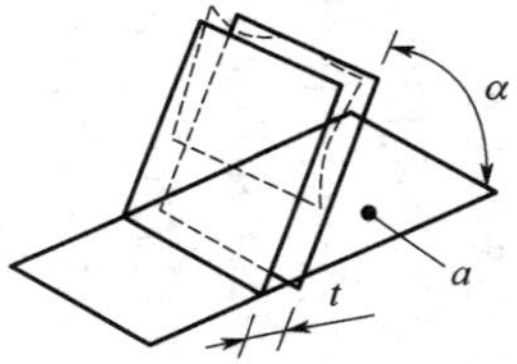 图9 a—基准平面 A	提取（实际）表面应限定在间距等于0.08的两平行平面之间，该两平行平面按理论正确角度40°倾斜于基准平面 A，见图10 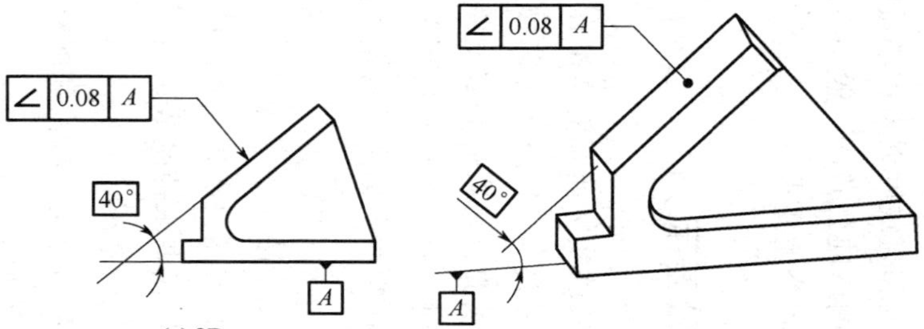 (a) 2D (b) 3D 图10

同一被测要素的方向公差可以控制与其有关的形状误差。如平面的平行度公差，可以控制该平面的平面度和直线度误差；轴线的垂直度公差可以控制该轴线的直线度误差。因此规定了该被测要素的方向公差，一般不再规定其形状公差，只有需进一步限制形状误差时，才提出更严格的形状公差要求。

4.3.5 位置公差带

位置公差是关联实际要素对基准在位置上的允许变动量，包括同轴（同心）度、对称度和位置度 3 种位置关系。位置公差的被测要素有点、直线和平面，基准要素主要有直线和平面，给定位置关系的公差项目的被测要素相对于基准要素必须保持图样上给定的正确位置关系，被测要素相对于基准的正确位置关系应由理论正确尺寸来保证。同轴度和对称度的理论正确尺寸为 0，在图样上标注时省略不注。位置关系公差涉及基准，公差带的方向和位置是固定的。

（1）位置度公差带

位置度是限制被测要素相互之间或它们相对一个或多个基准的理想位置变动的区域。位置度的特点是可以仅要求控制成组被测要素（如几个孔所组成孔组的轴线）之间的位置度误差，而不相对于任何基准。

位置度公差带的定义、标注和解释如表 4-13 所示。

（2）同轴度公差带

同轴度公差的被测要素主要是回转体的轴线，基准要素也是轴线，是用于限制被测要素（轴线）相对于基准要素（轴线）重合程度的位置误差。同心度用于限制被测圆心与基准圆心同心的程度。当零件很薄时，孔的轴线可以看成一个点。

同轴度公差带的定义、标注和解释如表 4-14 所示。

（3）对称度公差带

对称度公差用于限制被测要素（中心面、中心线）与基准要素（中心面、中心线）的共面（或共线）误差，基准要素与被测要素中至少有一个是中心平面或两者分别是两相互垂直的轴线。

对称度公差带的定义、标注和解释如表 4-15 所示。

位置公差可以综合控制同一被测要素的方向误差和形状误差。如平面的位置度公差，可以控制该平面的平面度误差和相对于基准的方向误差；同轴度公差可以控制被测轴线的直线度误差和相对于基准轴线的平行度误差。因此，规定了位置公差的要求，一般不再规定形状公差和方向公差，只有要进一步限制形状和方向误差时，才提出更严格的形状和方向公差要求（其数值小于位置公差值）。

4.3.6 跳动公差带

跳动是实际被测要素在无轴向移动的条件下绕基准轴线回转过程中（回转一周或连续回转）在给定的测量方向上对该实际被测要素由指示表测得的最大与最小示值之差。

跳动公差带是按特定的测量方法定义的位置公差项目，其所涉及的被测要素为圆柱面、端平面和圆锥面等轮廓要素，而涉及的基准要素为轴线。跳动公差带不仅有形状和大小要求，还有方位要求，即公差带相对于基准轴线有确定的方位。

表 4-13　位置度公差带定义、标注示例及解释

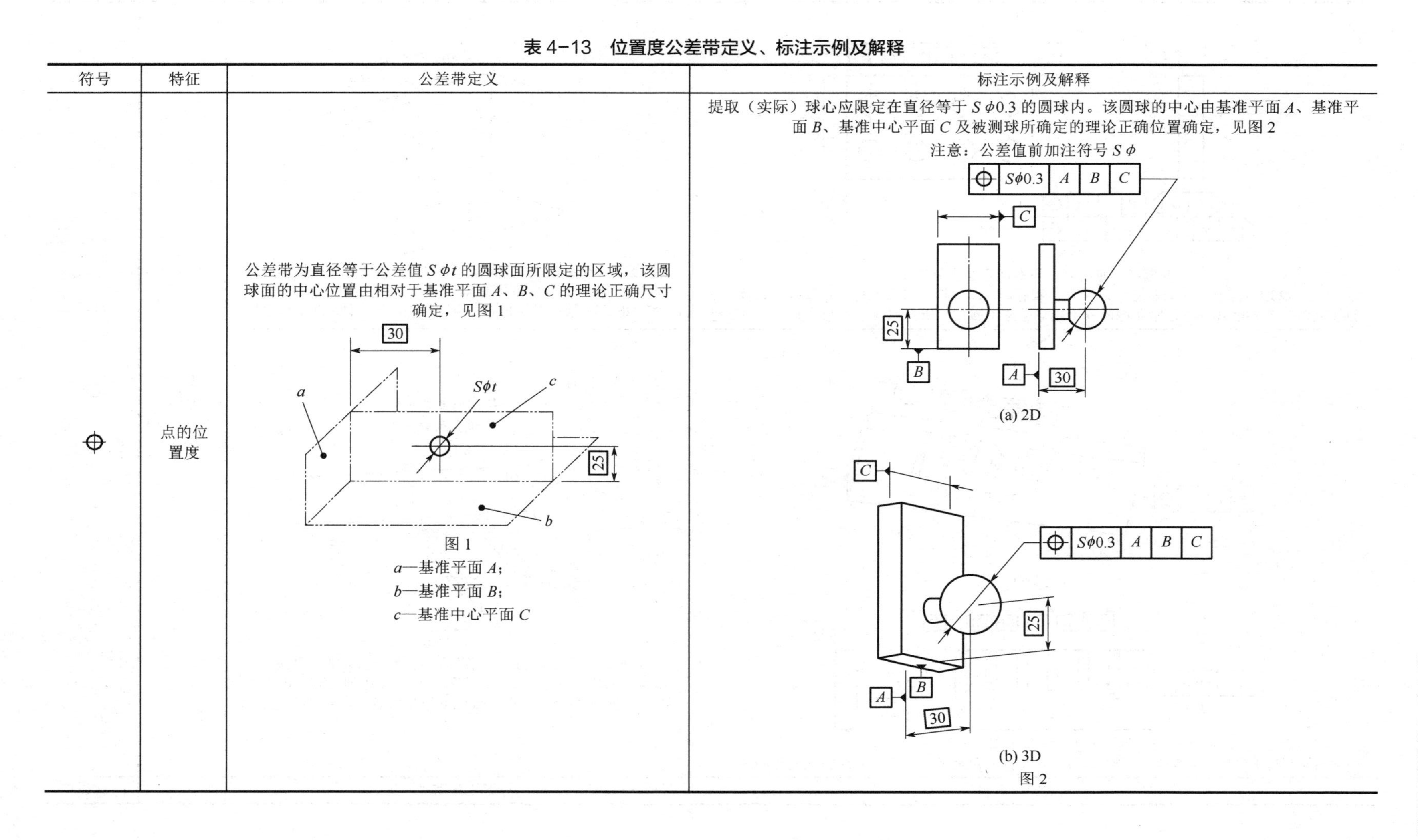

符号	特征	公差带定义	标注示例及解释
⌖	点的位置度	公差带为直径等于公差值 $S\phi t$ 的圆球面所限定的区域，该圆球面的中心位置由相对于基准平面 A、B、C 的理论正确尺寸确定，见图 1 图 1 a—基准平面 A； b—基准平面 B； c—基准中心平面 C	提取（实际）球心应限定在直径等于 $S\phi0.3$ 的圆球内。该圆球的中心由基准平面 A、基准平面 B、基准中心平面 C 及被测球所确定的理论正确位置确定，见图 2 注意：公差值前加注符号 $S\phi$ (a) 2D (b) 3D 图 2

续表

符号	特征	公差带定义	标注示例及解释
⌖	线的位置度	给定一个方向时，公差带为间距等于公差值 0.1、对称于被测要素中心线的两平行平面所限定的区域。中心平面的位置由相对于基准平面 *A*、*B* 的理论正确尺寸确定，见图 3 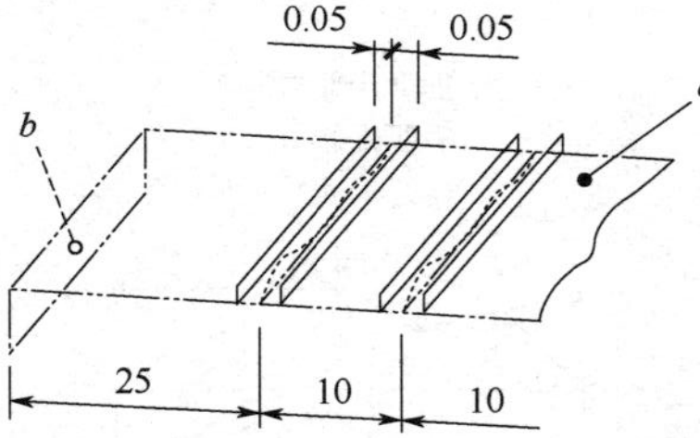 图 3 *a*—基准平面 *A*； *b*—基准平面 *B*	各条刻线的提取（实际）中心线应限定在间距等于 0.1，对称于基准平面 *A*、*B* 与被测线所确定的理论正确位置的两平行平面之间，见图 4 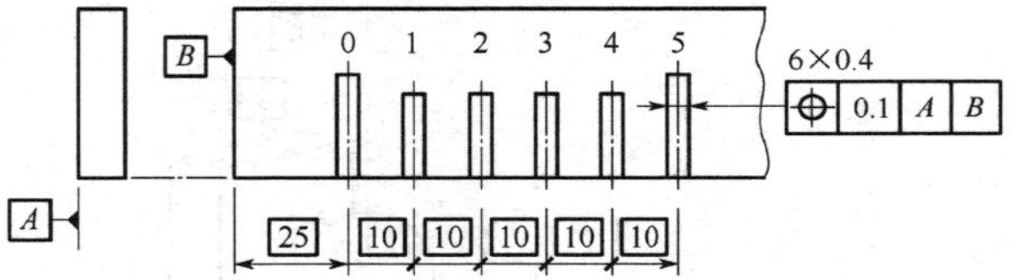 (a) 2D 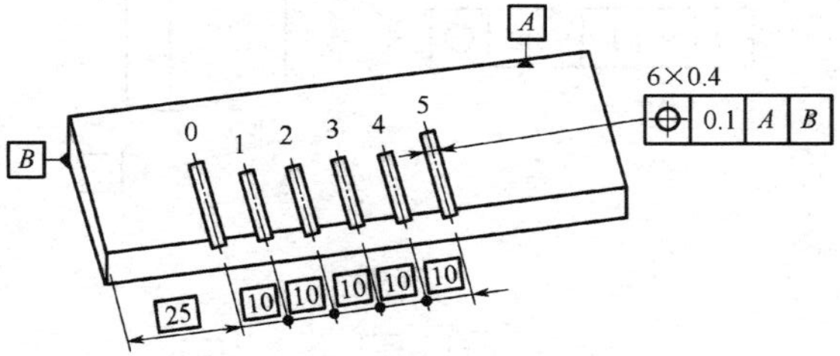 (b) 3D 图 4
		给定两个方向时，公差带为间距分别等于公差值 0.05 和 0.2、对称于理论正确位置的平行平面所限定的区域。该理论正确位置由相对于基准平面 *C*、*A* 和 *B* 的理论正确尺寸确定，见图 5 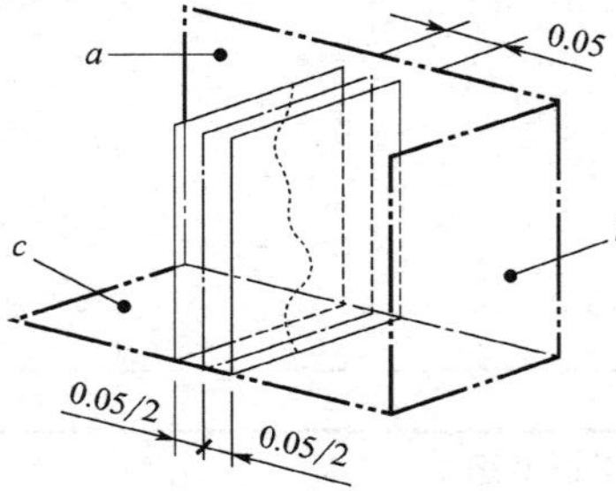 (a)	各孔的提取（实际）中心线在给定方向上应各自限定在间距分别等于 0.05 和 0.2 且相互垂直的两对平行平面内。每对平行平面的方向由基准体系确定，且对称于由基准平面 *C*、*A*、*B* 和被测孔所确定的理论正确位置，见图 6 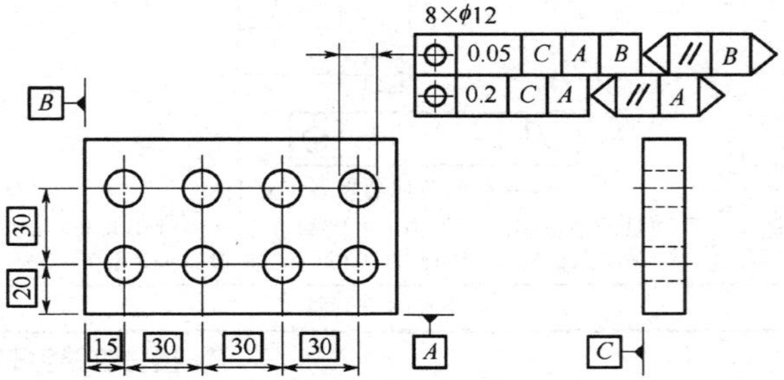 (a) 2D

续表

符号	特征	公差带定义	标注示例及解释
		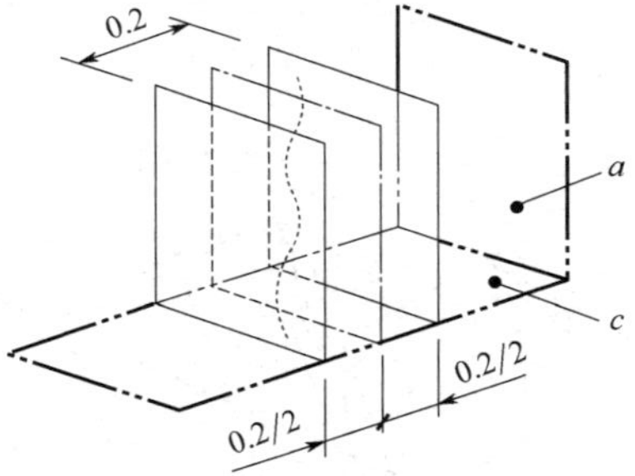 (b) 图 5 a—第二基准平面 A，垂直于基准平面 C； b—第三基准平面 B，垂直于基准平面 C 和第二基准平面 A； c—基准平面 C	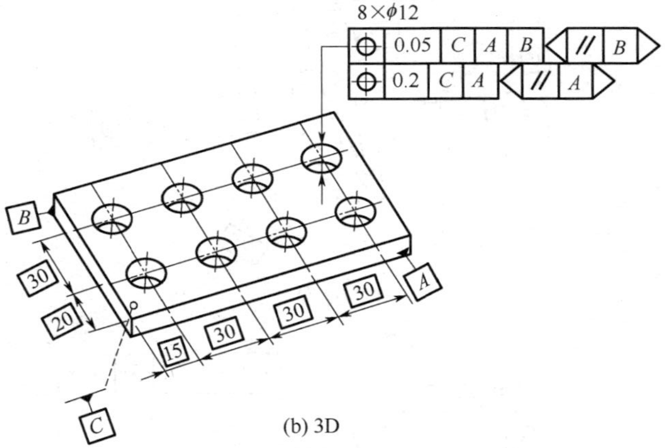 8×ϕ12 (b) 3D 图 6
⌖	线的位置度	任意方向时，公差带为直径等于公差值ϕt 的圆柱面所限定的区域。该圆柱面轴线的位置由相对于基准平面 C、A、B 的理论正确尺寸确定，见图 7 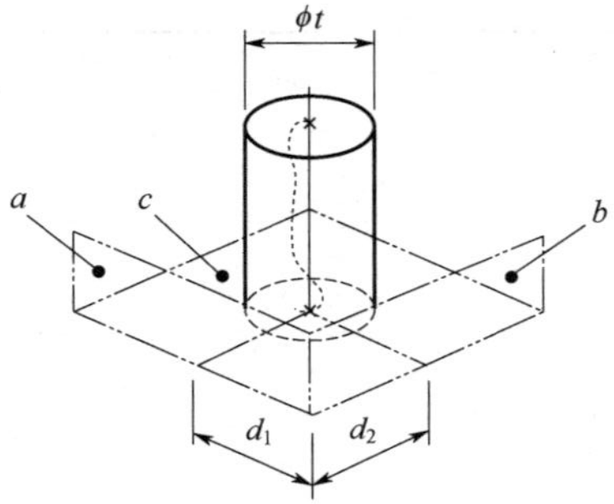 图 7 a—基准平面 A； b—基准平面 B； c—基准平面 C	提取（实际）中心线应限定在直径等于ϕ0.08 的圆柱面内，该圆柱面的轴线应处于由基准平面 C、A、B 与被测孔所确定的理论正确位置，见图 8 注意：公差值前加注符号 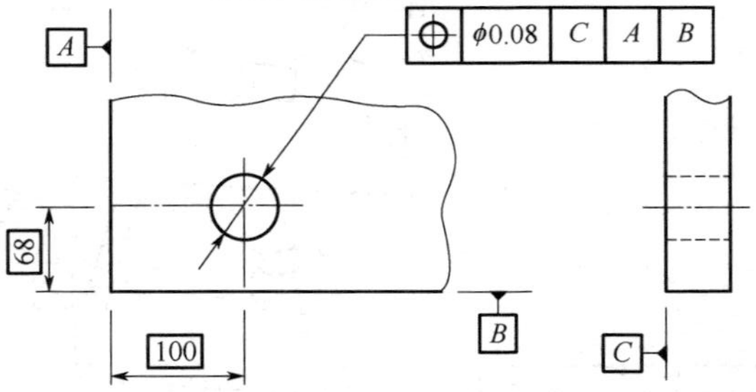 ϕ (a) 2D

续表

符号	特征	公差带定义	标注示例及解释
⌖	线的位置度		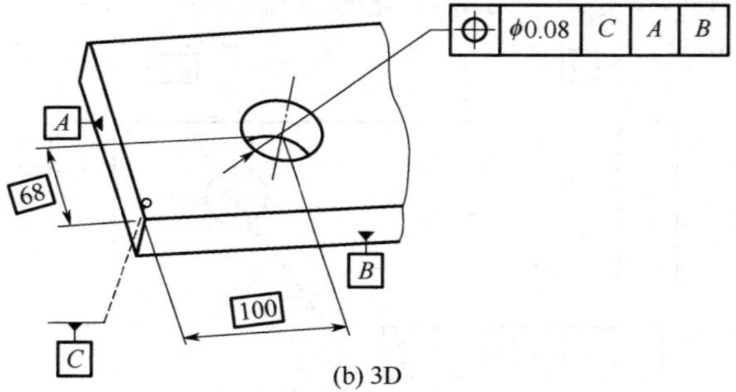 (b) 3D 图 8
	面的位置度	公差带为间距等于公差值 t 的两平行平面所限定的区域。该两平行平面对称于由相对于基准 A、B 的理论正确尺寸所确定的理论正确位置，见图 9 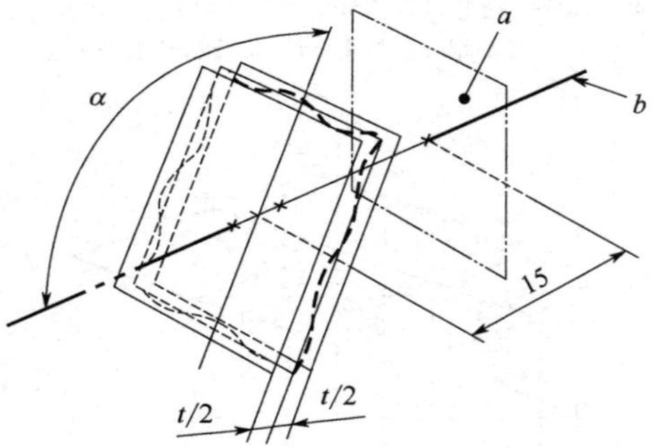 图 9 a—基准平面 A； b—基准轴线 B	提取（实际）表面应限定在间距等于 0.05 的两平行平面之间。该两平行平面对称于由基准平面 A、基准轴线 B 与被测表面所确定的理论正确位置，见图 10 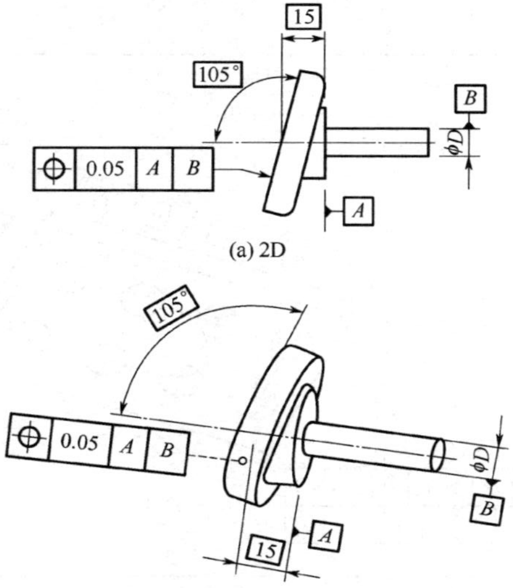 (a) 2D (b) 3D 图 10

表 4-14　同轴度公差带定义、标注示例及解释

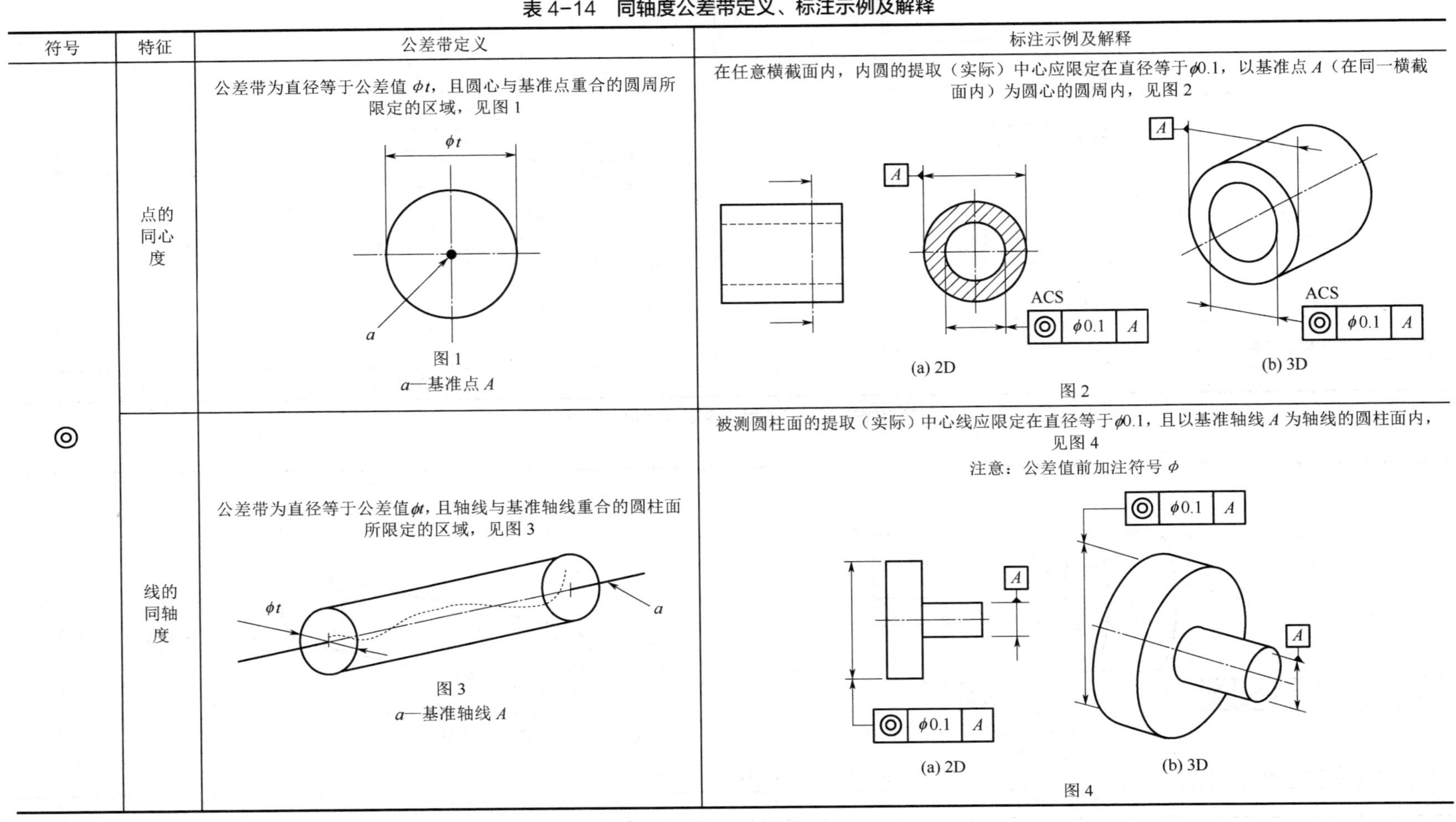

符号	特征	公差带定义	标注示例及解释
◎	点的同心度	公差带为直径等于公差值 ϕt，且圆心与基准点重合的圆周所限定的区域，见图 1 ϕt a 图 1 a—基准点 A	在任意横截面内，内圆的提取（实际）中心应限定在直径等于 $\phi 0.1$，以基准点 A（在同一横截面内）为圆心的圆周内，见图 2 A　ACS　◎ $\phi 0.1$ A (a) 2D　(b) 3D 图 2
	线的同轴度	公差带为直径等于公差值 ϕt，且轴线与基准轴线重合的圆柱面所限定的区域，见图 3 ϕt a 图 3 a—基准轴线 A	被测圆柱面的提取（实际）中心线应限定在直径等于 $\phi 0.1$，且以基准轴线 A 为轴线的圆柱面内，见图 4 注意：公差值前加注符号 ϕ A　◎ $\phi 0.1$ A (a) 2D　(b) 3D 图 4

续表

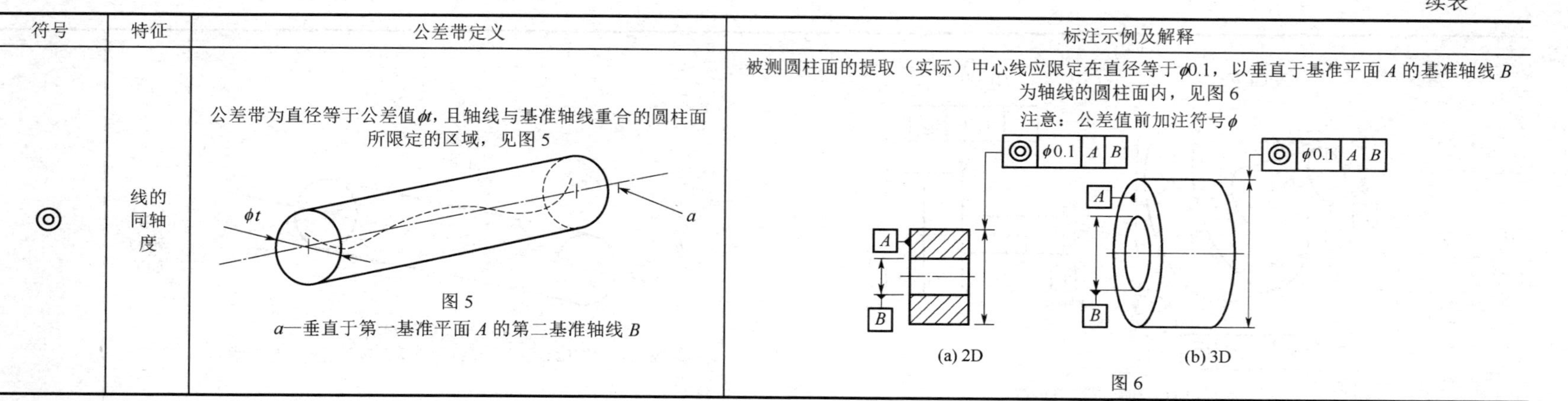

符号	特征	公差带定义	标注示例及解释
◎	线的同轴度	公差带为直径等于公差值ϕt，且轴线与基准轴线重合的圆柱面所限定的区域，见图 5 图 5 a—垂直于第一基准平面 A 的第二基准轴线 B	被测圆柱面的提取（实际）中心线应限定在直径等于ϕ0.1，以垂直于基准平面 A 的基准轴线 B 为轴线的圆柱面内，见图 6 注意：公差值前加注符号ϕ (a) 2D　(b) 3D 图 6

表 4-15　对称度公差带定义、标注示例及解释

符号	特征	公差带定义	标注示例及解释
⌯	面对基准面	公差带为间距等于公差值 t，且对称于基准中心平面的两平行平面所限定的区域，见图 1 t　$t/2$　a 图 1 a—基准中心平面 A	提取（实际）中心面应限定在间距等于 0.08，且对称于基准中心平面 A 的两平行平面之间，见图 2 ⌯ 0.08 A　A (a) 2D (b) 3D 图 2

续表

符号	特征	公差带定义	标注示例及解释
⌯	面对基准线	公差带为间距等于公差值 t，且对称于基准中心平面的两平行平面所限定的区域，见图 3 图 3 a—基准轴线 B； P_0—通过基准轴线 B 的理想平面	宽度为 b 的被测键槽的提取（实际）中心面应限定在间距等于 0.05 的两平行平面之间。该两平行平面对称于基准轴线 B，即对称于通过基准轴线 B 的理想平面 P，见图 4 图 4

根据测量方向，跳动分为径向跳动（测杆轴线与基准轴线垂直且相交）、轴向跳动（测杆轴线与基准轴线平行）和斜向跳动（测杆轴线与基准轴线倾斜某一角度且相交）3 种。

根据测量区域，跳动分为圆跳动和全跳动 2 种。

（1）圆跳动公差带

圆跳动是被测要素的某一个固定参考点围绕基准轴线旋转一周时（零件与测量仪器间无轴向位移）允许的最大变动量。圆跳动是仅对某一测量面而言，被测要素的各个不同的部位均应受其控制。

根据测量方向的不同，圆跳动分为径向圆跳动、轴向圆跳动和斜向圆跳动 3 种。径向圆跳动是对部分圆表面（扇面）或整个圆表面的指定部位而言，综合反映了被测圆柱表面的形状误差及同轴度误差。轴向圆跳动公差带被测要素可以是整个端面，也可以指定其直径范围，综合反映了被测端面的形状误差和垂直度误差。斜向圆跳动的测量方向应与被测面垂直，如需呈一特定角度，则应在图样中标出。

圆跳动公差带的定义、标注和解释如表 4-16 所示。

表 4-16　圆跳动公差带定义、标注示例及解释

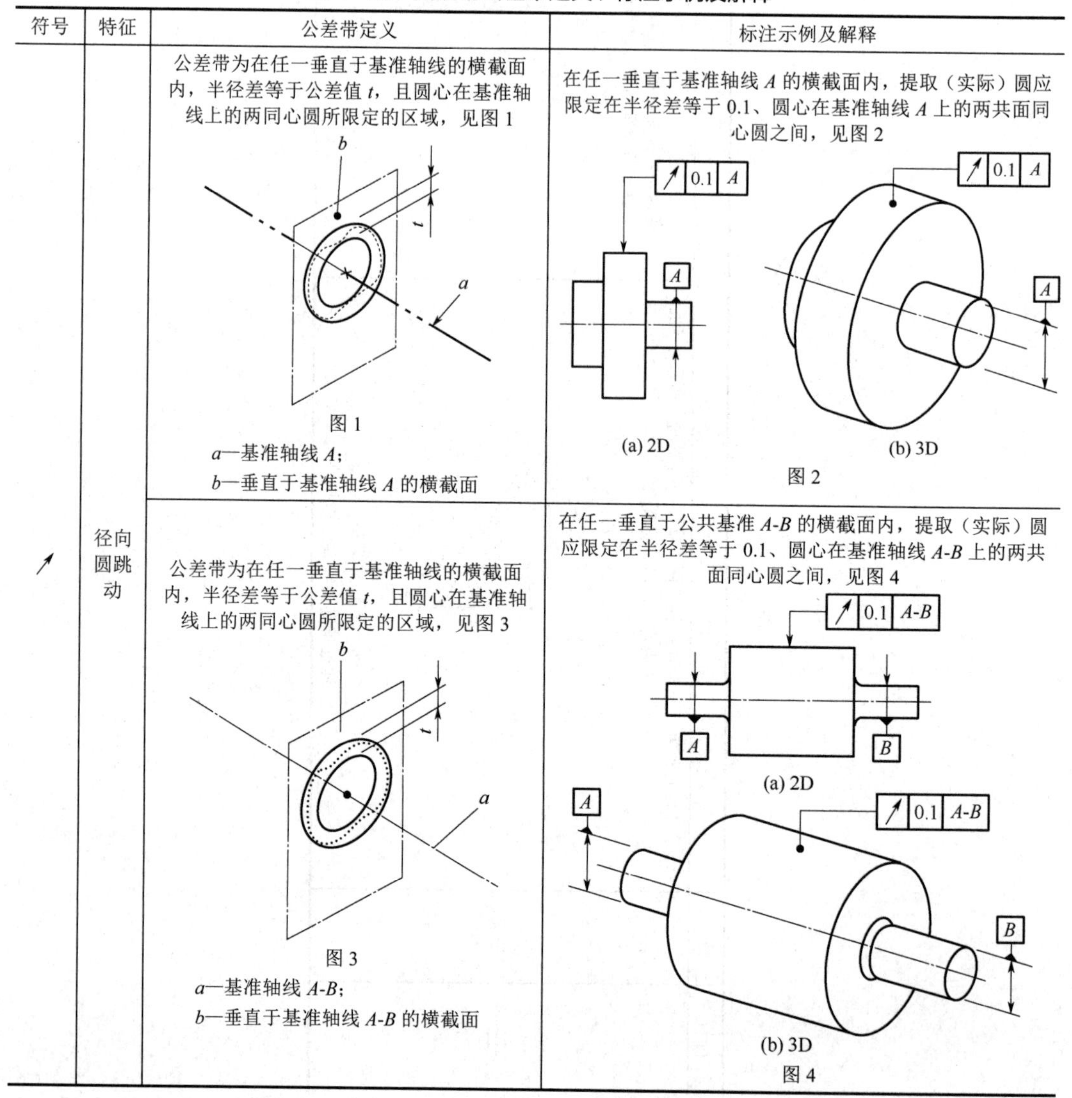

符号	特征	公差带定义	标注示例及解释
↗	径向圆跳动	公差带为在任一垂直于基准轴线的横截面内，半径差等于公差值 t，且圆心在基准轴线上的两同心圆所限定的区域，见图 1 图 1 a—基准轴线 A； b—垂直于基准轴线 A 的横截面	在任一垂直于基准轴线 A 的横截面内，提取（实际）圆应限定在半径差等于 0.1、圆心在基准轴线 A 上的两共面同心圆之间，见图 2 (a) 2D　(b) 3D 图 2
		公差带为在任一垂直于基准轴线的横截面内，半径差等于公差值 t，且圆心在基准轴线上的两同心圆所限定的区域，见图 3 图 3 a—基准轴线 A-B； b—垂直于基准轴线 A-B 的横截面	在任一垂直于公共基准 A-B 的横截面内，提取（实际）圆应限定在半径差等于 0.1、圆心在基准轴线 A-B 上的两共面同心圆之间，见图 4 (a) 2D (b) 3D 图 4

续表

符号	特征	公差带定义	标注示例及解释
↗	轴向圆跳动	公差带为与基准轴线同轴的任一半径的圆柱截面上，轴向距离等于公差值 t 的两圆所限定的圆柱面区域，见图 5 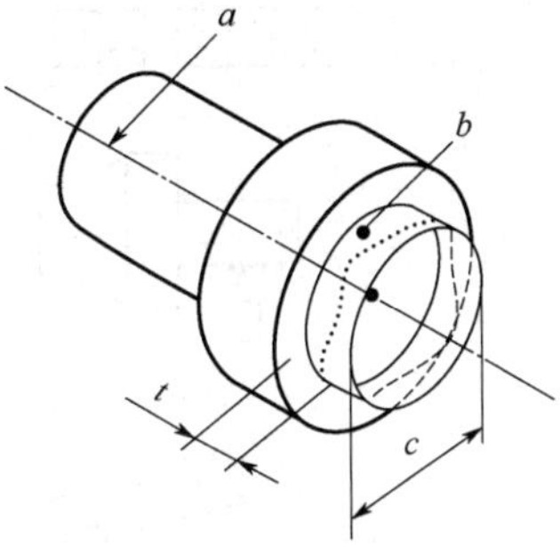 图 5 a—基准轴线 D； b—公差带； c—与基准轴线 D 同轴的任意直径	在与基准轴线 D 同轴的任一圆柱形截面上，提取（实际）圆应限定在轴向距离等于 0.1 的两个等圆之间，见图 6 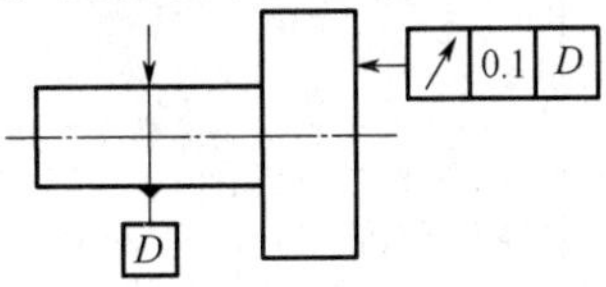 (a) 2D 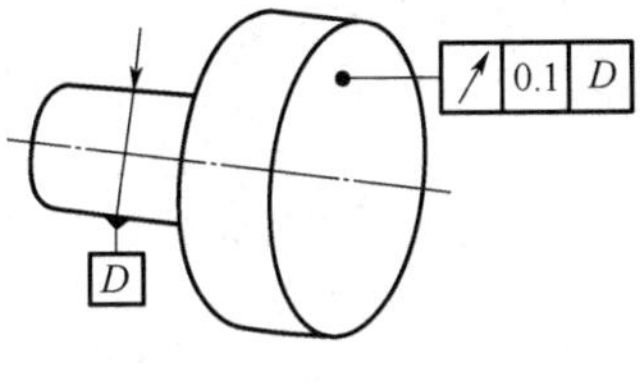 (b) 3D 图 6
	斜向圆跳动	公差带为与基准轴线同轴的任一圆锥截面上，间距等于公差值 t 的两圆所限定的圆锥面区域，除非另有规定，测量方向应沿被测表面的法向，见图 7 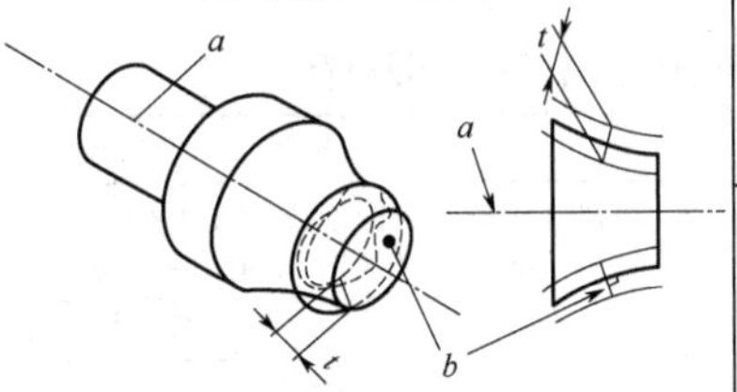 图 7 a—基准轴线 C； b—公差带	在与基准轴线 C 同轴的任一圆锥截面上，提取（实际）线应限定在素线方向间距等于 0.1 的两不等圆之间，并且截面的锥角与被测要素垂直，见图 8 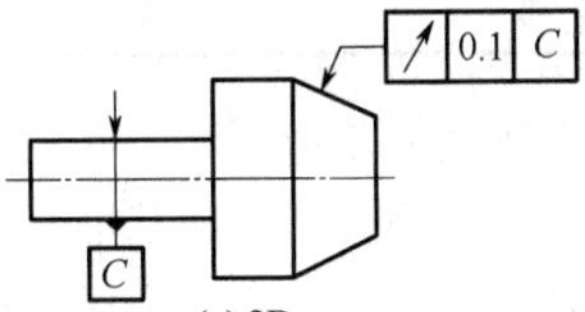 (a) 2D 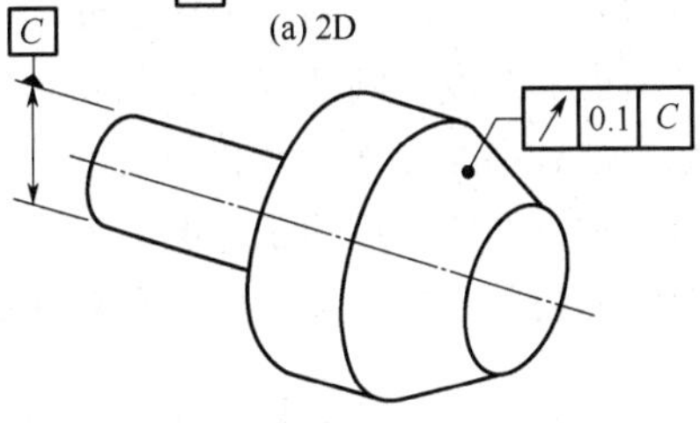 (b) 3D 图 8 当被测要素的素线不是直线时，圆锥截面的锥角要随所测圆的实际位置而改变，以保持与被测要素垂直，见图 9 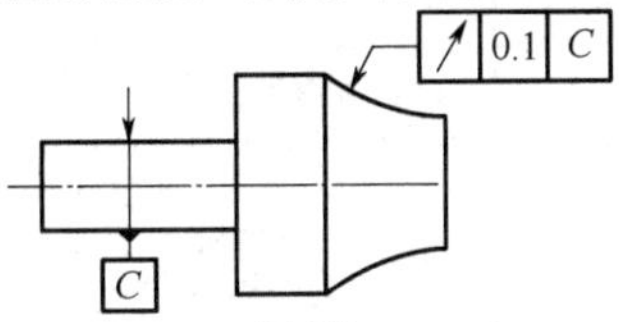 (a) 2D 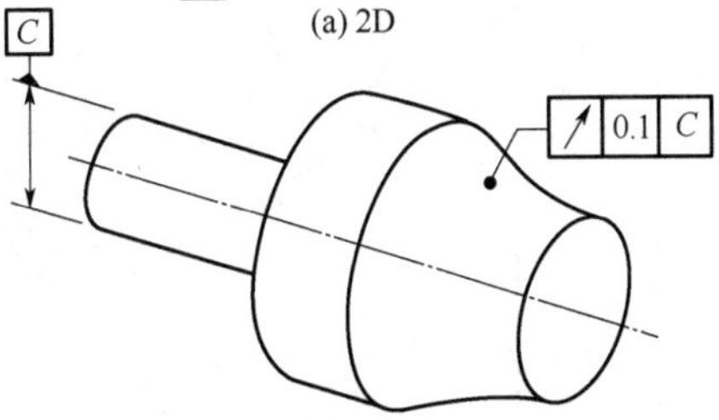 (b) 3D 图 9

续表

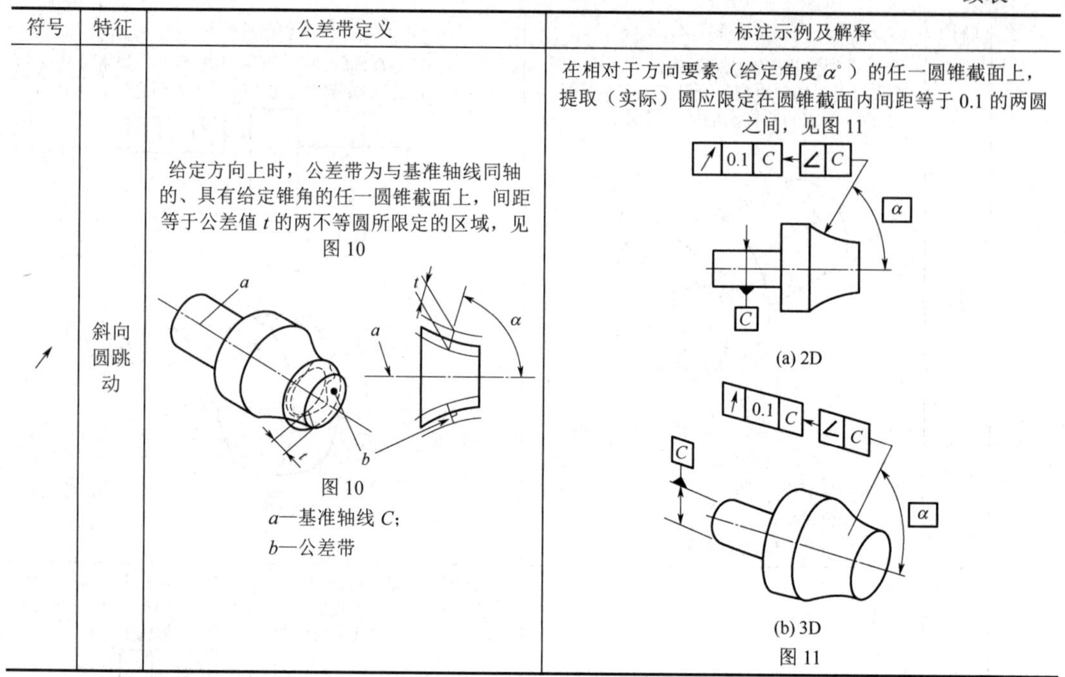

符号	特征	公差带定义	标注示例及解释
↗	斜向圆跳动	给定方向上时，公差带为与基准轴线同轴的、具有给定锥角的任一圆锥截面上，间距等于公差值 t 的两不等圆所限定的区域，见图 10 图 10 a—基准轴线 C； b—公差带	在相对于方向要素（给定角度 α°）的任一圆锥截面上，提取（实际）圆应限定在圆锥截面内间距等于 0.1 的两圆之间，见图 11 (a) 2D (b) 3D 图 11

（2）全跳动公差带

全跳动是被测要素围绕基准轴线旋转，整个被测表面上所允许的最大变动量。

根据测量方向的不同，全跳动分为径向全跳动和轴向全跳动 2 种。径向全跳动可综合控制圆柱面上的圆度、圆柱度、素线和轴线的直线度以及对基准轴线的同轴度误差。轴向全跳动可综合控制端面的平面度和直线度误差，它与端面对基准轴线的垂直度公差表达相同的设计要求。圆锥面的全跳动在标准中未作规定，可由圆锥表面的轮廓度公差或其他方法控制。

全跳动公差带的定义、标注和解释如表 4-17 所示。

表 4-17　全跳动公差带定义、标注示例及解释

项目	符号	公差带定义	标注示例及解释
⌰	径向全跳动	公差带为半径差等于公差值 t，且与基准轴线同轴的两圆柱面所限定的区域，见图 1 图 1 a—公共基准轴线 A-B	提取（实际）表面应限定在半径差等于 0.1 且与公共基准轴线 A-B 同轴的两圆柱面之间，见图 2 (a) 2D (b) 3D 图 2

续表

项目	符号	公差带定义	标注示例及解释
⌰	轴向全跳动	公差带为间距等于公差值 t，且垂直于基准轴线的两平行平面所限定的区域，见图 3 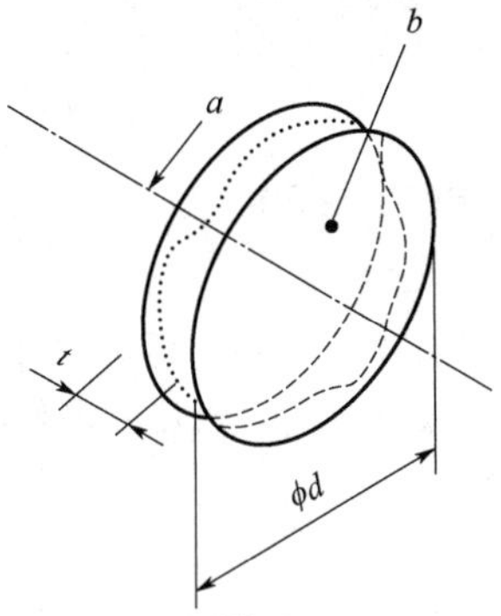 b a t ϕd 图 3 a—基准轴线 D； b—提取表面	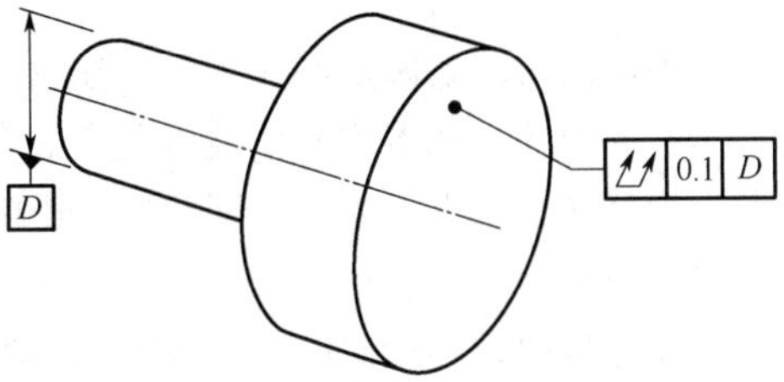 提取（实际）表面应限定在间距等于 0.1，且与基准轴线 D 垂直的两平行平面之间，见图 4 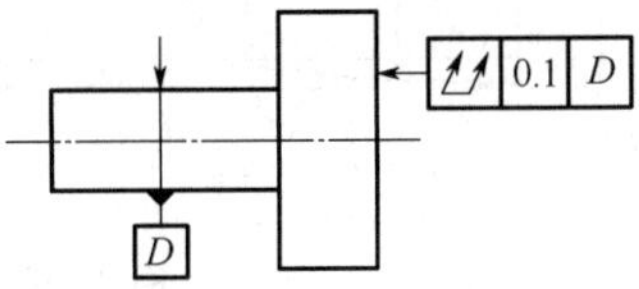 ⌰ 0.1 D D (a) 2D D ⌰ 0.1 D (b) 3D 图 4

跳动公差带能综合控制同一被测要素的方位和形状。因此，采用跳动公差时，若综合控制被测要素能够满足功能要求，一般不再标注相应的形状公差、方向公差和位置公差，若不能够满足功能要求，则可进一步给出相应的形状公差、方向公差和位置公差 （其数值应小于跳动公差值）。

4.4 公差原则

零件几何精度设计时，常常要同时给出尺寸公差和几何公差，因此，必须研究两者之间的关系。确定尺寸公差和几何公差之间的关系的原则，称为公差原则。公差原则包括独立原则和相关要求，而相关要求又包括包容要求、最大实体要求、最小实体要求和可逆要求。本节介绍公差原则的基本术语及定义、基本原理及其应用。

4.4.1 术语和定义

（1）作用尺寸

① 体外作用尺寸(D_{fe}、d_{fe}) 在被测要素的给定长度上，与实际内表面（孔）体外相接的最大理想面或与实际外表面（轴）体外相接的最小理想面的直径或宽度，如图 4-30 所示。对于关联要素，该理想面的轴线或中心平面必须与基准保持图样上给定的几何关系。内、外表面的体外作用尺寸分别用 D_{fe} 和 d_{fe} 表示。

② 体内作用尺寸（D_{fi}、d_{fi}） 在被测要素的给定长度上，与实际内表面（孔）体内相接的最小理想面或与实际外表面（轴）体内相接的最大理想面的直径或宽度，如图 4-30 所示。对于关联要素，该理想面的轴线或中心平面必须与基准保持图样上给定的几何关系。内、外表面的体内作用尺寸分别用 D_{fi} 和 d_{fi} 表示。

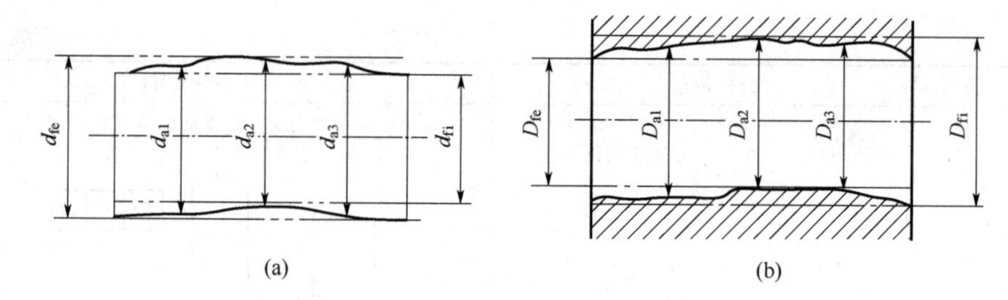

图 4-30 体外作用尺寸与体内作用尺寸

体外作用尺寸实际上即为零件装配时起作用的尺寸，而体内作用尺寸实际上即为零件强度起作用的尺寸。两者均是由被测要素的实际尺寸（D_a，d_a）和几何误差（f）综合形成的，存在于实际孔、轴上，表示装配状态，影响配合性质。

（2）边界

边界是指由设计给定的具有理想形状的极限包容面。边界的尺寸为极限包容面的直径或距离。对于内表面（孔），其边界为一具有理想形状的外表面（轴）；对于外表面（轴），其边界为一具有理想形状的内表面（孔）。如图 4-31 所示边界孔。

（3）最大实体状态（MMC）、最大实体尺寸（MMS）与最大实体边界（MMB）

最大实体状态是指在给定长度上实际尺寸处处位于极限尺寸之间，且使实际要素具有材料最多（实体最大）时的状态。

最大实体尺寸是指在最大实体状态下的极限尺寸。内表面（孔）和外表面（轴）的最大实体尺寸分别用 D_M、d_M 表示。对于外表面（轴），最大实体尺寸是其最大极限尺寸；对于内表面（孔），最大实体尺寸是其最小极限尺寸，即：

$$D_M = D_{min} \qquad d_M = d_{max}$$

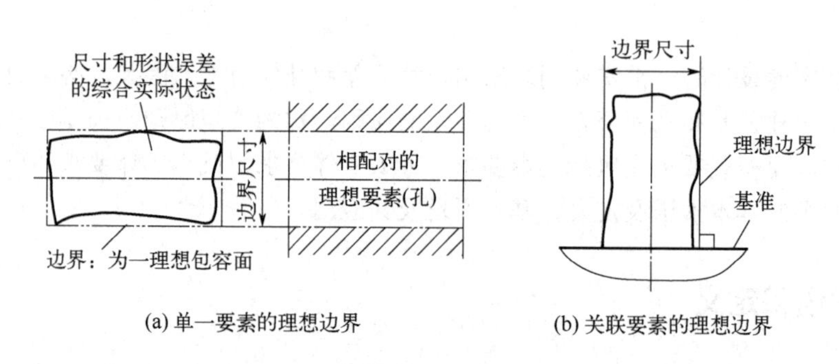

图 4-31 边界孔

最大实体边界是指边界尺寸为最大实体尺寸，且具有正确几何形状的理想包容面。

（4）最小实体状态（LMC）、最小实体尺寸（LMS）与最小实体边界（LMB）

最小实体状态是指在给定长度上实际尺寸处处位于极限尺寸之间，且使实际要素具有材料最少（实体最小）时的状态。

最小实体尺寸是指在最小实体状态下的极限尺寸。内表面（孔）和外表面（轴）的最小实体尺寸分别用 D_L，d_L 表示。对于外表面（轴），最小实体尺寸是其最小极限尺寸；对于内表面（孔），最小实体尺寸是其最大极限尺寸，即：

$$D_L = D_{max} \qquad d_L = d_{min}$$

最小实体边界指边界尺寸为最小实体尺寸，且具有正确几何形状的理想包容面。

（5）最大实体实效状态（MMVC）、最大实体实效尺寸（MMVS）与最大实体实效边界（MMVB）

最大实体实效状态是指在给定长度上，实际要素处于最大实体状态，且其导出要素的几何误差等于给出几何公差时的综合极限状态。

最大实体实效尺寸是指最大实体实效状态下的体外作用尺寸。对内表面（孔），最大实体实效尺寸为最大实体尺寸 D_M 与几何公差值 t（加注符号Ⓜ的）之差，用 D_{MV} 表示；对于外表面（轴），最大实体实效尺寸为最大实体尺寸 d_M 与几何公差值 t（加注符号Ⓜ的）之和，用 d_{MV} 表示。即：

$$D_{MV}=D_M-t_{Ⓜ}=D_{min}-t_{Ⓜ}$$
$$d_{MV}=d_M+t_{Ⓜ}=d_{max}+t_{Ⓜ}$$

最大实体实效边界是指边界尺寸为最大实体实效尺寸，且具有正确几何形状的理想包容面。

（6）最小实体实效状态（LMVC）、最小实体实效尺寸（LMVS）与最小实体实效边界（LMVB）

最小实体实效状态是指在给定长度上，实际要素处于最小实体状态，且其导出要素的几何误差等于给出几何公差时的综合极限状态。

最小实体实效尺寸是指最小实体实效状态下的体内作用尺寸。对内表面（孔），最小实体实效尺寸为最小实体尺寸 D_L 与几何公差值 t（加注符号Ⓛ的）之和，用 D_{LV} 表示；对外表面（轴），最小实体实效尺寸为最小实体尺寸 d_L 与几何公差值 t（加注符号Ⓛ的）之差，用 d_{LV} 表示。即：

$$D_{LV}=D_L+t_{Ⓛ}=D_{max}+t_{Ⓛ}$$
$$d_{LV}=d_L-t_{Ⓛ}=d_{min}-t_{Ⓛ}$$

最小实体实效边界是指边界尺寸为最小实体实效尺寸，且具有正确几何形状的理想包容面。有关公差原则的术语符号及计算公式如表 4-18 所示。

表 4-18　公差原则术语符号及计算公式

术语	符号或计算公式	术语	符号或计算公式
孔的体外作用尺寸	$D_{fe}=D_a-f$	最大实体尺寸	MMS
轴的体外作用尺寸	$d_{fe}=d_a+f$	孔的最大实体尺寸	$D_M=D_{min}$
孔的体内作用尺寸	$D_{fi}= D_a+f$	轴的最大实体尺寸	$d_M=d_{max}$
轴的体内作用尺寸	$d_{fi}= d_a-f$	最小实体尺寸	LMS
最大实体状态	MMC	孔的最小实体尺寸	$D_L=D_{max}$
最大实体边界	MMB	轴的最小实体尺寸	$d_L=d_{min}$
最小实体状态	LMC	最大实体实效尺寸	MMVS
最小实体边界	LMB	孔的最大实体实效尺寸	$D_{MV}=D_M-t_{Ⓜ}$
最大实体实效状态	MMVC	轴的最大实体实效尺寸	$d_{MV}=d_m+t_{Ⓜ}$
最大实体实效边界	MMVB	最小实体实效尺寸	LMVS
最小实体实效状态	LMVC	孔的最小实体实效尺寸	$D_{LV}=D_L+t_{Ⓛ}$
最小实体实效边界	LMVB	轴的最小实体实效尺寸	$d_{LV}=d_L-t_{Ⓛ}$

4.4.2 独立原则

（1）独立原则的含义

独立原则是指图样上给定的每一个尺寸要求和几何（形状、方向或位置）要求均是独立的，应分别满足要求，即尺寸公差独立于几何公差。独立原则是尺寸公差和几何公差相互关系遵循的基本原则。

（2）独立原则的特点

① 尺寸公差仅控制要素的实际尺寸，不控制其几何公差。

② 给出的几何公差为定值，不随要素的实际尺寸变化而改变。

③ 采用独立原则时，在图样上无需标注任何相关符号。

如图 4-32 中独立原则的应用示例，图样上的尺寸要求（$\phi20h8_{-0.033}^{\ 0}$）仅限制轴的局部实际尺寸，即不管轴线怎样弯曲，各局部实际尺寸只能在ϕ19.967～20mm 的范围内变动；同样，无论轴的实际尺寸如何变动，轴线直线度误差不得超过ϕ0.02mm。表 4-19 列出了轴的不同实际尺寸及允许的几何误差值。

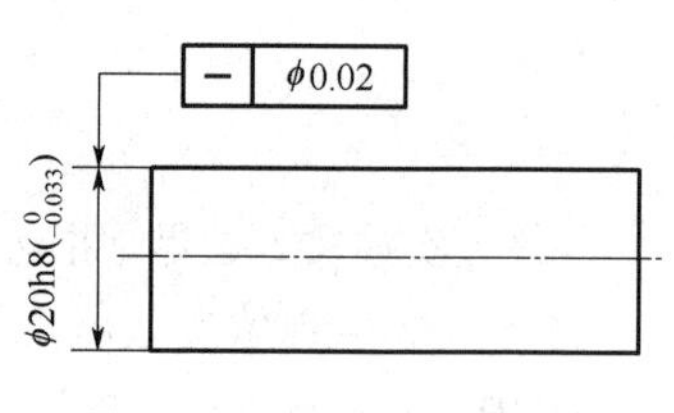

图 4-32 独立原则应用示例

表 4-19 独立原则的实际尺寸及允许的几何误差 单位：mm

实际尺寸	允许的直线度误差
ϕ20	ϕ0.02
ϕ19.969	ϕ0.02
ϕ19.968	ϕ0.02

（3）独立原则的应用

独立原则是进行几何精度设计的一种基本公差原则，应用十分广泛。精度低或精度高的情况下都可能用到独立原则。独立原则可用于下列场合。

① 对尺寸公差无严格要求，而对几何公差有较高要求时。

② 对几何公差无严格要求，而对尺寸公差有较高要求时。

③ 保证运动精度要求时。

④ 对无配合要求的要素。

4.4.3 相关要求

相关要求是指图样上给定的尺寸公差和几何公差相互关联的设计要求。根据被测实际要素所遵守的边界不同，相关要求可分为包容要求、最大实体要求、最小实体要求和可逆要求。零件尺寸公差和几何公差彼此相关，可以互相影响、单向补偿或互相补偿，根据其特定功能要求，可以采用相应的相关要求。

（1）包容要求

1）包容要求的含义

包容要求是被测实际要素处处不得超过最大实体边界的一种要求，即体外作用尺寸不得超过其最大实体边界，且其局部实际尺寸不得超过最小实体尺寸。它只适用于处理单一要素

（如圆柱表面或两平行对应表面）的尺寸公差与几何公差的相互关系。

采用包容要求的单一要素，应在其尺寸偏差或公差带代号之后加注符号Ⓔ，如图 4-33（a）所示。

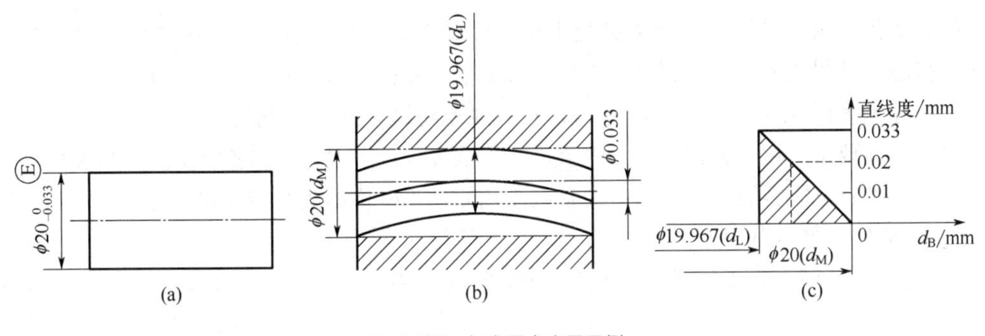

图 4-33　包容要求应用示例

2）包容要求的特点

实际要素始终位于最大实体边界，其实质是当要素的实际尺寸偏离最大实体尺寸时，允许其形状误差增大，即反映了尺寸公差与几何公差之间的补偿关系，以形成包容要求的特点。

① 实际要素的体外作用尺寸不得超过最大实体尺寸。

② 当要素的实际尺寸处处为最大实体尺寸时，不允许有任何形状误差。

③ 当要素的实际尺寸偏离最大实体尺寸时，把尺寸偏离量补偿给形状误差。

④ 要素的局部实际尺寸不得超过最小实体尺寸。

图 4-33（a）表示轴按包容要求给出了尺寸公差。实际轴应满足以下要求。

① 实际轴必须在最大实体边界之内，该最大实体边界为直径等于ϕ20mm 的理想圆柱面（孔），如图 4-33（b）所示。

② 当轴的直径均为最大实体尺寸ϕ20mm 时，轴的直线度误差为零，即轴必须具有理想形状。

③ 当轴的直径均为最小实体尺寸ϕ19.967mm 时，允许轴有ϕ0.033mm 的直线度。

④ 轴的局部实际尺寸必须在ϕ19.967～20mm 之间变动。

图 4-33（c）所示为反映尺寸公差和几何公差补偿关系的动态公差图，表 4-20 列出了轴为不同实际尺寸时所允许的几何误差值，与图 4-33（c）相对应。

表 4-20　包容要求的实际尺寸及允许的几何误差　　单位：mm

实际尺寸	允许的直线度误差
ϕ20	0
ϕ19.99	ϕ0.01
ϕ19.98	ϕ0.02
ϕ19.967	ϕ0.033

3）包容要求的应用

① 用于要求保证配合性质的场合　由于包容要求遵守最大实体边界，在间隙配合中，用最大实体边界能保证预定的最小间隙，确保配合零件运转灵活，延长使用寿命，而在过盈配合中，

用最大实体边界能保证预定的最大过盈，控制过盈量以避免连接材料超过其强度极限而损坏。

② 用于配合精度要求较高的场合。

（2）最大实体要求

1）最大实体要求的含义

最大实体要求是被测实际要素处处不得超过最大实体实效边界的一种要求，即体外作用尺寸不得超过其最大实体实效边界，且其局部实际尺寸在最大实体尺寸与最小实体尺寸之间。当实际尺寸偏离最大实体尺寸时，允许其几何误差超过其给定的几何公差值。

最大实体要求可用于被测要素，也可用于基准要素。应用时，前者应在被测要素几何公差框格内的几何公差值后加注符号Ⓜ；后者应在几何公差框格内的基准字母代号后加注符号Ⓜ。

2）最大实体要求的特点

① 被测要素遵循最大实体实效边界，即被测要素的体外作用尺寸不得超过最大实体实效尺寸。

② 当被测要素的局部实际尺寸均为最大实体尺寸时，允许几何误差为图样上给定的几何公差值。

③ 当被测要素的实际尺寸偏离最大实体尺寸后，把尺寸偏离量补偿给几何公差，允许的几何误差为图样上给定的几何公差值与尺寸偏离量之和。

④ 实际尺寸必须在最大实体尺寸和最小实体尺寸之间变化。

3）最大实体要求的应用示例

① 最大实体要求应用于被测要素

如图 4-34（a）所示，轴$\phi20^{0}_{-0.3}$的轴线直线度公差采用最大实体要求。当被测要素处于最大实体状态时，其轴线直线度公差为$\phi0.1$，则轴的最大实体实效尺寸为$d_{MV}=d_M+t=\phi20+\phi0.1=\phi20.1$mm。因此，最大实体实效边界是一个直径为$\phi20.1$mm 的理想圆柱面（孔），如图 4-34（b）所示。

该轴应满足下列要求。

a．轴的直径均为最大实体尺寸$\phi20$mm 时，允许的直线度误差为给定的公差值$\phi0.1$mm，如图 4-34（b）所示。

b．轴的直径偏离最大实体尺寸且均为$\phi19.9$mm 时，其偏离量可补偿给直线度公差，此时允许的轴线直线度误差为$\phi0.2$mm，即图纸给定的直线度公差值$\phi0.1$mm 与尺寸偏离量$\phi0.1$mm 之和。

c．轴的直径均为最小实体尺寸$\phi19.7$mm 时，尺寸偏离量达到最大值，等于尺寸公差。此时允许的轴线直线度误差为给定的直线度公差$\phi0.1$mm 与尺寸公差$\phi0.3$mm 之和，为$\phi0.4$mm，如图 4-34（c）所示。

d．实际尺寸必须在$\phi19.7$～20mm 之间变化。

图 4-34（d）所示为反映尺寸公差和几何公差补偿关系的动态公差图，表 4-21 列出了轴为不同实际尺寸所允许的几何误差值，与图 4-34 （d）相对应。

表 4-21 最大实体要求的实际尺寸及允许的几何误差 单位：mm

实际尺寸	允许的直线度误差
$\phi20$	$\phi0.1$
$\phi19.9$	$\phi0.2$
$\phi19.8$	$\phi0.3$
$\phi19.7$	$\phi0.4$

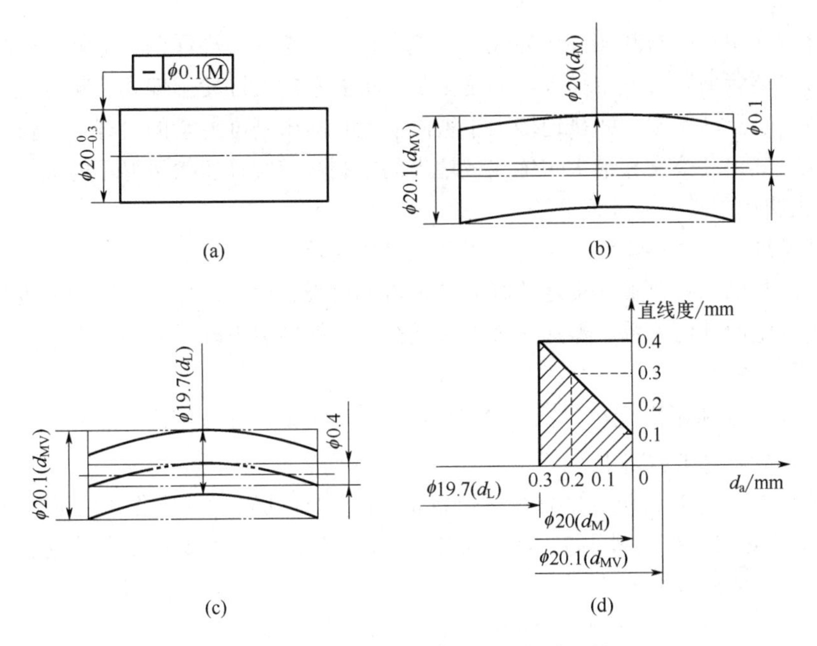

图 4-34　最大实体要求应用于被测要素示例

② 最大实体要求应用于基准要素

如图 4-35 所示，最大实体要求应用于基准要素时，基准要素应遵守相应的边界。若基准要素的实际轮廓偏离其相应的边界，则允许基准要素在一定范围内浮动，其浮动范围等于基

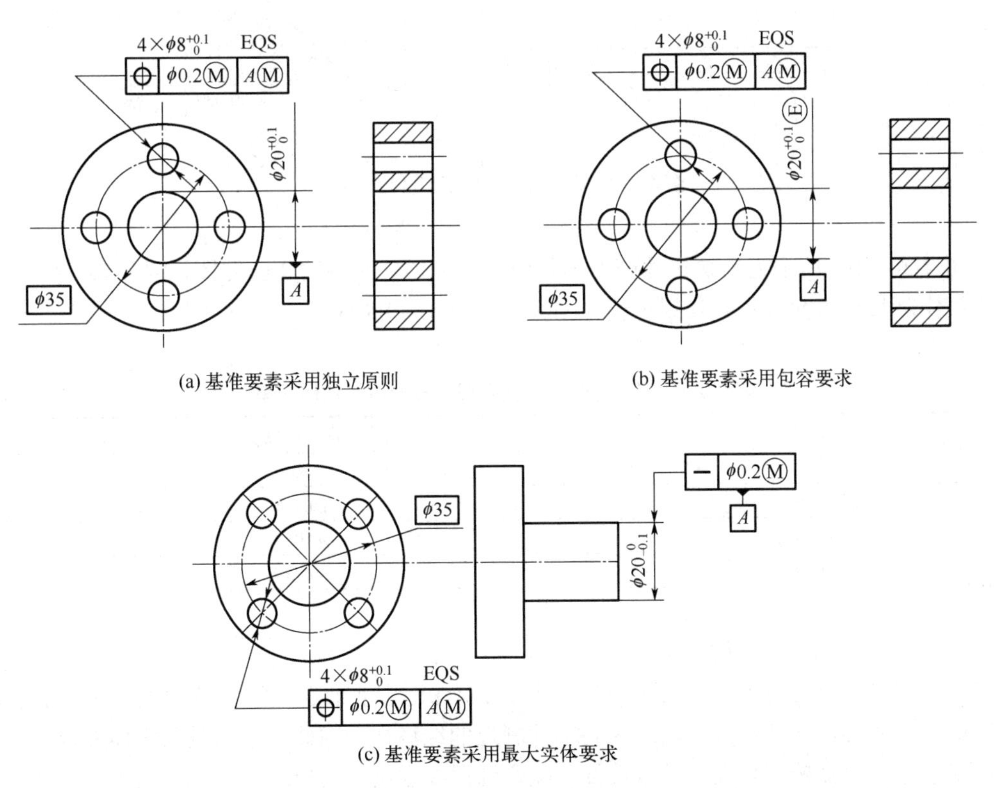

图 4-35　最大实体要求应用于基准要素示例

准要素的体外作用尺寸与其相应边界尺寸之差。但是，这种允许浮动并不能理解为偏离量直接补偿给被测要素使其公差带扩大，而是由于基准要素的实际轮廓偏离了相应边界，给基准要素本身提供了浮动范围，间接地增大了被测要素相对于基准要素的允许误差值。因为被测要素同时还受其尺寸公差和最大实体实效边界的控制，该实体实效边界不能突破。

③ 最大实体要求的零几何公差

关联要素遵守最大实体边界时可应用最大实体要求的零几何公差，这与单一要素采用包容要求的情况相似，即要求其实际轮廓处处不得超出最大实体边界，且该边界应与基准要素保持图样上给定的几何关系。零几何公差必须在公差框格中用ϕ0Ⓜ标注公差值，它是最大实体要求的一种特例。

如图 4-36（a）所示为孔$\phi 50^{+0.039}_{0}$的轴线对基准 A 的垂直度公差采用最大实体要求的零几何公差。该孔应满足下列要求：

a．孔的实际尺寸均为最大实体尺寸ϕ50mm 时，允许孔轴线对基准 A 的垂直度误差为 0；

b．孔的实际尺寸均为最小实体尺寸ϕ50.039mm 时，允许的垂直度误差达到最大值，即为孔的尺寸公差值ϕ0.039mm；

c．孔的实际尺寸必须在ϕ50～50.039mm 之间变化。

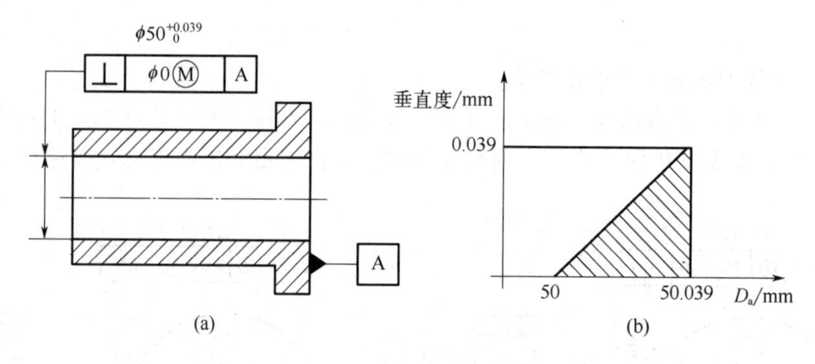

图 4-36 最大实体要求的零几何公差示例

图 4-36（b）所示为反映尺寸公差和几何公差补偿关系的动态公差图，表 4-22 列出了孔为不同实际尺寸所允许的几何误差值，与图 4-36（b）相对应。

表 4-22 零几何公差的实际尺寸及允许的几何误差 单位：mm

实际尺寸	允许的直线度误差
ϕ50	ϕ0
ϕ50.015	ϕ0.015
ϕ50.025	ϕ0.025
ϕ50.039	ϕ0.039

4）最大实体要求的应用场合

最大实体要求适用于导出要素，主要用于要求保证可装配性，但无严格配合要求的场合。采用最大实体要求，可最大限度地提高零件制造的经济性。因此，采用最大实体要求，一方面可用于零件尺寸精度和几何精度较低、配合性质要求不严的情况；另一方面可用于要求保证自由装配的情况。例如，盖板、箱体及法兰盘上孔系的位置度等。

（3）最小实体要求

1）最小实体要求的含义

最小实体要求是被测实际要素处处不得超过最小实体实效边界的一种要求，即体内作用尺寸不得超过其最小实体实效边界，且其局部实际尺寸在最大实体尺寸与最小实体尺寸之间。当实际尺寸偏离最小实体尺寸时，允许其几何误差超过其给定的几何公差值。

最小实体要求可用于被测要素，也可用于基准要素。应用时，前者应在被测要素几何公差框格内的几何公差值后加注符号Ⓛ；后者应在几何公差框格内的基准字母代号后加注符号Ⓛ。

2）最小实体要求的特点

① 被测要素遵守最小实体实效边界，即被测要素的体内作用尺寸不得超过最小实体实效尺寸。

② 当被测要素处于最小实体状态时，几何误差的允许值为图样上给定的几何公差值。

③ 当被测要素处于最大实体状态时，几何误差的允许值达到最大值，等于给定的几何公差和尺寸公差之和。

④ 实际尺寸必须在最小实体尺寸和最大实体尺寸之间变化。

3）最小实体要求的应用示例

如图 4-37（a）所示，孔 $\phi 8^{+0.25}_{0}$ mm 的位置度公差采用最小实体要求，即当被测要素处于最小实体状态时，其位置度公差值为ϕ0.4mm，则孔的最小实体实效尺寸为 $D_{LV}=D_{max}+t=\phi 8.25+\phi 0.4=\phi 8.65$mm。

该孔应满足下列要求。

① 孔的实际尺寸均为最小实体尺寸ϕ8.25mm 时，其位置度公差为给定的公差值ϕ0.4mm，如图 4-37（b）所示。

② 孔实际尺寸偏离最小实体尺寸，如均为ϕ8.15mm 时，其偏离量 0.1mm 可补偿给位置度公差，此时孔的位置度公差为ϕ0.5mm，即为给定的公差值ϕ0.4mm 与尺寸偏离量ϕ0.1mm 之和。

③ 孔的实际尺寸均为最大实体尺寸ϕ8mm 时，偏离量达到最大值（等于尺寸公差），几何公差（位置度）获得最大的补偿量ϕ0.25mm，此时孔的位置度公差为给定的位置度公差ϕ0.4mm 与尺寸公差ϕ0.25mm 之和，即为ϕ0.65mm。

④ 孔的实际尺寸必须在ϕ8～8.25mm 之内变动。

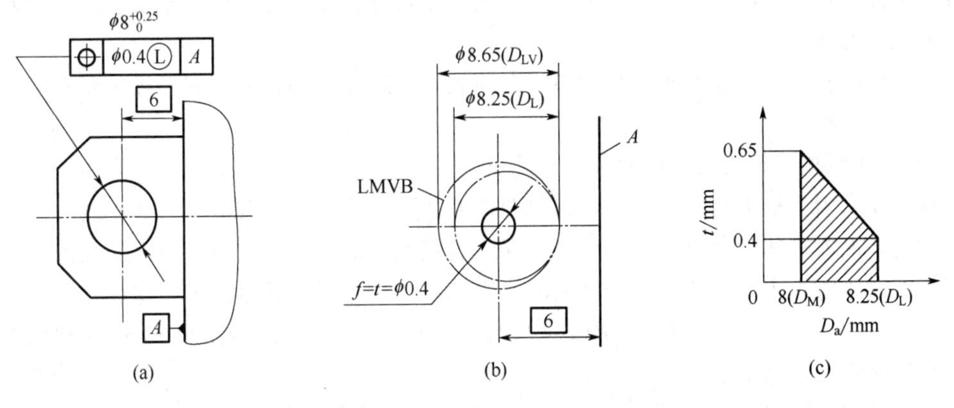

图 4-37　最小实体要求应用于被测要素示例

图 4-37（c）所示为反映尺寸公差和几何公差补偿关系的动态公差图，表 4-23 列出了孔为不同实际尺寸所允许的几何误差值。

表 4-23 最小实体要求的实际尺寸及允许的几何误差 单位：mm

实际尺寸	允许的直线度误差
ϕ8.25	ϕ0.4
ϕ8.15	ϕ0.5
ϕ8.05	ϕ0.6
ϕ8	ϕ0.65

与最大实体要求类似，当采用最小实体要求的被测关联要素的几何公差值标注为“0”或“ϕ0”时，是最小实体要求的特殊情况，称为最小实体要求的零几何公差。此时被测实际要素的最小实体实效边界就变成了最小实体边界。

最小实体要求也可应用于基准要素，此时基准要素应遵守相应的边界。若基准要素的实际轮廓偏离其相应边界，则允许基准要素在一定范围内浮动，其浮动范围等于基准要素的体内作用尺寸与其相应的边界尺寸之差。

最小实体要求应用于基准要素、最小实体要求的零几何公差用于最小实体要求等的标注示例及分析方法类似于最大实体要求，这里不再赘述。

4）最小实体要求的应用场合

最小实体要求主要用于保证零件强度和最小壁厚。由于最小实体要求的被测要素不得超过最小实体实效边界，因而应用最小实体要求可以保证零件的强度和最小壁厚。另外，当被测要素偏离最小实体状态时，可以扩大几何误差的允许值，以增加几何误差的合格范围，获得良好的经济效益。

（4）可逆要求

可逆要求是当导出要素的几何误差值小于给定的几何公差值时允许在满足零件功能要求的前提下扩大尺寸公差的一种要求。可逆要求是最大实体要求或最小实体要求的附加要求，不能单独应用。在制造可能性的基础上，可逆要求允许尺寸公差和几何公差之间相互补偿，即尺寸公差可以在实际几何误差小于几何公差之间的范围内增大，在几何公差有余量的情况下可以反过来补偿给尺寸公差。允许尺寸误差超过给定的尺寸公差，其结果在一定程度上能够降低零件制造精度的要求。可逆要求主要用于对尺寸公差及配合无严格要求，且仅要求保证装配互换的场合。

在零件图样上，可逆要求的标注方法是将表示可逆要求的符号Ⓡ置于导出要素的几何公差值后的符号Ⓜ或Ⓛ的后面。

1）可逆要求用于最大实体要求

可逆要求用于最大实体要求时，被测要素的实际轮廓仍遵守其最大实体实效边界，当实际尺寸偏离最大实体尺寸时，允许其几何误差值超过在最大实体状态下给出的几何公差值；当其几何误差值小于给出的几何公差值时，也允许其实际尺寸超过最大实体尺寸。

如图 4-38（a）所示，轴遵守的最大实体实效边界是一个直径为ϕ20.2mm 的理想内圆柱面。该轴应满足下列要求。

① 当轴的实际尺寸均为最大实体尺寸ϕ20mm 时，允许的轴线直线度误差为ϕ0.2mm。这时尺寸公差与几何公差相互之间没有补偿。

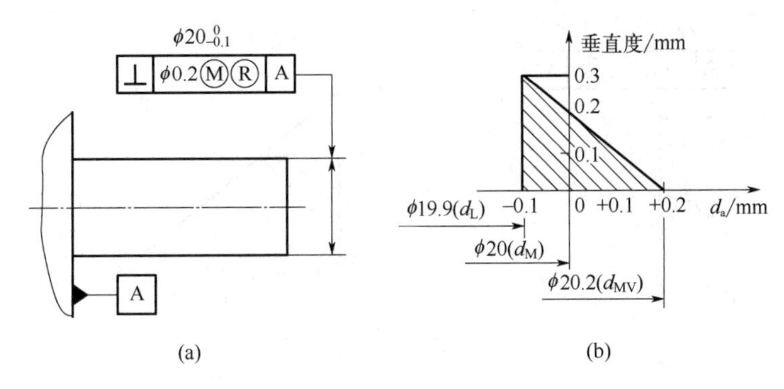

图 4-38　可逆要求用于最大实体要求示例

② 当轴的实际尺寸均为最小实体尺寸ϕ19.9mm 时，尺寸公差补偿给几何公差，轴线直线度误差允许值达到最大值，等于ϕ0.3mm。

③ 当轴线直线度误差偏离给定的垂直度公差ϕ0.2mm 时，几何公差补偿给尺寸公差。若轴线直线度误差为零，其偏离量ϕ0.2mm 补偿给轴径，则轴的实际尺寸可为最大实体实效尺寸ϕ20.2mm。

④ 轴的实际尺寸应在ϕ19.9～20.2mm 之间变动。

图 4-38（b）所示为反映尺寸公差和几何公差补偿关系的动态公差图，表 4-24 列出了轴在不同实际尺寸所允许的几何误差值，与图 4-38（b）相对应。

表 4-24　可逆最大实体要求的实际尺寸及允许的几何误差　　单位：mm

实际尺寸	允许的直线度误差
ϕ20.2	0
ϕ20.1	ϕ0.1
ϕ20	ϕ0.2
ϕ19.9	ϕ0.3

2）可逆要求应用于最小实体要求

被测要素的实际轮廓遵守其最小实体实效边界，当实际尺寸偏离最小实体尺寸时，允许其几何误差值超过在最小实体状态下给出的几何公差值；当其几何误差值小于给出的几何公差值时，也允许其实际尺寸超过最小实体尺寸。

图 4-39（a）表示孔$\phi8_{\ 0}^{+0.25}$mm 的轴线对 A 基准的位置度公差采用可逆的最小实体要求的实例。该孔应满足下列要求。

① 孔的实际尺寸均为最小实体尺寸ϕ8.25mm 时，允许的轴线位置度误差为ϕ0.4mm，尺寸公差与几何公差相互之间均没有补偿；

② 孔的实际尺寸均为最大实体尺寸ϕ8mm 时，尺寸公差补偿给几何公差，补偿量为ϕ0.25mm，其轴线位置度误差等于ϕ0.65mm；

③ 轴线位置度误差偏离给定的位置度公差ϕ0.4mm 时，几何公差补偿给尺寸公差。若轴线位置度误差为零，其偏差量ϕ0.4mm 补偿给孔径，则孔的实际尺寸可以为最小实体实效尺寸ϕ8.65mm；

④ 孔的实际尺寸应在ϕ8～8.65mm 之间变动。

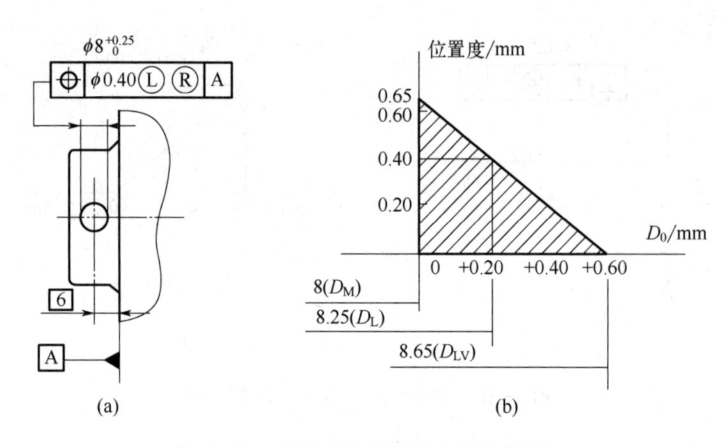

图 4-39 可逆要求用于最小实体要求示例

图 4-39（b）所示为反映尺寸公差和几何公差补偿关系的动态公差图，表 4-25 列出了孔在不同实际尺寸所允许的几何误差值，与图 4-39（b）相对应。

表 4-25 可逆最小实体要求的实际尺寸及允许的几何误差 单位：mm

实际尺寸	允许的直线度误差
ϕ8	ϕ0.65
ϕ8.1	ϕ0.55
ϕ8.25	ϕ0.4
ϕ8.65	0

4.5 几何公差的选用

零件的几何误差对机器、仪器的使用性能有很大影响，也是零件几何精度设计的重要内容之一。因此，正确合理地设计选择几何公差，对保证零件的功能要求、提高经济效益都十分重要。

几何公差的选择主要包括几何公差项目的选择、公差等级及公差值的选择、公差原则的选择和基准要素的选择。

4.5.1 几何公差项目的选择

几何公差项目的选择取决于零件的几何特征和使用要求，在保证零件功能要求的前提下，也应考虑到项目本身的特点和检测的方便性。

（1）零件的几何特征

几何公差项目主要是按要素的几何形状特征和要素间的几何方位关系制订的。因此，要素的几何形状特征或要素与基准间的几何方位关系自然是选择被测要素公差项目的基本依据。例如，控制圆柱面的形状误差应选择圆度或圆柱度；控制平面的形状误差应选择平面度。另外，对线、面可规定方向和位置公差；对点只能规定位置度公差；对回转零件规定同轴度公差和跳动公差。

（2）零件的使用要求

零件的功能要求不同，对几何公差应提出不同的要求，因此要分析几何误差对零件在系统中使用性能的影响。例如，限定机床导轨的直线度公差用以约束其直线度误差，进而改善与其结合的零件的运动精度；限定减速箱上各轴承孔轴线间的平行度公差以约束其平行度误差，改善齿轮的接触精度和齿侧间隙的均匀性。

（3）几何公差的控制功能

各项几何公差的控制功能不同，选择时应尽量考虑各项目之间的相互控制关系，以减少几何公差项目。例如，方向公差可以控制与之有关的形状误差，位置公差可以控制与之有关的方向误差和形状误差，跳动公差可以控制与之有关的位置、方向和形状误差等。

（4）检测的方便性

当各公差项目皆满足零件的使用要求时，为检测方便，可将所需的几何公差项目用控制效果相同或相近的公差项目代替。例如，同轴度公差常常被径向圆跳动公差或径向全跳动公差代替，端面对轴线的垂直度公差可以用轴向圆跳动公差或轴向全跳动公差代替。这是因为跳动公差检测方便，具有综合控制功能，且与工作状态比较吻合。

4.5.2　几何公差值的选择

几何公差值的选择主要考虑被测要素的功能要求和加工经济性。国家标准规定，图样中标注的几何公差有两种表示方法：用公差框格的形式注出的几何公差值和在图样上不注出的未注几何公差值。各类工厂一般制造能力能够保证的几何精度，其几何公差值按未注公差标准执行，不必在图样上逐一注出。如由于功能要求对某个要素提出更高的公差要求，应按照国家标准规定，在图样上直接注出公差值，更低的公差要求只有对工厂有经济效益时才需注出公差值。

（1）注出几何公差值的确定

国家标准 GB/T 1184—1996 规定了各种几何公差等级和几何公差值（除线轮廓度、面轮廓度外），其中圆度和圆柱度公差等级为 13 级，即 0 级、1 级、2 级……12 级；其余各类几何公差分为 12 级，即 1 级、2 级……12 级。各等级精度依次降低，各几何公差项目的各级公差值如表 4-26 至表 4-29 所示。

对于位置度公差，国家标准只规定了公差值数系，而未规定公差等级，如表 4-30 所示。

表 4-26　直线度、平面度的公差值

主参数 L/mm	公差等级											
	1	2	3	4	5	6	7	8	9	10	11	12
	公差值/μm											
≤10	0.2	0.4	0.8	1.2	2	3	5	8	12	20	30	60
>10～16	0.25	0.5	1	1.5	2.5	4	6	10	15	25	40	80
>16～25	0.3	0.6	1.2	2	3	5	8	12	20	30	50	100
>25～40	0.4	0.8	1.5	2.5	4	6	10	15	25	40	60	120
>40～63	0.5	1	2	3	5	8	12	20	30	50	80	150
>63～100	0.6	1.2	2.5	4	6	10	15	25	40	60	100	200
>100～160	0.8	1.5	3	5	8	12	20	30	50	80	120	250
>160～250	1	2	4	6	10	15	25	40	60	100	150	300
>250～400	1.2	2.5	5	8	12	20	30	50	80	120	200	400

注：主参数 L 系轴线、直线、平面（表面较长的一侧或圆表面的直径）的长度。

表 4-27 圆度、圆柱度的公差值

主参数 $d(D)$/mm	公差等级												
	0	1	2	3	4	5	6	7	8	9	10	11	12
	公差值/μm												
≤3	0.1	0.2	0.3	0.5	0.8	1.2	2	3	4	6	10	14	25
>3～6	0.1	0.2	0.4	0.6	1	1.5	2.5	4	5	8	12	18	30
>6～10	0.12	0.25	0.4	0.6	1	1.5	2.5	4	6	9	15	22	36
>10～18	0.15	0.25	0.5	0.8	1.2	2	3	5	8	11	18	27	43
>18～30	0.2	0.3	0.6	1	1.5	2.5	4	6	9	13	21	33	52
>30～50	0.25	0.4	0.6	1	1.5	2.5	4	7	11	16	25	39	62
>50～80	0.3	0.5	0.8	1.2	2	3	5	8	13	19	30	46	74
>80～120	0.4	0.6	1	1.5	2.5	4	6	10	15	22	35	54	87
>120～180	0.6	1	1.2	2	4.5	5	8	12	18	25	40	63	100
>180～250	0.8	1.2	2	3	4.5	7	10	14	20	29	46	72	115
>250～315	1	1.6	2.5	4	6	8	12	16	23	32	52	81	130
>315～400	1.2	2	3	5	7	9	13	18	25	36	57	89	140

注：主参数 $d(D)$系轴（孔）的直径。

表 4-28 平行度、垂直度、倾斜度的公差值

主参数 L，$d(D)$/mm	公差等级											
	1	2	3	4	5	6	7	8	9	10	11	12
	公差值/μm											
≤10	0.4	0.8	1.5	3	5	8	12	20	30	50	80	120
>10～16	0.5	1	2	4	6	10	15	25	40	60	100	150
>16～25	0.6	1.2	2.5	5	8	12	20	30	50	80	120	200
>25～40	0.8	1.5	3	6	10	15	25	40	60	100	150	250
>40～63	1	2	4	8	12	20	30	50	80	120	200	300
>63～100	1.2	2.5	5	10	15	25	40	60	100	150	250	400
>100～160	1.5	3	6	12	20	30	50	80	120	200	300	500
>160～250	2	4	8	15	25	40	60	100	150	250	400	600
>250～400	2.5	5	10	20	30	50	80	120	200	300	500	800

注：1．主参数 L 为给定平行度时轴线或平面的长度，或给定垂直度、倾斜度时被测要素的长度；

2．主参数 $d(D)$为给定面对线垂直度时，被测要素的直径。

表 4-29 同轴度、对称度、圆跳动、全跳动的公差值

主参数 $d(D)$，B，L/mm	公差等级											
	1	2	3	4	5	6	7	8	9	10	11	12
	公差值/μm											
≤1	0.4	0.6	1.0	1.5	2.5	4	6	10	15	25	40	60
>1～3	0.4	0.6	1.0	1.5	2.5	4	6	10	20	40	60	120
>3～6	0.5	0.8	1.2	2	3	5	8	12	25	50	80	150
>6～10	0.6	1	1.5	2.5	4	6	10	15	30	60	100	200
>10～18	0.8	1.2	2	3	5	8	12	20	40	80	120	250
>18～30	1	1.5	2.5	4	6	10	15	25	50	100	150	300

续表

主参数 $d(D)$，B，L/mm	公差等级											
	1	2	3	4	5	6	7	8	9	10	11	12
	公差值/μm											
＞30～50	1.2	2	3	5	8	12	20	30	60	120	200	400
＞50～120	1.5	2.5	4	6	10	15	25	40	80	150	250	500
＞120～250	2	3	5	8	12	20	30	50	100	200	300	500
＞250～500	2.5	4	6	10	15	25	40	60	120	250	400	800

注：1.主参数 $d(D)$为给定同轴度时直径，或给定圆跳动、全跳动时轴（孔）直径；
2.圆锥体斜向圆跳动公差的主参数为平均直径；
3.主参数 B 为给定对称度时槽的宽度；
4.主参数 L 为给定两孔对称度时孔心距。

表 4-30　位置度的公差值数系　单位：μm

优先数系	1	1.2	1.6	2	2.5	3	4	5	6	8
	1×10^n	1.2×10^n	1.5×10^n	2×10^n	2.5×10^n	3×10^n	4×10^n	5×10^n	6×10^n	8×10^n

注：n 为正整数。

几何公差值的选择原则是在满足零件功能要求的前提下选取最大的公差值，即选取的公差值应使零件使用性能与制造成本具有最佳的技术经济效益。

选择几何公差值的方法有计算法和类比法两种。按计算法确定几何公差值时，目前还没有成熟系统的计算步骤和方法，一般是根据产品的功能要求，在有条件的情况下计算求得几何公差值。因此，几何公差值常用类比法确定，除主要考虑零件的使用性能、加工可能性和加工经济性等因素，还应考虑以下几个问题。

1）同一要素的几何公差与尺寸公差的关系

针对同一要素，其几何公差与尺寸公差的关系为：

$$T_{形状}<T_{方向}<T_{位置}<T_{跳动}<T_{尺寸}$$

同时，单项的形状、方向或位置公差值应小于综合公差值；圆柱形零件的形状公差值（轴线的直线度除外）一般情况下应小于其尺寸公差值；箱体类零件的平行度公差值应小于其相应的距离公差值。

2）有配合要求时形状公差与尺寸公差的关系

有配合要求并要严格保证其配合性质的要素，应采用包容要求。在工艺上，其形状公差大多按分割尺寸公差的百分比来确定，即：

$$T_{形状}=kT_{尺寸}$$

在常用尺寸公差 IT5～IT8 的范围内，k 通常可取 25%～65%。形状公差分割尺寸公差的百分比过小，会对工艺设备的精度要求过高；而形状公差分割尺寸公差的百分比过大，则会使尺寸的实际公差过小，也会给加工带来困难。

3）几何公差与表面粗糙度的关系

一般精度时，表面粗糙度 $Ra=(0.2-0.25)T_{形状}$；中等尺寸、中等精度时，表面粗糙度 $Rz=(0.2\sim0.3)T_{形状}$；小尺寸、高精度时，表面粗糙度 $Rz=(0.5\sim0.7)T_{形状}$。

4）考虑零件的结构特点

考虑零件的结构特点和加工的经济性，对于下列情况，在满足零件功能的条件下，可适当降低1～2级精度进行选择：

① 孔相对于轴；

② 刚性较差的零件，如细长轴和细长孔；

③ 宽度较大（一般为宽度>1/2长度）的零件表面；

④ 距离较大的轴和孔；

⑤ 线对线和线对面相对于面对面的平行度和垂直度。

5）位置度公差值的确定

位置度的公差值一般与被测要素的类型、连接方式等有关，常用于控制螺栓或螺钉连接中孔距的位置精度要求，其公差值取决于螺栓与光孔之间的间隙。位置度公差值 T（公差带的直径或宽度）按下式计算：

螺栓连接 $T \leqslant KZ$

螺钉零件 $T \leqslant 0.5KZ$

式中 Z——孔与紧固件之间的间隙，$Z=D_{min}-d_{max}$；

D_{min}——最小孔径（光孔的最小直径）；

d_{max}——最大轴径（螺栓或螺钉的最大直径）；

K——间隙利用系数，其中，不需调整的固定连接，K=1，需要调整的固定连接，K=0.6～0.8，按上式算出的公差值，经圆整后应符合国标推荐的位置系数，如表4-30所示。

表4-31～表4-34列出了各种几何公差等级的应用举例，供类比时参考使用。

表4-31 直线度、平面度公差等级应用

公差等级	应用举例
1，2	精密量具、测量仪器以及精度要求较高的精密机械零件。如量块、零级样板、平尺、零级宽平尺，工具显微镜等精密量仪器的导轨面，喷油嘴针阀体端面平面度、油泵柱塞套端面的平面度等
3	0级及1级宽平尺工作面、1级样板平尺的工作面，测量仪器圆弧导轨的直线度，测量仪器的测杆等
4	0级平板，测量仪器的V形导轨、高精度平面磨床的V形导轨和滚动导轨，轴承磨床及平面磨床床身直线度等
5	1级平板、2级宽平尺，平面磨床的导轨和平面磨床的工作台，液压龙门刨床导轨面、六角车床床身导轨面，柴油机进气和排气阀门导杆等
6	1级平板，普通机床导轨面，柴油机机体结合面等
7	2级平板，0.02游标卡尺尺身的直线度，机床床头箱体，滚齿机床身导轨的直线度，镗床工作台、摇臂钻底座工作台，柴油机汽门导杆，液压泵盖的平面度，压力机导轨及滑块等
8	2级平板，车床溜板箱体、机床主轴箱体、机床传动箱体，自动床底座的直线度，汽缸盖结合面，汽缸座，内燃机连杆分离面的平面度，减速机壳体的结合面等
9	3级平板，机床溜板箱、立钻工作台、螺纹磨床的挂轮架、金相显微镜的载物台，柴油机汽缸体连杆的分离面、缸盖的结合面、阀片的平面度，空气压缩机汽缸体，柴油机缸孔环面的平面度以及辅助机构及手动机械的支承面等

表4-32 圆度、圆柱度公差等级应用

公差等级	应用举例
0，1	高精度量仪主轴、高精度机床主轴，滚动轴承滚珠和滚柱等
2	精密量仪主轴、外套、阀套、高压油泵柱塞及套，纱锭轴承，高速柴油机进、排气门，精密机床主轴轴颈，针阀圆柱表面，喷油泵柱塞及柱塞套等
3	工具显微镜套管外圆，高精度外圆磨床轴承，磨床砂轮主轴套筒，喷油嘴针、阀体，高精度微型轴承内外圈

续表

公差等级	应用举例
4	较精密机床主轴，精密机床主轴箱孔，高压阀门活塞、活塞销，阀体孔，工具显微镜顶针，高压油泵柱塞，较高精度滚动轴承配合轴，铣削动力头箱体孔等
5	一般计量仪器主轴、测杆外圆，陀螺仪轴颈，一般机床主轴，较精密机床主轴及主轴箱孔，柴油机、汽油机活塞、活塞销孔，铣削动力头轴承箱座孔，高压空气压缩机十字头销、活塞，较低精度滚动轴承配合轴等
6	仪表端盖外圆，一般机床主轴及箱体孔，中等压力下液压装置工作面（包括泵、压缩机的活塞和汽缸），汽车发动机凸轮轴，纺机锭子，通用减速器轴颈，高速船用发动机曲轴，拖拉机曲轴主轴颈等
7	大功率低速柴油机曲轴、活塞、活塞销、连杆、汽缸，高速柴油机箱体孔，千斤顶或压力油缸活塞，液压传动系统的分配机构，机车传动轴，水泵及一般减速器轴颈等
8	低速发动机、减速器、大功率曲柄轴轴颈，压力机连杆盖、体，拖拉机汽缸体、活塞，炼胶机冷铸轴辊，印刷机传墨辊，内燃机曲轴，柴油机机体孔、凸轮轴，拖拉机、小型船用柴油机汽缸套等
9	空气压缩机缸体，液压传动筒，通用机械杠杆与拉杆套筒销，拖拉机活塞环、套筒孔等
10	印染机导布辊，绞车、吊车、起重机滑动轴承轴颈等

表 4-33 平行度、垂直度、倾斜度公差等级应用

公差等级	应用举例
1	高精度机床、测量仪器以及量具等主要基准面和工作面等
2，3	精密机床、测量仪器、量具及模具的基准面和工作面，精密机床的导轨，精密机床上重要箱体主轴孔基准面，精密机床主轴肩端面，滚动轴承座圈端面，齿轮测量仪的心轴，光学分度头心轴，涡轮轴端面，精密刀具、量具的工作面和基准面等
4，5	普通机床导轨，精密机床重要零件，机床重要支承面，机床主轴孔对基准的平行度，精密机床重要零件，测量仪器、量具及模具的基准面和工作面，一般减速器壳体孔、齿轮泵的轴孔端面，发动机轴和离合器的凸缘，汽缸支承端面．安装精密滚动轴承的壳体孔的凸肩等
6，7，8	一般机床零件的工作面和基准面，压力机和锻锤的工作面，中等精度钻模的工作面，机床一般轴承孔对基准面，变速器箱体孔，主轴花键对定心直径部位轴线，重型机械轴承盖的端面，卷扬机、手动传动装置中的传动轴，一般导轨，主要箱体孔，刀架、砂轮架及工作台回转中心，机床轴肩、汽缸配合面对基准轴线，活塞销孔对活塞中心线的垂直度，滚动轴承内、外圈端面对轴线的垂直度等
9,10	低精度零件，重型机械滚动轴承端盖，柴油机、煤气发动机箱体曲轴孔、曲轴颈、花键轴和轴肩端面，皮带运输机法兰盘等端面对轴线的垂直度，手动卷扬机及传动装置中的轴承端面、减速器壳体平面等
11，12	零件的非工作面，卷扬机、运输机上用的减速器壳体平面，农业机械的齿轮端面等

表 4-34 同轴度、对称度、跳动公差等级应用

公差等级	应用举例
1，2	同轴度或旋转精度要求很高的零件，一般需要按尺寸精度 1 级或高于 1 级制造的零件。如 1 级、2 级用于精密测量仪器的主轴和顶尖，柴油机喷油嘴针阀等
3,4	机床主轴轴颈，砂轮轴轴颈，汽轮机主轴，测量仪器的小齿轮轴，高精度滚动轴承内、外圈等
5，6，7	应用范围较广的公差等级，用于精度要求比较高，一般按尺寸精度 2 级或 3 级制造的零件。如 5 级常用在机床轴颈，测量仪器的测量杆，汽轮机主轴，柱塞油泵转子，高精度滚动轴承外圈，一般精度轴承内圈；6 级、7 级用在内燃机曲轴、凸轮轴轴颈，水泵轴，齿轮轴，汽车后桥输出轴，电机转子，G 级精度滚动轴承内圈，印刷机传墨辊等
8，9，10	一般精度要求，通常按尺寸精度 4～6 级制造的零件。如 8 级用拖拉机、发动机分配轴轴颈，9 级以下齿轮轴的配合面，水泵叶轮，离心泵泵体，棉花精梳机前后滚子；9 级用于内燃机汽缸套配合面，自行车中轴；10 级用于摩托车活塞，印染机导布辊，内燃机活塞环槽底径对活塞中心，汽缸套外圈对内孔等
11，12	无特殊要求，一般按尺寸精度 7 级制造的零件

（2）未注几何公差的确定

为简化图样，对一般机床加工能保证的几何精度，在图样上不必注出其几何公差值。几何公差的未注公差值适用于遵守独立原则的零件要素，也适用于某些遵守包容要求的零件要素，在要素都是最大实体尺寸时也适用。

按照国家标准 GB/T 1184—1996 的规定，未注几何公差可按如下规定执行。

① 对未注直线度、平面度、垂直度、对称度和圆跳动各规定了 H、K、L 三个公差等级，其公差值如表 4-35～表 4-38 推荐值。采用规定的未注几何公差值时，应在标题栏附件或技术要求中注出公差等级代号及标准编号，如“GB/T 1184-H”。

② 未注圆度公差值等于标准的直径公差值，但不能大于表 4-38 中的径向圆跳动值。

③ 未注圆柱度公差由圆度、直线度和素线平行度的注出公差或未注公差控制。

④ 未注平行度公差值等于给出的尺寸公差值或直线度和平面度未注公差值中的较大者。

⑤ 在极限情况下，未注同轴度的公差值可以和表 4-38 中规定的圆跳动的未注公差值相等。

⑥ 除 GB/T 1184—1996 规定的各项目未注公差外，其他项目如线轮廓度、面轮廓度、倾斜度、位置度和全跳动的公差值均应由各要素的注出或未注线性尺寸公差或角度公差控制。

表 4-35　直线度和平面度的未注公差值　　单位：mm

公差等级	基本长度范围					
	≤10	＞100	＞30～100	＞100～300	＞300～1000	＞1000～3000
H	0.02	0.05	0.1	0.2	0.3	0.4
K	0.05	0.1	0.2	0.4	0.6	0.8
L	0.1	0.2	0.4	0.8	1.2	1.6

注：1．对于直线度，应按其相应线的长度选择未注公差值；

2．对于平面度，按被测表面的较长一侧或圆表面的直径选择未注公差值。

表 4-36　垂直度的未注公差值　　单位：mm

公差等级	基本长度范围			
	≤100	＞100～300	＞300～1000	＞1000～3000
H	0.2	0.3	0.4	0.5
K	0.4	0.6	0.8	1
L	0.6	1	1.5	2

注：取形成直角的两边中较长的一边作为基准，较短的一边作为被测要素；若两边的长度相等则任取一边作为基准。

表 4-37　对称度的未注公差值　　单位：mm

公差等级	基本长度范围			
	≤100	＞100～300	＞300～1000	＞1000～3000
H	0.5	0.5	0.5	0.5
K	0.6	0.6	0.8	1
L	0.6	1	1.5	2

注：取两要素中较长者作为基准，较短者作为被测要素；若两要素长度相等则可任选一要素为基准。

表 4-38　圆跳动的未注公差值　　单位：mm

公差等级	公差值
H	0.1
K	0.2
L	0.5

注：应以设计或工艺给出的支承面作为基准，否则应取两要素中较长的一个作为基准，较短者作为被测要素；若两要素长度相等则可任选一要素为基准。

4.5.3　公差原则的选择

选择公差原则时，应根据被测要素的功能要求、各公差原则的应用场合、零件尺寸大小、检测的方便性及经济性等方面来考虑。各公差原则的主要应用已于 4.4 节叙述，表 4-39 列出了公差原则的应用示例，可供选择时参考。

表 4-39　公差原则的应用示例

公差原则	应用示例
独立原则	尺寸精度与几何精度需要分别满足要求，如齿轮箱体孔的尺寸精度与两孔轴线的平行度、连杆活塞销孔的尺寸精度与圆柱度、滚动轴承内圈及外圈滚道的尺寸精度与形状精度
	尺寸精度与几何精度要求相差较大，如滚筒类零件及平板的尺寸精度要求较低而几何精度要求较高、通油孔的尺寸有一定精度要求而其形状精度无要求
	尺寸精度与几何精度之间没有联系，如滚子链条的套筒或滚子内、外圆柱面的轴线同轴度与尺寸精度；发动机连杆上的尺寸精度与孔轴线间的位置精度
	保证运动精度及密封性，如导轨及汽缸的形状精度要求严格，而尺寸精度一般
	未注尺寸公差或未注几何公差，如退刀槽、倒角、圆角等非功能要素
包容要求	用于单一要素，用于保证严格配合的场合，如以ϕ40H7 孔与ϕ40h7 轴配合，采用包容要求可以保证配合的最小间隙等于零
最大实体要求	用于导出要素，可保证零件的可装配性。如在轴承盖上用于穿过螺钉的通孔，法兰上用于穿过螺栓的通孔等情况下标注最大实体公差原则，可保证当各装配件都处于最大实体尺寸且各组孔存在位置偏差度的最不利条件下仍能装入
最小实体要求	是保证零件强度和最小壁厚的极限条件。如孔组轴线的任意方向位置度公差，标注最小实体公差原则可保证孔系间的最小壁厚
可逆要求	必须与最大（最小）实体要求联合使用。应用可逆要求，能充分利用公差带，扩大被测要素实际尺寸的变动范围，在不影响使用性能要求的前提下可以选用

4.5.4　基准的选择

基准是确定关联要素间方向和位置的依据。在选择相应公差项目时，必须同时考虑要采用的基准。选择基准时，一般应从如下几方面考虑：

（1）基准部位的选择

选择基准部位时，应根据设计和使用要求，并考虑基准统一原则和结构特征。

① 选用零件在机器中定位的结合面作为基准部位。例如，箱体的底平面和侧面、盘类零件的轴线、回转零件的支承轴颈或支承孔等。

② 体现基准的要素应具有足够的刚度和大小，以保证定位稳定可靠。例如，用两条或两条以上，相距较远的轴线组合成公共基准轴线比一条基准轴线要稳定。

③ 选用加工比较精确的表面作为基准部位。

④ 尽量统一零件的设计基准、定位基准、装配基准和测量基准。这样，既可消除因基准不统一而产生的误差，也可简化夹具、量具的设计与制造，并使测量方便。

（2）基准数量的确定

一般来说，应根据公差项目的定向、定位几何功能要求来确定基准的数量。方向公差大多只要一个基准，而位置公差则需要一个或多个基准。例如，对于平行度、垂直度、倾斜度、同轴度和对称度，一般只用一个平面或一条轴线做基准要素；对于位置度，因为需要确定孔系的位置精度，就可能要用到两个或三个基准要素。

（3）基准顺序的安排

当选用两个或两个以上的基准要素时，就要明确基准要素的顺序，并按第一基准（选择对被测要素的功能要求影响最大或定位最稳的平面）、第二基准（选择对被测要素的功能要求影响次之或窄而长的平面）、第三基准（选择对被测要素的功能要求影响较小或短小的平面）的顺序填入公差框格内。基准顺序的安排主要考虑零件的结构特点以及装配和使用要求。所选基准顺序正确与否，将直接影响零件的装配质量和使用性能，还会影响零件的加工工艺及工装的结构设计。如图 4-40 所示的零件，要求控制ϕ10 轴线对基准 A 和 B 的位置度，具体以哪一基准为第一基准要素就应根据零件的功能要求而定。图 4-40（b）是以 A 为第一基准，其结果是在端面贴合后，允许轴在孔中歪斜状态下，来控制ϕ10 轴线的位置度；图 4-40（c）是以 B 为第一基准，其结果是在轴与孔配合良好，而端面仅局部贴合状态下，来控制ϕ10 轴线的位置度。由此可见，基准顺序不同，所要表达的设计意图也就不同，故在加工和检测时，均不可随意调换基准顺序。

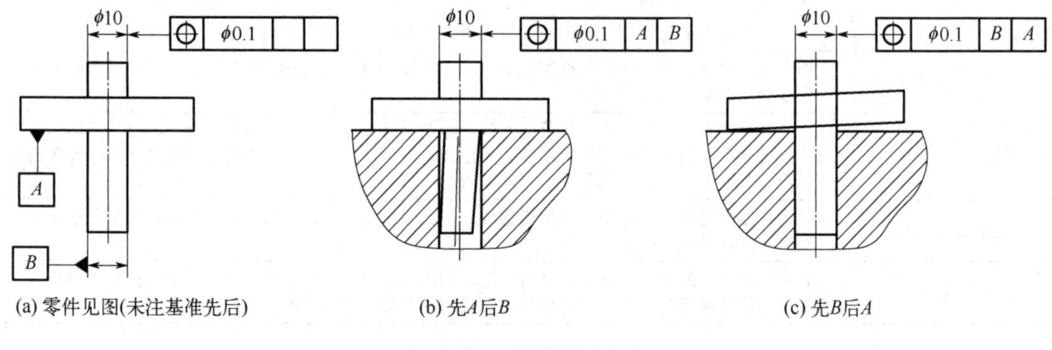

图 4-40 基准顺序的选择

4.5.5 几何公差选择应用示例分析

如图 4-41 所示，零件为某圆柱齿轮减速器的输出轴。两个ϕ55m6 的轴颈分别与 0 级圆锥滚子轴承内圈配合，ϕ58p6 与 7 级精度的圆柱齿轮配合，ϕ45k6 轴颈与联轴器配合，ϕ50h9 外圆处采用接触式密封（皮碗密封）。各尺寸均已确定，现按类比法进行几何精度设计。选择几何公差时，主要依据该轴的结构特征和功能要求，其次还应便于测量等。具体选用如下。

（1）ϕ55m6 圆柱面

依据使用要求和装配关系，2×ϕ55m6Ⓔ圆柱面是该轴的支承轴颈，用以安装滚动轴承，该圆柱面是该轴的装配基准，故应选择 2×ϕ55m6Ⓔ圆柱面的公共轴线为设计基准。

为使轴及轴承工作时运转灵活，2×ϕ55m6 支承轴颈应规定同轴度要求，但从检测的可行性与经济性分析，最佳方案应采用综合控制项的径向圆跳动公差，参照表 4-34 确定公差等级为 6 级，查表 4-29，其公差值为 0.015mm。

2×ϕ55m6 是与 0 级滚动轴承内圈配合的重要表面，为保证配合性质和轴承的几何精度，采用包容原则，还应提出圆柱度公差。查表 4-27，取 6 级精度，圆柱度公差值应为 0.005mm。

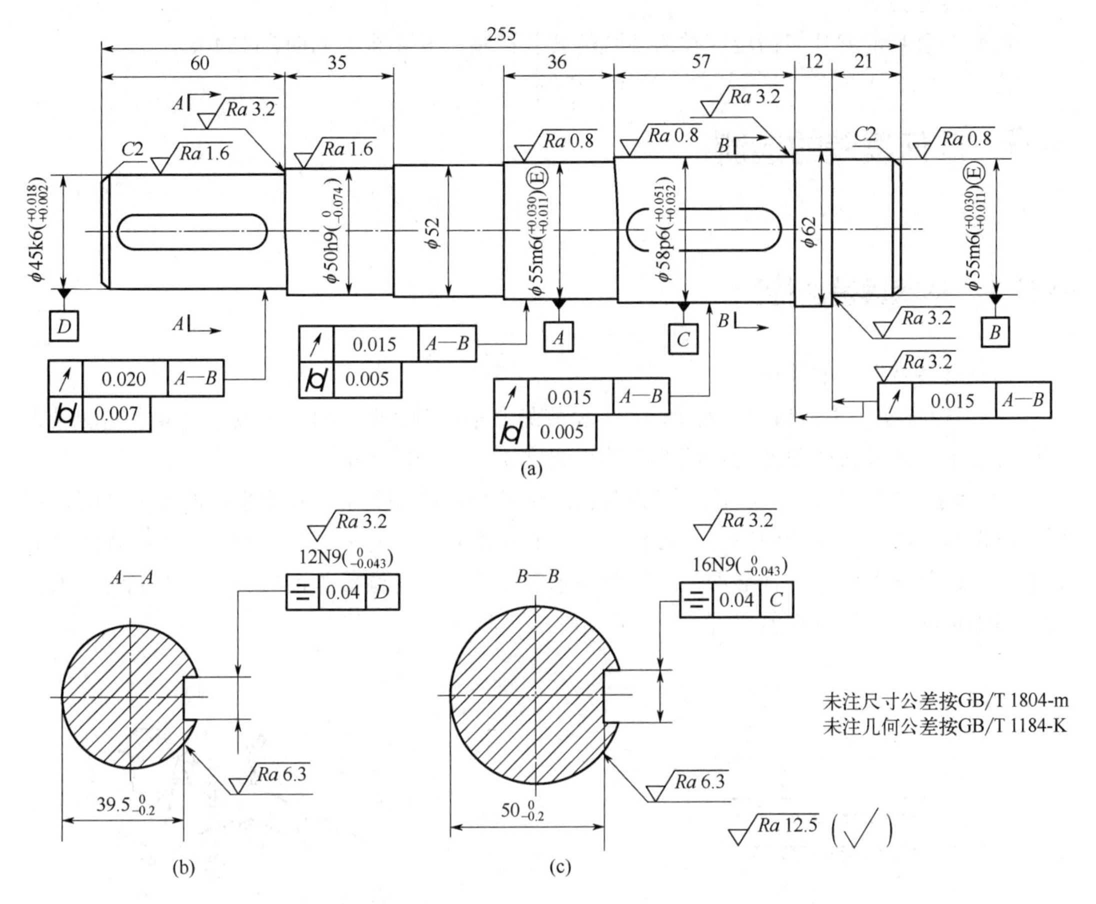

图 4-41　减速器输出轴几何精度设计示例

（2）φ58p6、φ45k6 圆柱面

φ58p6、φ45k6 圆柱面分别用于安装齿轮和联轴器，其轴线分别为齿轮和联轴器的装配基准，为保证齿轮的正确啮合及运转平稳，应规定其对 2×φ55m6 圆柱面公共轴线的径向圆跳动公差，根据 7 级精度齿轮和联轴器的使用要求，φ45k6 输出端的径向圆跳动公差等级取 7 级，φ58p6 中间输入端的径向圆跳动公差等级取 6 级，则φ45k6 和φ58p6 处的径向圆跳动值对应为 0.020mm 和 0.015mm。另外，为满足配合需要，还应对其分别规定 7 级和 6 级圆柱度公差，查表 4-27，其圆柱度公差值对应为 0.007mm 和 0.005mm。

（3）轴肩

φ62mm 轴肩的左、右端面分别为齿轮和轴承的轴向定位基准，为保证零件定位可靠，轴肩端面应与基准轴线垂直，结合检验要求，最佳方案应选用综合控制项的轴向圆跳动公差。根据齿轮和滚动轴承的使用要求，公差等级可取 6 级，查表 4-29，其公差值为 0.015mm。从装配关系看，轴向圆跳动的基准应为各自圆柱面的轴线，但为便于加工和检测，应采用统一的基准，即 2×φ55m6 圆柱面的公共轴线。

（4）键槽 12N9 和键槽 16N9

为使装配后的键受力均匀和拆装方便，须规定键槽的对称度公差。键槽的对称度公差取 9 级，查表 4-29，其公差值为 0.04mm。对称度的基准应为键槽所在轴颈的轴心线。

（5）其他要素

轴上其余要素的几何精度应按末注几何公差控制，其要求为 GB/T 1184-k。

4.6 几何误差的检测

4.6.1 形状误差的检测

（1）直线度误差的检测

① 刀口尺法　将刀口尺（测量基准）和被测要素接触，使刀口尺与被测要素之间的最大间隙为最小，此最大间隙即为被测要素的直线度误差，如图 4-42 所示。

② 指示表法　如图 4-43 所示，将圆轴工件安装在两顶尖架平行于平板的顶尖之间，使用带有指示表的两表架沿圆轴竖直截面的两条素线测量，同时分别记录两指示表在各测点的读数。通过测量若干个圆轴截面，计算两指示表在各测点的读数差，取其中最大值的一半作为该圆轴轴线的直线度误差。

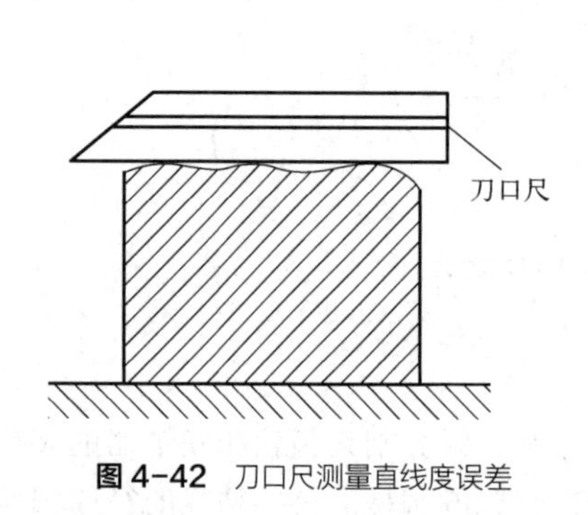

图 4-42　刀口尺测量直线度误差

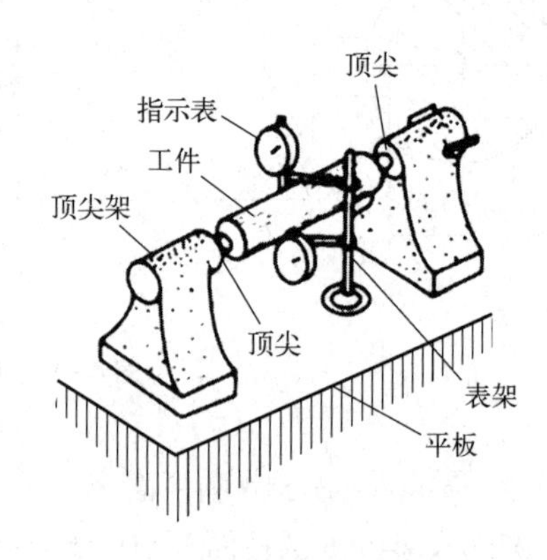

图 4-43　指示表测量直线度误差

③ 水平仪法　将水平仪放在被测表面上，沿被测要素按节距逐段连续测量，即可求得直线度误差。

④ 钢丝法　将特别的钢丝作为测量基准，沿被测要素移动显微镜，显微镜中的最大读数即为实际被测要素的直线度误差。

（2）平面度误差的检测

① 指示表法　如图 4-44 所示，将被测零件支承在平板上，平板工作面为测量基准，用指示表分别调整被测表面对角线上的 a 与 b、c 与 d 各点，并使之等高，记录各点的指示表测量数据。指示表的最大与最小读数之差即为平面度误差。该方法适用于较大平面的平面度误差测量。

② 平晶测量法　如图 4-45 所示，将平晶紧贴在被测表面上，被测表面的平面度误差为封闭干涉条纹与 1/2 光波波长的乘积；对于不封闭的干涉条纹，被测表面的平面度误差为条纹的弯曲度与相邻两条纹间距的比值与 1/2 光波波长的乘积。

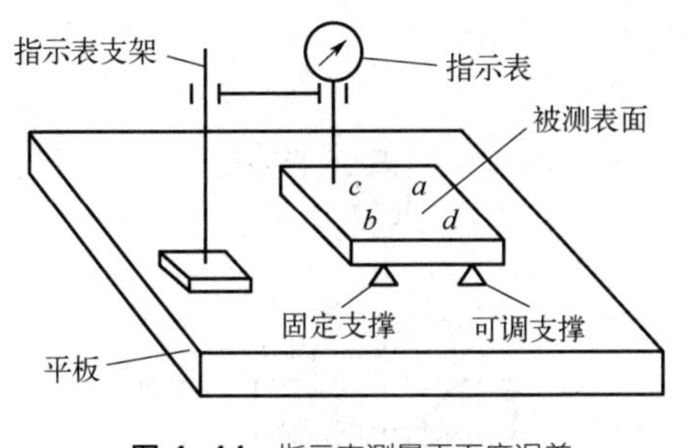

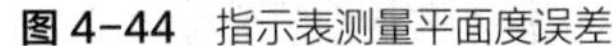
图 4-44　指示表测量平面度误差

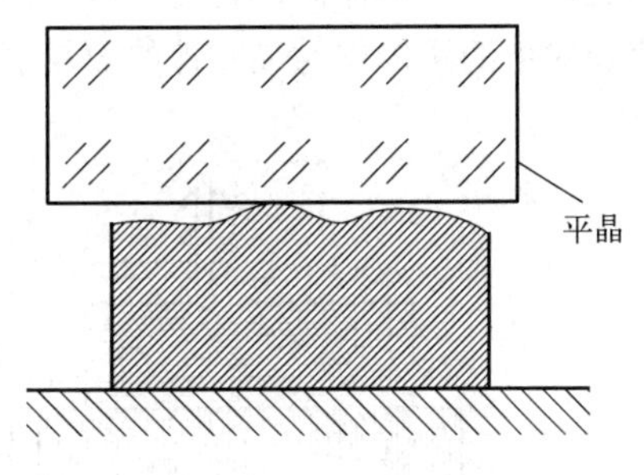

图 4-45　平晶测量平面度误差

（3）圆度误差的检测

① 指示表法　用千分尺或百分表测出同一正截面的最大直径差，测若干个正截面，取其中最大的误差值的一半为圆度误差。

② 圆度仪法　圆度仪是圆度误差专用测量仪器，将被测工件横截面的实际轮廓与理想圆相比较，得到被测轮廓的半径变动量，从而评定圆度误差值，理想圆由圆度仪测头动点轨迹体现。

圆度仪有转轴式和转台式两种，图 4-46 所示。其中，转轴式圆度仪适于较大直径工件的圆度误差测量，转台式圆度仪适用于测量较小直径工件的圆度误差。

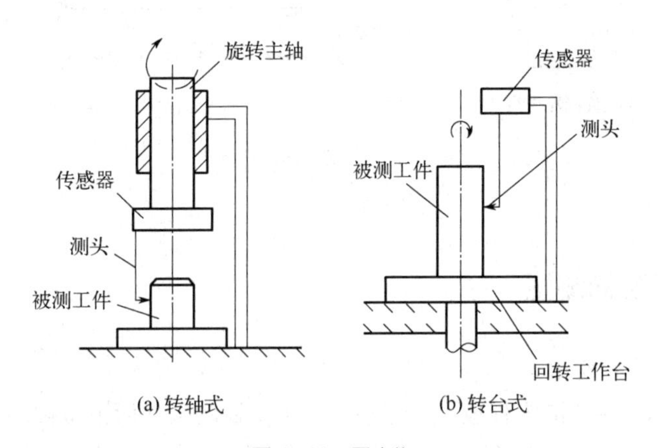

图 4-46　圆度仪

（4）圆柱度误差的检测

如图 4-47 所示为指示表法检测圆柱度误差。将 V 形架放置在平板上，被测工件放在 V 型架内，在被测零件回转一周过程中，所获得的测量横截面的指示表读数的最大与最小读数差值的一半即为被测截面的圆柱度误差。如此测量若干个横截面，取各截面圆柱度误差中最大的误差值作为该零件的圆柱度误差。同时，也可使用圆度仪或三坐标测量装置检测圆柱度误差，但不适合在生产现场使用。

（5）轮廓度误差的检测

如图 4-48 所示，可以采用轮廓样板测量线轮廓度误差，将轮廓样板按规定方向放置在被测零件上，根据光隙法估读间隙大小，取最大间隙为该零件的线轮廓度误差。面轮廓度误差可通过三坐标测量仪进行测量，将被测工件放置在仪器工作台上并进行正确定位，测出实际轮廓面上若干点的坐标值，之后，将测得的坐标值与理想轮廓的坐标值进行比较，取其中最大差值绝对值的两倍作为该零件的面轮廓度误差。

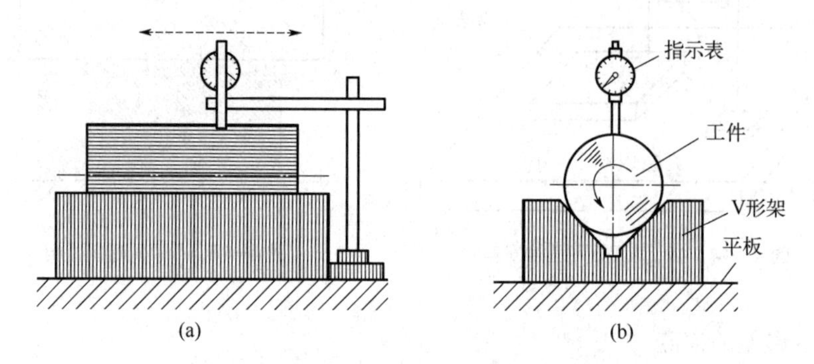

图 4-47 指示表法测量圆柱度误差

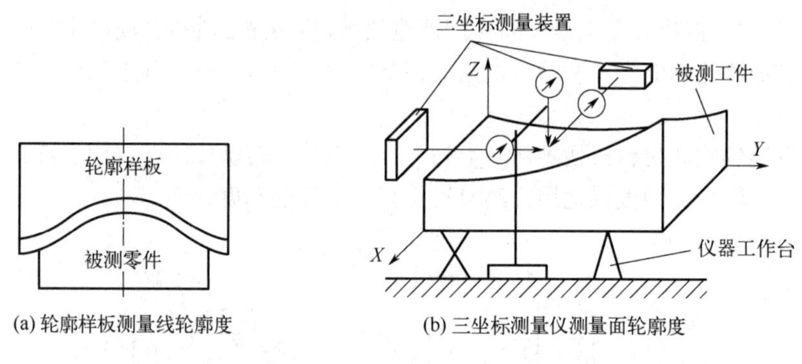

图 4-48 轮廓度误差的检测

4.6.2 方向误差的测量

（1）平行度误差的检测

如图 4-49 所示，将被测零件放置在平板上，用平板的工作面模拟被测零件的基准。在被测实际表面上用指示表对各测点进行测量，指示表最大、最小读数值之差即为该零件的平行度误差

（2）垂直度误差的检测

如图 4-50 所示，采用光隙法检测垂直度误差。将被测零件与宽座角尺放置在检验平板上，用塞尺（厚薄规）检查两者是否接触良好（以最薄的塞尺不能插入为准），移动宽座角尺并轻轻靠近被测表面，通过观察光隙大小目测估出或用厚薄规检测最大和最小光隙值，则最大光隙值与最小光隙值之差即为垂直度误差。另外，也可以采用指示表法测量垂直度误差，其方法与平行度误差的检测类似。

（3）倾斜度误差的检测

如图 4-51 所示，采用指示表法测量倾斜度误差。将被测零件放置在定角座上，调整被测零件，使整个被测表面的指示表读数达到最小，则指示表的最大与最小读数之差即为该零件的倾斜度误差。

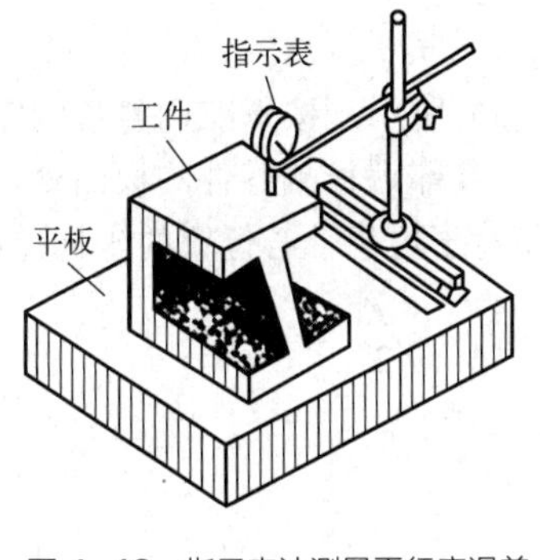

图 4-49　指示表法测量平行度误差

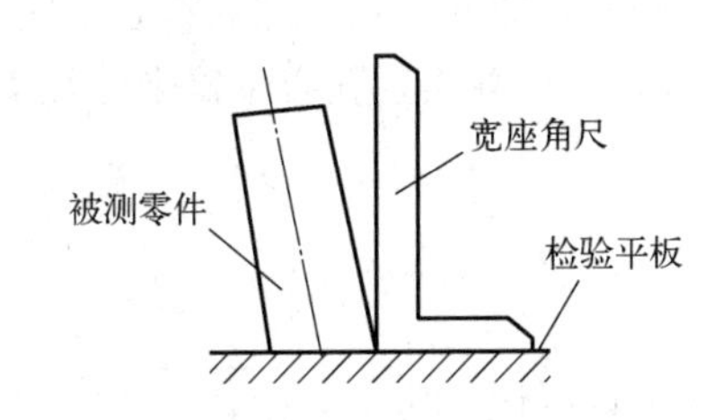

图 4-50　光隙法测量垂直度误差

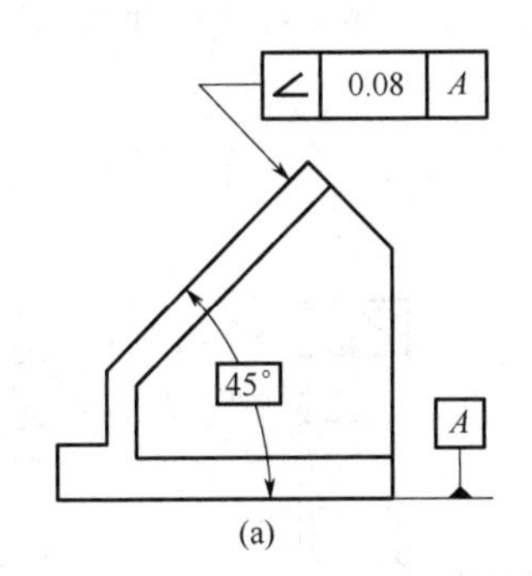

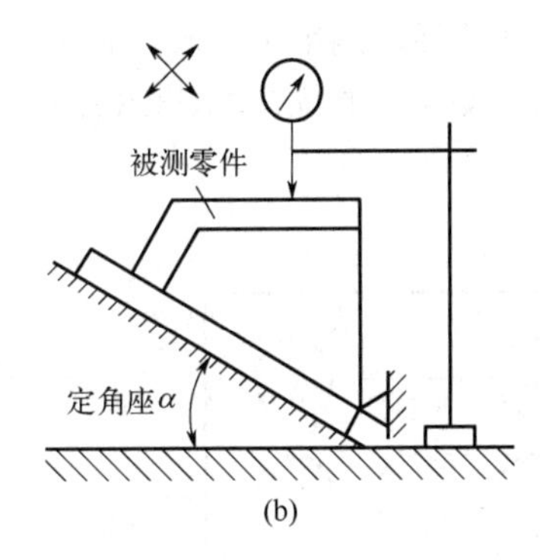

图 4-51　倾斜度误差的检测

4.6.3　位置误差的测量

（1）同轴度误差的检测

如图 4-52 所示，将被测零件放置在两个等高的 V 形架上，公共基准轴线由两等高的 V 形架模拟体现，指示表在垂直于基准轴线的正截面上对应点读数的差值即为该截面上的同轴度误差。采用同样方法测量若干个截面，各截面同轴度误差的最大值即为该零件的同轴度误差。

（2）对称度误差的检测

如图 4-53 所示，基准轴线和被测中心平面分别由 V 形块和定位块模拟体现，测量时调整被测零件使定位块沿径向与平板平行并读数，再将被测零件旋转 180° 后重复上述测量，两次读数的差值即为该截面的对称度误差。采用同样方法测量若干个截面，各截面对称度误差的最大值即为该零件的对称度误差。

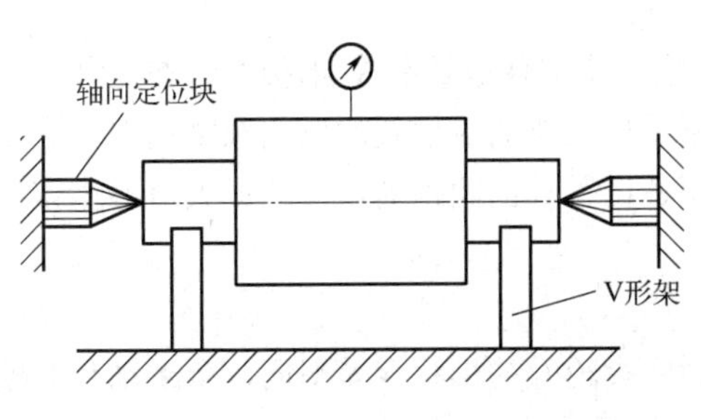

图 4-52　同轴度误差的检测

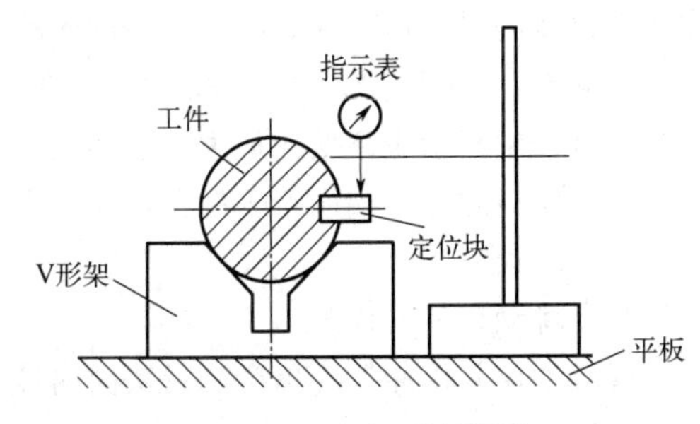

图 4-53　对称度误差的检测

（3）位置度误差的检测

采用坐标测量装置检测位置度误差，如图 4-54（a）所示，按基准调整被测零件，使其与测量装置的坐标方向一致。然后将心轴放置在孔中，在靠近被测零件的板面处，测量 x_1、x_2、y_1、y_2，并计算实际孔心位置坐标及实际孔心相对于理想轴心位置的坐标差：

$$x' = x_1 + {x_2}/{2} \qquad y' = y_1 + {y_2}/{2}$$

$$f_x = x' - x \qquad f_y = y' - y$$

则孔的位置度误差为 $f = 2\sqrt{f_x^{\ 2} + f_y^{\ 2}}$ 。

用位置度量规检测时，如图 4-54（b）所示，将量规的基准测销 3 和固定测销 4 插入被测零件 2 中，同时将活动测销 1 插入其他孔中，如果上述测销都能够插入工件和量规的相应孔中，即可判断被测零件的位置度是合格的。

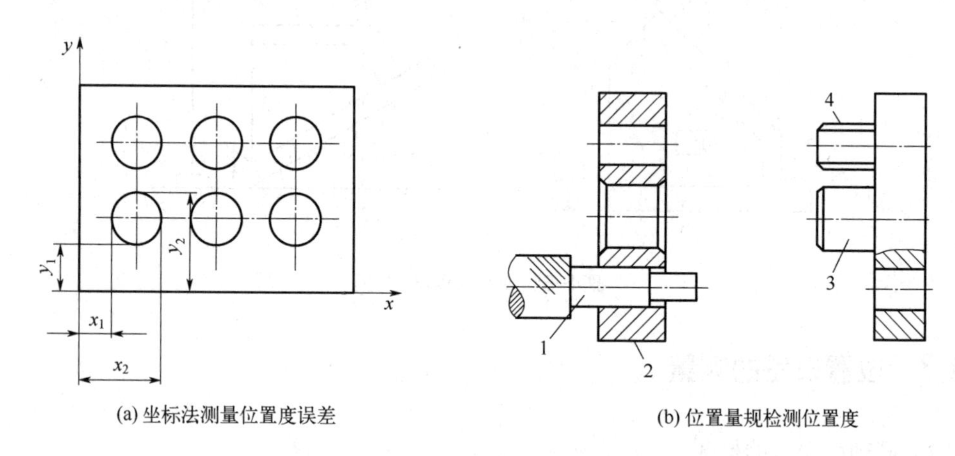

(a) 坐标法测量位置度误差　　(b) 位置量规检测位置度

图 4-54 位置度误差的检测

4.6.4 跳动误差的测量

（1）圆跳动误差的检测

如图 4-55（a）所示为径向圆跳动误差的测量，将工件安装在两同轴顶尖之间（基准轴线由两顶尖中心孔的公共轴线体现），在工件回转一周或数周过程中指示表读数的最大差值即为被测零件上该测量截面的径向圆跳动误差。采用同样方法测量若干正截面，测得各截面径向圆跳动误差的最大值即为该零件的径向圆跳动误差。

如图 4-55（b）所示为轴向圆跳动误差的测量，将工件放置在 V 形架上，在工件回转一周或数周过程中指示表读数的最大差值即为被测零件上该测量位置的轴向圆跳动误差。采用同样方法测量被测零件端面若干位置，测得端面各位置轴向圆跳动误差的最大值即为该零件的轴向圆跳动误差。

（2）全跳动误差的检测

与圆跳动误差仅能反应单个测量截面内被测要素轮廓的形状误差不同，全跳动是对整个表面几何误差的综合控制。

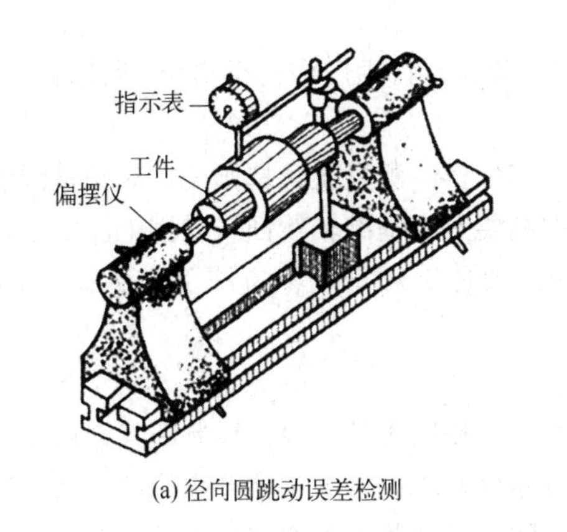

(a) 径向圆跳动误差检测

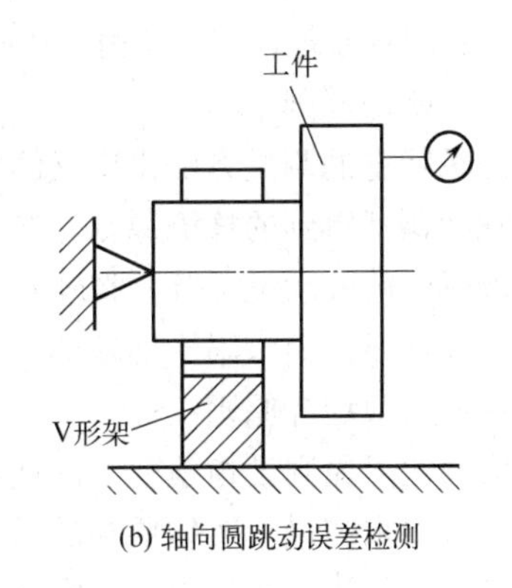

(b) 轴向圆跳动误差检测

图 4-55　圆跳动误差的检测

测量全跳动的方法与测量圆跳动类似，但要求在被测零件连续回转的过程中让指示表同时沿基准轴线方向（径向全跳动）或径向方向（轴向全跳动）做直线移动，在整个测量过程中指示表读数的最大差值即为被测零件的径向全跳动误差或轴向全跳动误差。

4.6.5　几何误差的检测原则

由于被测零件的结构特点、尺寸大小、精度要求以及检测设备条件等不同，几何误差可以运用不同的检测方法进行检测。从检测原理上可以将常用的几何误差检测方法概括为以下检测原则。

（1）与理想要素相比较原则

与理想要素相比较原则是指测量时将实际要素与相应的理想要素相比较，在比较过程中由直接法或间接法获得测量数据，按这些数据来评定几何误差。该检测原则在几何误差测量中的应用最为广泛。

运用该检测原则时，必须要有理想要素来作为测量时的评价标准。根据几何误差定义，理想要素是几何学概念，测量时可用不同的方法来体现，例如，刀口尺的刃口、平尺的工作面、一条拉紧的钢丝、一束光线都可作为理想直线；平台和平板的工作面、样板的轮廓面等也可作为理想平面。理想要素也可用运动轨迹来体现，例如纵向，横向导轨的移动构成了一个平面；一个点绕一轴线作等距回转运动构成了一个理想圆，由此形成了圆度误差测量方案。

（2）测量坐标值原则

测量坐标值原则是指利用坐标测量装置（如三坐标测量仪、工具显微镜等）测出实际被测要素上各测点的坐标值，经过数据处理获得几何误差值。该原则是几何误差中的重要检测原则，尤其在轮廓度和位置度误差测量中的应用更为广泛。

（3）测量特征参数原则

特征参数是指被测要素上能直接反映几何误差变动的，具有代表性的参数。测量特征参数原则就是通过测量被测要素具有代表性的参数来评定几何误差，例如，圆度误差一般反映在直径的变动上，因此，常以直径为圆度的特征参数，即用千分尺在实际表面同一正截面内的几个方向上测量直径的变动量，取最大的直径差值的二分之一作为该截面内的圆度误差值。显然，应用测量特征参数原则测得的几何误差，与按定义确定的几何误差相比，只是一个近似值，存在着测量原理误差。但由于该检测方法简单，在生产中易于实现，所以被广泛使用。

（4）测量跳动原则

跳动是按特定的测量方法来定义的位置误差项目。测量跳动原则是针对测量圆跳动和全跳动的方法而概括得到的检测原则。在实际被测要素绕基准轴线回转过程中，沿给定方向测量其对基准轴线的变动量（指示器最大与最小读数之差）。该检测方法及其设备比较简单，适用于生产车间现场，但只限于回转体零件。

（5）控制实效边界原则

控制实效边界原则是指检验实际被测要素是否超过实效边界，以判断其合格与否。该原则适用于包容要求和最大实体要求的场合。按包容要求或最大实体要求给出几何公差，相当于给定了最大实体边界或最大实体实效边界，即要求被测要素的实际轮廓不得超出该边界。一般采用光滑极限量规或功能量规检验实际被测要素。若被测要素的实际轮廓能被量规通过，则表示该项几何公差合格，否则为不合格。

习题与思考题

拓展阅读

一、选择题

1．形状误差的评定应符合（　　）。

A．公差原则　　B．包容要求　　C．最小条件　　D．相关要求

2．几何公差框格 | ⊕ | ϕ0.3 | C | B | A | 所采用的三基面体系中第三基准面与第一、第二基准面的关系是（　　）。

A．$C \perp A$ 且 $C \perp B$　　B．$A \perp C$ 且 $A \perp B$

C．$A \perp B$　　D．$A \perp C$

3．方向公差带可以控制被测要素的（　　）。

A．形状误差和位置误差　　B．形状误差和方向误差

C．方向误差和位置误差　　D．方向误差和尺寸误差

4．下列几何公差特征项目中，公差带可以有不同形状的是（　　）。

A．直线度　　B．平面度　　C．圆度　　D．同轴度

5．如果某轴一横截面实际轮廓位于由ϕ30.05mm 和ϕ30.03mm 的两个同心圆包容而形成最小包容区域内，则该轮廓的圆度误差值为（　　）。

A．0.02mm　　B．0.01mm　　C．0.04mm　　D．0.015mm

6．按同一图样加工一批孔，各实际孔的体外作用尺寸（　　）。

A．相同　　B．不一定相同

C．大于最大实体尺寸　　D．不大于最大实体尺寸

7．选择公差原则时，在考虑的各种因素中，最主要的因素是（　　）。

A．零件使用要求　　B．零件生产类型

C．机床精度　　D．操作人员水平

8．用水平仪测量直线度误差所采用的检测原则是（　　）。

A．测量坐标值原则　　B．测量特征参数原则

C．与理想要素相比较原则　　D．测量跳动原则

二、标注与改错题

1．将下列几何公差要求标注在图 4-56 中。

① 圆锥截面圆度公差为 0.006mm；

② 圆锥素线直线度公差为 7 级（L=50mm），并且只允许材料向外凸起；

③ ϕ80H7 遵守包容要求，ϕ80H7 孔表面的圆柱度公差为 0.005mm；

④ 圆锥面对ϕ80H7 轴线的斜向圆跳动公差为 0.02mm；

⑤ 右端面对左端面的平行度公差为 0.005mm；

⑥ 其余几何公差按 GB/T 1184—1996 中 K 级制造。

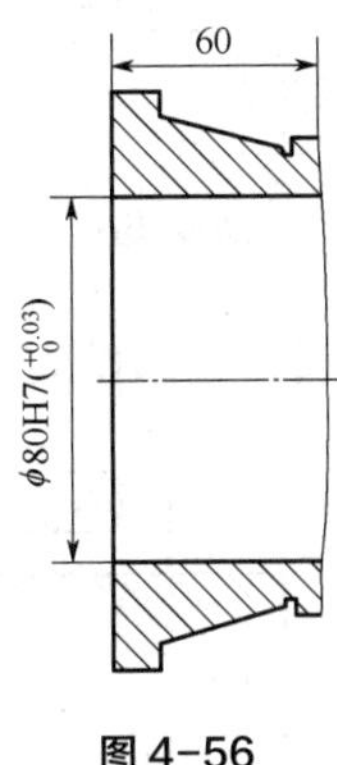

图 4-56

2．将下列几何公差要求分别标注在图 4-57（a）、（b）中。

标注在图 4-57（a）上的几何公差要求：

① $\phi40^{\ 0}_{-0.03}$ 圆柱面对两 $\phi25^{\ 0}_{-0.021}$ 公共轴线的圆跳动公差为 0.015mm；

② 两$\phi25^{\ 0}_{-0.021}$轴颈的圆度公差为 0.01mm；

③ $\phi40^{\ 0}_{-0.03}$ 左、右端面对 2-$\phi25^{\ 0}_{-0.021}$ 公共轴线的轴向圆跳动公差为 0.02mm；

④ 键槽 $10^{\ 0}_{-0.036}$ 中心平面对 $\phi40^{\ 0}_{-0.03}$ 轴线的对称度公差为 0.015mm。

标注在图 4-57（b）上的几何公差要求：

① 底平面的平面度公差为 0.012mm；

② $\phi20^{+0.021}_{\ 0}$ 两孔的轴线分别对它们的公共轴线的同轴度公差为 0.015mm；

③ $\phi20^{+0.021}_{\ 0}$ 两孔的轴线对底面的平行度公差为 0.01mm，两孔表面的圆柱度公差为 0.008mm。

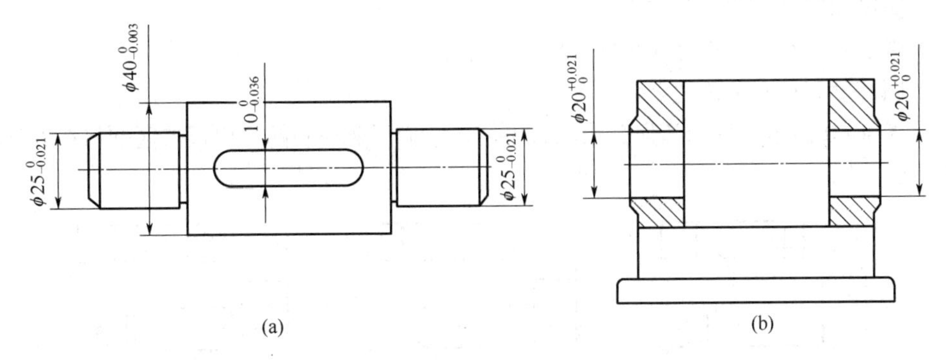

图 4-57

3．指出图 4-58 中几何公差标注错误，并加以改正（不允许改变几何公差项目）。

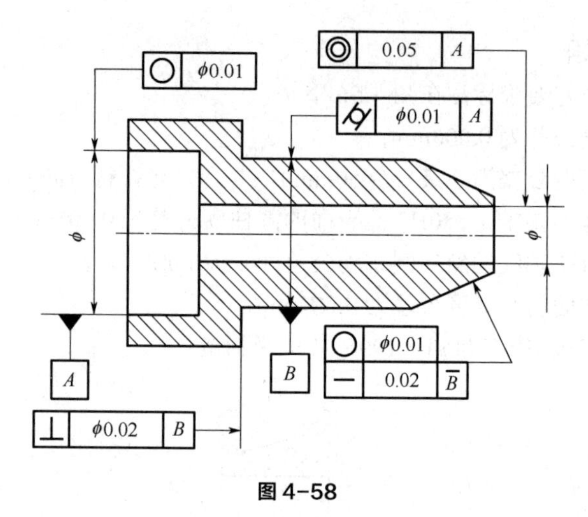

图 4-58

4．指出图 4-59 中几何公差标注错误，并加以改正（不允许改变几何公差项目）。

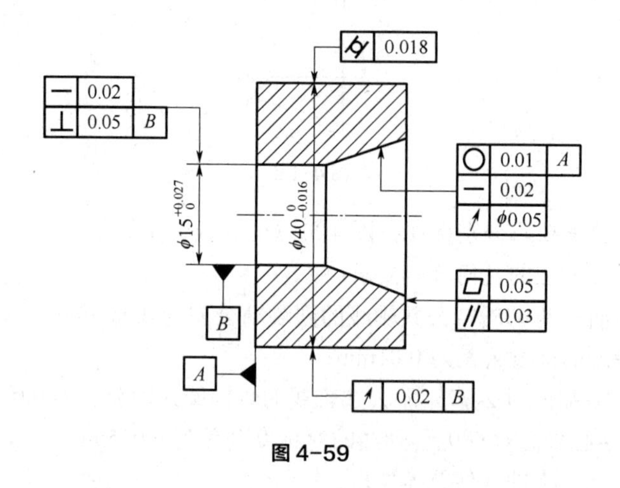

图 4-59

三、综合题

1．几何公差带与尺寸公差带有何区别？

2．下列几何公差项目的公差带有何相同点和不同点？

① 圆度和径向圆跳动公差带；

② 端面对轴线的垂直度和轴向全跳动公差带；

③ 圆柱度和径向全跳动公差带。

3．图 4-60 所示零件的几何公差项目不同，它们所要控制的几何误差区别何在？试加以分析说明。

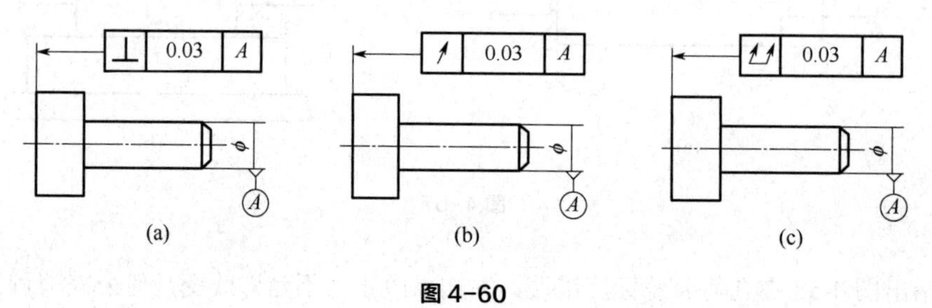

图 4-60

4．说明各个公差原则的含义。在图样上如何标注各公差原则？设计时各公差原则应用于什么场合？

5．如何正确选择几何公差项目和几何公差等级？具体应考虑哪些问题？

6．如图 4-61 所示为轴套的 3 种标注方法，分析说明它们所表示的要求有何不同，并填入表 4-40 内。

表 4-40　图 4-61 轴套标注方法要求

图序	采用的公差原则或公差要求	孔为最大实体尺寸时几何误差值	孔为最小实体尺寸时几何误差值	理想边界名称及边界尺寸
a				
b				
c				

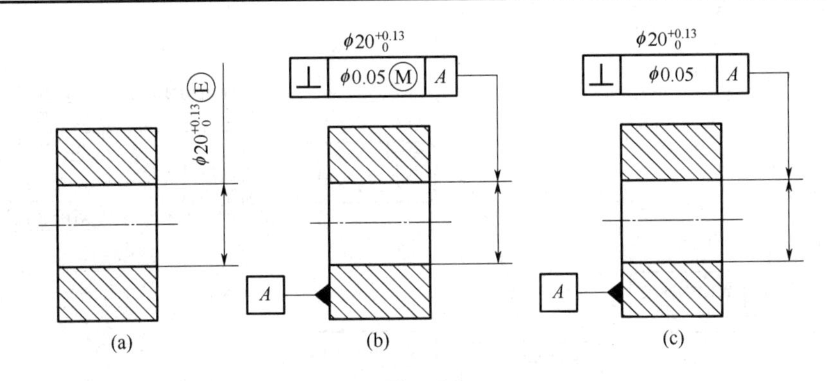

图 4-61

7．如图 4-62 所示，分析并完成下列要求：

① 指出被测要素遵守的公差原则；

② 求出单一要素的最大实体实效尺寸，关联要素的最大实体实效尺寸；

③ 求被测要素的形状、位置公差的给定值，最大允许值的大小；

④ 若被测要素实际尺寸处处为 ϕ19.97mm，轴线对基准 A 的垂直度误差为 ϕ0.09mm，判断其垂直度的合格性，并说明理由。

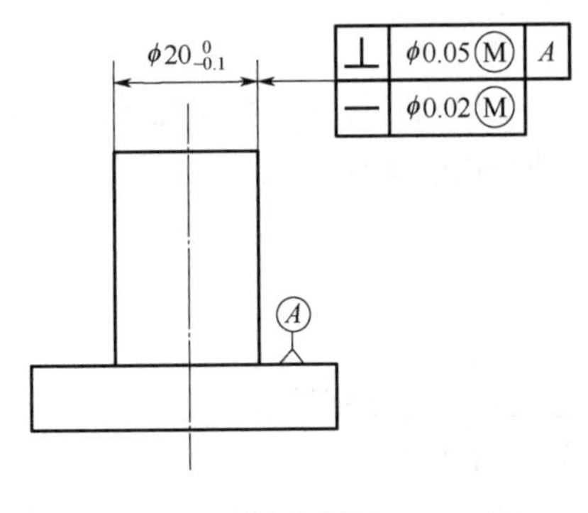

图 4-62

8．最小包容区域、定向最小包容区域与定位最小包容区域三者有何差异？若同一要素需同时规定形状公差、方向公差和位置公差时，三者的关系应如何处理？

习题参考答案

第 5 章
表面粗糙度

思维导图

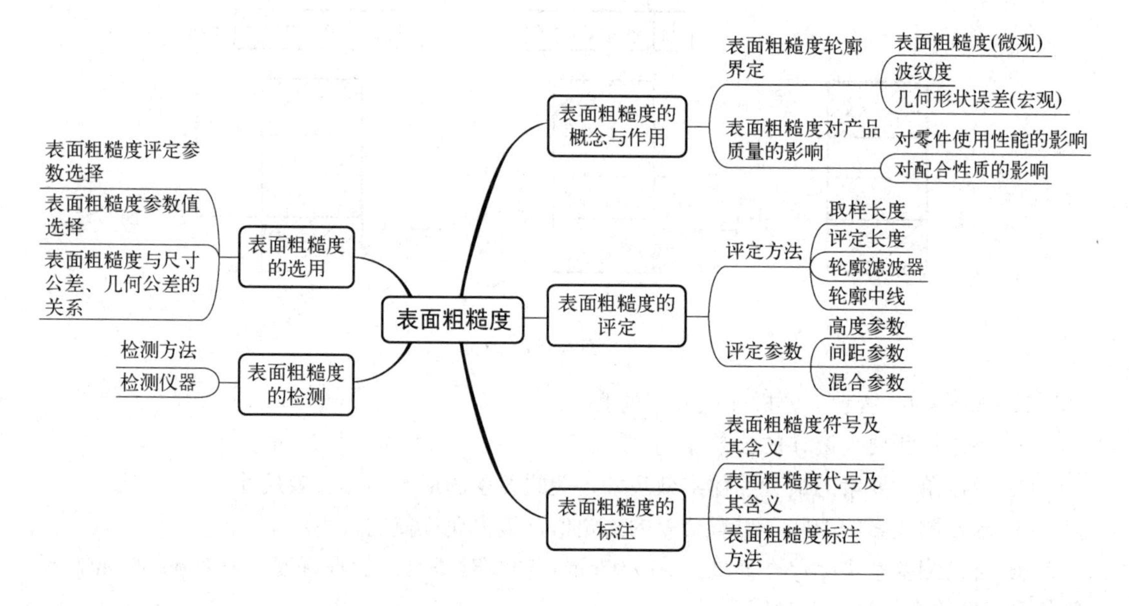

案例引入

图 5-1 的减速器输出轴除需要控制其尺寸精度和几何公差外，如果加工后还存在表面粗糙度误差，是否能满足该轴的使用性能要求？

学习目标

① 了解表面粗糙度的概念及对零件使用性能的影响。
② 掌握表面粗糙度评定参数的含义及其应用。
③ 理解表面粗糙度的选用原则和方法。
④ 熟练掌握表面粗糙度技术要求在图样中的标注方法。

表面粗糙度与机械零件的使用性能有着密切的关系，影响着机器的工作可靠性和使用寿命。为提高产品质量，促进互换性生产，促进国际交流和对外贸易，必须正确贯彻实施新的表面粗糙度标准。现行有关表面粗糙度国家标准如下：

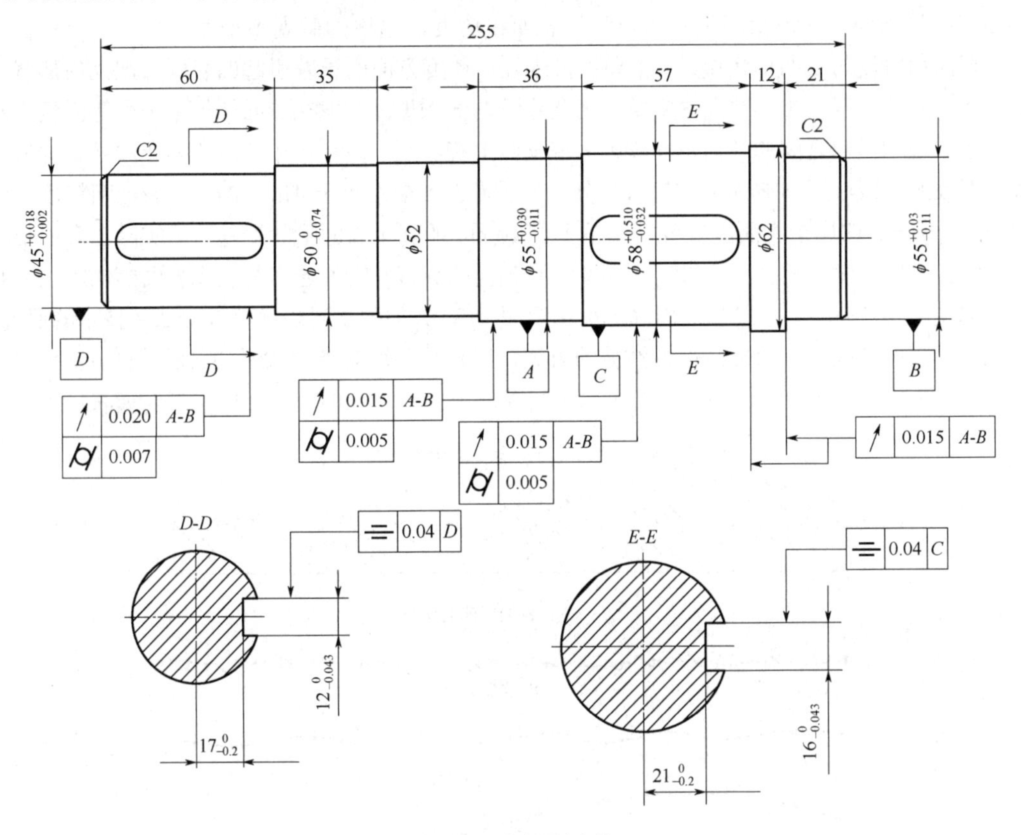

图 5-1 减速器输出轴

GB/T 3505—2009《产品几何技术规范（GPS） 表面结构 轮廓法 术语、定义及表面结构参数》；

GB/T 1031—2009《产品几何技术规范（GPS） 表面结构 轮廓法 表面粗糙度参数及其数值》；

GB/T 131—2006《产品几何技术规范（GPS） 技术产品文件中表面结构的表示法》；

GB/T 10610—2009《产品几何技术规范（GPS） 表面结构 轮廓法 评定表面结构的规则和方法》；

GB/T 18618—2009《产品几何技术规范（GPS） 表面结构 轮廓法 图形参数》。

5.1 表面粗糙度的基本概念与作用

5.1.1 概述

在现代制造中，无论是用机械加工得到的零件表面，还是用其他方法获得的零件表面，总会存在一定的几何形状误差。其中，因加工过程中在工件表面留下的刀痕、刀具与被加工表面的摩擦挤压、切屑分离时的塑性变形以及工艺系统中的高频振动等，在被加工零件表面会产生由较小间距和微小峰谷组成的微观高低不平的痕迹，表述这些微小峰谷的高低程度和间距状况的微观几何形状特征的术语称为表面粗糙度，也称为微观不平度。

表面粗糙度与表面形状误差（主要由机床几何精度方面的误差引起的表面宏观几何形状误差）和表面波纹度（加工过程中主要由工艺系统的低频振动、发热、回转体不平衡等因素引起的介于宏观和微观之间的几何形状误差）在量级上有区别，通常按相邻两波峰或波谷之间的距离（即波距）或波距与波幅的比值来划分。一般而言，波距小于 1mm 的属于表面粗糙度；波距在 1～10mm 的属于表面波纹度；波距大于 10mm 的属于表面形状误差。而实际上表面形状误差、表面粗糙度以及表面波纹度之间并没有确定的界线，它们通常与生成表面的加工工艺和工件的使用功能有关。近年来，国际标准化组织（ISO）加强了对表面滤波方法和技术的研究，对复合的表面特征采用软件或硬件滤波的方式，获得与使用功能相关联的表面特征评定参数。如图 5-2 所示的表面特征，通过滤波可以获得表面粗糙度、表面波纹度以及表面形状误差。

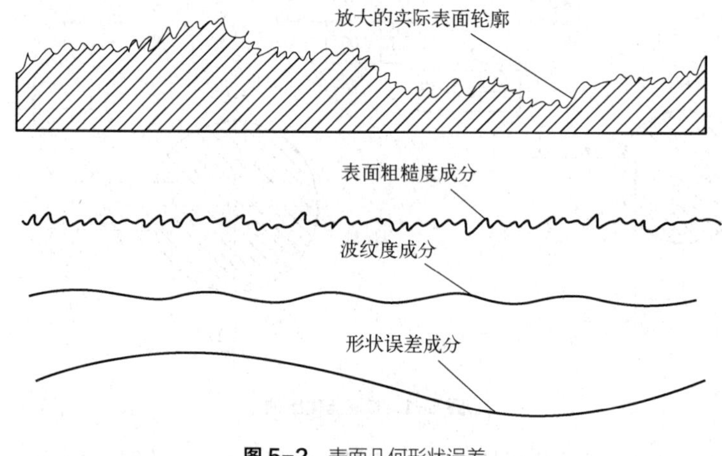

图 5-2　表面几何形状误差

5.1.2　表面粗糙度对产品质量的影响

表面粗糙度直接影响产品质量，尤其是对高温、高速和高压条件下工作的机械零件影响更大，其影响主要表现在以下几个方面：

（1）对摩擦磨损的影响

如图 5-3 所示，具有表面粗糙度的两个零件表面峰顶间接触时，实际有效接触面积减少，单位面积压力增大，零件表面更容易磨损。若零件表面间具有相对运动，则峰顶间的接触作用会对运动产生摩擦阻力，同时使零件产生磨损。通常，两个接触表面做相对运动时，表面越粗糙，摩擦阻力越大，使零件表面磨损的速度越快，耗能越多，且影响相对运动的灵敏性。

但必须注意，若零件表面过于光洁，则不利于工件表面润滑油的贮存，易使工作面间形成半干摩擦甚至干摩擦，零件接触表面之间的吸附力也可能增加，这些都使得摩擦系数增大，从而加剧磨损。因此，过于光滑的零件表面的耐磨性不一定好。实验证明，磨损量与表面粗糙度 Ra 之间的关系如图 5-4 所示。

（2）对配合性质的影响

表面粗糙度影响配合性质的稳定性，进而影响机器或仪器的工作精度和可靠性。对间隙配合而言，表面粗糙度值过大造成的磨损致使配合间隙增大，从而改变配合性质。特别是在零件尺寸小、公差值小的情况下，表面粗糙程度对配合性质的影响更大。对过盈配合而言，表面粗糙度值过大，表面轮廓峰顶在装配时易被挤平，从而减少实际有效过盈，降低连接强度。例如，直径为180mm的车辆轮轴的过盈配合，微观凸峰的最大高度为36.5μm时的配合虽比微观凸峰的最大高度为18μm时的配合增加了15%的过盈量，但连接强度却反而降低了45%～50%。

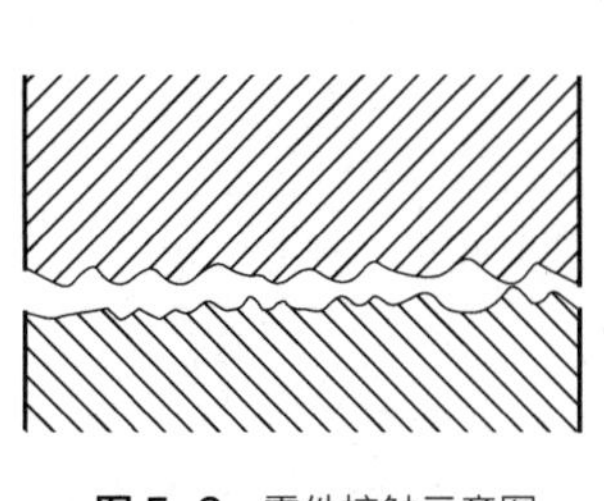

图5-3 零件接触示意图

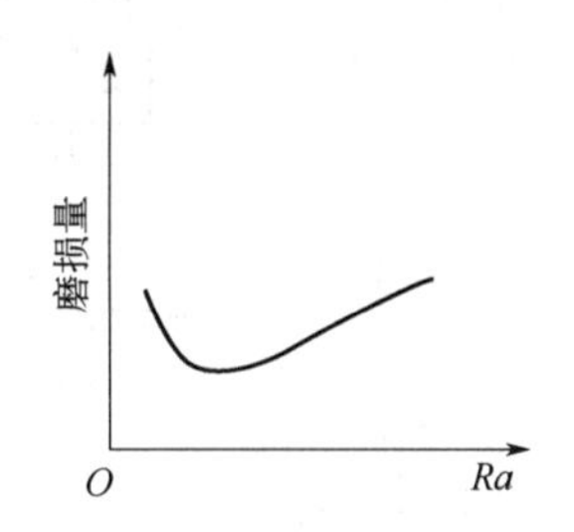

图5-4 磨损量与*Ra*的关系曲线

（3）对抗疲劳强度的影响

零件表面越粗糙，表面上的凹痕和裂纹越明显，波谷的曲率半径也越小，对应力集中越敏感。尤其是在交变载荷作用下，抗疲劳强度更低。例如，曲轴类零件的沟槽或圆角处的表面粗糙度值若过大，则会导致曲轴的损坏。

应当指出，表面粗糙度对零件疲劳强度的影响，不仅与微观不平度的深度、谷底的圆弧半径有关，而且还与零件的材料有关。钢制零件的表面粗糙度对疲劳强度的影响很大，铸铁零件因其组织松软，影响不显著，有色金属零件的影响更小。

（4）对抗腐蚀性能的影响

金属腐蚀往往是因化学作用或电化学作用造成的。零件表面越粗糙，则积聚在零件表面上的腐蚀性气体或液体也就越多，且会通过表面的微观凹谷向金属内部渗透，致使腐蚀加剧。

（5）对机器和仪器工作精度的影响

一方面，表面越粗糙，摩擦系数越大，磨损加剧，不仅降低机器或仪器零件运动的灵敏性，而且影响其工作精度；另一方面，表面越粗糙，实际有效接触面积减小，相同负荷下接触表面的单位面积压力增加，致使表面层的变形增大，接触刚度降低，从而影响机器的工作精度。

另外，表面粗糙度对零件结合的密封性能、对机器和仪器的外观质量及测量精度等都有很大影响。为提高产品质量和寿命，在保证零件尺寸精度和几何精度的同时，对表面粗糙度精度也应进行控制，因此，必须提出合理的表面粗糙度要求。

5.2 表面粗糙度的评定

5.2.1 基本术语（GB/T 3505—2009）

（1）实际轮廓

如图5-5所示，横向实际轮廓1是指平面4与实际表面2垂直相交所得的轮廓。在评定或测量表面粗糙度时，通常指横向实际轮廓，即与加工纹理方向垂直的截面上的轮廓。

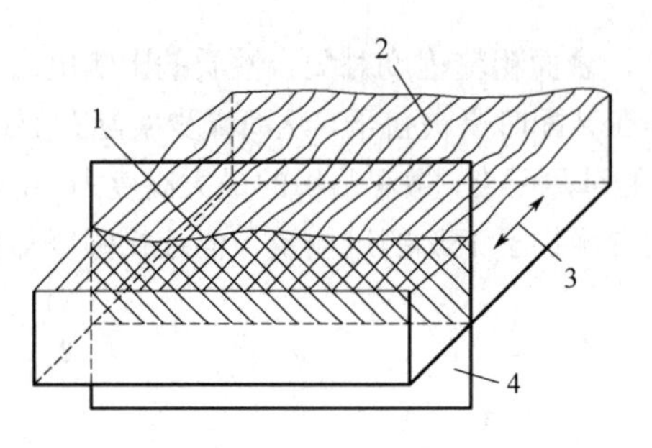

图 5-5 实际轮廓

1—横向实际轮廓；2—实际表面；3—加工纹理方向；4—平面

（2）取样长度（*lr*）

取样长度（*lr*）是在轮廓总的走向上量取并用于判别被评定轮廓不规则特征的一段基准线长度。在一个取样长度 *lr* 内，一般应包含 5 个以上轮廓峰和谷（如图 5-6 所示）。选择和规定取样长度的目的是为限制和减弱其他几何形状误差，特别是表面波纹度对表面粗糙度测量结果的影响。取样长度的大小对被测表面的表面粗糙度测量结果有一定的影响。通常表面越粗糙，取样长度应越大。国家标准规定的取样长度选用值如表 5-1 所示。

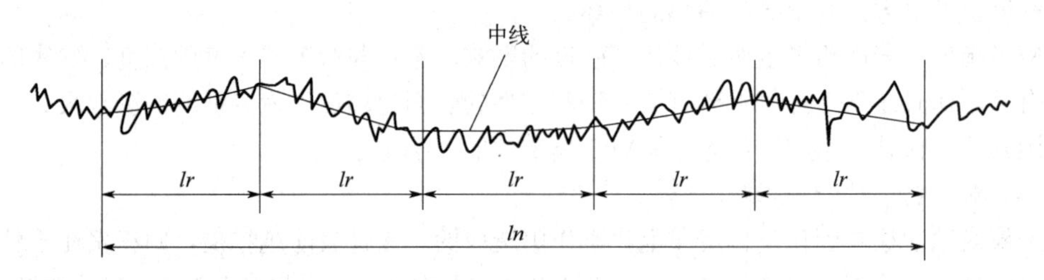

图 5-6 取样长度和评定长度

表 5-1 取样长度和评定长度的选用值（GB/T 1031—2009）

Ra/μm	*Rz*/μm	*lr*/mm	*ln*(*ln*=5*lr*)/mm
≥0.008～0.02	≥0.025～0.10	0.08	0.4
＞0.02～0.10	＞0.10～0.50	0.25	1.25
＞0.10～2.0	＞0.50～10.0	0.8	5.0
＞2.0～10.0	＞10.0～50.0	2.5	12.5
＞10.0～80.0	＞50.0～320	8.0	40.0

（3）评定长度

由于零件表面粗糙度不均匀．为合理反映其特征，在测量和评定表面粗糙度时所规定的一段长度，称为评定长度（*ln*）。一个评定长度应包括一个或几个取样长度（见图 5-6），标准评定长度为连续的 5 个取样长度，即 *ln* =5*lr*。如果评定长度取为标准长度，则评定长度不需在表面粗糙度代号中注明。当然，根据实际情况也可取非标准长度，如果被测表面均匀性较好，可选 *ln*＜5*lr*；如果被测表面均匀性较差．则选用 *ln*＞5*lr* 的评定长度。

（4）长波和短波轮廓滤波器的截止波长

轮廓滤波器是确定表面粗糙度和表面波纹度成分之间相交界限、并能将表面轮廓分离成长波成分和短波成分的器件，是除去某些波长成分而保留所需表面成分的处理方法，所能抑制的波长称为截止波长。从短波截止波长 λs 至长波截止波长 λc 这两个极限值之间的波长范围称为传输带。长波滤波器的截止波长等于取样长度，即 $\lambda c = lr$（其值由表 5-1 中查取），用于抑制或排除波纹度的影响。

（5）轮廓中线

轮廓中线是具有几何轮廓形状并划分轮廓的基准线。用 λc 滤波器抑制长波轮廓成分后所对应的中线称为粗糙度轮廓中线，有轮廓最小二乘中线和轮廓算术平均中线两种。

① 轮廓最小二乘中线　如图 5-7 所示，轮廓最小二乘中线是在一个取样长度 lr 范围内，实际被测轮廓线上各点至该线的距离平方和为最小的基准线，即 $\int_0^{lr} Z_i^2 \mathrm{d}x$ 为最小。

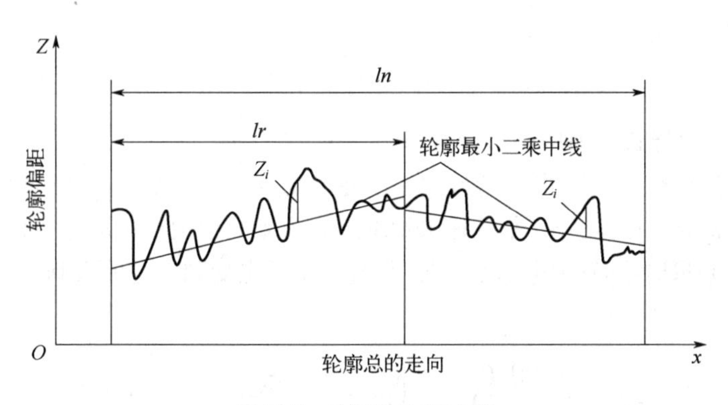

图 5-7　轮廓最小二乘中线

在有计算机的测量系统中，它由相关程序（软件）来确定，而在具有电滤波器的测量仪中，它由仪器本身确定。用最小二乘法求得的中线是唯一的。

② 轮廓算术平均中线　如图 5-8 所示，轮廓算术平均中线是在一个取样长度 lr 范围内，将实际轮廓划分为上、下两部分，且使上、下两部分面积相等的基准线，即

$$F_1+F_2+\cdots+F_n=F_1'+F_2'+\cdots+F_n'$$

最小二乘中线符合最小二乘原则，从理论上讲是理想的、唯一的基准线，但在轮廓图形上确定其位置比较困难，因此，它只用于精确测量。在实际工作中，最小二乘中线与轮廓算术平均中线相差很小，故可用轮廓算术平均中线代替最小二乘中线，但是当轮廓很不规则时，它并不是唯一的基准线。通常用目测估计并确定轮廓算术平均中线。

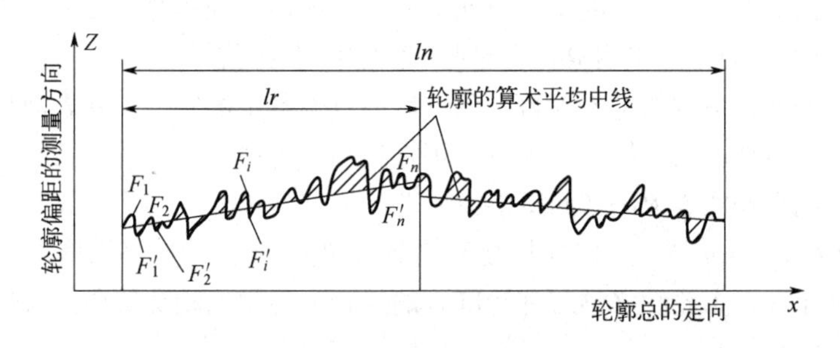

图 5-8　轮廓算术平均中线

5.2.2 表面粗糙度评定参数

为满足对零件表面的不同功能要求，国家标准 GB/T 3505—2009 对表面微观几何形状的高度、间距和形状等三个方面规定了四项评定参数（两个高度参数和两个附加参数）。

（1）轮廓的算术平均偏差 *Ra*（高度参数）

如图 5-9 所示，*Ra* 是在一个取样长度 *lr* 内，被测实际轮廓上各点到轮廓中线距离 $Z(x)$ 绝对值的算术平均值，即：

$$Ra = \frac{1}{lr}\int_0^{lr} \left|Z(x)\right| \mathrm{d}x \tag{5-1}$$

或近似为：

$$Ra = \frac{1}{n}\sum_{i=1}^{n} \left|Z_i\right| \tag{5-2}$$

式中，*n* 为在取样长度内所测点的数目。

测得的 *Ra* 值越大，则表面越粗糙。*Ra* 值能客观反映表面微观几何形状的特点，可用电动轮廓仪方便地测量。因此，*Ra* 是普遍采用的评定参数。但由于电动轮廓仪的功能限制，表面过于粗糙或太光滑时不宜使用，因此 *Ra* 参数的使用也受到一定的限制。

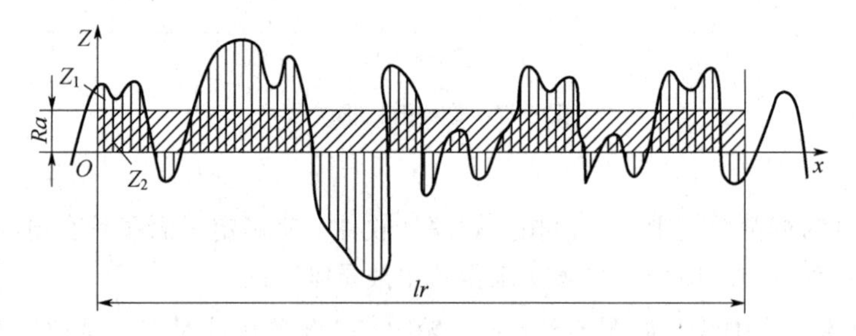

图 5-9 轮廓算术平均偏差 *Ra*

（2）轮廓最大高度 *Rz*（高度参数）

如图 5-10 所示，*Rz* 是在一个取样长度 *lr* 内，最大轮廓峰高 *Zp* 与最大轮廓谷深 *Zv* 之和，即：

$$Rz = Zp + Zv = \max(Zp_i) + \max(Zv_i) \tag{5-3}$$

式中，*Zp* 与 *Zv* 均取正值。

Rz 比较直观、易测，但反映轮廓情况不如 *Ra* 全面。多用于控制不允许出现较深加工痕迹的表面，常在受交变应力作用的工作表面上标注，如齿廓表面等。此外，当被测表面很小（不足一个取样长度）而不宜采用 *Ra* 评定时，也常采用 *Rz* 值。

高度参数是表面粗糙度的基本参数，但仅有高度参数不能完全反映表面粗糙度特性，当高度参数不能满足零件表面粗糙度要求时，可根据需要选择附加参数。

（3）轮廓单元平均宽度 *Rsm*（间距参数）

如图 5-11 所示，*Rsm* 是一个取样长度 *lr* 内轮廓单元宽度 X_{si} 的平均值，轮廓单元宽度 X_{si} 是指一个轮廓单元（一个轮廓峰与相邻轮廓谷的组合）与中线相交线段的长度，即：

$$Rsm = \frac{1}{m}\sum_{i=1}^{m} X_{si} \tag{5-4}$$

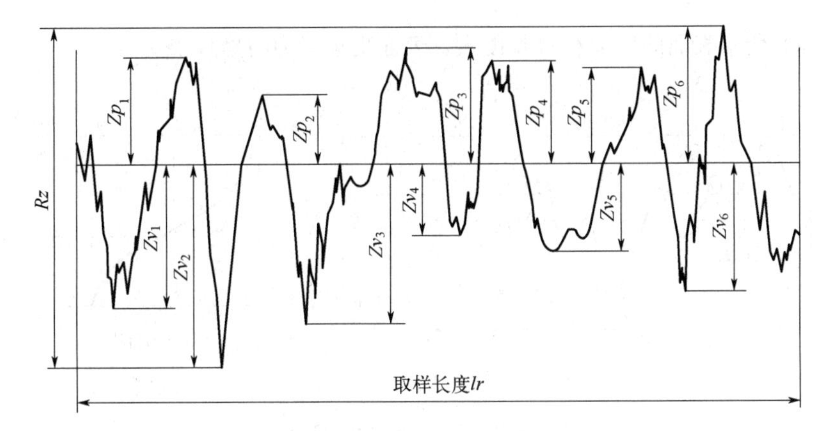

图 5-10　轮廓最大高度 *Rz*

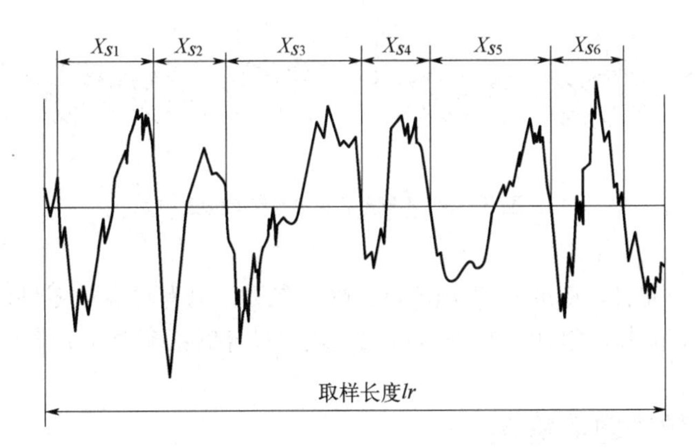

图 5-11　轮廓单元平均宽度 *Rsm*

评定 *Rsm* 时，需辨别其高度和间距。若无另外规定，省略标注的高度分辨力为 *Rz* 的 10%、间距分辨力为取样长度 *lr* 的 1%，且两个条件必须同时满足。*Rsm* 可反映被测表面加工痕迹的细密程度，其值越小，轮廓表面越细密，密封性越好。

（4）轮廓支承长度率 *Rmr*(*c*)（混合参数）

如图 5-12 所示，*Rmr*(*c*)是在给定水平截面高度 *c* 上，实际轮廓的实体材料长度 *Ml*(*c*)与评定长度 *ln* 的比率，即

$$Rmr(c) = \frac{Ml(c)}{ln} \tag{5-5}$$

轮廓的实体材料长度 *Ml*(*c*)是指在评定长度 *ln* 内，用一条平行于中线的直线从峰顶线向下移动一段水平截距 *c* 时，与轮廓相截所得的各段截线长度 b_i 之和，如图 5-12 所示，即：

$$Ml(c) = b_1 + b_2 + \cdots + b_i + \cdots + b_n = \sum_{i=1}^{n} b_i \tag{5-6}$$

如图 5-12（b）所示为轮廓支承长度率曲线，可以看出，*Rmr*(*c*）随着水平截距 *c* 的变化而变化。水平截距 *c* 可用微米（μm）或轮廓最大高度（*Rz*）的百分比表示，*Rz* 的百分数系列分别为 5%、10%、15%、20%、25%、30%、40%、50%、60%、70%、80%、90%。

另外，轮廓支承长度率 *Rmr*(*c*）与表面粗糙度的形状有关，影响表面的耐磨程度，是反映零件表面耐磨性能的指标。如图 5-13 所示，当水平截距 *c* 一定时，图 5-13（b）所示表面

比图 5-13（a）所示表面的实体材料长度大，表面支承能力耐磨性能更好。

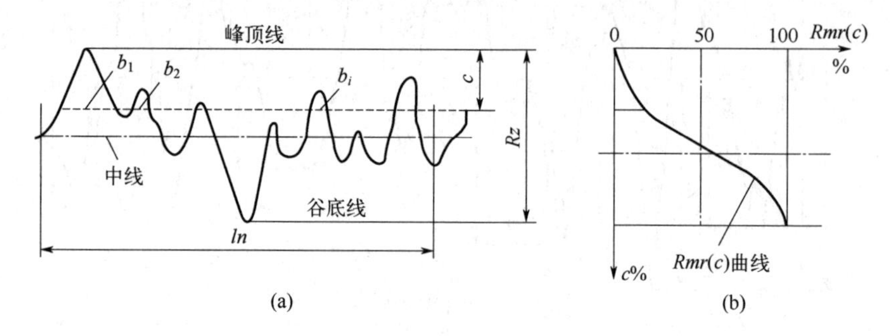

图 5-12 轮廓支承长度率 *Rmr*(*c*)

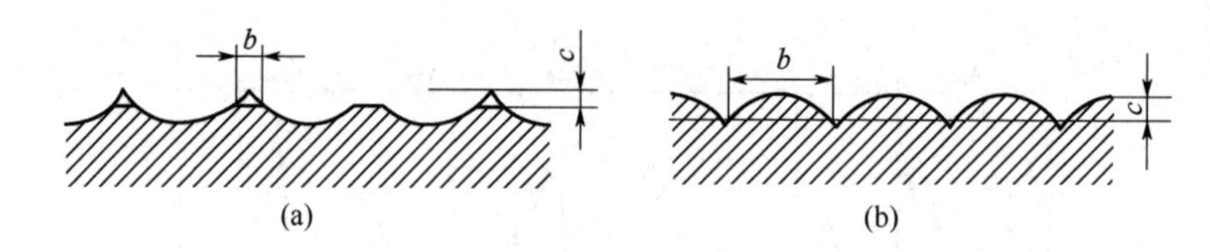

图 5-13 不同形状轮廓的支承长度

相对于基本参数而言，*Rsm* 和 *Rmr*(*c*)属于附加参数，只有对少数零件的重要表面有特殊使用要求时才选用。另外，附加参数不能单独采用，设计时必须与 *Ra* 或（和）*Rz* 同时选用。

5.2.3 评定参数的数值规定

国家标准 GB/T 1031—2009 规定了评定表面粗糙度的四个参数的数值，如表 5-2～表 5-5 所示，设计时应按国家标准选取。另外，国家标准对 *Ra*、*Rz* 和 *Rsm* 还规定有补充系列，这里不再阐述。

表 5-2 轮廓算术平均偏差 *Ra* 的数值 单位：μm

Ra	0.012	0.2	3.2	50
	0.025	0.4	6.3	100
	0.05	0.8	12.5	—
	0.1	1.6	25	—

表 5-3 轮廓最大高度 *Rz* 的数值 单位：μm

Rz	0.025	0.4	6.3	100	1600
	0.05	0.8	12.5	200	—
	0.1	1.6	25	400	—
	0.2	3.2	50	800	—

表 5-4 轮廓单元平均宽度 *Rsm* 的数值 单位：μm

Rsm	0.006	0.1	1.6
	0.0125	0.2	3.2
	0.025	0.4	6.3
	0.05	0.8	12.5

表5-5　轮廓支承长度率 *Rmr*(*c*)的数值　　单位：%

Rmr(*c*)	10	15	20	25	30	40	50	60	70	80	90

注：选用轮廓支承长度率 *Rmr*(*c*)时，应同时给出轮廓截面高度 *c* 的数值。它可用微米或 *Rz* 的百分数表示。*Rz* 的百分数系列如下：5%、10%、15%、20%、25%、30%、40%、50%、60%、70%、80%、90%。

5.3 表面粗糙度的标注

对零件表面粗糙度的要求，应按照国家标准 GB/T 131—2006《产品几何技术规范(GPS)技术产品文件中表面结构的表示法》中规定，将表面结构（表面粗糙度、表面波纹度、表面缺陷和表面纹理等的总称）的符号、代号正确地标注在零件工作图上。

5.3.1 表面粗糙度符号

零件表面粗糙度符号及其含义如表 5-6 所示。若仅需加工，但对表面粗糙度的其他规定无要求时，允许只标注表面粗糙度符号。表面粗糙度的基本符号如图 5-14 所示。

表5-6　表面粗糙度符号及含义

符号	含义
	基本图形符号；表示表面可用任何方法获得。当不加注粗糙度参数值或有关的说明（表面处理、局部热处理状况等）时，仅用于简化代号标注
	扩展图形符号，表示表面是用去除材料的方法获得的，例如车、铣、钻、磨、抛光、电加工等。仅当其含义是“被加工表面”时可单独使用
	扩展图形符号，表示表面是用不去除材料的方法获得的，例如铸、锻、冲压、热轧、粉末冶金等。也可用于保持上道工序形成的表面，不管这种状况是通过去除材料还是不去除材料形成的
	完整图形符号，用于标注表面粗糙度特征的补充信息，如加工方法、表面纹理、加工余量等
	工件轮廓各表面的图形符号，表示对视图上构成封闭轮廓的各表面具有相同的表面粗糙度要求

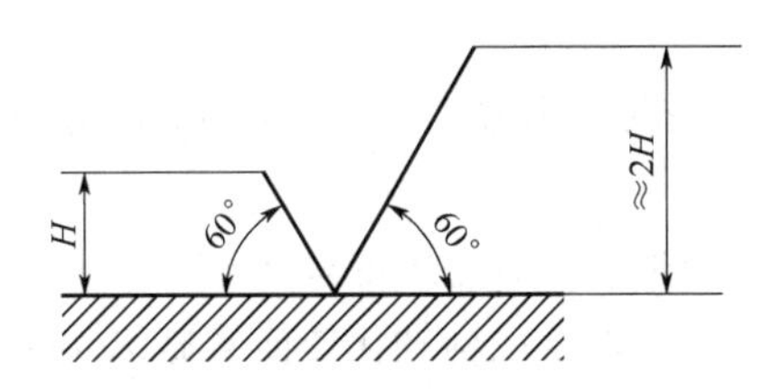

图5-14　表面粗糙度的基本符号

5.3.2 表面粗糙度代号

若对加工后的零件表面粗糙度有要求，可在表面粗糙度符号中标注各特性参数与其数值及对零件表面的其他要求，它们共同组成表面粗糙度的代号，如图 5-15 所示。

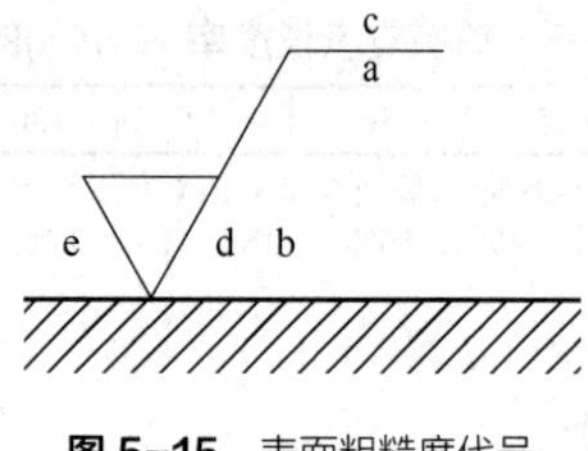

图 5-15 表面粗糙度代号

其中，位置 a 注写表面结构单一要求，粗糙度代号及其数值（单位 μm），标注顺序为，上下限值符号、传输带或取样长度值/参数代号、评定长度值、极限值判断规则、高度参数极限值；

位置 a 和 b 注写两个或多个表面粗糙度要求（*Rsm*，单位：mm）；

位置 c 注写加工方法、涂层、表面处理或其他说明；

位置 d 注写表面纹理和纹理方向；

位置 e 注写加工余量（单位：mm）。

（1）表面粗糙度轮廓极限值的标注

根据 GB/T 131—2006 的规定，在完整符号中表示表面粗糙度参数极限值，存在如下两种情况。

① 只标注默认上限值　当只单项标注一个数值时，默认它为高度参数的上限值。图 5-16（a）表示去除材料、单向上限值，默认传输带，表面粗糙度的轮廓算术平均偏差 *Ra* 为 1.6μm、评定长度为 5 个取样长度，极限值判断规则默认为 16%。图 5-16（b）表示不去除材料，表面粗糙度的轮廓最大高度 *Rz* 为 3.2μm，其他与图 5-16（a）相同。

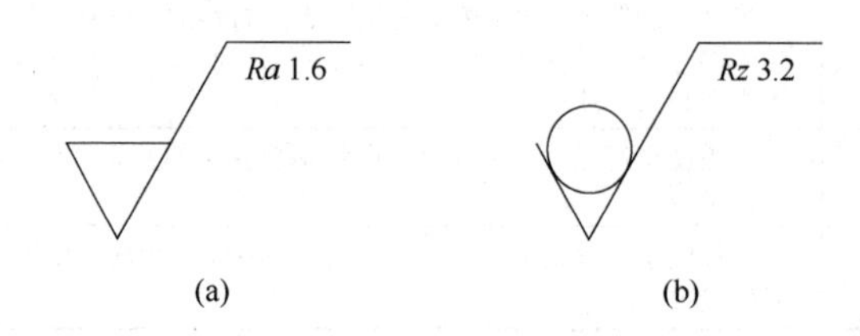

图 5-16 默认上限值的标注

② 同时标注上、下限值　需标注参数上、下限值时、应分成两行标注参数符号和上、下限值。

上限值标注在上，并在传输带的前面加注符号“U”。下限值标注在下方，并在传输带的前面加注符号“L”。当传输带采用默认的标准化值而省略标注时，则在上方和下方参数符号前面分别加注符号“U”和“L”，如图 5-17 所示（默认传输带，默认 *ln*=5*lr*，默认 16%规则）。

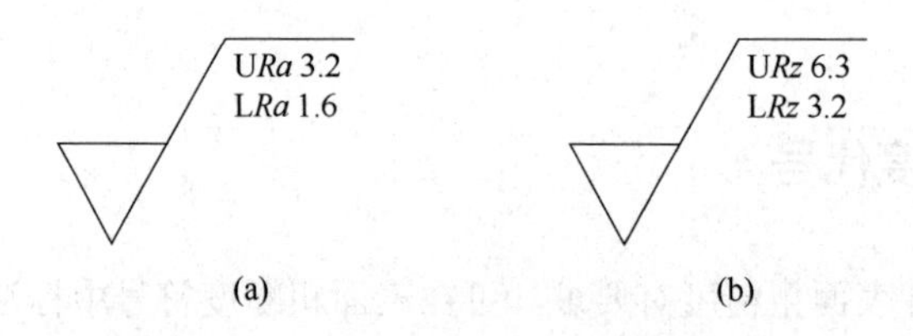

图 5-17 两个参数分别为上、下限值的标注

（2）极限值判断规则的标注

根据 GB/T 10610—2009 的规定，根据表面粗糙度参数代号给定的极限值，对实际轮廓表面进行检测并判断其合格性时，应采用以下两种判断规则。

① 16%规则　16%规则是指当允许表面粗糙度参数的所有实测值中超过规定值的个数少于总数的 16%时，应在图样上标注表面粗糙度的上限值或下限值。

16%规则是所有表面粗糙度要求标注的默认规则。若采用，则图样上不需注出。

② 最大规则　最大规则是指当要求表面粗糙度参数的所有实测值均不得超过规定值时，应在图样上标注表面粗糙度的最大值或最小值。

如果最大规则用于表面粗糙度要求，则参数代号后应加上“max”，如图 5-18 所示。

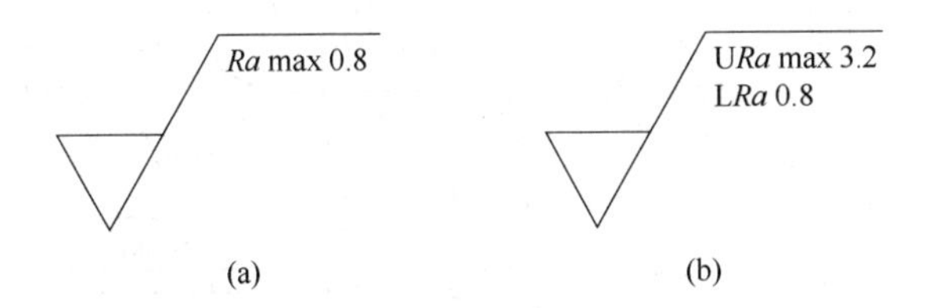

图 5-18　表面粗糙度参数最大规则的标注

（3）传输带和取样长度、评定长度的标注

需要指定传输带时，传输带（mm）标注在参数符号之前，并用斜线“/”隔开，如图 5-19 所示。

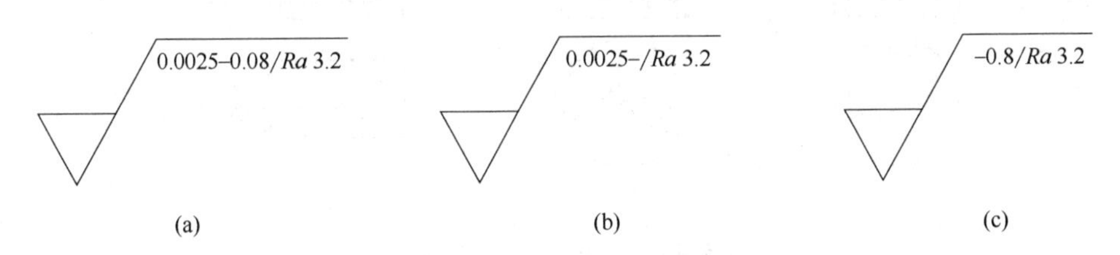

图 5-19　传输带和取样长度、评定长度的标注

在图 5-19（a）中，短波滤波器截止波长 λs=0.0025mm，滤波器取样截止波长 $\lambda c=lr$=0.08mm；如果只标注一个滤波器，应保留“—”以区分是短波滤波器还是长波滤波器；在图 5-19（b）中，λs=0.0025mm，λc 为默认值；在图 5-19（c）中，λc=0.8mm，λs 为默认值。

如果评定长度为非标准评定长度（$ln\neq 5lr$），则应在表面粗糙度代号相应位置标注出取样长度的个数。在图 5-20（a）中，$ln=3lr$，$\lambda c=lr$=1mm，λs 为默认标准化值 0.0025mm，轮廓算术平均偏差 Ra=1.6μm，判断规则默认为 16%规则。在图 5-20（b）中，$ln=6lr$，传输带 0.008–1mm，轮廓算术平均偏差 Ra=1.6μm，判断规则采用最大规则。

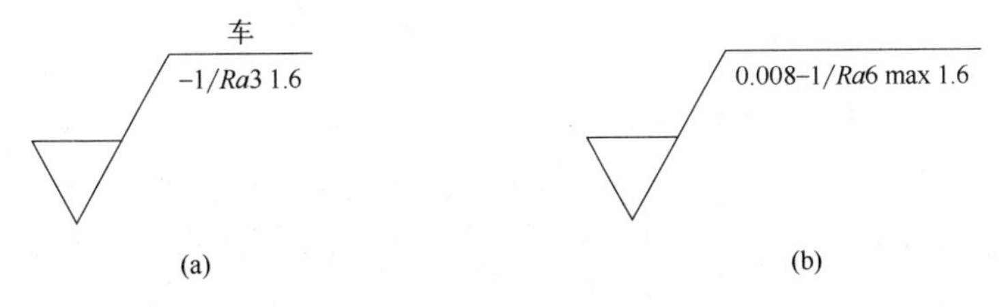

图 5-20　非标准评定长度的标注

（4）表面纹理的标注

需要标注表面纹理及其方向时，应根据规定采用相应的符号，如图 5-21 所示为常见的加工纹理方向及其符号。其中，图（a）表示纹理平行于视图所在的投影面；图（b）表承纹理垂直于视图所在的投影面；图（c）表示纹理呈两斜向交叉方向；图（d）表示纹理呈多方向；图（e）表示纹理呈近似同心圆且圆心与表面中心相关；图（f）表示纹理呈近似放射状且与表面中心相关；图（g）表示纹理呈微粒、凸起、无方向。

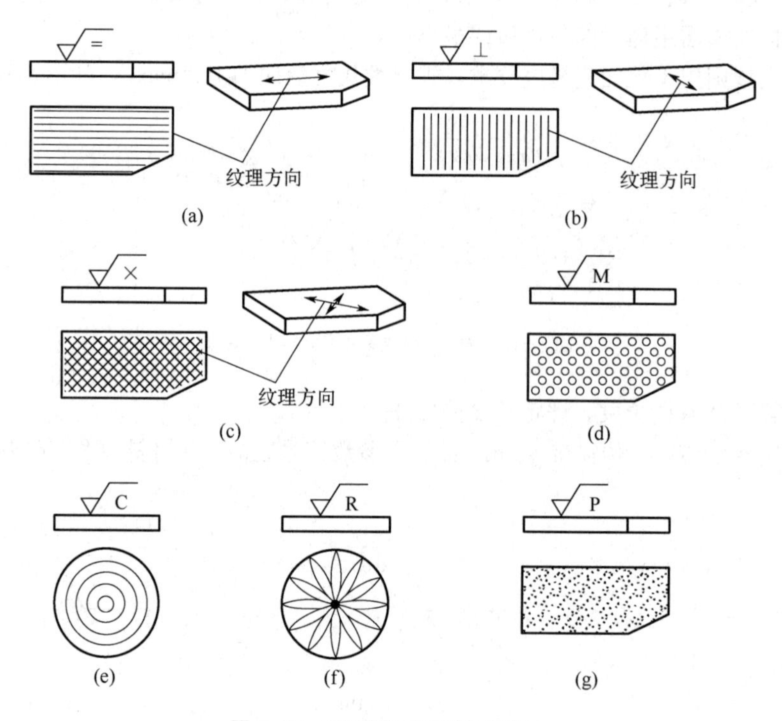

图 5-21 常见的加工纹理方向符号

（5）附加参数的标注

若需要标注 *Rsm* 和（或）*Rmr*(*c*)数值时，应将其符号注写在加工纹理附近，数值写在代号的后面，如图 5-22 所示。

（6）加工余量的标注

在零件图上标注的表面粗糙度要求大多是针对完工表面的要求，一般不需要标注加工余量；但对于需要多个加工工序的表面可以标注加工余量，如图 5-23 所示，车削工序的加工余量为 0.4mm。

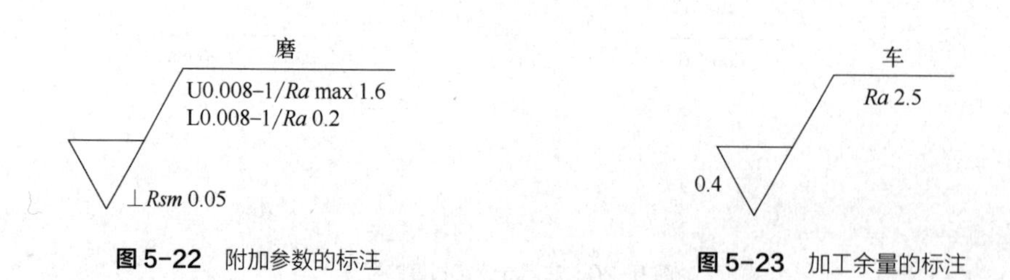

图 5-22 附加参数的标注　　**图 5-23** 加工余量的标注

5.3.3 表面粗糙度在图样上的标注

表面粗糙度标注的总原则是使表面粗糙度代号的注写及读取方向应与尺寸的注写和读取方向一致，如图 5-24 所示。表面粗糙度代号可标注在轮廓线及其延长线、尺寸界限上，其代号的尖端应从材料外指向并接触零件表面。必要时，其代号也可用带箭头或黑端点的指引线引出标注，如图 5-25、图 5-26 所示。

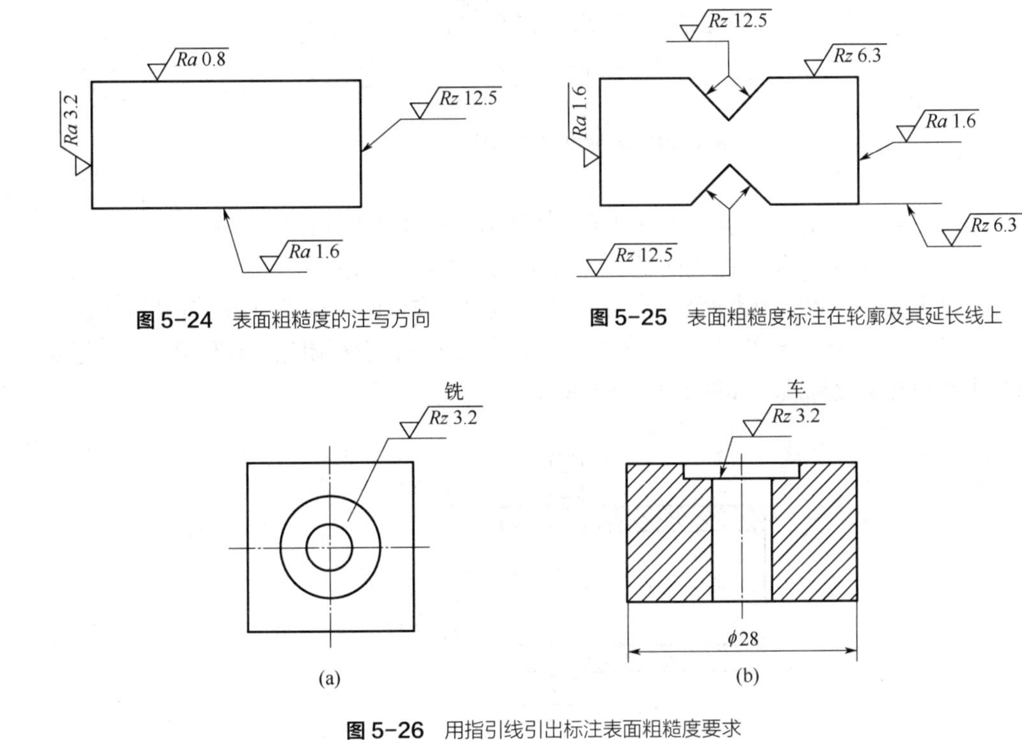

图 5-24 表面粗糙度的注写方向

图 5-25 表面粗糙度标注在轮廓及其延长线上

图 5-26 用指引线引出标注表面粗糙度要求

表面粗糙度代号可标注在几何公差框格的上方，如图 5-27 所示。在不致引起误解的情况下，表面粗糙度要求也可标注在给定的尺寸线上，如图 5-28 所示。

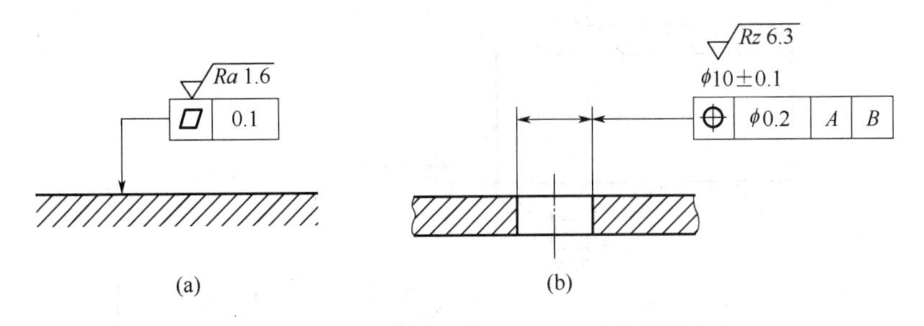

图 5-27 表面粗糙度要求标注在形位公差框格的上方

如果零件的多数（包括全部）表面有相同的表面粗糙度要求，则其表面粗糙度要求可统一标注在零件图的标题栏附近。此时（除全部表面有相同要求的情况外），表面粗糙度代号后面应有以下信息。

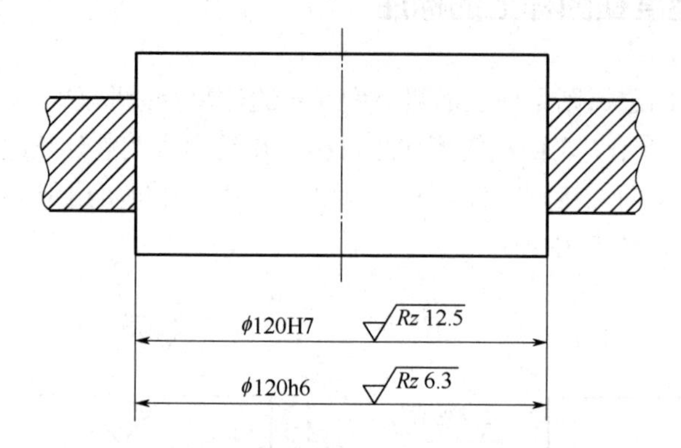

图 5-28 表面粗糙度要求标注在尺寸线上

① 在圆括号内给出无任何其他标注的基本符号，如图 5-29 所示。

② 在圆括号内给出不同的表面粗糙度代号，如图 5-30 所示。

当多个表面具有相同的表面粗糙度要求或图纸空间有限时，可采用如下简化标注。

① 可用带字母的完整符号，以等式的形式，在图样或标题栏附近，对有相同表面粗糙度要求的表面进行简化标注。如图 5-31（a）所示。

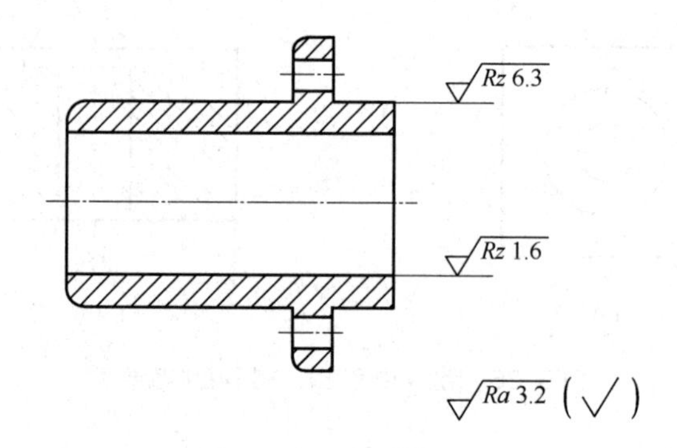

图 5-29 多个表面有相同表面粗糙度要求的简化注法 I

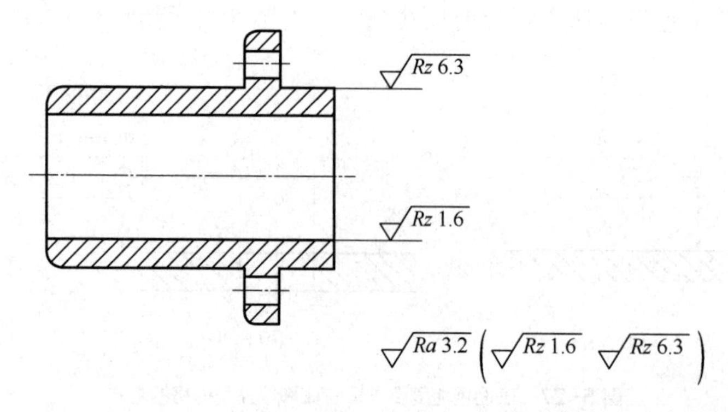

图 5-30 多个表面有相同表面粗糙度要求的简化注法 Ⅱ

② 可用表面粗糙度基本图形符号和扩展图形符号，以等式的形式给出对多个表面共同的

表面粗糙度要求，如图 5-31（b）、（c）、（d）所示。

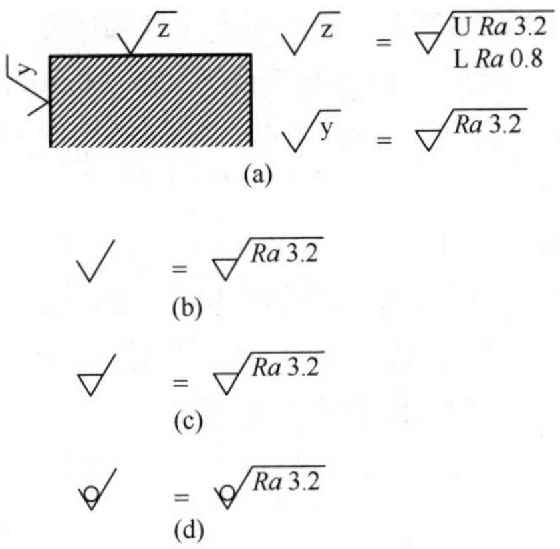

图 5-31 多表面有相同表面粗糙度要求的简化注法 Ⅲ

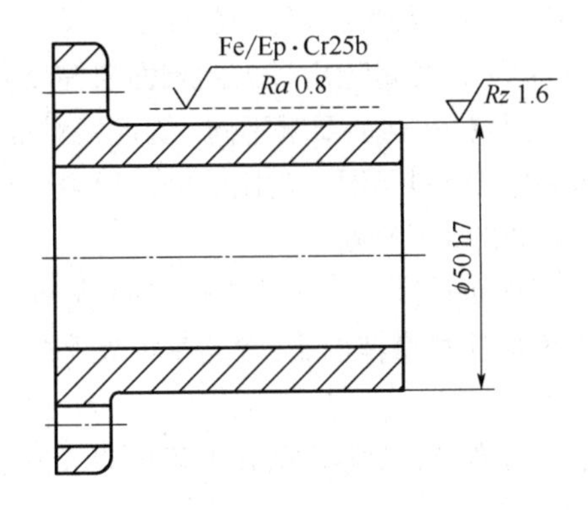

图 5-32 同时给出镀覆前后的表面粗糙度要求的注法

由几种不同工艺方法获得的同一表面，当需要明确每种工艺方法的表面粗糙度要求时，可按如图 5-32 所示进行标注。

5.4 表面粗糙度的选用

表面粗糙度的选用主要包括评定参数的选用和评定参数值的选用。

5.4.1 表面粗糙度参数的选用

（1）表面粗糙度高度参数的选用

国家标准规定，高度特性参数（*Ra* 或 *Rz*）是必须标注的参数，一般情况下从 *Ra* 或 *Rz* 中任选一个即可满足要求，当高度参数不能满足零件表面的功能要求时才选取附加评定参数作为附加项目。由于 *Ra* 能最完整、最全面地反映零件表面的轮廓特征，而且采用电动轮廓仪即可方便地测量零件表面的 *Ra* 值。因此在常用数值范围内（*Ra* 为 0.025～6.3μm），国家标准推荐的首选表面粗糙度参数为 *Ra*。

Rz 是反映表面轮廓最大高度的参数，通常用光学仪器测量（双管显微镜或干涉显微镜）。当表面粗糙度要求特别高或特别低（*Ra*＜0.025μm 或 *Ra*＞6.3μm）时，宜选用 *Rz*。因此，*Rz* 反映出的表面轮廓信息有局限性，不如 *Ra* 全面，往往被用于测量部位小、峰谷小或有疲劳强度要求的零件表面的评定。

（2）表面粗糙度附加评定参数的选用

对少数零件重要表面，有特殊使用要求且幅度参数不能满足时，才附加选用评定参数 *Rsm* 或 *Rmr*(*c*)。*Rsm* 主要用于控制间距的细密度，在对有涂漆性能，冲压成型时抗裂纹、抗震、抗腐蚀、减小流体流动摩擦阻力等要求时可附加选用。

Rmr(*c*)主要在对表面接触刚度和耐磨性等有较高要求时附加选用。

5.4.2 表面粗糙度参数值的选用

表面粗糙度参数值的选用应遵循既满足零件功能要求、又考虑经济性和工艺结构可行性的原则。在满足功能要求的前提下，尽量选用较大的表面粗糙度参数值。

在工程实际中，由于零件的材料和功能要求不同，因此很难准确界定表面粗糙度参数值。在具体设计时，一般采用经验统计资料、通过类比法来选用表面粗糙度参数值，再对比相应的工作条件进行适当调整，并注意以下原则。

① 同一零件工作表面的表面粗糙度值应比非工作表面小[*Rmr*(*c*)除外]。

② 摩擦表面的表面粗糙度应比非摩擦面小；滚动摩擦表面应比滑动摩擦表面的表面粗糙度值小。

③ 运动精度高、单位面积压力大、受循环载荷的表面以及易引起应力集中的、重要零件的圆角、沟槽等的表面粗糙度值要小。

④ 配合性质相同时，零件尺寸越小，表面粗糙度值应越小；公差等级相同时，小尺寸比大尺寸、轴比孔的表面粗糙度值要小。

⑤ 配合精度要求高的结合面、配合间隙小的配合面及要求连接可靠，且承受重载的过盈配合面，都应选取较小的表面粗糙度值。

⑥ 有较高防腐蚀性及密封性要求的表面或要求外表美观的表面，表面粗糙度值要小。

⑦ 国家标准中已对表面粗糙度要求作出规定的，应按相关标准确定表面粗糙度值。

一般情况下，零件同一表面的尺寸公差值、表面形状公差值较小时，表面粗糙度值也小；但它们之间并不存在确定的函数关系，如手轮、手柄的尺寸公差较大，但表面粗糙度要求较高。一般情况下，它们之间有一定的对应关系。设表面形状公差值为 *T*，尺寸公差值为 IT，表面粗糙度 *Ra* 值可参照以下对应关系来确定：

① 普通精度 $T \approx 0.6$ IT，则 $Ra \leqslant 0.05$ IT，$Rz \leqslant 0.2$ IT；

② 较高精度 $T \approx 0.4$ IT，则 $Ra \leqslant 0.025$ IT，$Rz \leqslant 0.1$ IT；

③ 中高精度 $T \approx 0.25$ IT，则 $Ra \leqslant 0.012$ IT，$Rz \leqslant 0.05$ IT；

④ 高精度 $T < 0.25$ IT，则 $Ra \leqslant 0.015\,T$，$Rz \leqslant 0.6\,T$。

表 5-7 列出了表面粗糙度的表面特征、经济加工方法和应用举例，表 5-8 列出了表面粗糙度参数值的应用实例，以供选用时参考。

表 5-7　表面粗糙度的表面特征、经济加工方法和应用举例

表面特征		Ra/μm	加工方法	应用举例
粗糙表面	微见刀痕	≤20	粗车、粗刨、粗铣、钻、毛锉、锯断	粗加工过的半成品表面，非配合表面，如轴端面、倒角、钻孔、齿轮及皮带轮侧面、键槽底面、垫圈接触面等
半光表面	微见加工痕迹	≤10	车、刨、铣、镗、钻、粗铰	轴上不安装轴承或齿轮处的非配合表面，紧固件的自由装配表面，轴或孔的退刀槽等
		≤5	车、刨、铣、镗、磨、拉、粗刮、滚压	半精加工表面，箱体、支架、盖面、套筒等和其他零件结合而无配合要求的表面，需要发蓝的表面等
	看不清加工痕迹	≤2.5	车、刨、铣、镗、磨、拉、刮、滚压、铣齿	接近于精加工表面，箱体上安装轴承的镗孔表面，齿轮的工作面
光表面	可辨加工痕迹方向	≤1.25	车、镗、磨、拉、刮、精铰、磨齿、滚压	圆柱（锥）销，与滚动轴承配合的表面，普通车床导轨面，内、外花键定心表面等
	微辨加工痕迹方向	≤0.63	精铰、精镗、磨、刮、滚压	要求配合性质稳定的表面，工作时受交变应力的重要零件，较高精度车床的导轨面
	不辨加工痕迹方向	≤0.32	粗磨、珩磨、研磨、超精加工	精密机床主轴锥孔、顶尖圆锥面，发动机曲轴、凸轮轴工作表面，高精度齿轮工作面
极光表面	暗光泽面	≤0.16	精磨、研磨、普通抛光	精密机床主轴颈表面，一般量规工作面，气缸套内表面，活塞销表面等
	亮光泽面	≤0.08	超精磨、精抛光、镜面磨削	精密机床主轴颈表面，滚动轴承的滚动体工作面，高压油泵中柱塞与柱塞套配合面等
	镜状光泽面	≤0.04		
	镜面	≤0.01	镜面磨削、超精研	高精度量仪、量块的工作面，光学仪器中的金属镜面

表 5-8　表面粗糙度参数值应用实例

Ra/μm	应用实例
12.5	粗加工非配合表面，如轴端面、倒角、钻孔、键槽非配合表面、垫圈接触面、不重要安装支承面、螺钉、螺钉孔表面等
6.3	半精加工表面，不重要零件的非配合表面，如：支柱、轴、支架、外壳、衬套、盖的端面；螺钉、螺栓和螺母的自由表面；不要求定心及配合特性的表面，如螺栓孔、螺钉孔、铆钉孔等，飞轮、皮带轮、离合器、联轴节、凸轮、偏心轮的侧面；平键及键槽的上、下面，花键非定心表面、齿顶圆表面，所有轴和孔的退刀槽；不重要的连接配合表面；犁铧、犁侧板、深耕铲等零件的摩擦工作面等
3.2	半精加工表面，如外壳、箱体、盖、套筒、支架和其他零件连接而不形成配合的表面；不重要的紧固螺纹表面；非传动用梯形螺纹、锯齿形螺纹表面；燕尾槽表面；键和键槽工作面；要发蓝的表面；需滚花的预加工表面；低速滑动轴承和轴的摩擦表面；张紧链轮、导向滚轮与轴的配合表面；滑块及导向面（速度为20～50m/min）；收割机械切割器的摩擦器动刀片、压力片的摩擦面等
1.6	要求有定心及配合特性的固定支承、衬套、轴承和定位销的压入孔表面；不要求定心及配合特性的活动支承面，活动关节及花键结合面；8级齿轮的齿面、齿条齿面；传动螺纹工作面；低速传动的轴颈表面；楔形键及键槽上、下面；轴承盖凸肩（对中心用）三角皮带轮槽表面；电镀前的金属表面等
0.8	要求保证定心及配合特性的表面，如：锥销和圆柱销表面；与0和6级滚动轴承相配合的孔和轴颈表面，中速转动和轴颈过盈配合的孔IT7，间隙配合的孔IT8、IT9，花键轴定心表面，滑动导轨面；不要求保证定心及配合特性的活动支承面，如高精度的活动球状接头表面，支承垫圈、磨削的轮齿、榨油机螺旋轧辊表面等
0.4	要求能长期保持配合特性的孔IT7、IT6，7级精度齿轮工作面，蜗杆齿面7级、8级与5级滚动轴承配合的孔和轴颈表面；要求保证定心及配合特性的表面滑动轴承轴瓦工作表面、分度盘表面；工作时受交变应力的重要零件表面，如受力螺栓的圆柱表面、曲轴和凸轮轴工作表面、发动机气门圆锥面与橡胶油封相配合的轴表面等
0.2	工作时受交变应力的重要零件表面，保证零件的疲劳强度、防蚀性和耐久性，并在工作时不破坏配合特性要求的表面，如轴颈表面、活塞表面，要求气密的表面和支承面，精密机床主轴锥孔顶尖圆锥表面，精确配合的IT6、IT5孔，3、4、5级精度齿轮的工作表面，与4级滚动轴承配合的孔的轴颈表面，喷油器针阀体的密封配合面，液压油缸和柱塞的表面、齿轮泵轴颈等

表面粗糙度的检测的常用方法有比较法、非接触检测法及接触检测法等，详见第 9 章表面粗糙度测量的有关内容。

拓展阅读

习题与思考题

一、选择题

1．在下列描述中，（　　）不属于表面粗糙度对零件使用性能的影响。

A．配合性质　　B．韧性

C．抗腐蚀性　　D．耐磨性

2．取样长度是指用于评定表面粗糙度轮廓的不规则特征的一段（　　）长度。

A．基准线　　B．中线　　C．测量

3．选择表面粗糙度轮廓高度参数时，下列说法正确的是（　　）。

A．同一零件上，工作表面应比非工作表面参数值大

B．摩擦表面应比非摩擦表面的参数值小

C．配合质量要求高，参数值应大

D．受交变载荷的表面，参数值应小

4．测得某表面实际轮廓上的最高峰顶线至基准线（中线）的距离为 10μm，最低谷底线至该基准线的距离为 6μm，则该表面粗糙度轮廓的最大高度 *Rz* 值为（　　）。

A．10μm　　B．6μm　　C．16μm　　D．4μm

5．用针描法可以测量的表面粗糙度参数是（　　）。

A．*Ra*　　B．*Rz*

C．*Rmr*(*c*)　　D．*Rsm*

二、判断题

1．在评定表面粗糙度轮廓参数值时，取样长度可以任意选定。

2．光切法测量表面粗糙度轮廓实验中，用目测估计方法确定的中线是轮廓最小二乘中线。

3．一般情况下，在 *Ra* 和 *Rz* 两个高度参数中优先选用 *Ra*。

4．圆柱度公差不同的两表面，圆柱度公差值小的表面粗糙度轮廓高度参数值小。

5．选择表面粗糙度评定参数值时都应尽量小。

三、综合题

1．表面粗糙度对零件的使用性能有哪些影响？

2．设计时如何协调尺寸公差、形状公差和表面粗糙度参数值之间的关系？

3．评定表面粗糙度的主要参数有哪些？论述其含义及其代号。

4．在一般情况下，下列每组中两孔表面粗糙度参数值的允许值是否应该有差异？如果有差异，哪个孔的允许值较小？为什么？

① ϕ60H8 与 ϕ20H8 孔；

② ϕ50H7/h6 与 ϕ50H7/g6 中的 H7 孔；

③ 圆柱度公差分别为 0.01mm 和 0.02mm 的两个 ϕ40H7 孔。

5．解释图 5-33 中各表面粗糙度要求的含义。

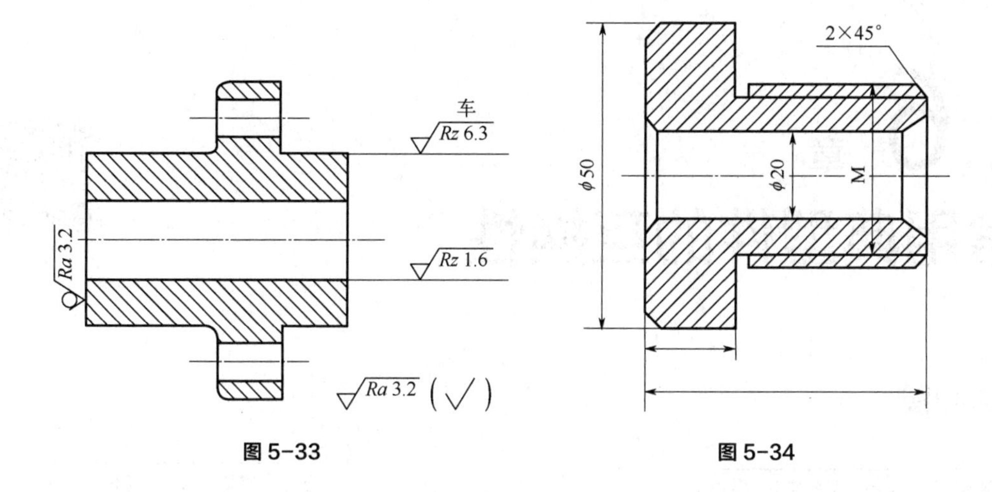

图 5-33　　　　图 5-34

6．将下列表面粗糙度轮廓技术要求标注在图 5-34 中，各加工表面均采用去除材料的方法获得：

① 直径为ϕ50mm 的圆柱外表面粗糙度 *Ra* 的允许值为 3.2μm；

② 左端面的表面粗糙度 *Ra* 的允许值为 1.6μm；

③ 直径为ϕ50mm 的圆柱右端面表面粗糙度 *Ra* 的允许值为 1.6μm；

④ 内孔表面粗糙度 *Ra* 的允许值为 0.4μm；

⑤ 螺纹工作面的表面粗糙度 *Rz* 的最大值为 1.6μm，最小值为 0.8μm；

⑥ 其余各加工面的表面粗糙度 *Ra* 的允许值为 25μm。

习题参考答案

第 6 章 常用典型件的互换性

本书配套资源

思维导图

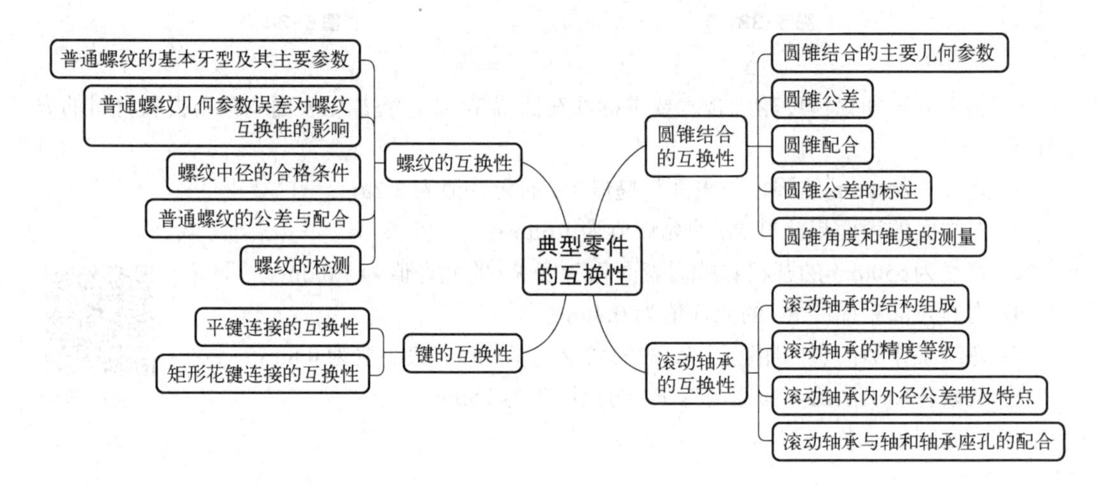

案例引入

机械产品中，常会用到圆锥配合，如加工中心刀柄与主轴的连接、卧式车床主轴端部与三爪卡盘的连接等。轴承、键以及螺纹等也是机械产品中常用的典型连接方式，如图 6-1 所示减速器中，轴要旋转，离不开轴承的支承；齿轮传动时，齿轮与轴间常常会用键连接传递转矩；另外还需要用螺钉对轴承端盖等进行紧固。在设计这些典型零件的连接时，需要考虑哪些因素？如何提出相应的公差要求才能满足设计的要求呢？

图 6-1 减速器

学习目标

① 了解滚动轴承内外径公差、公差带、负荷类型等基本概念；掌握滚动轴承精度设计的基本方法。

② 了解键、花键结合的种类、特点及几何公差；掌握键、花键结合的精度设计。

③ 了解螺纹结合的种类、基本牙型及主要几何参数，螺纹几何参数对互换性的影响；掌握作用尺寸中径及螺纹中径公差的合格性条件；了解螺纹的公差带、基本偏差及公差带与配合的选用；掌握螺纹精度概念及图样上的标注。

④ 了解圆锥与圆锥配合的基本术语及其定义，掌握圆锥配合的公差设计和选用。

6.1 滚动轴承的互换性

滚动轴承是一种标准化部件，它广泛用于各种机械、仪器仪表之中。滚动轴承与滑动轴承相比，具有摩擦系数小、润滑简单、便于更换等优点。我国有关滚动轴承的现行标准有：GB/T 307.1—2017《滚动轴承 向心轴承 产品几何技术规范（GPS）和公差值》、GB/T 307.3—2017《滚动轴承 通用技术规则》、GB/T 4604.1—2012《滚动轴承 游隙 第 1 部分：向心轴承的径向游隙》和 GB/T 275—2015《滚动轴承 配合》等。

6.1.1 滚动轴承的结构组成及类型

（1）滚动轴承的结构组成

滚动轴承一般由内圈、外圈、滚动体和保持架组成。其内圈与轴颈相配合，外圈与轴承座孔相配合，滚动体是承载并使轴承形成滚动摩擦的元件，它们的尺寸、形状和数量由承载能力和载荷方向等因素决定。保持架是一组隔离元件，其作用是将轴承内的一组滚动体均匀分开，使每个滚动体均匀地轮流承受载荷，并保持滚动体在轴承内、外滚道间正常滚动。图 6-2 所示为一种单列向心球轴承。

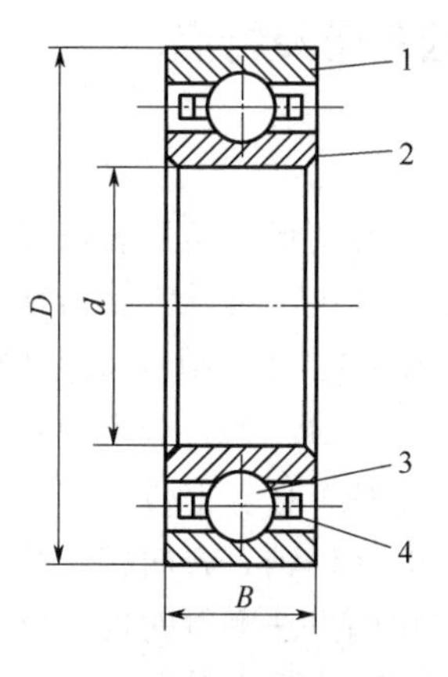

图 6-2 滚动轴承

1—外圈；2—内圈；3—滚动体；4—保持架

（2）滚动轴承的类型

滚动轴承类型很多，按滚动体形状，可分为球、圆柱滚子、圆锥滚子及滚针轴承；按其承受载荷型式，又可分为主要承受径向载荷的向心轴承、同时承受径向和轴向载荷的向心推力轴承和仅承受轴向载荷的推力轴承。

滚动轴承的工作性能和使用寿命不仅取决于自身的制造精度，还和与它配合的轴颈和轴承座孔的尺寸精度、几何精度、表面粗糙度、选用的配合性质及安装正确与否等因素有关。

6.1.2 滚动轴承的精度等级及其应用

国家标准 GB/T 307.3—2017《滚动轴承 通用技术规则》中，按尺寸公差和旋转精度对滚动轴承的精度等级进行分级。滚动轴承尺寸公差是指外径 D、内径 d、宽度 B 等尺寸的公差。滚动轴承的旋转精度包括径向跳动和轴向跳动，其中径向跳动包括成套轴承内外圈径向跳动和成套轴承内圈异步径向跳动；轴向跳动包括成套轴承内外圈轴向跳动、成套轴承外圈凸缘背面轴向跳动。

向心轴承（圆锥滚子轴承除外）分为 0、6、5、4 和 2 共五级，其中，0 级精度最低，2 级精度最高；圆锥滚子轴承分为 0、6X、5、4 和 2 共五级；推力轴承分为 0、6、5 和 4 共四级。

滚动轴承各级精度的应用情况如下。

0 级，通常称为普通级。用于诸如普通机床的变速箱、汽车和拖拉机的变速箱、普通电动机、水泵、压缩机等一般旋转机构中的低、中速及旋转精度要求不高的轴承，在工程实际中应用最广。

6 级、6X 级，中等级。用于普通机床主轴的后轴承、精密机床变速箱等转速和旋转精度要求较高的旋转机构。

5 级、4 级，精密级。用于精密机床主轴的前轴承、精密仪器仪表中使用的主要轴承等转速和旋转精度要求高的旋转机构。

2 级，超精密级。用于齿轮磨床、精密坐标镗床、高精度仪器仪表等转速和旋转精度要求很高的旋转机构的主轴轴承。

6.1.3 滚动轴承内外径的公差带及特点

（1）滚动轴承内、外径的公差带

滚动轴承的套圈是薄壁零件，容易变形，但当装在轴上和轴承座孔内以后，也容易得到矫正，一般情况下不影响工作性能。其中，轴承内圈与轴之间、外圈与轴承座孔之间起到配合作用的为平均直径，国家标准 GB/T 307.1—2017《滚动轴承 向心轴承 产品几何技术规范（GPS）和公差值》对轴承内径和外径（d、D），分别规定了两种公差带。

1）限定轴承内径和外径实际（组成）要素变动的公差带（即单一内、外径偏差 Δ_{ds}、Δ_{Ds}）。

单一内（外）径是指与实际内孔（外轴）表面和一径向平面的交线相切的两条平行线之间的距离，即在任一径向平面内，用两点法测得的内（外）径，用 $d_s(D_s)$ 表示；

单一内径偏差是指单一内径与公称内径之差，即 $\Delta_{ds}=d_s-d$；

单一外径偏差是指单一外径与公称外径之差，即 $\Delta_{Ds}=D_s-D$。

Δ_{ds}、Δ_{Ds}用来控制轴承内外圈制造时的实际偏差，主要是用于限制变形量。

2）限定单一平面平均内径、外径变动的公差带（即单一平面平均内、外径偏差 Δ_{dmp}、Δ_{Dmp}）。

单一平面平均内径（外径）是指在轴承内圈（外圈）任一横截面内测得的内圈内径（外圈外径）的最大直径与最小直径的平均值，用 d_{mp}、D_{mp} 表示。

单一平面平均内径偏差是指单一平面平均内径与公称内径之差，即 $\Delta_{dmp}=d_{mp}-d$；

单一平面平均外径偏差是指单一平面平均外径与公称外径之差，即 $\Delta_{Dmp}=D_{mp}-D$。

Δ_{dmp}、Δ_{Dmp} 用来控制轴承内圈与轴、轴承外圈与轴承座孔装配后在单一径向平面内配合尺寸的偏差，主要是用于保证轴承的配合。

需要指出的是，“单一”在其他标准中是 “局部，实际”的含义。

为兼顾制造和使用要求，对 0 级、6 级和 5 级轴承，国家标准仅规定了单一平面平均内径偏差 Δ_{dmp} 和单一平面平均外径偏差 Δ_{Dmp}；对精度较高的 4 级和 2 级轴承，为限制变形，国家标准既规定了单一平面平均内径偏差 Δ_{dmp} 和单一平面平均外径偏差 Δ_{Dmp}，还规定了单一内径偏差 Δ_{ds} 和单一外径偏差 Δ_{Ds}。

（2）滚动轴承内、外径公差带的特点

轴承装配后起配合作用的尺寸是单一平面平均内径 d_{mp} 和单一平面平均外径 D_{mp}，因此内、外径公差带通常是指 d_{mp}、D_{mp} 的公差带。

① 滚动轴承配合的配合制　滚动轴承是标准部件，**其内圈内径与轴径采用基孔制配合，外圈外径与轴承座孔采用基轴制配合**。

② 滚动轴承内径的公差带及其特点　滚动轴承内圈工作时，往往是和轴颈一起旋转。为满足使用要求和保证配合性质，应采用过盈配合。然而，内圈是薄壁件，同时，滚动轴承是易损件，需经常拆卸，所以此处的过盈量应适当，不宜过大。但若滚动轴承内圈的公差带仍按一般的基准孔布置（下偏差为零），其与各种轴的公差带形成的配合要么偏松，要么偏紧，均不能满足使用要求。为此，标准中规定轴承内圈单一平面平均内径 d_{mp} 的公差带与一般基准孔公差带的位置不同，**它置于零线下方，其上偏差为零**，下偏差为负值，如图 6-3 所示。此公差带的特殊配置方式，通常使孔轴配合中的过渡配合在此获得较紧的配合，满足使用要求。

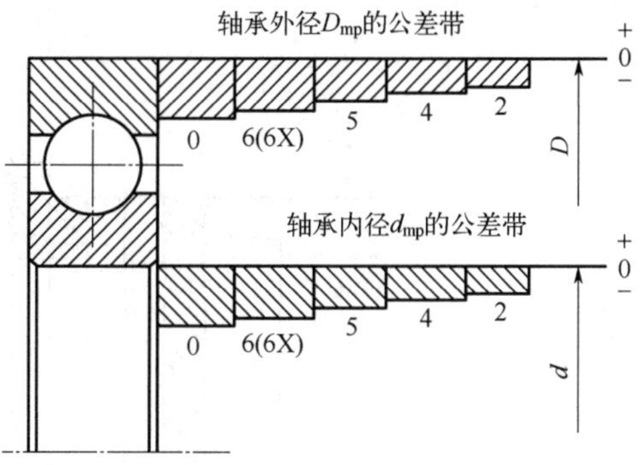

图 6-3　滚动轴承的内外径公差带

③ 滚动轴承外径的公差带及特点　鉴于滚动轴承外圈外径与轴承座孔配合的特点，轴承安装在轴承座孔中，外圈通常不旋转，但考虑到工作时温度升高使轴产生轴向延伸，应有一端轴承采用游动支承，轴承外圈与轴承座孔之间的配合要稍稍松一些，补偿轴的热伸长，否则，轴热胀而产生弯曲，将导致内部卡死，影响正常运转。标准规定轴承外圈单一平面平均外径 D_{mp} 的公差带位置，与一般基准轴的公差带位置相同，上偏差为零，下偏差为负值，如图 6-3 所示。但因轴承精度要求较高，国家标准中 D_{mp} 的公差值是特殊规定的，轴承外圈与轴承座孔的配合，与国家标准“极限与配合”中基轴制的同名配合也不完全相同，除 0 级外，其外径尺寸的公差值比基准轴的尺寸公差值要相对小一些。

6.1.4 滚动轴承与轴和轴承座孔的配合

国家标准 GB/T 275—2015《滚动轴承 配合》规定了一般工作条件下的滚动轴承与轴和轴承座孔的配合选择的基本原则与要求。其适用范围如下：①对轴承的旋转精度，运转平稳性和工作温度无特殊要求；②公称内径小于等于 500mm；③轴承游隙符合 GB/T 4604.1—2012《滚动轴承 游隙 第 1 部分：向心轴承的径向游隙》中的 N 组；④轴承公差符合 GB/T 307.1—2017 中的 0、6(6X)级；⑤轴为实心或厚壁钢制作，轴承座为铸钢或铸铁制作。

（1）轴颈和轴承座孔的公差带

1）轴颈和轴承座孔的公差等级选择

轴颈、轴承座孔公差等级与轴承的精度等级有关。常用的轴承公差等级为 0、6(6X)级。一般与 0、6(6X)级轴承配合的轴颈为 IT6 级，轴承座孔为 IT7 级。对旋转精度和运转平稳性有较高要求的场合，轴取 IT5，轴承座孔取 IT6。与 5 级轴承配合的轴和轴承座孔均取 IT6，要求高的场合取 IT5；与 4 级轴承配合的轴取 IT5，轴承座孔取 IT6，要求更高的场合，轴取 IT4，轴承座孔取 IT5。

2）轴颈和轴承座孔的公差带的种类

轴颈和轴承座孔的公差带均在光滑圆柱体的国家标准中选择，它们分别与轴承内、外圈结合，可以得到松紧程度不同的各种配合。需要指出，轴承内圈与轴颈的配合属基孔制，但轴承内、外径公差带均采用上偏差为零、下偏差为负的单向制分布，故轴承内圈与轴颈得到的配合比相应光滑圆柱体按基孔制形成的配合紧一些。图 6-4、图 6-5 是国家标准 GB/T 275—2015 对与 0 级轴承配合的轴颈、轴承座孔规定的公差带。

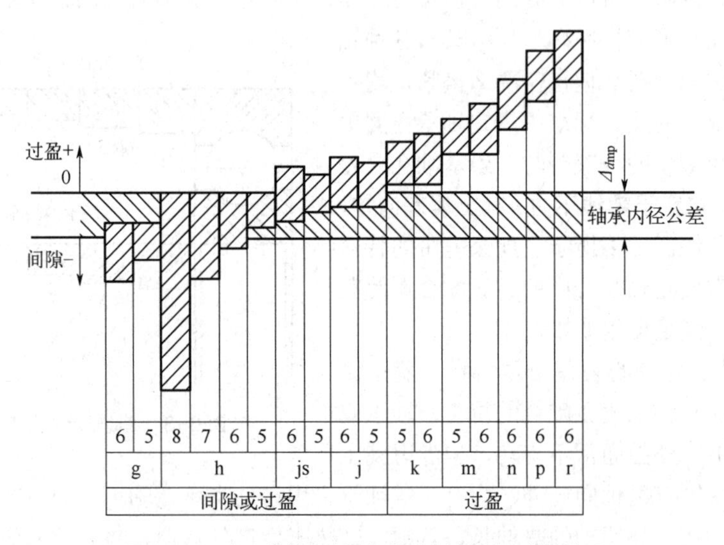

图 6-4 0 级公差轴承内圈与轴配合的常用公差带关系

（2）滚动轴承配合的选择

要想充分发挥轴承的承载能力，保证机器正常运转，提高轴承使用寿命，就应该正确选择滚动轴承与轴颈，以及与轴承座孔的配合。选择时主要考虑下列因素。

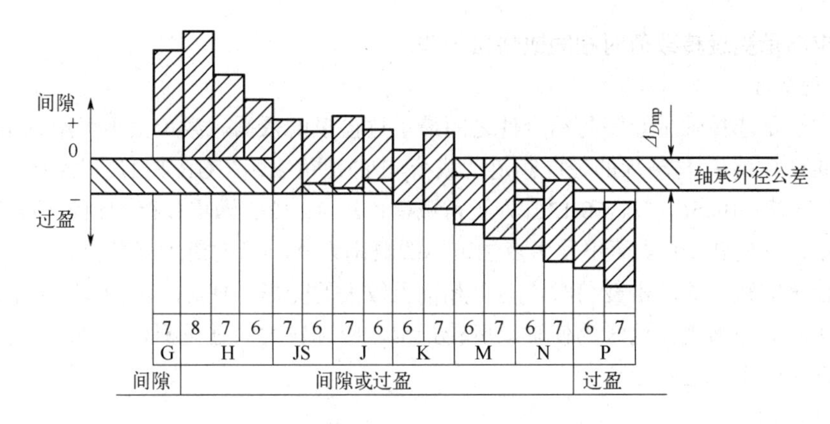

图 6-5　0 级公差轴承外圈与轴承座孔配合的常用公差带关系

1）轴承套圈的载荷状况

根据作用于轴承上合成径向载荷相对套圈的受力状态旋转情况，可将所受载荷分为固定载荷（静止载荷）、旋转载荷（循环载荷）和摆动载荷三类，如图 6-6 所示。

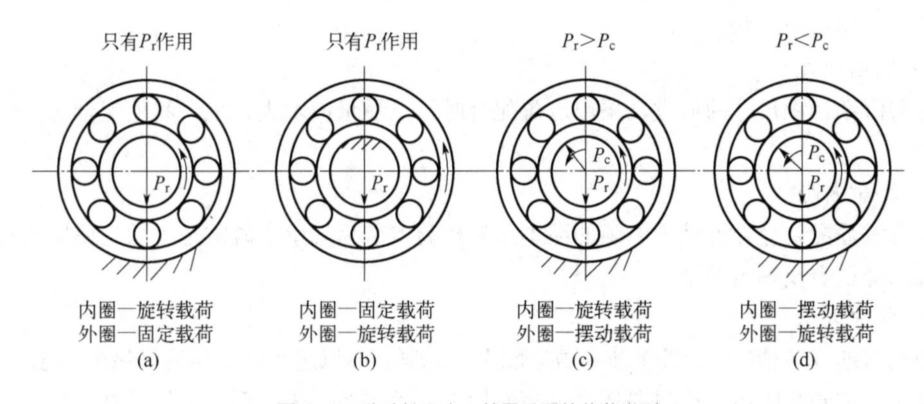

图 6-6　滚动轴承内、外圈承受的载荷类型

① 固定载荷　作用于轴承上的合成径向载荷与套圈相对静止。即该载荷始终不变地作用在套圈滚道的局部区域上，套圈所承受的这种载荷就是固定载荷。如轴承承受一个方向不变的径向载荷 P_r，此时，固定不转的套圈所承受的载荷类型即为固定载荷，或称静止载荷，如图 6-6（a）外圈、图 6-6（b）内圈所示。承受这类载荷的套圈与轴承座孔或轴的配合，**一般选较松的过渡配合，或较小的间隙配合**，以便让套圈滚道间的摩擦力矩带动另一套圈旋转，从而消除局部滚道磨损，使套圈受力均匀，延长轴承的使用寿命，方便装拆。

② 旋转载荷　作用于轴承上的合成径向载荷与套圈相对旋转，即合成径向载荷通过滚动体顺次作用在套圈滚道的整个圆周上，该套圈所承受的这种载荷性质，称为旋转载荷，又称循环载荷。如图 6-6（a）内圈、图 6-6（b）外圈、图 6-6（c）内圈和图 6-6（d）外圈所示。旋转载荷的特点是：载荷与套圈相对转动，不会导致滚道局部磨损。通常承受旋转载荷的套圈与轴或轴承座孔相配合时，应选**过盈配合或较紧的过渡配合**，保证它们能固定成一体，以避免它们之间产生相对滑动，使配合面发热加快磨损。

③ 摆动载荷　作用于轴承上的合成径向载荷与所承受的套圈在一定区域内相对摆动，即其载荷向量经常变动地作用在套圈滚道的部分圆周上，该套圈所承受的载荷性质，称为摆动载荷，如图 6-6（c）外圈、图 6-6（d）内圈承受的载荷为摆动载荷。承受摆动载荷的套圈，

其配合要求与承受旋转载荷时相同或略松一些。

2）载荷大小

载荷大小是选择轴承套圈与结合件之间最小过盈量的依据。载荷大小可用轴承套圈承受的当量径向动载荷 P_r 与轴承的径向额定动载荷 C_r 的比值表示，GB/T 275—2015 规定：$P_r \leqslant 0.06C_r$ 为轻载荷；$0.06C_r < P_r \leqslant 0.12C_r$ 为正常载荷；$P_r > 0.12C_r$ 为重载荷。额定动载荷 C_r 的定义为：轴承能够旋转 10^6 次而不发生点蚀破坏的概率为90%时的最大载荷值。

承受较重的载荷或冲击载荷时，会引起轴承较大的变形，使结合面间实际过盈减小和轴承内部的实际间隙增大，这时为使轴承运转正常，应选较大的过盈配合。同理，承受较轻的载荷，可选用较小的过盈配合。

3）工作温度

因摩擦发热和散热条件不同，轴承工作时，套圈温度往往高于相配件的温度。这样，轴承外圈与轴承座孔的配合可能变紧，内圈与轴颈的配合可能变松，从而影响轴承的正常工作。在选择配合时，必须考虑轴承工作温度的影响，尤其对高温下（高于100°C）工作的轴承，选择配合时应对温度影响进行修正。相对于国家标准的推荐公差而言，温度升高时，内圈选紧一些，外圈选松一些。

4）轴承尺寸

随着滚动轴承尺寸的增大，采用过盈配合时，过盈量应增大，采用间隙配合时，间隙量应增大。

5）轴承游隙

采用过盈配合会导致轴承游隙的减小，应检验安装后轴承的游隙是否满足使用要求，以便正确选择配合及轴承游隙。

6）其他因素

当机器的旋转精度、转速要求越高，配合应越紧，所以选用较高精度等级的轴承，此时，与轴承配合的轴和轴承座孔也要选择较高的标准公差等级；采用剖分式外壳时，为避免轴承外圈产生变形，轴承座孔与轴承外圈的配合应比采用整体式外壳时松些；轴承安装在轻合金外壳、薄壁外壳或薄壁空心轴上时，采用的配合应比装在铸铁外壳、厚壁外壳或实心轴上紧些，以保证轴承工作有足够的支承刚度和强度；当要求安装与拆卸轴承方便或需要轴向移动和调整套圈时，宜采用较松的配合。

滚动轴承与轴和轴承座孔的配合，常常综合考虑上述因素采用类比法来选取。配合选用可参考表6-1～表6-4。

表6-1 向心轴承和轴的配合——轴公差带代号（摘自GB/T 275—2015）

圆柱孔轴承						
载荷状态		举例	深沟球轴承、调心球轴承和角接触球轴承	圆柱滚子轴承和圆锥滚子轴承	调心滚子轴承	公差带
			轴承公称内径/mm			
内圈承受旋转载荷或摆动载荷	轻载荷	输送机、轻载齿轮箱	≤18	—	—	h5
			>18～100	≤40	≤40	j6[①]
			>100～200	>40～140	>40～100	k6[①]
			—	>140～200	>100～200	m6[①]

续表

圆柱孔轴承							
载荷状态			举例	深沟球轴承、调心球轴承和角接触球轴承	圆柱滚子轴承和圆锥滚子轴承	调心滚子轴承	公差带
				轴承公称内径/mm			
内圈承受旋转载荷或摆动载荷	正常载荷		一般通用机械、电动机、泵、内燃机、正齿轮传动装置	≤18	—	—	j5 js5
				>18～100	≤40	≤40	k5[2]
				>100～140	>40～100	>40～65	m5[2]
				>140～200	>100～140	>65～100	m6
				>200～280	>140～200	>100～140	n6
				—	>200～400	>140～280	p6
				—	—	>280～500	r6
	重载荷		铁路机车车辆、轴箱、牵引电机、破碎机等	—	>50～140	>50～100	n6[3]
					>140～200	>100～140	p6[3]
					>200	>140～200	r6[3]
					—	>200	r7[3]
内圈承受固定载荷	所有载荷	内圈需要在轴向移动	非旋转轴上的各种轮子	所有尺寸			f6 g6[1]
		内圈不需在轴向移动	张紧轮、绳轮				h6 j6
仅有轴向载荷			所有尺寸				j6 js6

圆锥孔轴承				
载荷状态	举例		轴承公称内径	公差带
所有载荷	铁路机车车辆轴箱	装在退卸套上	所有尺寸	h8(IT6)[4][5]
	一般机械传动	装在紧定套上	所有尺寸	h9(IT7)[4][5]

注：1．凡对精度有较高要求的场合，应用j5、k5、m5代替j6、k6、m6；

2．圆锥滚子轴承、角接触球轴承配合对游隙影响不大，可用k6，m6代替k5，m5；

3．重载荷下轴承游隙应选大于N组；

4．有较高精度或转速要求的场合，应选用h7(IT5)代替h8(IT6)等；

5．IT6，IT7表示圆柱度公差数值。

表6-2　向心轴承和轴承座孔的配合——孔公差带代号（摘自GB/T 275—2015）

载荷状态		举例	其他状况	公差带[1]	
				球轴承	滚子轴承
外圈承受固定载荷	轻、正常、重	一般机械、铁路机车车辆轴箱	轴向易移动，可采用剖分式轴承座	H7，G7[2]	
	冲击		轴向能移动，可采用整体或剖分式轴承座	J7，Js7	
方向不定载荷	轻、正常	电动机、泵、曲轴主轴承			
	正常、重		轴向不移动，采用整体式轴承座	K7	
	重、冲击	牵引电机		M7	
外圈承受旋转载荷	轻	皮带张紧轮		J7	K7
	正常	轮毂轴承		M7	N7
	重			—	N7，P7

注：1．并列公差带随尺寸的增大从左至右选择，对旋转精度有较高要求时，可相应提高一个公差等级；

2．不适用于剖分式轴承座。

表 6-3 推力轴承和轴的配合——轴公差带代号（摘自 GB/T 275—2015）

载荷情况		轴承类型	轴承公称内径/mm	公差带
仅有轴向载荷		推力球和推力圆柱滚子轴承	所有尺寸	j6、js6
径向和轴向联合载荷	轴承承受固定载荷	推力调心滚子轴承、推力角接触球轴承、推力圆锥滚子轴承	≤250	j6
			＞250	js6
	轴承承受旋转载荷或方向不定载荷		≤200	k6①
			＞200～400	m6
			＞400	n6

注：要求较小过盈时，可分别使用 j6，k6，m6 代替 k6，m6，n6。

表 6-4 推力轴承和轴承座孔的配合——孔公差带代号（摘自 GB/T 275—2015）

载荷情况		轴承类型	公差带
仅有轴向载荷		推力球轴承	H8
		推力圆柱、圆锥滚子轴承	H7
		推力调心滚子轴承	—①
径向和轴向联合载荷	座圈承受固定载荷	推力角接触球轴承、推力调心滚子轴承、推力圆锥滚子轴承	H7
	座圈承受旋转载荷或方向不定载荷		K7②
			M7③

注：1. 轴承座孔与座圈间间隙为 0.001*D*（*D* 为轴承公称外径）；
2. 一般工作条件；
3. 有较大径向载荷时。

（3）孔、轴配合表面的几何公差与表面粗糙度

为保证滚动轴承的工作质量和使用寿命，除正确地选用尺寸配合以外，还要考虑轴和轴承座孔与轴承内外圈相配合的几何公差和表面粗糙度是否选用得当。

形状公差：因轴承套圈是薄壁件，装配后靠轴颈和轴承座孔来矫正，所以套圈工作时的形状与轴颈及轴承座孔表面形状关系密切，应对轴颈和轴承座孔表面提出圆柱度公差要求。

位置公差：为保证轴承工作时有效发挥自身的旋转精度，应限制其与套圈端面接触的轴肩及轴承座孔孔肩的倾斜，以消除轴承装配后滚道位置不正而使旋转不平稳的情况，因此应对轴肩和轴承座孔孔肩提出轴向跳动公差要求。

表 6-5 轴和轴承座孔的几何公差 （摘自 GB/T 275—2015）

公称尺寸/mm		圆柱度 t				轴向圆跳动 t_1			
		轴颈		轴承座孔		轴肩		轴承座孔肩	
		轴承公差等级							
		0	6(6X)	0	6(6X)	0	6(6X)	0	6(6X)
＞	≤	公差值/μm							
	6	2.5	1.5	4	2.5	5	3	8	5
6	10	2.5	1.5	4	2.5	6	4	10	6
10	18	3	2	5	3	8	5	12	8
18	30	4	2.5	6	4	10	6	15	10
30	50	4	2.5	7	4	12	8	20	12
50	80	5	3	8	4	15	10	25	15
80	120	6	4	10	6	15	10	25	15
120	180	8	5	12	8	20	12	30	20
180	250	10	7	14	10	20	12	30	20

续表

公称尺寸/mm		圆柱度 t				轴向圆跳动 t_1			
		轴颈		轴承座孔		轴肩		轴承座孔肩	
		轴承公差等级							
		0	6(6X)	0	6(6X)	0	6(6X)	0	6(6X)
>	≤	公差值/μm							
250	315	12	8	16	12	25	15	40	25
315	400	13	9	18	13	25	15	40	25
400	500	15	10	20	15	25	15	40	25
500	630	—	—	22	16	—	—	50	30
630	800	—	—	25	18	—	—	50	30
800	1000	—	—	28	20	—	—	60	40
1000	1250	—	—	33	24	—	—	60	40

表 6-5 给出了国家标准 GB/T 275—2015《滚动轴承 配合》规定的轴颈及轴承座孔表面的圆柱度公差，以及轴肩及轴承座孔孔肩的轴向跳动公差值。轴和轴承座孔的几何公差标注如图 6-7、图 6-8 所示。

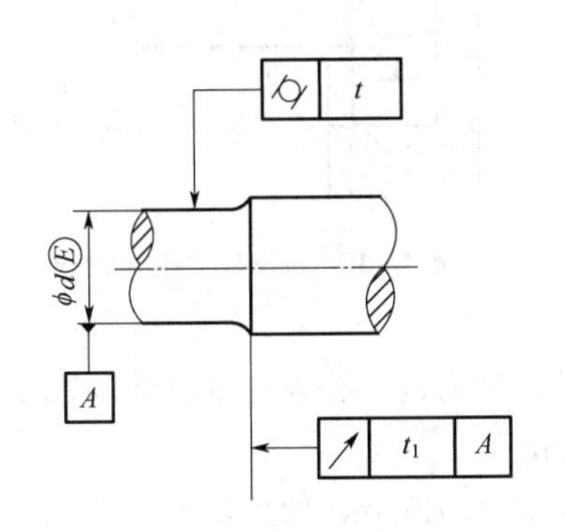

图 6-7　轴颈几何公差标注

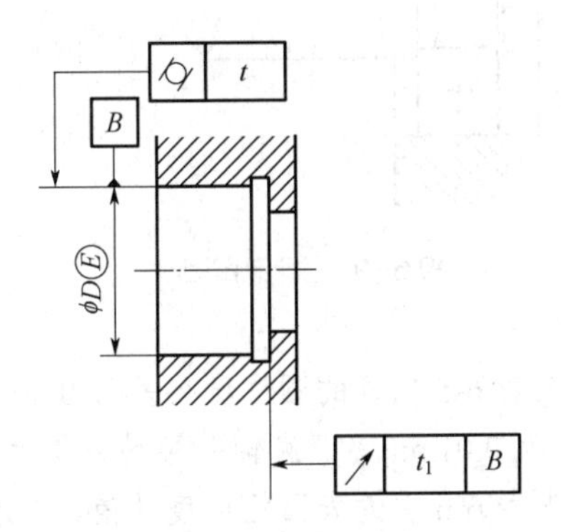

图 6-8　轴承座孔几何公差标注

表面粗糙度的大小直接影响轴承配合性质和连接强度，因此国家标准规定了与轴承内、外圈配合的轴颈及轴承座孔的表面粗糙度参数值。与不同精度等级轴承相配合的表面粗糙度见表 6-6。

表 6-6　轴和轴承座孔的配合表面的粗糙度（摘自 GB/T 275—2015）

轴或轴承座孔直径/mm		轴或轴承座孔配合表面直径公差等级					
		IT7		IT6		IT5	
		表面粗糙度 Ra /μm					
>	≤	磨	车	磨	车	磨	车
—	80	1.6	3.2	0.8	1.6	0.4	0.8
80	500	1.6	3.2	1.6	3.2	0.8	1.6
500	1250	3.2	6.3	1.6	3.2	1.6	3.2
端面		3.2	6.3	3.2	6.3	1.6	3.2

例 6-1　如图 6-9 所示，有 0 级的 6211 深沟球轴承(d=55mm，D=100mm，径向额定动载荷 C_r 为 19700N)应用于闭式传动的减速器中。其工作情况为：外圈固定不动，内圈随轴旋转，

承受的固定径向当量动载荷 P_r 为 1100N。试确定与该轴承内、外圈配合的轴颈和轴承座孔的公差带代号；确定轴颈、轴承座孔的几何公差值和表面粗糙度值，并将结果标注在装配图和零件图上。

解：

① 因该减速器选 0 级滚动轴承 6211，径向额定动载荷 C_r 为 19700N，径向当量动载荷 P_r 为 1100N，因此 $P_r/C_r \approx 0.056 < 0.06$，故轴承所承受载荷属于轻载荷。查表 6-1、表 6-2 得轴颈公差带为 j6，轴承座孔公差带为 H7，装配图上的标注如图 6-10 所示。因滚动轴承是标准件，装配图上只需注出轴颈和轴承座孔的公差带代号，而不再标注轴承本身的公差带。

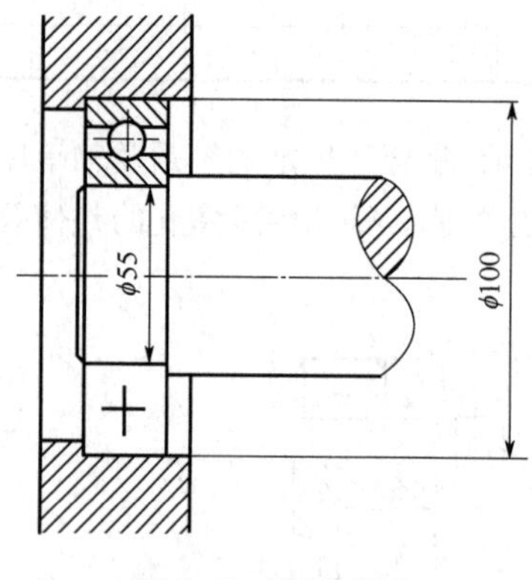

图 6-9 轴承装配图

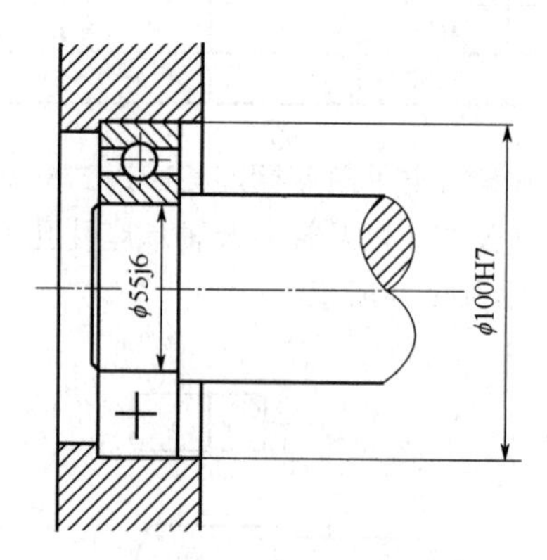

图 6-10 轴承装配图上标注示例

② 查表 6-5 轴颈的圆柱度公差为 0.005mm，轴肩轴向跳动公差为 0.015mm，轴承座孔圆柱度公差为 0.01mm，孔肩轴向跳动公差为 0.025mm。

③ 查表 6-6 中的表面粗糙度数值，轴承座孔取 $Ra \leqslant 1.6\mu m$，轴颈取 $Ra \leqslant 0.8\mu m$，轴肩端面 $Ra \leqslant 3.2\mu m$，轴承座孔肩端面 $Ra \leqslant 3.2\mu m$。

④ 轴颈及轴承座孔的零件图标注如图 6-11、图 6-12 所示。

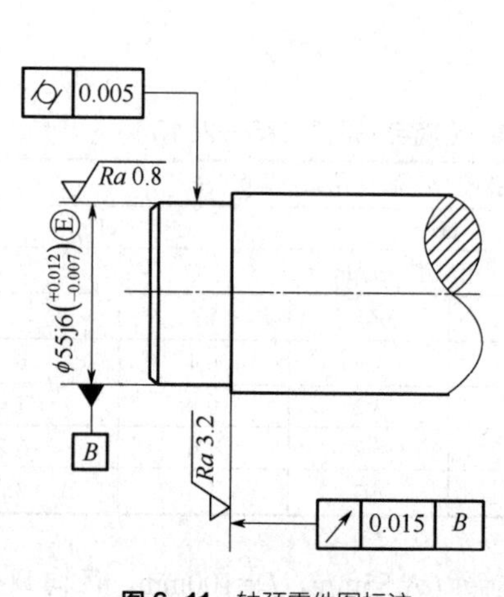

图 6-11 轴颈零件图标注

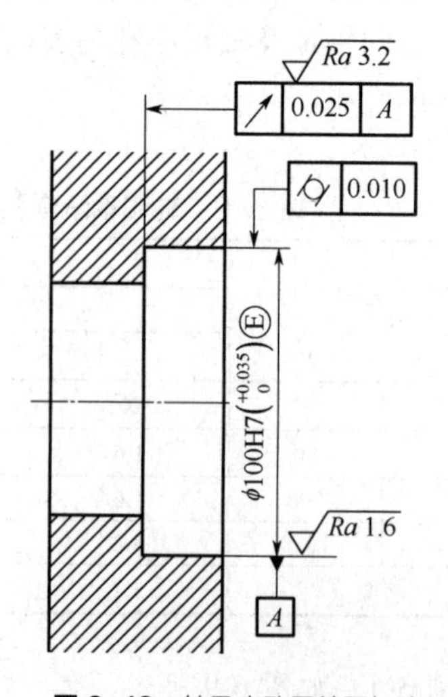

图 6-12 轴承座孔零件图标注

6.2　键的互换性

键分单键和花键，通常用于齿轮、皮带轮、联轴器等轴上零件与轴的结合，以传递转矩和运动。必要时，连接件间还可以有轴向相对移动，键连接属于可拆卸连接。

单键连接的种类很多，常用的有平键、半圆键、楔键和切向键等，其中平键连接应用最广泛，它又分为普通型平键和导向型平键。常用单键的类型见图 6-13。花键连接的种类也很多，按键齿形状的不同，可分为矩形花键、渐开线花键和三角形花键等，如图 6-14 所示。其中矩形花键连接应用广泛。花键连接与单键连接相比，花键连接具有定心和导向精度高、承载能力强的优点。但花键制造工艺比单键复杂，制造成本相对较高。

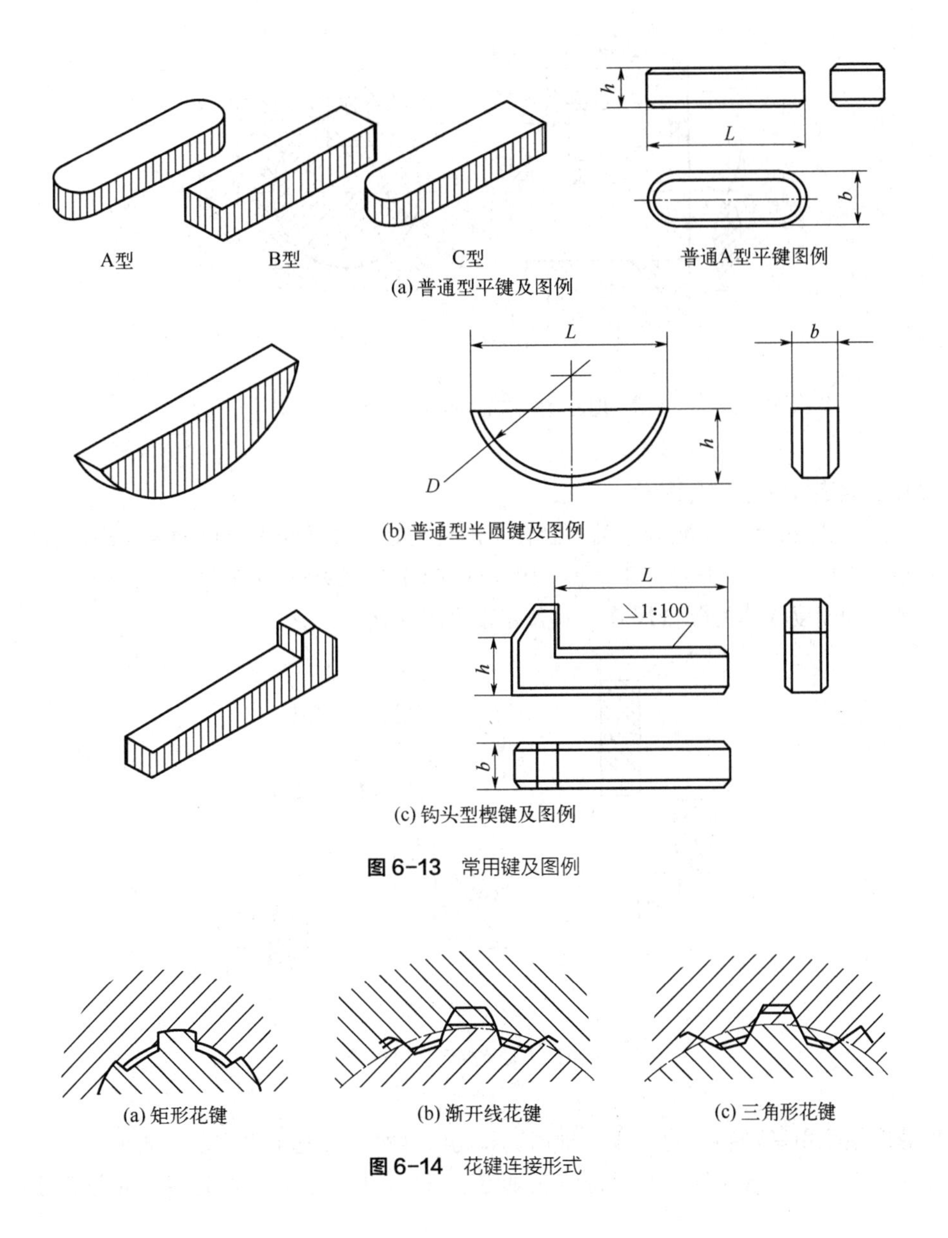

(a) 普通型平键及图例

(b) 普通型半圆键及图例

(c) 钩头型楔键及图例

图 6-13　常用键及图例

(a) 矩形花键　(b) 渐开线花键　(c) 三角形花键

图 6-14　花键连接形式

本节只讨论普通型平键连接和矩形花键连接的精度设计。我国与键连接有关的现行国家标准主要有 GB/T 1095—2003《平键 键槽的剖面尺寸》、GB/T 1096—2003《普通型 平键》和 GB/T 1144—2001《矩形花键尺寸、公差和检验》等。

6.2.1 平键连接的互换性

（1）普通型平键连接的几何参数

普通型平键（简称平键）连接靠键的侧面同时与轴上键槽和轮毂上键槽侧面的相互接触形成配合来传递转矩，如图 6-15 所示。在其剖面尺寸中，b 为键宽；t_1 和 t_2 分别为轴槽和轮毂槽的深度。l 和 h 分别为键的长度和高度，d 为轴或轮毂孔直径。

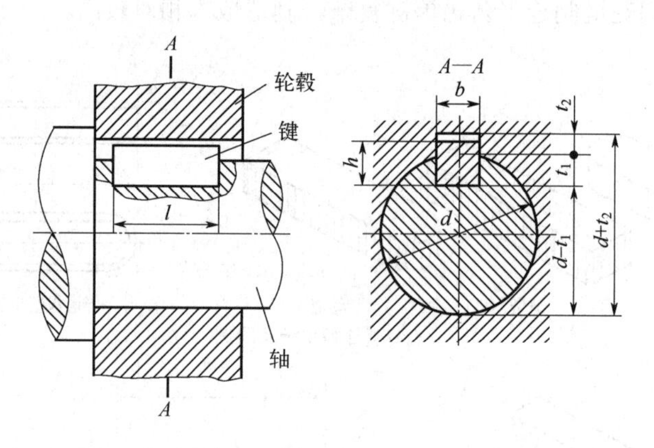

图 6-15 平键连接的几何参数

（2）平键连接的极限与配合

① 配合尺寸公差带和配合种类 因转矩的传递是通过键和键槽侧面来实现，因此键的两个侧面是工作面，上、下面是非工作面，国家标准 GB/T 1095—2003《平键 键槽的剖面尺寸》把键（槽）的**宽度 *b* 作为配合尺寸**，其公差带见图 6-16。

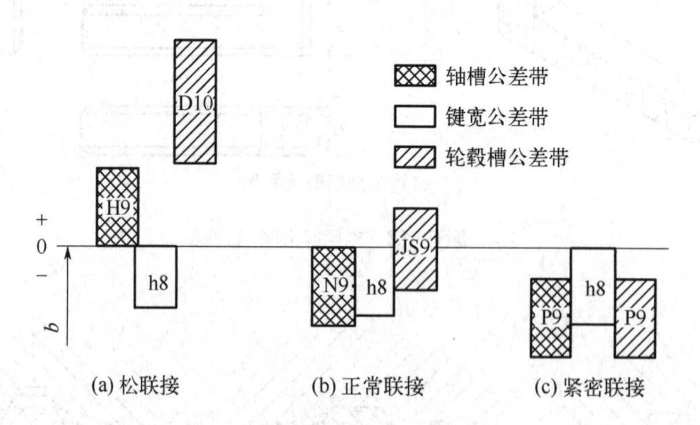

图 6-16 平键连接尺寸 b 的公差带

平键连接采用基轴制，通过改变轴槽宽和轮毂槽宽的公差带来实现不同配合，便于键作为标准件集中生产。国家标准对平键连接规定了三种连接类型，即**松连接、正常连接和紧密**

连接，其公差带从 GB/T 1800.1—2020《产品几何技术规范（GPS） 线性尺寸公差 ISO 代号体系 第 1 部分：公差、偏差和配合的基础》中选取。三种配合的性质与主要应用场合参见表 6-7。因键槽几何误差的影响，键连接配合的实际松紧程度比理论上要紧。

表 6-7 平键连接的配合种类及其应用

<table>
<tr><th rowspan="2">配合种类</th><th colspan="3">尺寸 b 的公差带</th><th rowspan="2">配合性质及应用</th></tr>
<tr><th>键</th><th>轴槽</th><th>轮毂槽</th></tr>
<tr><td>松连接</td><td rowspan="3">h8</td><td>H9</td><td>D10</td><td>键在轴上及轮毂中均能滑动，主要用于导向型平键，轮毂可在轴上做轴向移动</td></tr>
<tr><td>正常连接</td><td>N9</td><td>JS9</td><td>键在轴上及轮毂中均固定，用于载荷不大的场合</td></tr>
<tr><td>紧密连接</td><td>P9</td><td>P9</td><td>键在轴上及轮毂中均固定，主要用于载荷较大，载荷具有冲击性，以及双向传递转矩的场合</td></tr>
</table>

② 非配合尺寸的公差带 平键连接设计，平键的规格参数根据轴颈 d 而定。国家标准还对非配合尺寸的轴槽和轮毂槽的深度提出了尺寸公差要求，键及键槽各参数的尺寸公差见表 6-8。此外，标准还规定了平键连接中的键长和轴槽长度的公差带分别采用 h14 和 H14。GB/T1095—2003 对轴槽深度 t_1 和轮毂槽深度 t_2 分别作了专门的规定（如表 6-8），为测量方便，在图样上分别标注 $(d-t_1)$ 和 $(d+t_2)$ 尺寸来确定轴槽深度和轮毂槽深度，$(d-t_1)$ 和 $(d+t_2)$ 的公差分别按 t_1 和 t_2 的公差选取，但 $(d-t_1)$ 的上极限偏差为零，而 $(d+t_2)$ 的下极限偏差为零。

③ 几何公差和表面粗糙度选用 为使键侧与键槽之间有足够的接触面积以及避免装配困难，应规定轴槽和轮毂槽对轴及轮毂中心线的对称度。根据不同的功能要求和键宽基本尺寸 b，对称度公差按 GB/T 1184—1996《形状和位置公差 未注公差值》确定，一般取 7~9 级。

为保证平键连接质量，还必须对键与键槽的几何公差及表面粗糙度提出要求。GB/T 1095—2003 规定，**轴槽、轮毂槽的键槽宽度两侧表面的粗糙度 *Ra* 值推荐为 1.6～6.3μm，轴槽底面、轮毂槽底面表面粗糙度 *Ra* 值推荐为 6.3μm**。

（3）普通型平键结合的精度设计实例分析

例 6-2 如图 6-17 所示为一级斜齿圆柱齿轮减速器。该减速器主要由齿轮轴、从动齿轮、输出轴、箱体及附件等零部件组成。试设计用于连接输出轴与从动齿轮的普通型平键及键槽，确定键槽的公称尺寸及公差，并将它们标注在相应零件图上。（工作条件：工作状态较平稳，工作中主要承受单向转矩。该段轴颈公称尺寸为 ϕ58mm，从动齿轮宽 60mm。选普通型平键的规格为 $b\times h\times l$=16mm×10mm×56mm。）

解：

① 由于平键为正常连接，$D(d)=\phi$58mm，查表 6-8 得：

轴槽 槽宽 b=16N9 = $16_{-0.043}^{\ 0}$ mm；槽深 $t_1=16_{\ 0}^{+0.2}$ mm，即 $(d-t_1)_{-0.2}^{\ 0}=52_{-0.2}^{\ 0}$ mm；

轮毂槽 槽宽 b=16JS9=(16±0.0215)mm；槽深 $t_2=4.3_{\ 0}^{+0.2}$ mm，即 $(d+t_2)_{\ 0}^{+0.2}=62.3_{\ 0}^{+0.2}$ mm。

② 由表 2-4、表 2-6 和表 2-7 查得，孔 $\phi58_{\ 0}^{+0.03}$ Ⓔ，轴 $\phi58_{+0.041}^{+0.060}$ Ⓔ。

③ 键槽两侧面对其轴线的对称度公差可取 8 级，查表 4-29 得，t=0.02mm。

④ 键槽侧面表面粗糙度 Ra 上限允许值取 3.2μm，非配合表面 Ra 上限允许值取 6.3μm。

⑤ 综上分析，可得普通型平键及键槽的尺寸公差带如图 6-18 所示。零件图上的标注如图 6-19。

表 6-8　平键和键槽尺寸公差（摘自 GB/T 1095—2003 和 GB/T 1096—2003）

单位：mm

轴	键			键槽									
公称直径 d	公称尺寸 $b \times h$	宽度 b (h8)	高度 h (矩形 h11) (方形 h8)	宽度 b						深度			
				公称尺寸 b	极限偏差					轴 t_1		毂 t_2	
					正常连接		紧密连接	松连接					
		极限偏差			轴 N9	毂 JS9	轴和毂 P9	轴 H9	毂 D10	公称尺寸	极限偏差	公称尺寸	极限偏差
>6～8	2×2	0 −0.014	0 −0.014	2	−0.004 −0.029	±0.0125	−0.006 −0.031	+0.025 0	+0.060 +0.020	1.2	+0.1 0	1	+0.1 0
>8～10	3×3			3						1.8		1.4	
>10～12	4×4	0 −0.018	0 −0.018	4	0 +0.030	±0.015	−0.012 −0.042	+0.030 0	+0.078 +0.030	2.5		1.8	
>12～17	5×5			5						3.0		2.3	
>17～22	6×6			6						3.5		2.8	
>22～30	8×7	0 −0.022	0 −0.090	8	0 −0.036	±0.018	−0.015 −0.051	+0.036 0	+0.098 +0.040	4.0	+0.2 0	3.3	+0.2 0
>30～38	10×8			10						5.0		3.3	
>38～44	12×8	0 −0.027		12	0 −0.043	±0.0215	−0.018 −0.061	+0.043 0	+0.012 +0.050	5.0		3.3	
>44～50	14×9			14						5.5		3.8	
>50～58	16×10			16						6.0		4.3	
>58～65	18×11		0 −0.110	18						7.0		4.4	
>65～75	20×12	0 −0.033		20	0 −0.052	±0.026	−0.022 −0.074	+0.052 0	+0.149 +0.065	7.5		4.9	
>75～85	22×14			22						9.0		5.4	
>85～95	25×14			25						9.0		5.4	
>95～110	28×16			28						10.0		6.4	

注：1．$(d-t)$和$(d+t_1)$两组组合尺寸的偏差，按相应的 t 和 t_1 的偏差选取，但$(d-t_1)$偏差值应取负号；

2．导向型平键的轴槽与轮毂槽用松连接的公差；

3．轴的公称尺寸国家标准中未给出，此处仅供使用者参考。

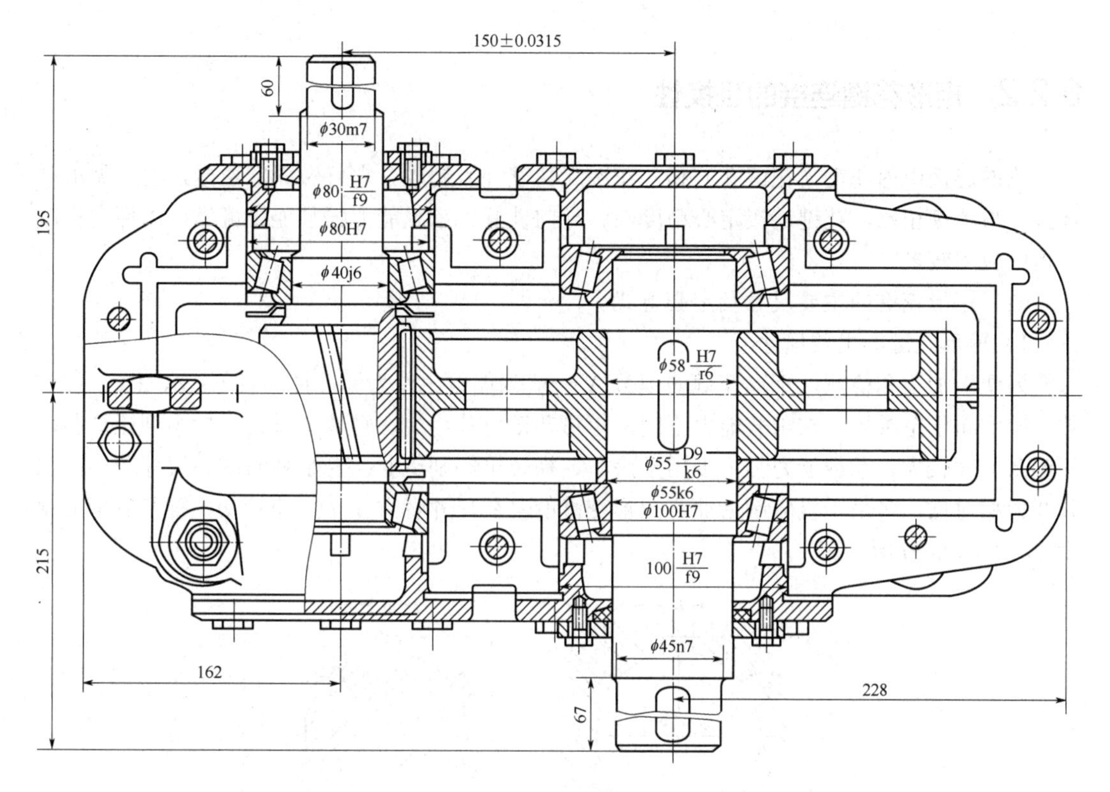

图 6-17　减速器

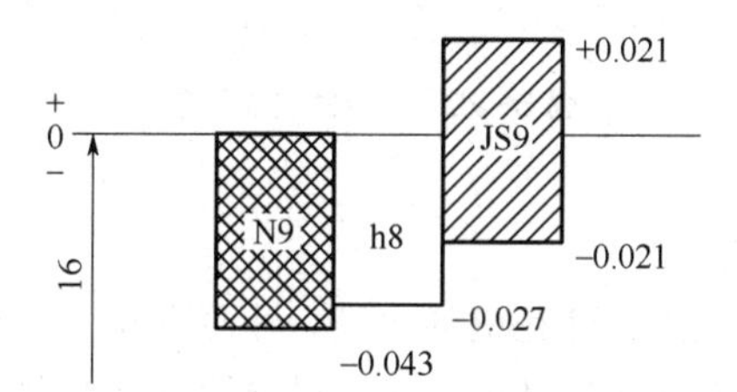

图 6-18　普通型平键及键槽的尺寸公差带

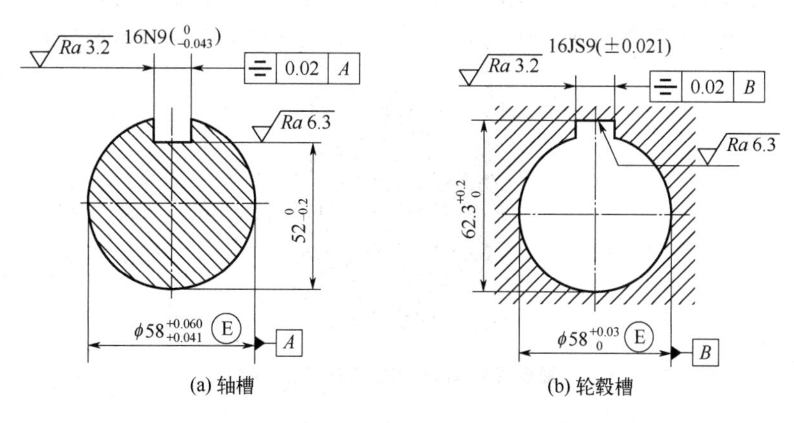

图 6-19　轴槽及轮毂槽的公差标注

6.2.2 矩形花键连接的互换性

花键连接由内花键（花键孔）和外花键（花键轴）构成。它可做固定连接，也可做滑动连接。与单键相比，花键连接定心精度高、导向性好、承载能力强且连接可靠，因而在机械结构中应用较多。

（1）矩形花键的主要尺寸及定心方式

1）矩形花键的主要尺寸

为便于加工和检测，矩形花键的键数 N 一般为偶数。作为标准件，有 6、8、10 三种键数，键均布于全圆周。按承载能力不同，矩形花键可分为中、轻两个系列。中系列矩形花键的键高尺寸较大，承载能力强，多用于汽车、拖拉机等制造业；轻系列的键高尺寸较小，承载能力相对低，多用于机床制造业。矩形花键的主要尺寸有大径 D、小径 d、键和键槽的宽度 B，如图 6-20 所示。

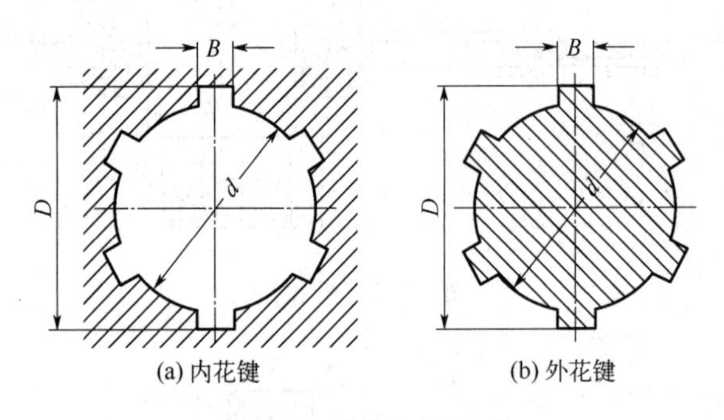

图 6-20 花键的主要尺寸

2）矩形花键的定心方式

在矩形花键连接中，要使内、外花键的大径、小径和键（槽）宽同时起配合定心作用是不可能的，也是没必要的。因此应将其中一个（结合面）尺寸规定较高的精度，作为主要配合尺寸，以确定内、外花键的配合性质并起定心作用，其他两个尺寸则规定较低的精度，作为次要配合尺寸或非配合尺寸。确定配合性质的表面称为定心表面。按 GB/T 1144—2001 中的规定，矩形花键以小径配合面作为定心表面，即采用小径定心，如图 6-21 所示。

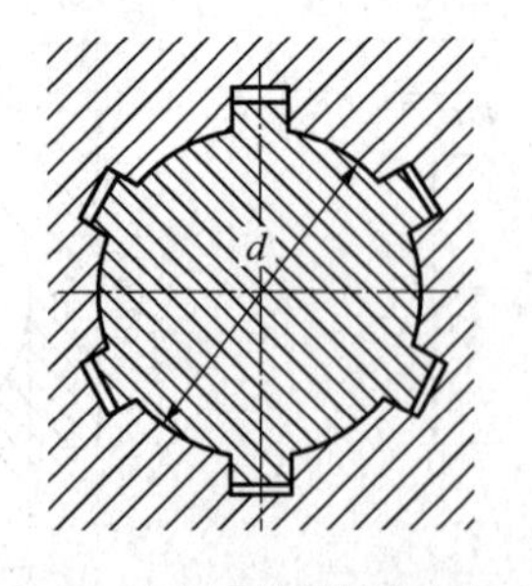

图 6-21 矩形花键连接的定心尺寸

矩形花键连接以小径定心，主要是因为大径定心在工艺上难以实现，如在定心表面硬度高时，内花键的大径加工困难。采用小径定心，当定心表面硬度高时，外花键的小径可用成形磨方式加工，而内花键小径也可用一般内圆磨进行加工，所以小径定心工艺性好，定心精度高。

表 6-9　矩形花键基本尺寸系列（摘自 GB/T 1144—2001）　单位：mm

小径	轻系列				中系列			
	规格 $N \times d \times D \times B$	键数 N	大径 D	键宽 B	规格 $N \times d \times D \times B$	键数 N	大径 D	键宽 B
11	—	—	—	—	6×11×14×3		14	3
13	—	—	—	—	6×13×16×3.5		16	3.5
16	—	—	—	—	6×16×20×4		20	4
18	—	—	—	—	6×18×22×5	6	22	5
21	—	—	—	—	6×21×25×5		25	5
23	6×23×26×6		26	6	6×23×28×6		28	6
26	6×26×30×6	6	30	6	6×26×32×6		32	6
28	6×28×32×7		32	7	6×28×34×7		34	7
32	8×32×36×6		36	6	8×32×38×6		38	6
36	8×36×40×7		40	7	8×36×42×7		42	7
42	8×42×46×8		46	8	8×42×48×8		48	8
46	8×46×50×9	8	50	9	8×46×54×9	8	54	9
52	8×52×58×10		58	10	8×52×60×10		60	10
56	8×56×62×10		62	10	8×56×65×10		65	10
62	8×62×68×12		68	12	8×62×72×12		72	12
72	10×72×78×12		78	12	10×72×82×12		82	12
82	10×82×88×12		88	12	10×82×92×12		92	12
92	10×92×98×14	10	98	14	10×92×102×14	10	102	14
102	10×102×108×16		108	16	10×102×112×16		112	16
112	10×112×120×18		120	18	10×112×125×18		125	18

表 6-10　内、外花键的尺寸公差带（摘自 GB/T 1144—2001）

内花键				外花键			装配形式
d	D	B					
		拉削后不热处理	拉削后热处理	d	D	B	
一般用							
H7	H10	H9	H11	f7	a11	d10	滑动
				g7		f9	紧滑动
				h7		h10	固定
精密传动用							
H5	H10	H7，H9		f5	a11	d8	滑动
				g5		f7	紧滑动
				h5		h8	固定
H6				f6		d8	滑动
				g6		f7	紧滑动
				h6		h8	固定

注：1．对于精密传动用的内花键，当需要控制键侧配合间隙时，槽宽公差带可选用 H7，一般情况下可选用 H9；
2．d 为 H6 和 H7 的内花键，允许与提高一级的外花键配合。

（2）矩形花键的公差与配合

GB/T 1144—2001《矩形花键尺寸、公差和检验》对矩形花键的尺寸公差、几何公差以及花键的标记等做了相应的规定。

① 尺寸系列　矩形花键尺寸分为轻、中两个系列，标准规定了花键孔和花键轴的基本尺寸以及规格。如表 6-9 所示。

② 尺寸公差带　**矩形花键配合采用基孔制**，内外花键小径、大径、键宽（键槽宽）的尺寸公差参见表 6-10。此处，用于定心的小径采用间隙配合是考虑到几何误差的影响，内外花键连接后使配合变紧。非定心的大径采用较大的间隙配合，保证内外花键连接时大径处不接触。表中精密级配合精度用于机床的变速箱等，而一般级适用于汽车、拖拉机的变速箱等。

③ 几何公差　在矩形花键连接中，内外花键小径定心表面的形状误差、键（或键槽）在圆周上的分度误差对花键连接性能的影响很大，必须加以控制。为保证内、外花键小径定心表面的配合性质，该表面的几何公差和尺寸公差应遵守包容要求。为控制内、外花键的分度误差和对称度误差，一般用位置度公差予以综合控制，同时采用最大实体原则以保证内外花键的可装配性。检验时应用花键量规来检验。国家标准中规定的位置度公差见表 6-11，其标注见图 6-22。

表 6-11　位置度公差 t_1 值（摘自 GB/T 1144—2001）　单位：mm

键槽宽或键宽 B	3	3.5～6	7～10	12～18
	t_1			
键槽	0.010	0.015	0.020	0.025
键（滑动、固定）	0.010	0.015	0.020	0.025
键（紧滑动）	0.006	0.010	0.013	0.016

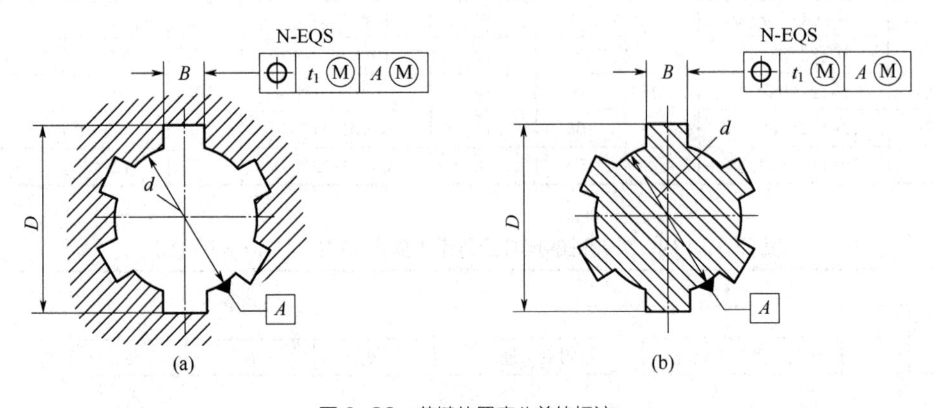

图 6-22　花键位置度公差的标注

当不用综合量规检验花键时（如单件、小批量生产），可按表 6-12 确定键宽的对称度公差，并且尺寸公差与几何公差遵守独立原则，其标注见图 6-23。各花键（键槽）沿圆周应均匀分布，允许不均匀分布的最大值为等分度公差值，其值等于对称度公差值，所以花键等分度公差在图样上不必标出。

表 6-12　矩形花键的对称度公差（摘自 GB/T 1144—2001）　单位：mm

键槽宽或键宽 B	3	3.5～6	7～10	12～18
	t_2			
一般用	0.010	0.012	0.015	0.018
精密传动用	0.006	0.008	0.009	0.011

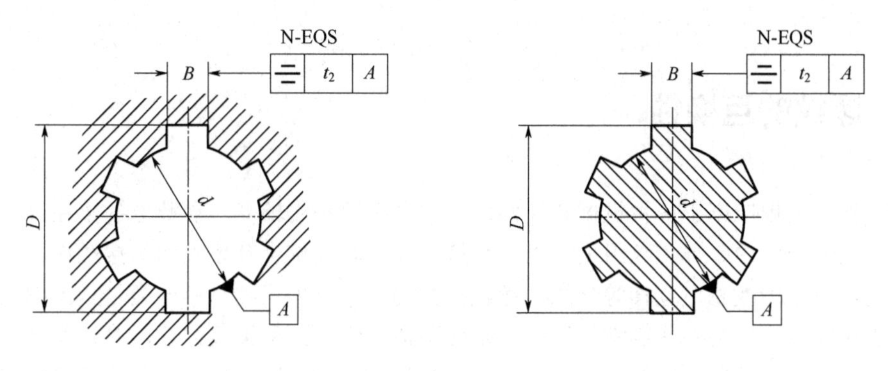

图 6-23　花键对称度公差的标注

④ 矩形花键的表面粗糙度　矩形花键各结合面的表面粗糙度 *Ra* 推荐值见表 6-13。

表 6-13　矩形花键表面粗糙度 *Ra* 推荐值　单位：μm

配合表面	内花键	外花键
	Ra 不大于	
大径	6.3	3.2
小径	0.8	0.8
键侧	3.2	0.8

⑤ 矩形花键的标记　矩形花键的标记代号，依次包括以下项目：键数 *N*、小径 *d*、大径 *D*、键（槽）宽 *B*，其各自的公差带代号或配合代号标注于各基本尺寸之后。示例如下。

某矩形花键连接，键数 *N*=6；小径 *d*=23mm，配合为 H7/ f7；大径 *D*=26mm，配合为 H10/a11；键（槽）宽 *B*=6mm，配合为 H11/d10。其标记为：

花键规格　$N \times d \times D \times B$

$6 \times 23 \times 26 \times 6$

花键副　$6 \times 23\frac{\mathrm{H7}}{\mathrm{f7}} \times 26\frac{\mathrm{H10}}{\mathrm{a11}} \times 6\frac{\mathrm{H11}}{\mathrm{d10}}$

内花键　6×23H7×26H10×6H11

外花键　6×23f7×26a11×6d10

图样标注示例见图 6-24。

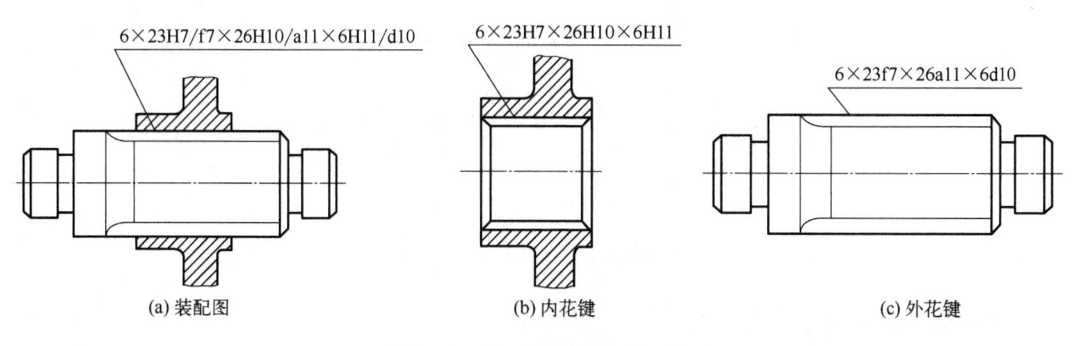

图 6-24　矩形花键图样标注示例

6.3 螺纹的互换性

螺纹被广泛地应用于各种机械和仪器仪表中。螺纹种类较多，参数也各不相同。螺纹连接是由相互结合的内、外螺纹组成。内、外螺纹通过相互旋合及牙侧面的接触作用，实现零件间的连接、紧固及相对位移等功能。螺纹按其用途可分为三类。第一类是紧固螺纹，用于紧固或连接零件，如公制普通螺纹等，这是使用最广泛的一种螺纹结合，对该类螺纹结合的主要要求是可旋合性和连接的可靠性。第二类是传动螺纹，用于传递动力或精确位移，如丝杠等，对该类螺纹结合的主要要求是传递动力的可靠性，或传动比的稳定性（保持恒定），这种螺纹结合要求有一定的间隙，以便传动及贮存润滑油。第三类是紧密螺纹（管螺纹），用于密封的螺纹结合，对该类螺纹结合的主要要求是结合紧密，不漏水、漏气和漏油，如管螺纹的连接。除上述三类螺纹外，还有一些专门用途的螺纹，如石油螺纹、气瓶螺纹、灯泡螺纹以及轮胎气门芯螺纹等。

本章主要讨论紧固螺纹中普通螺纹的互换性。对其他类型的螺纹结合精度设计可参考有关资料和标准。我国有关普通螺纹的现行标准主要有 GB/T 14791—2013《螺纹 术语》、GB/T 192—2003《普通螺纹 基本牙型》、GB/T 193—2003《普通螺纹 直径与螺距系列》、GB/T 196—2003《普通螺纹 基本尺寸》、GB/T 197—2018《普通螺纹 公差》和 GB/T 3934—2003《普通螺纹量规 技术条件》等。

6.3.1 普通螺纹的基本牙型及其主要参数

普通螺纹的基本牙型如图 6-25 所示，它是削去原始三角形顶部和底部，所形成的内、外螺纹共有的理论牙型，是确定螺纹设计牙型的基础。普通螺纹有以下主要参数。

（1）大径（D 或 d）

大径是与外螺纹牙顶或内螺纹牙底相重合的假想圆柱直径。国家标准规定，公制普通螺纹大径的公称尺寸是螺纹公称尺寸。对相互结合的普通螺纹，内、外螺纹大径的公称尺寸相等，即 $D=d$。外螺纹的大径 d 又称为顶径；内螺纹的大径 D 又称为底径。

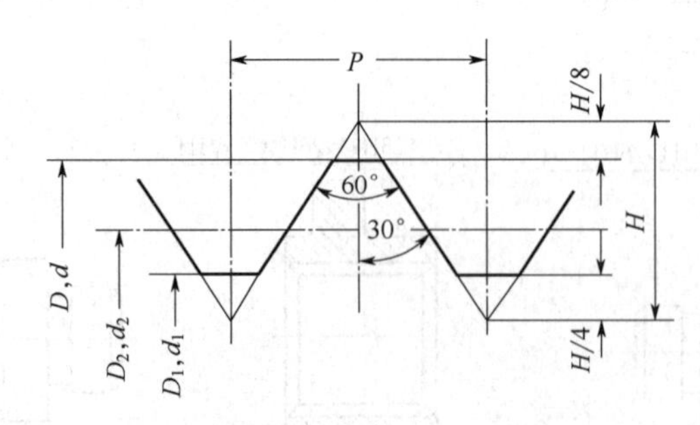

图 6-25 普通螺纹的基本牙型

（2）小径（D_1 或 d_1）

小径是与外螺纹牙底或内纹螺牙顶相重合的假想圆柱直径。外螺纹小径 d_1 又称为底径；内螺纹小径 D_1 又称为顶径。

（3）中径（D_2或d_2）

中径是一个假想圆柱的直径，该圆柱的母线通过牙型上牙槽宽度和牙厚宽度相等的地方，此假想圆柱称为中径圆柱。在基本牙型上，该圆柱的母线正好通过牙型上牙槽宽度和牙厚宽度等于 1/2 基本螺距的地方。相互结合的普通螺纹，内、外螺纹中径的公称尺寸相等，并且与大径（D，d）和原始三角形高度(H)有如下关系：

$D_2=d_2 = D-2\times3H/8 = d-2\times3H/8$（注意：普通螺纹的中径不是大径和小径的平均值）

（4）单一中径（D_{2a}或d_{2a}）

单一中径表示螺纹的实际中径。单一中径是指一个假想圆柱的直径，该圆柱的母线通过牙型上牙槽宽度等于 1/2 基本螺距的地方。由于该直径在牙槽宽度为固定值处测量，因此测量方便，而且还能有效地控制中径本身的尺寸。

当螺距无误差时，螺纹的中径就是螺纹的单一中径。当螺距有误差时，单一中径与中径不相等，如图 6-26 所示。

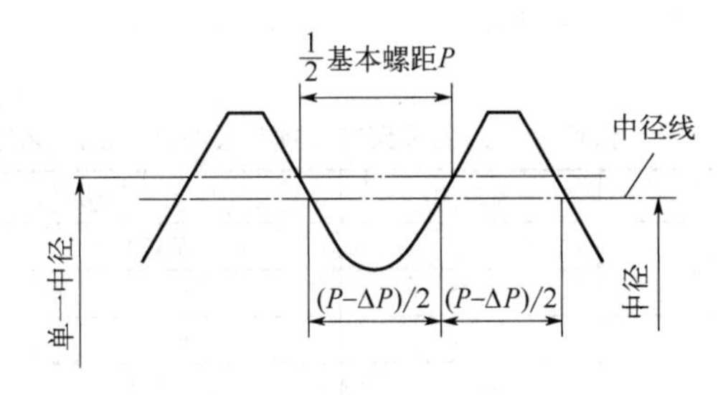

图6-26 螺纹中径

P—基本螺距；ΔP—螺距偏差

（5）螺距(P)与导程(P_h)

螺距是实际相邻两牙在中径线上对应两点间的轴向距离；导程是同一螺旋线上的相邻两牙在中径线对应点的轴向距离：

导程=螺纹线数×螺距

（6）牙型角(α)牙型半角($\alpha/2$)与牙侧角(α_1、α_2)

在螺纹牙型上，两相邻牙侧间的夹角称为牙型角。普通螺纹的牙型角 $\alpha = 60°$；牙型角的一半称为牙型半角 $\alpha/2$；牙侧角是牙侧与螺纹轴线的垂线间的夹角，α_1表示左牙侧角、α_2表示右牙侧角，普通螺纹的基本牙侧角 $\alpha_1 = \alpha_2 =30°$。如图 6-27 所示。

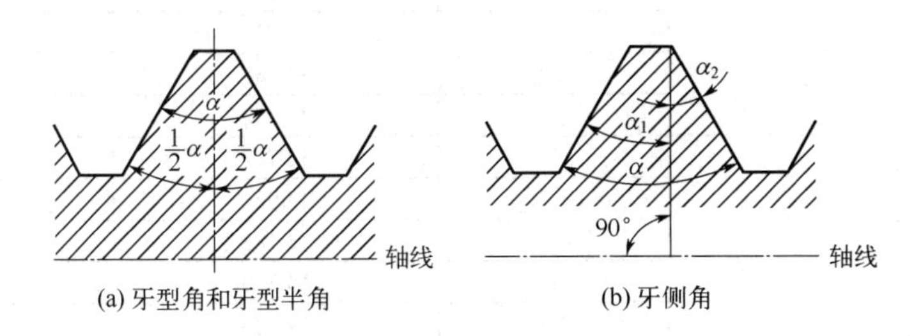

图6-27 牙型角、牙型半角和牙侧角

（7）螺纹旋合长度

螺纹旋合长度是指两个相互配合的螺纹沿螺纹轴线方向相互旋合部分的长度，如图 6-28 所示。

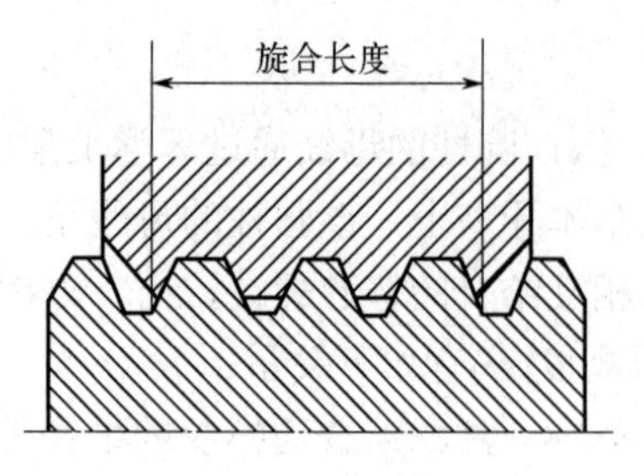

图 6-28 普通螺纹旋合长度

（8）螺纹最大和最小实体牙型

螺纹最大（小）实体牙型是由设计牙型和各直径的基本偏差和公差所决定的最大（小）实体状态下的螺纹牙型。

为应用方便，GB/T 196—2003 给出了普通螺纹的公称尺寸，并列出了公称尺寸对应的螺距、中径和小径的尺寸，如表 6-14 所示。

表 6-14 普通螺纹的公称尺寸（摘自 GB/T 196—2003） 单位：mm

公称直径(大径)(D、d)	螺距(P)	中径(D_2、d_2)	小径(D_1、d_1)
6	1	5.350	4.917
	0.75	5.513	5.188
7	1	6.350	5.917
	0.75	6.513	6.188
8	1.25	7.188	6.647
	1	7.350	6.917
	0.75	7.513	7.188
9	1.25	8.188	7.647
	1	8.350	7.917
	0.75	8.513	8.188
10	1.5	9.026	8.376
	1.25	9.188	8.647
	1	9.350	8.917
	0.75	9.513	9.188
11	1.5	10.026	9.376
	1	10.350	9.917
	0.75	10.513	10.188
12	1.75	10.863	10.106
	1.5	11.026	10.376
	1.25	11.188	10.647
	1	11.350	10.917
14	2	12.701	11.835
	1.5	13.026	12.376
	1.25	13.188	12.647
	1	13.350	12.917
15	1.5	14.026	13.376
	1	14.350	13.917
16	2	14.701	13.835
	1.5	15.026	14.376
	1	15.350	14.917

6.3.2 普通螺纹几何参数误差对螺纹互换性的影响

螺纹的加工过程难免产生加工误差。螺纹几何参数的加工误差对螺纹的可旋合性、配合性质等有不利影响。影响螺纹可旋合性和配合质量的参数主要是中径、螺距和牙侧角偏差。

（1）螺距偏差对螺纹互换性的影响

紧固螺纹的螺距偏差主要影响螺纹连接的可旋合性和可靠性；传动螺纹的螺距偏差主要影响传动精度和承载能力。因此必须对螺纹的螺距予以控制。

螺距偏差主要因加工过程中，加工机床运动链的传动误差引起。它包括螺距局部偏差和螺距累积偏差两种。螺距局部偏差是指在螺纹全长上，任意单个实际螺距对公称螺距的最大差值；螺距累积偏差是指在规定长度内（如旋合长度），任意两牙体间的实际螺距累积值与其基本螺距累积值之差中绝对值最大的那个偏差。前者与旋合长度无关，后者与旋合长度有关。

为便于分析，假设内螺纹具有理想牙型，外螺纹的中径及牙侧角与内螺纹相同，但是螺距有偏差，并假设外螺纹螺距大于内螺纹螺距，在几个螺牙长度上，累积螺距偏差为 ΔP_{Σ}。这时，在牙侧处将产生干涉（如图 6-29 中阴影部分）。为使内、外螺纹能旋合，应把外螺纹的实际中径减小 f_P 值或把内螺纹的实际中径增加 f_P 值。f_P 值叫作螺距偏差的中径当量。从图 6-29 的三角形 abc 中可以看出：

$$f_P = \Delta P_{\Sigma} \cot(\frac{\alpha}{2})$$

对于牙型角 $\alpha = 60^{\circ}$ 的公制普通螺纹：

$$f_P = 1.732\left|\Delta P_{\Sigma}\right| \tag{6-1}$$

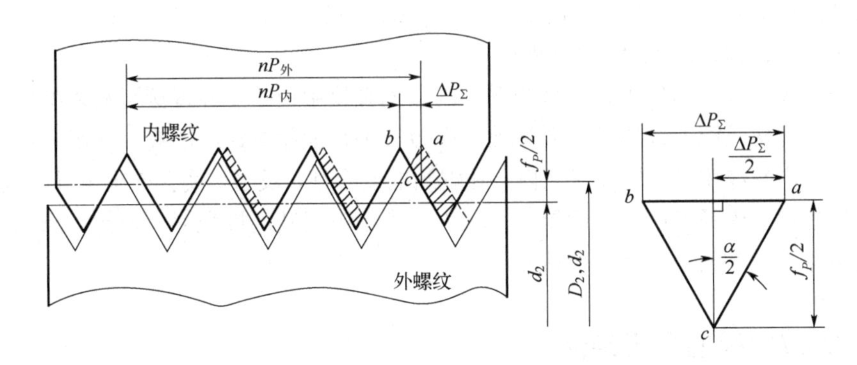

图 6-29 螺距累积偏差对旋合性的影响

螺距偏差导致内、外螺纹发生干涉，旋合性下降。虽然通过“螺距偏差中径当量”的补偿保证了旋合性，但其内、外螺纹的牙侧接触面积减少，使连接强度降低。

（2）牙侧角偏差对螺纹互换性的影响

牙侧角偏差是指实际牙侧角与基本牙侧角的代数差，它同样会影响螺纹的旋合性和连接强度。

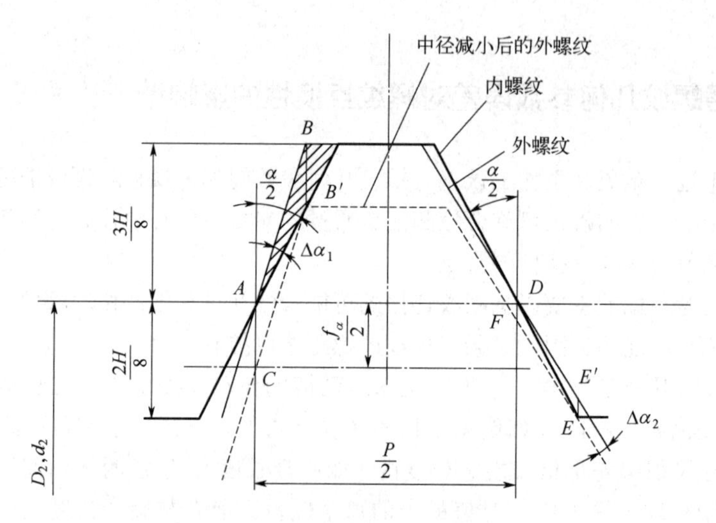

图 6-30 牙侧角偏差对旋合性的影响

为便于分析，假设内螺纹具有理想牙型，外螺纹中径和螺距与内螺纹相同，但是牙侧角有误差，如图 6-30 所示。当外螺纹牙侧角小于或大于内螺纹牙侧角时，在牙侧处将产生干涉（图中阴影部分）。为使内、外螺纹能旋合，应把外螺纹的实际中径减小 f_α，或把内螺纹的实际中径增加 f_α 值。f_α 值叫作牙侧角偏差的中径当量。

由图 6-30 可以看出，由于左、右牙侧角偏差 $\Delta\alpha_1$、$\Delta\alpha_2$ 的大小和符号各不相同，因此左、右牙侧干涉区的最大径向干涉量通常取它们的平均值 $f_\alpha/2$。经计算整理得:

$$f_\alpha = 0.073P(K_1|\Delta\alpha_1| + K_2|\Delta\alpha_2|)\mu m \tag{6-2}$$

式中，P 是螺距，mm；$\Delta\alpha_1$ 和 $\Delta\alpha_2$，分(')，f_α，μm。

对外螺纹：$\Delta\alpha_1$、$\Delta\alpha_2$ 为正值时，K_1，K_2=2；为负值时，K_1，K_2=3；

对内螺纹：$\Delta\alpha_1$、$\Delta\alpha_2$ 为正值时，K_1，K_2=3；为负值时，K_1，K_2=2。

（3）螺纹中径偏差对互换性的影响

内、外螺纹相互作用集中在牙型侧面，内、外螺纹中径的差异直接影响牙型侧面的接触状态。因此决定螺纹配合性质的主要参数是中径，中径偏差对螺纹的旋合性影响较大。若外螺纹中径小于内螺纹中径，就能保证内、外螺纹的旋合性，反之，就会产生干涉，难以旋合。但是，如果外螺纹中径过小，内螺纹中径过大，则会削弱其连接强度。为此，加工螺纹时，应当控制实际中径对其基本尺寸的偏差。

6.3.3 螺纹中径的合格条件

由以上分析可知，对普通螺纹而言，除中径本身有制造误差之外，螺距偏差和牙侧角偏差造成不能旋合的影响，也要通过改变中径大小的办法得到补偿。对外螺纹，其效果相当于中径增大了；对内螺纹，其效果相当于中径减小了。这个增大了或减小了的假想螺纹中径，称为螺纹的作用中径。

GB/T 14791—2013《螺纹 术语》中对作用中径定义如下：在规定的旋合长度内，恰好包容（没有过盈或间隙）实际螺纹牙侧的一个假想螺纹的中径。该理想螺纹具有基本牙型，即具有理想的螺距、牙型半角以及牙型高度，并且包容时与实际螺纹在牙顶和牙底处不发生干涉。内、外螺纹的作用中径如图 6-31、图 6-32 所示。

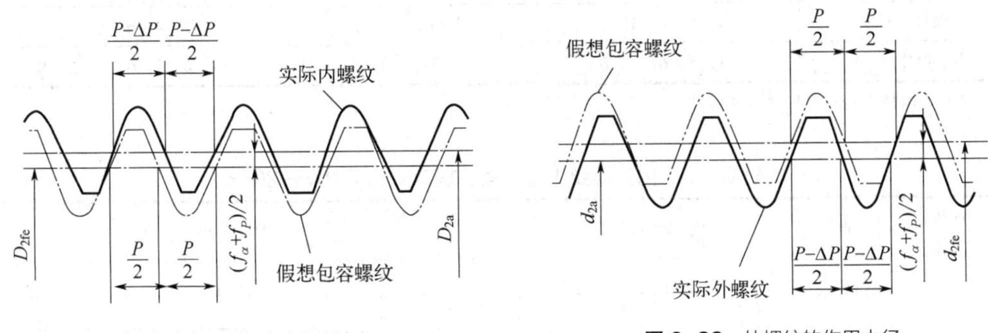

图 6-31　内螺纹的作用中径　　　　**图 6-32**　外螺纹的作用中径

螺纹作用中径的值为：

外螺纹　　$d_{2fe}= d_{2a}+(f_P+f_\alpha)$　　（6-3）

内螺纹　　$D_{2fe}=D_{2a}-(f_P+f_\alpha)$　　（6-4）

式中，外螺纹作用中径 d_{2fe}；外螺纹单一中径 d_{2a}；内螺纹作用中径 D_{2fe}；内螺纹单一中径 D_{2a}。

因此，判断螺纹能否旋合的指标不是单一中径而是作用中径，因此要使螺纹能旋合，必须保证 $D_{2fe}\geqslant d_{2fe}$。

对普通螺纹，国家标准没有单独规定螺距及牙侧角公差，而只规定了一个中径总公差 (T_{D2}，T_{d2})，它是同时用来限制单一中径、螺距及牙侧角偏差的。螺纹中径的合格条件是：螺纹的作用中径不能超过最大实体牙型的中径，而实际螺纹上任何部位的单一中径不能超过最小实体牙型的中径。即：

外螺纹　　$d_{2fe}\leqslant d_{2max}$，$d_{2a}\geqslant d_{2min}$

内螺纹　　$D_{2fe}\geqslant D_{2min}$，$D_{2a}\leqslant D_{2max}$

其中，第一个条件是要求在给定的旋合长度内，实际螺纹的整个牙型轮廓不能超过最大实体牙型，以保证螺纹的旋合性；第二个条件要求在牙侧的任何部位上，决定中径的轮廓不能超过最小实体牙型，以保证螺纹具有足够的连接强度。

6.3.4　普通螺纹的公差与配合

（1）普通螺纹的公差

从互换性的角度来看，螺纹的基本几何要素有五个，即大径、小径、中径、螺距和牙侧角。国家标准对螺距和牙侧角不单独规定公差，而是用中径公差来综合控制。这样，在普通螺纹中，为满足互换性要求，就只需规定大径、中径和小径公差。但因外螺纹和内螺纹的底径（d_1 和 D）是在加工时和中径一起由刀具切出的，其尺寸由刀具保证，因此也不规定公差。国家标准 GB/T 197—2018 仅对 d、d_2 和 D_2、D_1 规定公差，即仅规定内外螺纹中径和顶径的公差值。其各自的公差等级见表 6-15，国家标准规定的中径和顶径的部分公差值摘录如表 6-16 和表 6-17 所示。

表 6-15 普通螺纹公差等级（摘自 GB/T 197—2018）

内螺纹	公差等级	外螺纹	公差等级
内螺纹小径 D_1	4、5、6、7、8	外螺纹大径 d	4、6、8
内螺纹中径 D_2	4、5、6、7、8	外螺纹中径 d_2	3、4、5、6、7、8、9

注：表中 3 级精度最高；9 级精度最低。

表 6-16 内外螺纹中径公差（摘自 GB/T 197—2018） 单位：μm

公称直径/mm		螺距	内螺纹中径公差 T_{D2}					外螺纹中径公差 T_{d2}						
>	≤	P/mm	公差等级											
			4	5	6	7	8	3	4	5	6	7	8	9
5.6	11.2	0.75	85	106	132	170	—	50	63	80	100	125	—	—
		1	95	118	150	190	236	56	71	90	112	140	180	224
		1.25	100	125	160	200	250	60	75	95	118	150	190	236
		1.5	112	140	180	224	280	67	85	106	132	170	212	265
11.2	22.4	1	100	125	160	200	250	60	75	95	118	150	190	236
		1.25	112	140	180	224	280	67	85	106	132	170	212	265
		1.5	118	150	190	236	300	71	90	112	140	180	224	280
		1.75	125	160	200	250	315	75	95	118	150	190	236	300
		2	132	170	212	265	335	80	100	125	160	200	250	315
		2.5	140	180	224	280	355	85	106	132	170	212	265	335
22.4	45	1	106	132	170	212	—	63	80	100	125	160	200	250
		1.5	125	160	200	250	315	75	95	118	150	190	236	300
		2	140	180	224	280	355	85	106	132	170	212	265	335
		3	170	212	265	335	425	100	125	160	200	250	315	400
		3.5	180	224	280	355	450	106	132	170	212	265	335	425
		4	190	236	300	375	475	112	140	180	224	280	355	450
		4.5	200	250	315	400	500	118	150	190	236	300	375	475

表 6-17 内外螺纹顶径公差（摘自 GB/T 197—2018） 单位：μm

螺距 P/mm	内螺纹顶径（小径）公差 T_{D1}					外螺纹顶径（大径）公差 T_d		
	公差等级							
	4	5	6	7	8	4	6	8
0.75	118	150	190	236	—	90	140	—
0.8	125	160	200	250	315	95	150	236
1	150	190	236	300	375	112	180	280
1.25	170	212	265	335	425	132	212	335
1.5	190	236	300	375	475	150	236	375
1.75	212	265	335	425	530	170	265	425
2	236	300	375	475	600	180	280	450
2.5	280	355	450	560	710	212	335	530
3	315	400	500	630	800	236	375	600

表 6-18　内外螺纹的基本偏差（摘自 GB/T 197—2018）　　单位：μm

螺距 P/mm	基本偏差									
	内螺纹		外螺纹							
	G	H	a	b	c	d	e	f	g	h
	EI	EI	es	es	es	es	es	es	es	es
0.75	+22		—	—	—	—	−56	−38	−22	
0.8	+24		—	—	—	—	−60	−38	−24	
1	+26		−290	−200	−130	−85	−60	−40	−26	
1.25	+28		−295	−205	−135	−90	−63	−42	−28	
1.5	+32	0	−300	−212	−140	−95	−67	−45	−32	0
1.75	+34		−310	−220	−145	−100	−71	−48	−34	
2	+38		−315	−225	−150	−105	−71	−52	−38	
2.5	+42		−325	−235	−160	−110	−80	−58	−42	
3	+48		−335	−245	−170	−115	−85	−63	−48	

（2）普通螺纹的基本偏差

内、外螺纹的公差带相对于基本牙型的位置与圆柱体的公差带位置一样，由基本偏差来确定。

在普通螺纹标准中，对内螺纹规定了两种公差带位置，其基本偏差分别为 G、H；对外螺纹规定了六种公差带位置，其基本偏差分别为 a、b、c、d、e、f、g、h。如图 6-33 所示，H、h 的基本偏差为零，G 的基本偏差为正值，a、b、c、d、e、f、g 的基本偏差为负值。GB/T 197—2018 规定了各基本偏差的数值，摘录如表 6-18 所示。

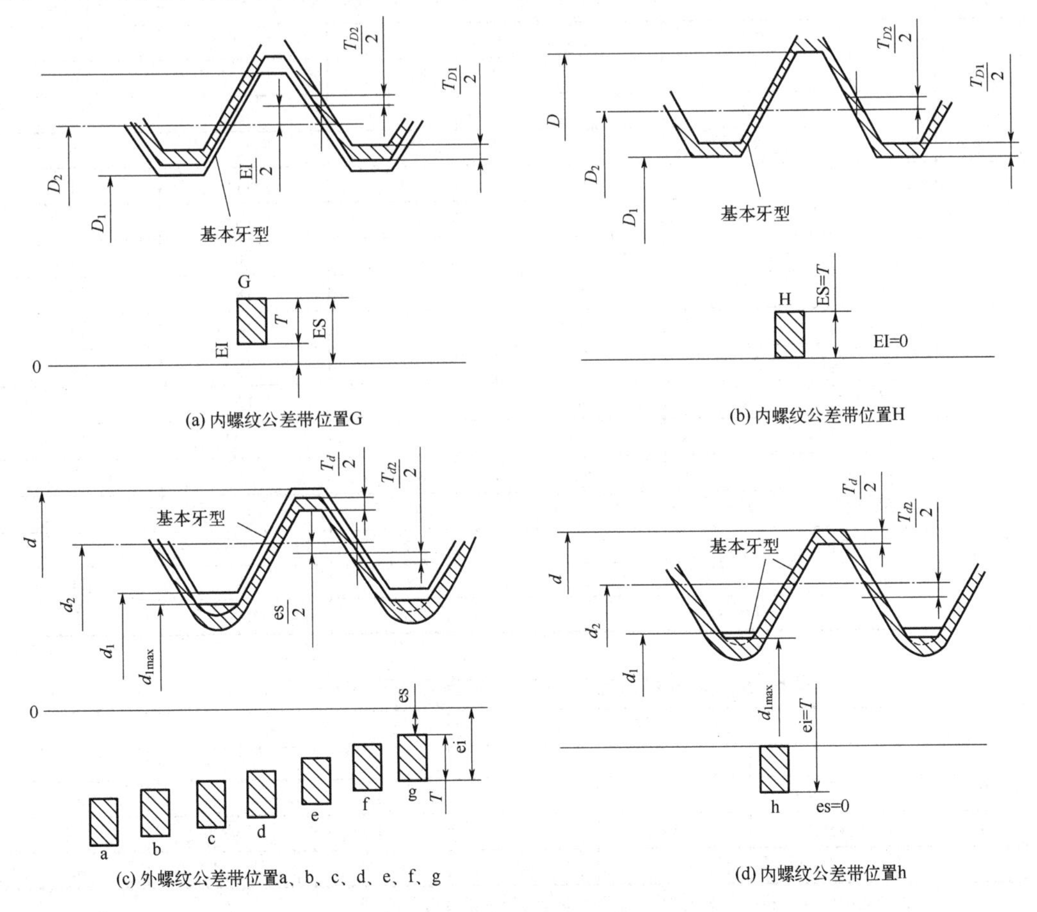

(a) 内螺纹公差带位置G　(b) 内螺纹公差带位置H

(c) 外螺纹公差带位置a、b、c、d、e、f、g　(d) 内螺纹公差带位置h

图 6-33　螺纹公差带

对外螺纹，基本偏差是上偏差（es）；对内螺纹，基本偏差是下偏差（EI）。

外螺纹下偏差：ei=es−T；

内螺纹上偏差：ES=EI+T。

其中，T 是螺纹公差。

（3）螺纹的旋合长度与精度等级

螺纹的旋合长度与螺纹的精度密切相关。旋合长度增加，螺纹牙侧角偏差和螺距累积偏差就可能增加，要求同样的中径公差值加工就会更困难。所以，衡量螺纹的精度应包括旋合长度。国家标准将螺纹的旋合长度分为三组，即**短旋合长度组(S)、中等旋合长度组(N)和长旋合长度组(L)**。一般采用中等旋合长度。螺纹旋合长度见表 6-19。GB/T 197—2018 按螺纹公差等级和旋合长度规定了三种精度等级，分别是**精密级、中等级和粗糙级**。表 6-20、表 6-21 为 GB/T 197—2018 列出的内、外螺纹的推荐公差带。精密级用于精密螺纹及要求配合性质稳定和保证定位精度的螺纹；中等级广泛用于一般螺纹；粗糙级用于不重要的螺纹及制造困难的螺纹，如较深的盲孔中的螺纹、热轧棒料上的螺纹。

表 6-19 螺纹旋合长度（摘自 GB/T 197—2018）

单位：mm

公称直径 D、d		螺距 P	旋合长度			
			S	N		L
>	≤		≤	>	≤	>
5.6	11.2	0.75	2.4	2.4	7.1	7.1
		1	3	3	9	9
		1.25	4	4	12	12
		1.5	5	5	15	15
11.2	22.4	1	3.8	3.8	11	11
		1.25	4.5	4.5	13	13
		1.5	5.6	5.6	16	16
		1.75	6	6	18	18
		2	8	8	24	24
		2.5	10	10	30	30
22.4	45	1	4	4	12	12
		1.5	6.3	6.3	19	19
		2	8.5	8.5	25	25
		3	12	12	36	36
		3.5	15	15	45	45
		4	18	18	53	53
		4.5	21	21	63	63

表 6-20 内螺纹的推荐公差带（摘自 GB/T 197—2018）

公差精度	公差带位置 G			公差带位置 H		
	S	N	L	S	N	L
精密	—	—	—	4H	5H	6H
中等	(5G)	**6G**	(7G)	**5H**	**6H**	**7H**
粗糙	—	(7G)	(8G)	—	7H	8H

注：1. 公差带优先选用顺序：粗字体公差带、一般字体公差带、括号内公差带；

2. 大量生产的精制紧固螺纹，推荐采用带方框的粗体公差带。

表6-21　外螺纹的推荐公差带（摘自GB/T 197—2018）

公差精度	公差带位置e			公差带位置f			公差带位置g			公差带位置h		
	S	N	L	S	N	L	S	N	L	S	N	L
精密	—	—	—	—	—	—	—	(4g)	(5g4g)	(3h4h)	**4h**	(5h4h)
中等	—	**6e**	(7e6e)	—	**6f**	—	(5g6g)	**6g**	(7g6g)	(5h6h)	6h	(7h6h)
粗糙	—	(8e)	(9e8e)	—	—	—	—	8g	(9g8g)	—	—	—

注：1．公差带优先选用顺序：粗体公差带、一般字体公差带、括号内公差带；

2．大量生产的精制紧固螺纹，推荐采用带方框的粗体公差带。

（4）普通螺纹配合的选用

内、外螺纹选用的公差带可以任意组合形成配合，但为减少螺纹刀具和螺纹量规的规格和数量，必须对螺纹公差等级和基本偏差组合种类加以限制。为保证足够的接触高度，加工好的内、外螺纹最好组成H/g、H/h或G/h的配合。一般情况下采用最小间隙为零的H/h配合；对公称直径小于和等于1.4mm的螺纹，应选用5H/4h、4H/6h或更精密的配合。外螺纹需要涂镀时，镀厚为10μm时，可选用g，镀厚为20μm时，可选用f，镀厚为30μm时，可选用e；内外螺纹均需涂镀时，可选用G/e或G/f配合。

（5）普通螺纹的标记

螺纹完整的标记由螺纹代号、螺纹公差带代号、螺纹旋合长度代号和旋向代号组成。为与尺寸的极限与配合相区别，**螺纹的公差等级写在前，基本偏差代号写在后**。标记示例如下。

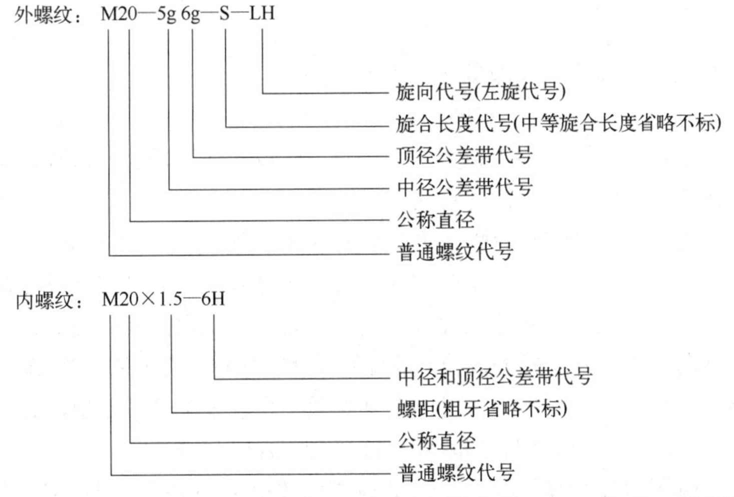

螺纹代号用“M”及公称直径×螺距（单位是mm）表示。粗牙螺纹不标注螺距。当螺纹为左旋时在螺纹代号后加“LH”，缺省时为右旋螺纹。螺纹公差带代号包括中径和顶径公差带代号，标注在螺纹代号之后，**中径公差带代号在前，顶径公差带代号在后**。螺纹旋合长度代号在螺纹公差带代号之后标注，**中等旋合长度不加标注**，如：M20—5g6g。中径、顶径公差带相同时只标注一个公差代号，如标注“M20×1.5—6H”中的“6H”。

内、外螺纹装配在一起时，可将它们的公差带代号用斜线分开，左边为内螺纹公差带代号，右边为外螺纹公差带代号。

例如：M24×2—6H/5g6g，表示公称直径为24mm，螺距为2mm的内外螺纹相配合，其中内螺纹中径及顶径的公差代号都是6H，外螺纹中径公差代号为5g，顶径公差代号为6g，中等旋合长度。

例 6-3 有一螺母，大径 D 为 24mm，中径 D_2=22.051mm，螺距为 3mm，中径的公差带为 6H。加工后测得尺寸为：单一中径 D_{2a}=22.258mm,螺距累积偏差 ΔP_Σ=+50μm，牙侧角偏差 $\Delta\alpha_1$=−80′，$\Delta\alpha_2$=+60′。试判断该螺母是否合格。

解：根据已知条件，查表 6-16、表 6-18 得，中径基本偏差 EI=0，中径公差 T_{D2}=265μm，则中径的上偏差 ES = EI+T_{D2}= +265μm，所以：

$$D_{2\max} = D_2 + T_{D2} = 22.051 + 0.265 = 22.316\text{mm}$$

$$D_{2\min} = D_2 = 22.051\text{mm}$$

由式（6-1）、式（6-2）可计算螺距偏差和牙侧角偏差的中径当量值，即：

$$f_P = 1.732\left|\Delta P_\Sigma\right| = 1.732 \times 50 = 86.6\mu\text{m} \approx 0.087\text{mm}$$

$$f_\alpha = 0.073P(K_1\left|\Delta\alpha_1\right| + K_2\left|\Delta\alpha_2\right|) = 0.073 \times 3 \times (2 \times 80 + 3 \times 60) = 74.46\mu\text{m} \approx 0.074\text{mm}$$

由式（6-4）可计算螺母的作用中径

$$D_{2\text{fe}} = D_{2\text{a}} - (f_P + f_\alpha) = \left[22.285 - \left(0.087 + 0.074\right)\right] = 22.124\text{mm}$$

$$D_{2\text{a}} = 22.285\text{mm} < D_{2\max} = 22.316\text{mm}$$

$$D_{2\text{fe}} = 22.124\text{mm} > D_{2\min} = 22.051\text{mm}$$

故该螺母合格，满足互换性要求。

6.3.5 螺纹的检测

螺纹是多参数零件，有综合检验和单项测量两种检测方法。

（1）综合检验

综合检验主要是对螺纹上各参数误差的综合质量是否符合螺纹标注要求进行检验，也称性能检验，适用于检验大批量生产的精度不高的螺纹。

生产中，主要采用螺纹极限量规来综合检验。螺纹极限量规分为“通规”和“止规”。通规控制被测螺纹的作用中径不超过最大实体牙型的中径（$d_{2\max}$ 或 $D_{2\min}$），同时控制被测螺纹的外螺纹小径或内螺纹大径不超过其最大实体尺寸（$d_{1\max}$ 或 $D_{\min}$）。止规控制被测螺纹的单一中径不超过最小实体牙型的中径（$d_{2\min}$ 或 $D_{2\max}$）。量规的设计要根据“泰勒原则”，即通规要具有完整形状，以便能同时检验最大实体状态时的全部参数；止规采用截短牙型，并且只有 2～3 个螺距的螺纹长度，以减少牙侧角偏差和螺距偏差对检验结果的影响。

图 6-34 所示为用螺纹环规和光滑极限环规（或卡规）检验外螺纹的情形。图 6-35 为用螺纹塞规和光滑极限塞规检验内螺纹的情形。

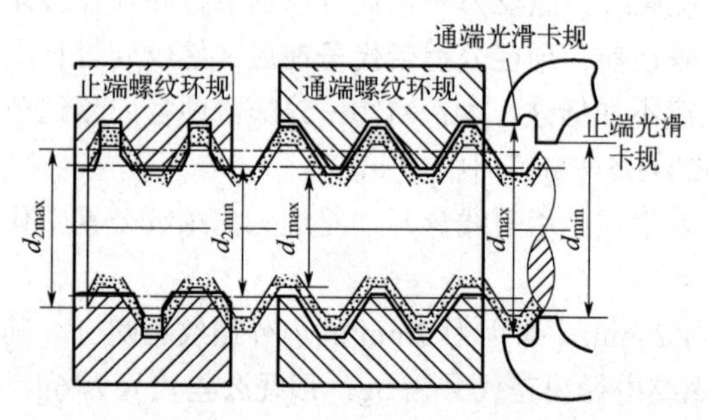

图 6-34 外螺纹的综合检测

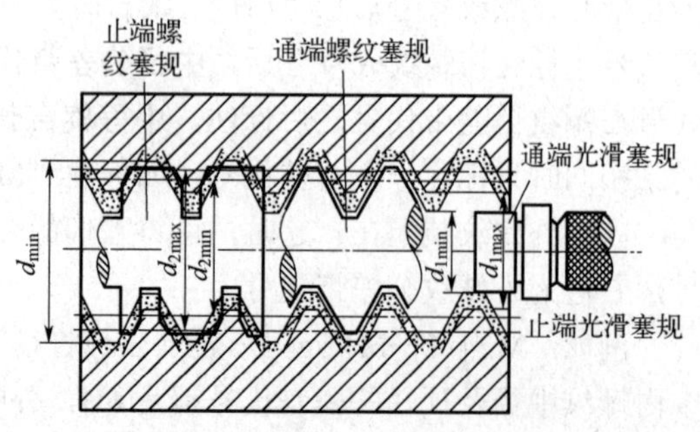

图 6-35 内螺纹的综合检测

检验时，对于被测螺纹，若通规能通过（内螺纹）或旋合（外螺纹），止规不能通过（内螺纹）或不能完全旋合（外螺纹），则被测螺纹是合格的。检验外螺纹，最好使用通端螺纹环规，一般只在为节省时间、检验方便以及在不宜采用螺纹环规进行大量检验的情况下，才使用通端螺纹卡规。在使用通端螺纹卡规进行大量检验时，要用通端螺纹环规做随机抽样的补充检验，发生争议时，用通端螺纹环规（最好用固定式螺纹环规）进行仲裁。另外，与用卡规检验光滑圆柱体直径以及用塞规检验光滑圆孔内径一样，图 6-34 中的光滑卡规用来检验外螺纹大径的极限尺寸，图 6-35 中的光滑塞规用来检验内螺纹小径的极限尺寸。

综合检验除采用量规外，还可采用投影仪测量，即将被测螺纹的放大图与螺纹公差放大图比较，根据影像是否超出公差带图来判断其合格性。

（2）单项测量

单项测量是指对螺纹的几何要素分别进行测量，用专用的量具或量仪对螺纹的各实际几何参数进行单独测量。该方法可找出螺纹不合格的原因或分析各项误差，用以指导生产。单项测量适用于单件、小批量生产，尤其是精密螺纹（螺纹刀具、螺纹量规等）的测量。常用的单项测量方法有：

① 用螺纹千分尺测量。低精度外螺纹的中径常用螺纹千分尺测量。螺纹千分尺可通过将外径千分尺的平面量头或内径千分尺的球面量头改装成可插式牙形量头得到。用螺纹千分尺测量螺纹中径的误差较大，一般为 0.02～0.025mm。

② 用三针法测量。用三根直径相等的精密圆柱量针按图 6-36 所示放在螺纹牙槽中，然后两处尺寸根据被测螺纹的螺距 P、牙型半角 $\alpha/2$ 及量针直径 d_0 与 M 的几何关系，求出被测螺纹的中径 d_2，即：

$$d_2 = M - d_0\left(1 + \frac{1}{\sin\frac{\alpha}{2}}\right) + \frac{P}{2}\cot\frac{\alpha}{2}$$

对于公制普通螺纹，$\alpha/2 = 30^\circ$，则：

$$d_2 = M - 3d_0 + 0.866P$$

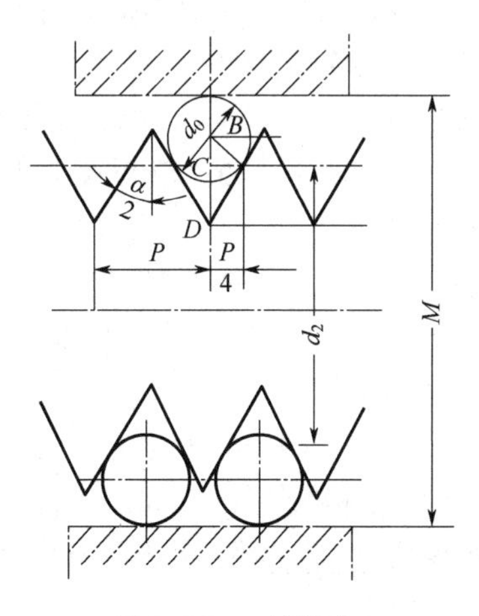

图 6-36 三针法测量

量针直径 d_0 应该按螺距 P 和螺纹牙型半角 $\alpha/2$ 选取，以使量针与被测螺纹的牙侧恰好在中径处接触，$d_{0佳}$ 称为最佳量针直径：

$$d_{0佳}=\frac{P}{2\cos\frac{\alpha}{2}}$$

③ 影像法测量。用工具显微镜将被测螺纹的牙型轮廓放大成像，按被测螺纹的影像测量其螺距、牙型半角和中径。

6.4 圆锥结合的互换性

圆锥结合是机械制造中经常应用的一种结合形式，它具有相互结合的内、外圆锥的定心精度高、同轴度易于保证、装拆方便且间隙可调、轴向加载便可实现过盈配合等特点。实际应用中，广泛用于铣刀、钻头、铰刀、顶尖等刀具、工具与机床主轴的连接，以及流体系统中的密封连接。

拓展阅读：圆锥结合的互换性

习题与思考题

拓展阅读

一、选择题

1．滚动轴承的内圈与轴颈的配合采用（　　）。

A．基孔制　　B．基孔制或基轴制都可以

C．基轴制　　D．基孔制或基轴制都可以

2．图样上标注内外螺纹配合的代号为 M30×1.5—5H6H/5g6g，则内螺纹中径公差带代号为（　　）。

A．5H　　B．6H

C．5g　　D．6g

3．平键连接的键宽公差带为 h8，在采用一般连接，用于载荷不大的一般机械传动的固定连接时，其轴槽宽与毂槽宽的公差带分别为（　　）。

A．轴槽 H9，毂槽 D10　　B．轴槽 N9，毂槽 Js9

C．轴槽 P9，毂槽 P9　　D．轴槽 H7，毂槽 E9

4．矩形花键连接结合面的配合采用（　　）配合制。

A．基孔制　　B．基轴制

C．非基孔非基轴制　　D．国家标准未明确推荐

二、填空题

1．滚动轴承内圈的内径尺寸公差为 10μm，与之相配合的轴颈的直径公差为 13μm，若要求最大过盈为−8μm，则该轴颈的上偏差应为____μm，下偏差应为____μm。

2．滚动轴承最常用的公差等级是________级，其外圈与 H7 外壳孔配合的性质是________。

3．圆锥结合的类型有________和________。

4．平键连接采用________配合制，配合类型有________种。

三、综合题

1．有一外圆锥，其最大直径为ϕ100mm，最小直径为ϕ95mm，长度为 100mm。试确定圆锥角、圆锥素线角和锥度。

2．滚动轴承的精度等级有哪几种？

3．滚动轴承内圈与轴颈的配合，以及外圈与轴承座孔的配合分别采用哪种配合制？并指出滚动轴承内圈与轴颈配合时所采用配合制的特点。

4．平键连接的主要几何参数有哪些？配合尺寸是哪个？

5．矩形花键连接结合面有哪些？国家标准推荐一般采用哪种定心方式？

6．试比较螺纹中径、作用中径和单一中径在概念上有什么不同？

7．说明 M20×2—6H/5g6g 的含义，并查表确定内、外螺纹的极限偏差。

习题参考答案

8．有一螺栓 M24×2—6h，中径基本尺寸 d_2 =22.701mm，测得其单一中径 d_{2a}=22.5mm，螺距累积偏差 ΔP_{Σ}=+35μm，左、右牙侧角偏差 $\Delta\alpha_1$=−30′、$\Delta\alpha_2$=+65′，试判断其合格性。

第 7 章
圆柱齿轮传动的互换性

本书配套资源

思维导图

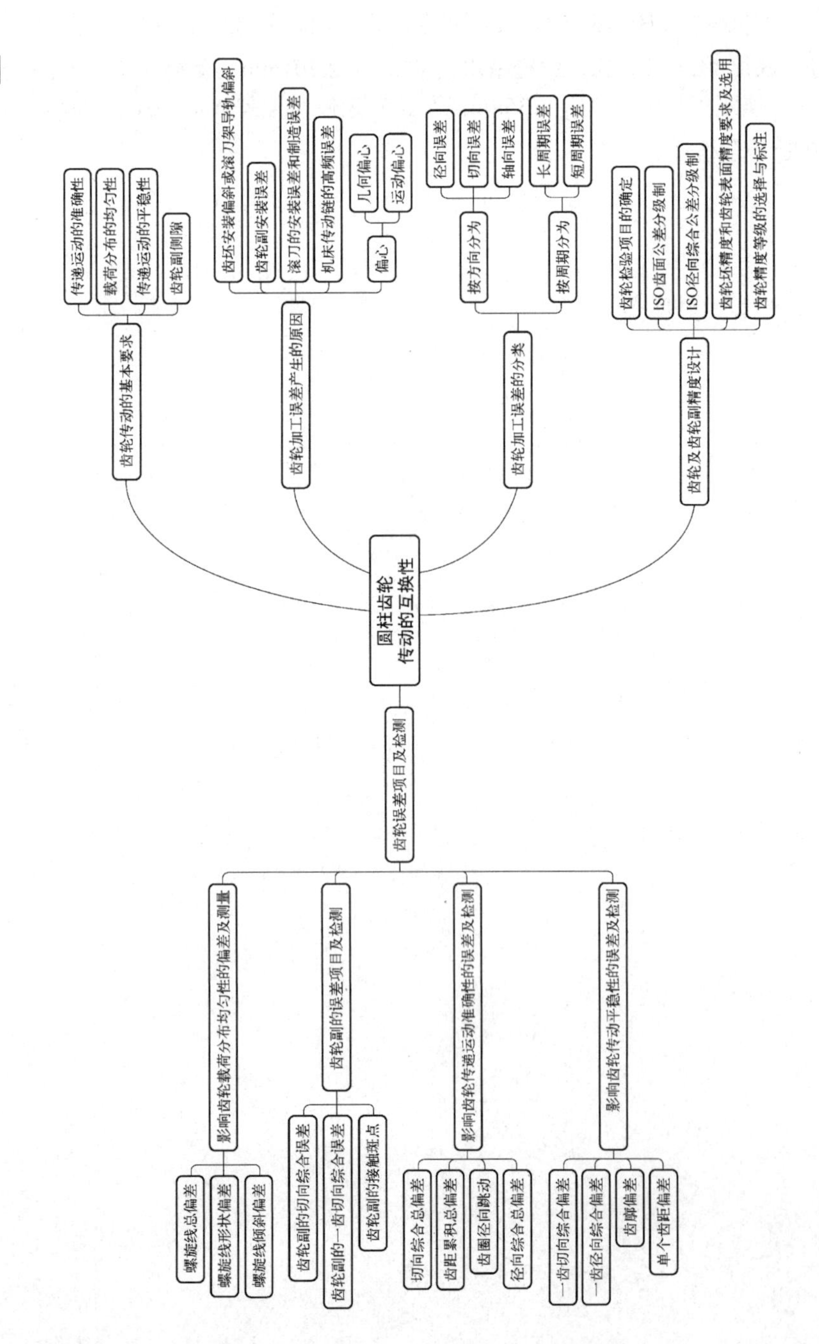

案例引入

图 7-1　汽车自动变速箱

图 7-1 所示为汽车自动变速箱，一个汽车品牌的变速箱可能在全球多个工厂生产，但所有的齿轮必须符合相同的精度标准，以确保变速箱的统一性和可靠性。为了实现这一点，汽车制造商会严格遵循齿轮制造标准，如 ISO 标准（国际标准化组织）或 DIN（德国工业标准）。通过这些标准，齿轮可以在不同的汽车型号和生产线之间互换，甚至可以在不同制造商的产品之间实现一定程度的互换。那么在齿轮的尺寸、形状和表面粗糙度等方面，标准规定了哪些公差要求呢？这些要求对齿轮传动有什么影响或保障？

学习目标

① 掌握齿轮传动使用要求对应的公差项目。

② 熟悉圆柱齿轮主要几何参数的互换性。

③ 了解齿轮传动意义、作用和使用要求。

本章内容涉及的相关标准主要有：GB/T 10095.1—2022《圆柱齿轮　ISO 齿面公差分级制　第 1 部分：齿面偏差的定义和允许值》，GB/T 10095.2—2023《圆柱齿轮　ISO 齿面公差分级制　第 2 部分：径向综合偏差的定义和允许值》

另外，还有 4 个国家标准化指导性文件，属于《圆柱齿轮检验实施规范》，包括：GB/T 13924—2008《渐开线圆柱齿轮精度　检验细则》，GB/Z 18620.1—2008《圆柱齿轮　检验实施规范　第 1 部分：轮齿同侧齿面的检验》、GB/Z 18620.2—2008《圆柱齿轮　检验实施规范　第 2 部分：径向综合偏差、径向跳动、齿厚和侧隙的检验》、GB/Z 18620.3—2008《圆柱齿轮　检验实施规范　第 3 部分：齿轮坯、轴中心距和轴线平行度的检验》、GB/Z 18620.4—2008《圆柱齿轮　检验实施规范　第 4 部分：表面结构和轮齿接触斑点的检验》。

7.1　概述

齿轮传动是机械传动的基本形式之一，由于其可靠性好、承载能力强、制造工艺成熟等优点，已成为各类机械中传递运动和动力的主要机构，尤其是圆柱齿轮应用更为广泛。

齿轮传动有圆柱齿轮传动、圆锥齿轮传动、齿轮齿条传动、蜗杆蜗轮传动等。齿轮传动的质量不仅与齿轮或蜗轮副的制造精度有关，还与传动装置的安装精度有关。

随着科技水平的迅猛发展，对机械产品的自身质量、传递功率和工作精度都提出了更高的要求，从而对齿轮传动的精度也提出了更高的要求。因此，研究齿轮偏差、精度标准及检测方法，对提高齿轮加工质量具有重要的意义。

本章仅介绍圆柱齿轮传动精度的控制与评定，由此可了解其他齿轮传动精度标准及其应用的一般规律。

7.1.1 齿轮传动的基本要求

由于齿轮传动的类型很多，应用范围广泛，所以对齿轮传动的使用要求也是多方面的，可以按不同的观点分类。

按齿轮传动的功能考虑，齿轮传动的使用要求可分为传动精度与齿侧间隙两方面。齿轮传动的作用主要是在一定速度下传递运动和动力，按齿轮传动的作用特点，其传动精度要求又可分为传递运动的准确性、传递运动的平稳性与载荷分布的均匀性三个方面。

（1）传递运动的准确性

传递运动的准确性是要求齿轮在一转范围内，最大的转角误差不超过一定的限度，以保证从动件与主动件运动协调一致。最大的转角误差值越小，说明齿轮传递运动越准确。

理想传动的齿轮是主动齿轮转过一个角度 φ_1，从动齿轮应按理论传动比 $i = z_2 / z_1$，相应地转过一个角度 $\varphi_2 = \varphi_1 / i$。但在实际齿轮的传动中，由于齿轮本身误差的影响，使得从动轮的实际转角 $\varphi_2' \neq \varphi_2$，产生的转角误差 $\Delta\varphi = \varphi_2' - \varphi_2$，实际传动比 $i' = \varphi_1 / (\varphi_2 + \Delta\varphi) \neq i$。齿轮一转过程中产生的最大转角误差用 $\Delta\varphi_\Sigma$ 表示，如图 7-2（a）所示的一对齿轮，若主动轮的齿距没有误差，而从动齿轮存在如图所示的齿距不均匀时，则从动齿轮一转过程中将形成最大转角误差 $\Delta\varphi_\Sigma = 7°$，从而使传动比相应产生最大变动量，传递运动不准确。

（2）传递运动的平稳性

传递运动的平稳性（齿轮平稳性精度）是指齿轮在转过一个齿距角的范围内传动比的变动量。瞬时传动比的变动量越小，说明齿轮传动越平稳。一对理想渐开线齿轮在理想安装条件下的瞬时传动比可以保持恒定，但实际齿轮传动由于受齿廓误差、齿距误差等影响，传动比在任何时刻都不会恒定，即使只转过很小的角度都会有转角误差。在齿轮传动的过程中，瞬时传动比的变化是使齿轮传动不平稳和产生噪声、冲击、振动的根源，必须给予限制。如图 7-2（b）所示，当齿轮每转过一个轮齿时，转角误差还会出现小的变化 $\Delta\varphi$，通常用转角误差曲线上多次出现的小波纹的最大幅度值来表征齿轮瞬时传动比的变化，即齿轮传动的平稳性。

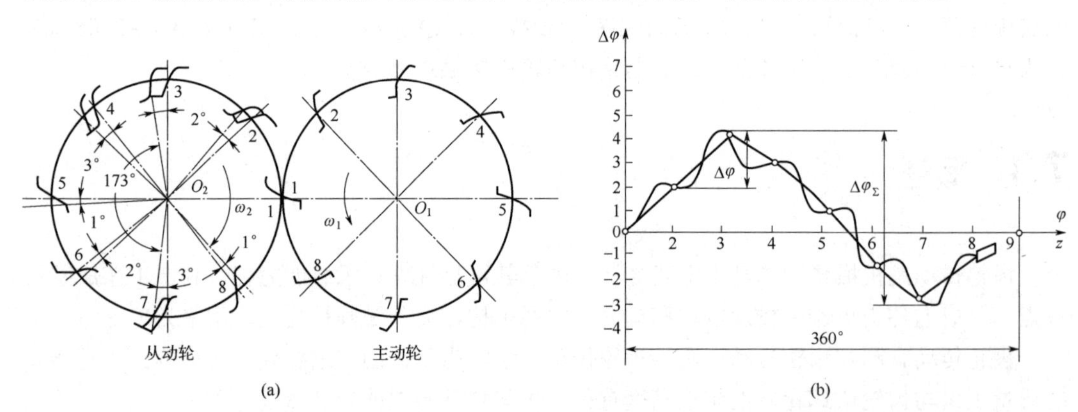

图 7-2 转角误差示意

（3）载荷分布的均匀性

载荷分布的均匀性（齿轮接触精度）是指在齿轮啮合过程中，工作齿面沿全齿宽和全齿长保持均匀接触，并具有尽可能大的接触面积比。载荷分布的均匀性要求一对齿轮啮合时，工作齿面要保证接触良好，避免应力集中，减少齿面局部磨损，提高齿面强度和齿轮的使用寿命。由于受各种误差的影响，齿轮的工作齿面不可能全部均匀接触。如图 7-3 所示，这种局部接触会使部分齿面承受载荷过大，产生应力集中，造成局部磨损或点蚀，影响齿轮的使用寿命。为此，对齿轮传动工作齿面的接触面积应有一定要求，以保证齿轮传递载荷分布的均匀性。

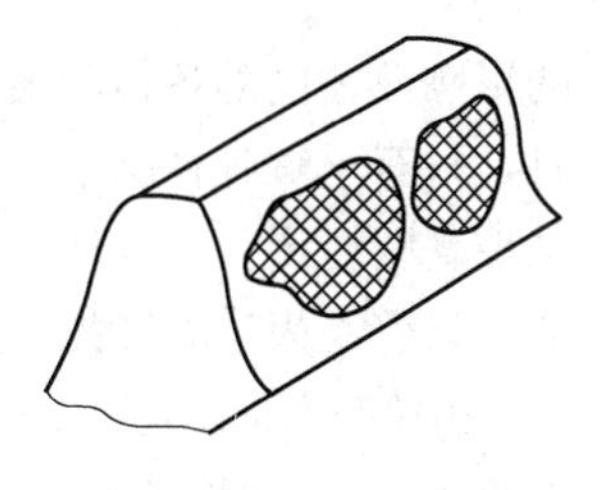

图 7-3　齿面接触区域

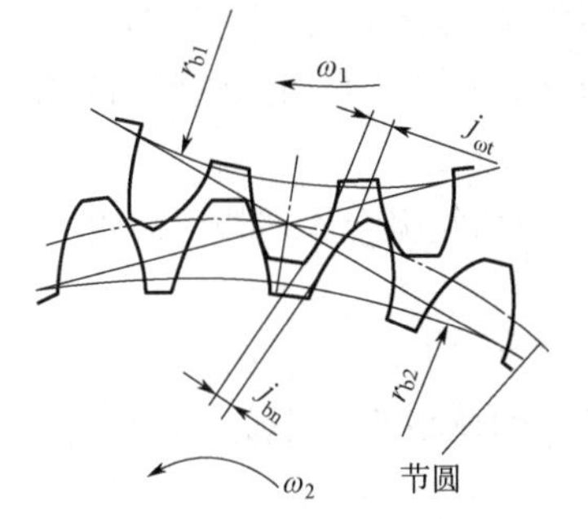

图 7-4　齿轮副传动侧隙接触区域

（4）齿轮副侧隙

齿轮副侧隙（齿侧间隙）是指一对齿轮啮合时，在非工作齿面间应留有合理的间隙，如图 7-4 所示的法向侧隙 j_{bn} 和圆周侧隙 $j_{\omega t}$。齿侧间隙的作用是储藏润滑油，补偿齿轮传动受力后的弹性变形，补偿齿轮副的安装与加工误差以及受力变形和发热变形等，以保证齿轮的自由回转，防止齿轮在传动过程中卡死或烧伤。

7.1.2　不同工况的齿轮对传动的基本要求

为了保证齿轮传动具有较好的工作性能，对上述四个方面均有一定的要求。但对于不同用途和不同工作条件的齿轮及齿轮副，上述四个方面的侧重点也不同。

（1）分度齿轮

如控制系统或随动系统的齿轮，精密机床中的分度机构、测量仪器的读数机构等使用的齿轮，齿轮一转中的转角误差不超过 1'～2'，甚至是几秒。此时，侧重点是齿轮传递运动的准确性，以保证主、从动齿轮的运动协调、分度准确，同时齿侧间隙不能过大，以免引起回程误差。

（2）高速动力齿轮

对于高速、大功率传动装置中用的齿轮，如汽轮机减速器上的齿轮，圆周速度高，传递功率大，其对运动精度、运动平稳性精度及接触精度的要求都很高。特别是对瞬时传动比的变化要求小，以减小振动和噪声。同时其应有足够大的尺侧间隙，以便保持润滑油通畅，避免因温度升高而发生咬死故障。

（3）低速重载齿轮

如轧钢机、矿山机械及起重机中的低速重载齿轮，主要用于传递转矩，侧重点是保证载荷分布的均匀性，以保证承载能力；同时齿轮副的齿侧间隙也应较大，以补偿受力变形和受热变形。

（4）双向传动齿平台

对于需要经常正反转双向传动的齿轮副，应考虑尽量减小齿侧间隙，以减小反转时的冲击及空程误差。

7.2　齿轮加工误差

由于齿轮传动的使用要求受到制造误差的制约，只有了解各种制造误差对齿轮传动要求的影响，才能对各传动要求合理地规定不同的评定项目，并给出相应的公差或极限偏差；同时，只有了解各种制造误差的来源，才能合理选用加工方法，并在工艺过程中采取必要的措施控制制造误差，以达到设计所要求的传动精度。因此，分析研究齿轮传动制造误差（包括加工误差及齿轮副装配误差）是建立齿轮传动互换性规范的基础。

齿轮的加工误差主要来源于齿轮加工过程中组成工艺系统的机床、刀具、夹具和齿坯本身的误差及其安装、调整误差。齿轮的加工方法很多，不同的加工方法所产生的误差不同，主要工艺影响因素也不同。生产中切削加工齿轮的方法按齿轮齿廓的形成原理主要有成形法和范成法两种。

成形法是用成形刀具逐齿间断分度加工齿轮的，可用刀刃具有渐开线轮廓的盘状齿轮铣刀或指状齿轮铣刀加工齿轮。

范成法（也称展成法）是用齿轮插刀、滚刀或砂轮等刀具，按齿轮啮合原理加工齿轮的，如图 7-5（a）、（b）所示。

由于实际生产中广泛采用基于范成法的滚齿机加工齿轮，这里以滚齿机加工直齿圆柱齿轮为例，如图 7-5（c）所示，分析整个工艺系统工作时可能导致的典型的齿轮加工误差。

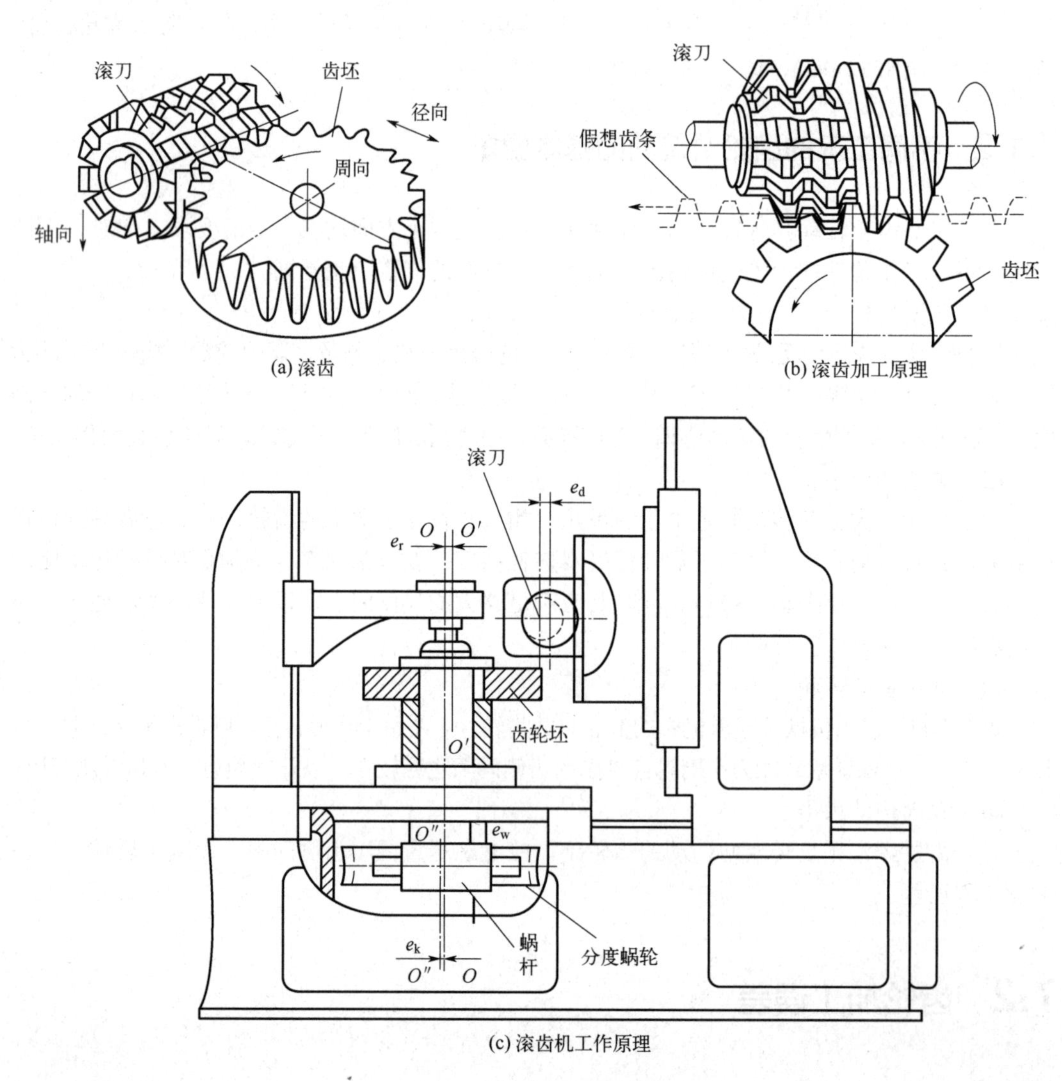

图 7-5 滚齿机加工齿轮示意

7.2.1　产生加工误差的主要因素

（1）偏心

① 几何偏心 e_r　如图 7-6 所示，由于齿坯安装孔和滚齿机心轴之间有间隙，或者齿坯本身的外圆和安装孔不同心等因素的影响，齿坯安装孔的轴线 $O'O'$ 和滚齿机工作台回转中心 OO 不重合，其偏心量即为几何偏心 e_r。

当齿轮在加工过程中存在几何偏心 e_r 时，滚刀轴线 O_1O_1 到滚齿机工作台回转中心 O 的距离 A 不变，而齿坯安装孔中心 O' 绕滚齿机工作台回转中心旋转，即 O_1O_1 到 O' 的距离 A' 是变动的，且 $A'_{max}-A'_{min}=2e_r$。此时，加工得到的轮齿一边齿深且瘦长，另一边齿浅且短肥；若不考虑其他误差的影响，各齿廓在 O 为圆心的分度圆上分布是均匀的，如图 7-6 所示，$P_{ti}=P_{tk}$；而在以 O' 为圆心的圆周上分布不均匀，$P'_{ti}\neq P'_{tk}$。以 O 为中心的实际齿廓相对于 O' 来说有周期性径向移动，即径向误差，使被加工的齿轮产生齿距误差和齿厚误差。在齿轮使用时，若工作中心为 O'，各齿廓相对于以 O' 为中心的节圆分布不均，必在一转范围内产生最大转角误差，使传动比呈长周期变化，从而主要影响齿轮传递运动的准确性，同时，实际齿廓相对于 O' 的径向移动亦将引起齿廓间隙的变化。

几何偏心引起径向误差，表现为齿距不均，齿槽宽度不均，齿圈径向跳动，导致传动中侧隙发生周期变化。

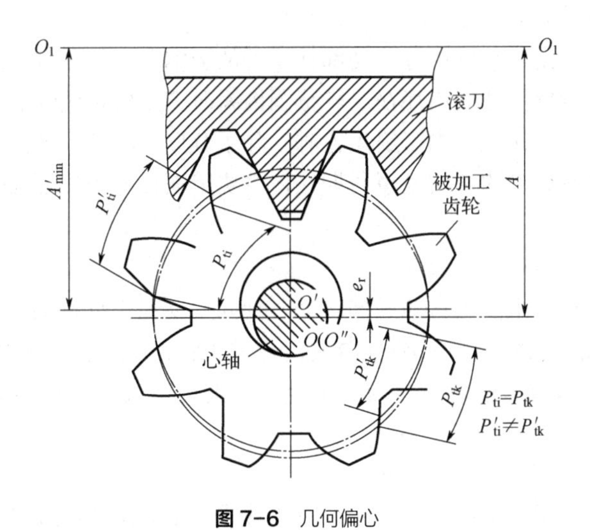

图 7-6　几何偏心

e_r—几何偏心；O—滚齿机工作台回转中心；O'—齿坯安装孔中心

② 运动偏心 e_k　如图 7-7 所示，机床分度蜗轮的加工误差或者分度蜗轮的安装偏心，使机床分度蜗轮的轴心线 $O''O''$ 和滚齿机工作台的回转中心 OO 不重合，其偏心量即为运动偏心 e_k。

如图 7-7 所示，分度蜗轮的分度圆中心为 O''，工作台的回转中心为 O（假设和齿坯基准孔中心 O' 重合）。假设滚刀匀速回转，经过分齿传动链，蜗杆也匀速回转，即速度 $v=$ 常数，分度蜗轮的角速度和节圆半径的关系为 $\omega=v/r$。由于分度蜗轮的节圆半径 r 在 $(r-e_k)\sim(r+e_k)$ 范围内周期性变化，所以分度蜗轮连同齿坯的角速度 ω 也相应在

$(\omega+\Delta\omega)\sim(\omega-\Delta\omega)$范围内变化，即齿坯相对于滚刀的转速不均匀，忽快忽慢，破坏了滚刀转一转齿坯转$360°/z$的确定关系而呈周期性变化，导致加工出来的齿轮的齿廓在齿坯切向上产生周期性位置误差，即产生齿距误差，同时齿廓产生畸变，即产生齿形的周期性误差。从而，在使用中传动比呈长周期变化，主要影响齿轮传递运动的准确性。

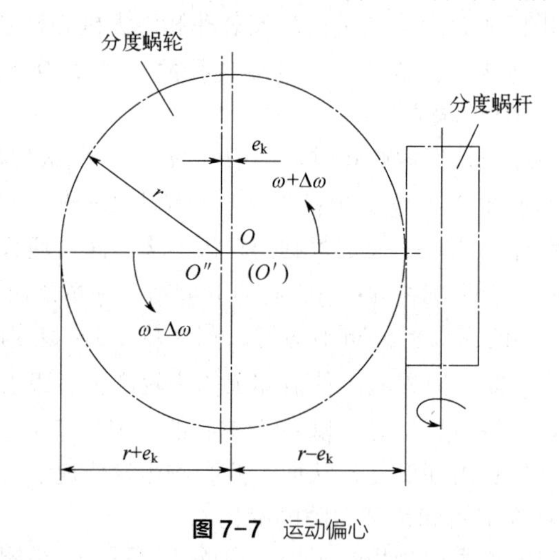

图 7-7 运动偏心

运动偏心引起切向误差，表现为公法线长度变动，齿距累积误差。

（2）机床传动链的高频误差

加工直齿轮时，分度传动链中各传动部件误差的影响，主要是分度蜗杆的径向跳动和轴向窜动的影响，使分度蜗轮连同齿坯在一转范围内瞬时产生转速波动，从而导致加工出来的齿轮产生齿距偏差、齿形误差。加工斜齿轮时，除了分度传动链误差外，还受到差动传动链传动误差的影响。这些误差的影响呈短周期性，主要影响齿轮的传递运动平稳性及载荷分布均匀性。

（3）滚刀的安装误差和制造误差

滚刀的安装偏心e_d、滚刀本身的径向跳动、轴向窜动和齿形角偏差等，在齿轮加工过程中都会被反映到被加工齿轮的每一个轮齿上，是产生齿廓偏差的主要因素，同时还会使齿轮产生基节偏差。这些误差的影响呈短周期性，主要影响齿轮的传递运动平稳性及载荷分布均匀性。

（4）齿坯安装偏斜或滚刀架导轨偏斜

当齿坯安装中心线相对于滚齿机工作台回转轴线发生如图 7-8（a）所示的倾斜，或滚刀架导轨相对于滚齿机工作台回转轴线发生如图 7-8（b）所示的倾斜时，滚刀的进刀方向与齿坯的几何中心线不平行，导致加工出的轮齿在齿长上一边深、一边浅，从而影响齿轮的载荷分布均匀性。

当滚刀架导轨相对于滚齿机工作台回转轴线发生如图 7-8（c）所示的倾斜时，滚刀的进刀方向与齿坯的几何中心线不平行，导致加工出轮齿的齿向偏离设计齿向，从而影响齿轮的载荷分布均匀性及齿侧间隙，偏斜严重时甚至会导致齿轮副卡死。

（5）齿轮副安装误差及其对传动的影响

齿轮传动是通过一对绕各自轴回转的齿轮相互啮合实现的，因此传动的使用要求受到齿轮轴安装误差的影响。

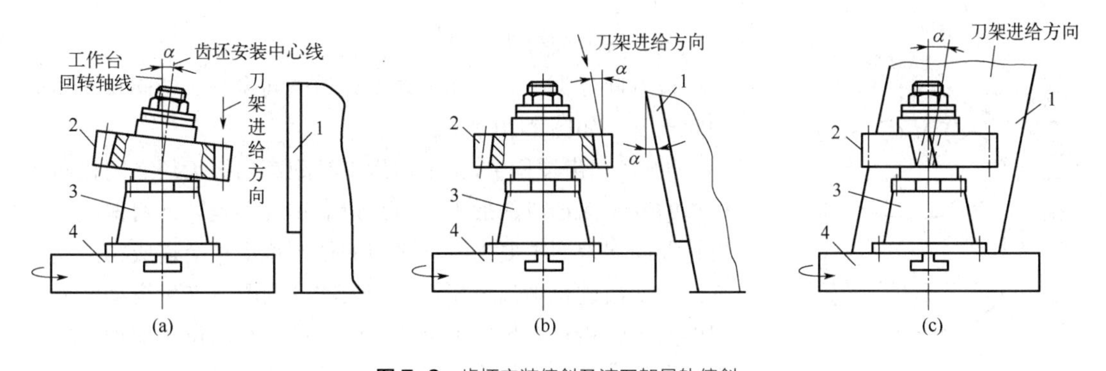

图7-8 齿坯安装偏斜及滚刀架导轨偏斜

1—刀架导轨；2—齿坯；3—夹具座；4—滚齿机工作台

对圆柱齿轮而言，理论上相互啮合的一对齿轮的回转线应共面且平行。但由于制造误差的存在，安装后两实际回转轴线可能不共面或不平行。如图7-9（a）所示的圆柱齿轮副两轴线不共面，图7-9（b）所示的圆柱齿轮副两轴线不平行，这两种情况都将导致两啮合齿轮的齿向相互偏斜，从而影响齿轮的载荷分布均匀性及齿侧间隙，偏斜严重时甚至会导致齿轮副卡死。另外，齿轮副两齿轮回转轴安装后的实际中心距偏差将影响齿侧间隙。

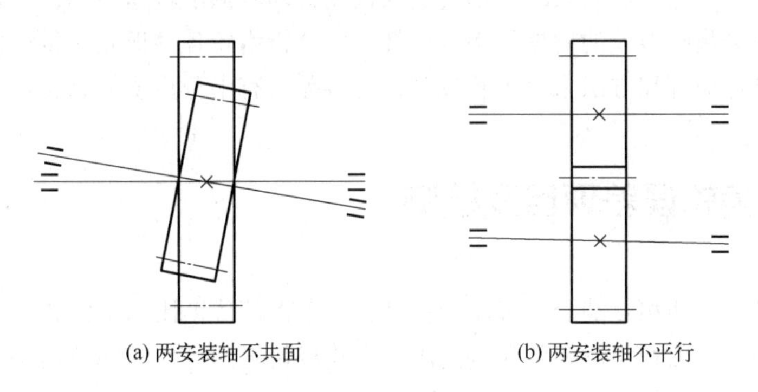

(a) 两安装轴不共面　　(b) 两安装轴不平行

图7-9 齿轮副安装误差

7.2.2 齿轮加工误差的分类

由于齿轮加工工艺系统误差因素很多，加工后产生的齿轮误差的形式也很多。为了区分和分析齿轮误差的性质、规律及其对齿轮传动的影响，从不同角度对齿轮加工误差分类如下。

（1）按周期分类

按周期分类，齿轮加工误差分为长周期误差和短周期误差。

滚齿时，齿廓的形成是刀具对齿坯周期性连续滚切的结果，加工误差具有周期性。

① 长周期误差　齿轮回转一周出现一次的周期误差称为长周期误差。长周期误差主要由几何偏心和运动偏心产生，以齿轮一转为一个周期。这类周期误差主要影响齿轮传动的准确性，当转速较高时，也影响齿轮传动的平稳性。

② 短周期误差　齿轮传动在一个齿距中出现一次或多次的周期性误差称为短周期误差。短周期误差主要由机床传动链和滚刀制造误差与安装误差产生。该误差在齿轮一转中多次反复出现，这类误差主要影响齿轮传动的平稳性。

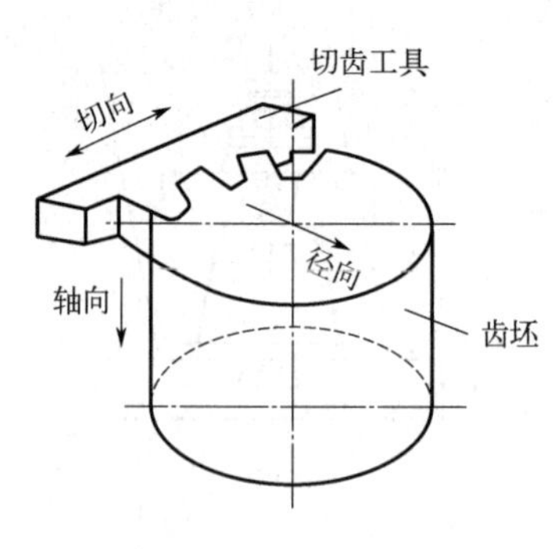

图 7-10 齿轮误差方向

（2）按方向分类

按方向分类，齿轮加工误差分为径向误差、切向误差和轴向误差，如图 7-10 所示。

① 在切齿过程中，由于切齿工具距离切齿齿坯之间径向距离的变化而形成的加工误差为齿廓径向误差。几何偏心是齿轮径向误差的主要来源；滚刀的径向跳动也会造成径向误差。即切齿过程中齿坯相对于滚刀的径向距离产生变动，使切出的齿轮相对于齿轮配合孔的轴线产生径向位置变动。加工出来的齿轮一边的齿高增大，另一边的齿高减小，在以齿轮轴线为旋转中心的圆周上，轮齿分布不均匀。

② 在切齿过程中，由于滚切运动的回转速度不均匀，使齿廓沿齿轮回转的切线方向产生的误差为齿廓切向误差。运动偏心是造成齿轮切向误差的主要因素。运动偏心造成齿坯的旋转速度不均匀，因此加工出来的齿轮齿距在分度圆上分布不均匀。

③ 在切齿过程中，由于切齿刀具沿齿轮轴线方向走刀运动产生的加工误差为齿廓轴向误差。例如，刀架轨道与机床工作台轴线不平行、齿坯安装倾斜等，均使齿廓产生轴向误差。

不管是径向误差还是切向误差，都会造成齿轮传动时输出转速不均匀，影响其转动的准确性。了解和区分齿轮误差的周期性和方向性，对分析齿轮各种误差对传动性能的影响，以及采用相应的测量原理和方法来分析和控制这些误差具有十分重要的意义。

7.3 圆柱齿轮误差项目及检测

理想的传动中，两相互啮合的齿轮应按啮合原理保证传动比的恒定和传动平稳；同时，要有足够承载的接触面积和适度的齿侧间隙。但构成齿轮的各要素和结构及两齿轮的安装存在制造误差，这将影响传动的质量。为此，GB/T 10095.1—2022、GB/T 10095.2—2023 及 GB/Z 18620.1～4—2008 分别对齿轮和齿轮副规定了齿轮制造的精度和检验规范，以控制齿轮要素及结构的加工误差和齿坯及齿轮副的安装误差，形成了齿轮制造的标准体系。

在齿轮新标准中，齿轮误差、偏差统称为齿轮偏差，将偏差允许值在其符号 F 下标中增加“T”字母表示，例如 F_α 表示齿廓总偏差值，$F_{\alpha T}$ 表示齿廓总偏差允许值。单项要素测量所用的偏差符号用小写字母（如 f）加上相应的下标组成；而表示由若干单项要素偏差组成的累积偏差或总偏差所用的符号，采用大写字母（如 F）加上相应的下标表示。

7.3.1 影响齿轮传递运动准确性的误差及检测

影响齿轮传递运动准确性的主要误差是长周期误差，其主要来源于几何偏心和运动偏心，评定齿轮传递运动准确性的参数主要有以下 4 个。

（1）切向综合总偏差 F_{is} ❶

切向综合总偏差 F_{is} 是指被测齿轮与测量齿轮单面啮合（只有同侧齿面单面接触）检验

❶ 旧标准 GB/T 10095.1—2008 中该参数符号为 F_i' 。

时，被测齿轮一转内，齿轮分度圆上实际圆周位移与理论圆周位移的最大差值，如图 7-11 所示。

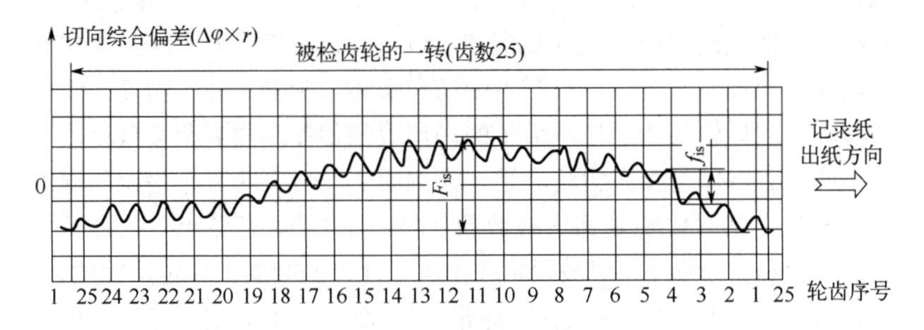

图 7-11　切向综合偏差检测记录

Δφ—实际转角对理论转角的转角偏差；r—分度圆半径

切向综合总偏差反映被测齿轮一转中的最大转角误差，其反映齿轮加工中切向、径向的长及短周期误差综合作用的结果，是反映齿轮运动精度的较为完善的参数。当被测齿轮切向综合总偏差不超出规定值时，表示其能满足传递运动准确性的使用要求。

切向综合偏差可用齿轮单面啮合综合检查仪（简称单啮仪）进行测量。图 7-12 所示为光栅式单啮仪工作原理。测量时，基准蜗杆（即测量元件）与被测齿轮装配中心距离固定不变，由基准蜗杆回转以单面啮合形式驱动被测齿轮回转。基准蜗杆和被测齿轮上分别装有与其同步旋转的主光栅 1 和主光栅 2。信号拾取头 1 和 2 经光电变换分别输出精确反映基准蜗杆和被测齿轮角位移的电信号频率 f_1 和 f_2，分别经分频器调制为 f_1/z 和 f_2/k（z 和 k 分别为被测齿轮的齿数和基准蜗杆的头数），使两路电信号的频率相同，并输入相位计。由于被测齿轮存在加工误差，其角速度发生变化，两路电信号将产生相应的相位差；经相位计比相后，输出的电压也相应地变化，于是记录器即可在记录纸上描绘出被测齿轮的单啮误差曲线（见图 7-11），从而确定切向综合偏差。

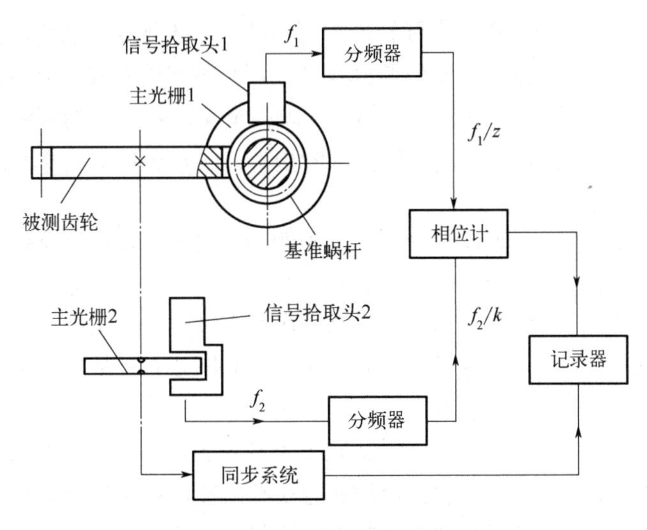

图 7-12　光栅式单啮仪工作原理

（2）齿距累积总偏差 F_p 及 k 个齿距累积偏差 F_{pk}

n 个相邻齿距的弧长与理论弧长的代数差称为任一齿距累积偏差 F_{pi}，n 的范围为 1～z。齿距累积总偏差 F_p 是指在齿轮所有齿的指定齿侧面上，任一齿距累积偏差的最大代数差，它表现为齿距累积偏差曲线的总幅度值（见图 7-13）。齿距累积偏差实际上是控制在圆周上的齿距累积偏差，如果此项偏差过大，将产生振动和噪声，影响平稳性精度。

对某些齿数较多的齿轮，为了控制齿轮的局部累积偏差和提高测量效率，可以测量 k 个齿的齿距累积偏差 F_{pk}。F_{pk} 是指在齿轮的指定齿侧面上，所有跨 k 个齿距的扇形区域内，任一齿距累积偏差（分度偏差）F_{pi} 的最大代数差（见图 7-13）。理论上，它等于 k 个齿距的各单个齿距偏差的代数和。一般 F_{pk} 值被限定在不大于 1/8 的圆周上评定，因此，F_{pk} 的允许值适用于齿距数 k 为 2 到小于 $z/8$ 的弧段内。通常，F_{pk} 取 $k=z/8$ 就足够了，如果对于特殊的应用（如高速齿轮）还需检验较小弧段，并规定相应的 k 值。

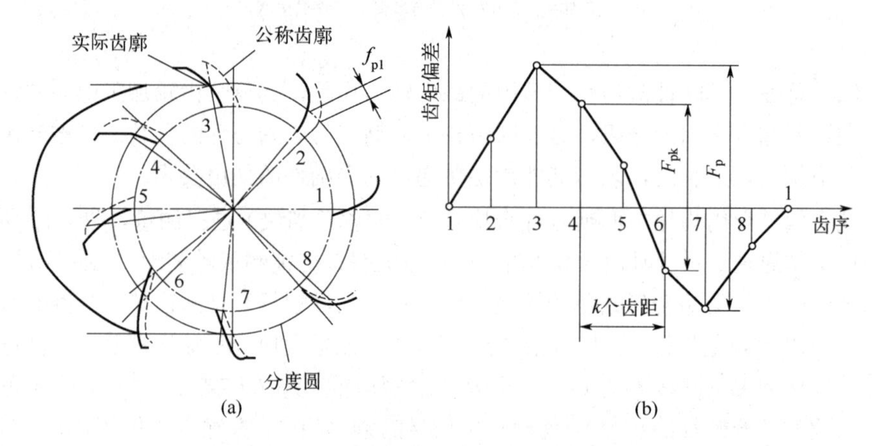

图 7-13 齿距累积偏差和齿距累积偏差曲线

齿距累积偏差主要是在滚切齿形过程中由几何偏心和运动偏心造成的。它能反映齿轮一转中由偏心误差引起的转角误差，因此 F_p（F_{pk}）可代替 F_{is} 作为评定齿轮传递运动准确性的项目。两者的区别是：F_{is} 是在单面连续转动中测得的一条连续误差曲线，能反映瞬时传动比变化情况，与齿轮工作情况相近。而 F_p 是测量圆上逐齿测得的有限个点的误差情况，不能反映两齿间传动比的变化，不如切向综合总偏差反映得全面。由于 F_p 的测量可使用普及的齿距仪、万能测齿仪等仪器，因此它是目前工厂中常用的一种齿轮运动精度的评定指标。

（3）齿圈径向跳动 F_r

齿圈径向跳动 F_r 可在齿轮跳动检查仪、万能测齿仪或普通偏摆检查仪上用指示表进行测量，如图 7-14（a）所示。测量中，测头在近似齿高中部与左右齿面接触。

测头（球形、圆柱形或砧形）相继置于每个齿槽内时，齿轮轴线到测头的中心或其他指定位置的径向距离称为任一径向测量距离 r_i。齿轮的径向跳动 F_r 是任一径向测量距离 r_i 最大值与最小值的差，如图 7-14（b）所示。

F_r 主要是由几何偏心引起的，它可以反映齿距累积误差中的径向误差，但不能反映由运动偏心引起的切向误差，故不能全面评价传递运动准确性，只能作为齿轮检测的单项指标。它以齿轮一转为周期出现，属于长周期径向齿轮误差，必须与能揭示切向齿轮误差的单项指标组合才能全面评定齿轮传递运动的准确性。

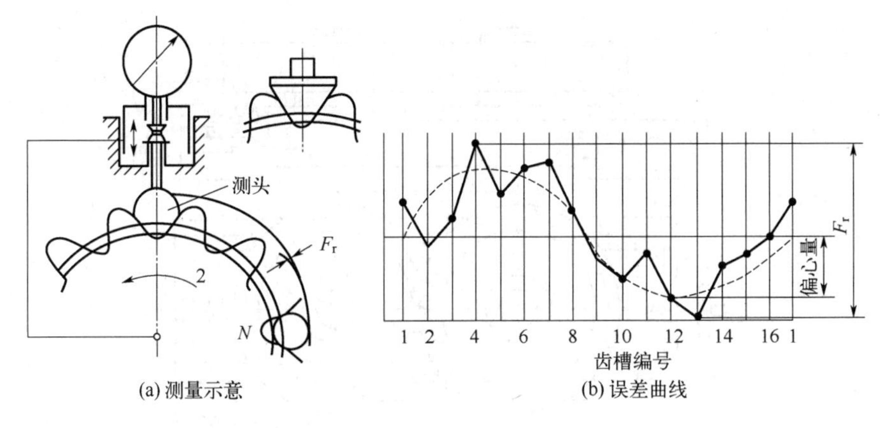

(a) 测量示意　(b) 误差曲线

图 7-14　齿圈径向跳动

（4）径向综合总偏差 F_{id} [1]

径向综合总偏差 F_{id} 是指在产品齿轮的所有轮齿与码特齿轮双面啮合中，中心距的最大值与最小值之差。所谓双面啮合测量是指，码特齿轮与产品齿轮在弹力作用下做不脱啮、无侧隙回转啮合运动期间，对中心距的变动量的测量。

图 7-15 所示为在双啮仪上测量画出的 F_{id} 偏差曲线，横坐标表示齿轮转角，纵坐标表示双面啮合的中心距，过曲线最高、最低点作平行于横轴的两条直线，这两平行线的距离即为 F_{id} 值。F_{id} 是反映齿轮运动精度的项目。

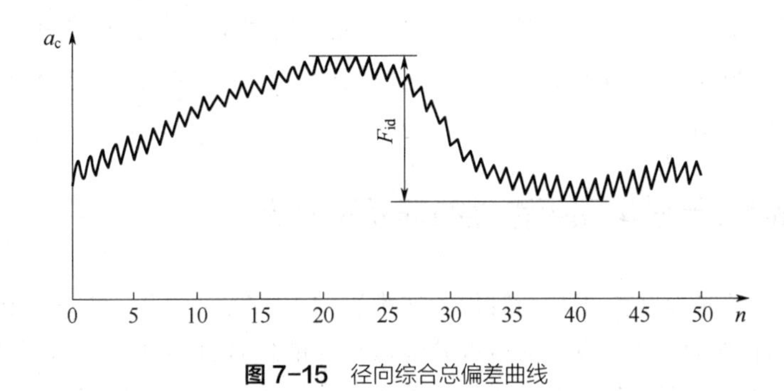

图 7-15　径向综合总偏差曲线

n—齿号；a_c—双面啮合的中心距

图 7-16 所示为双啮仪工作原理。理想精确的测量齿轮安装在固定滑座 2 的心轴上，产品齿轮安装在可动滑座 3 的心轴上，在弹簧力的作用下，两者达到紧密无间隙的双面啮合，此时的中心距为度量中心距 a'。当两者转动时，由于产品齿轮存在加工误差，使得度量中心距发生变化，此变化通过测量台架的移动传到指示表或由记录装置画出偏差曲线。径向综合偏差包括了左、右齿面啮合偏差的成分，它不可能得到同侧齿面的单相偏差。该方法可应用于大量生产的中等精度齿轮和小模数齿轮（模数 1～10mm，中心距 50～300mm）的检测。

当被测齿轮的齿廓存在径向误差及一些短周期误差（如齿形误差、基节偏差等）时，若它与测量齿轮保持双面啮合传动，其中心距就会在转动过程中不断改变。因此，径向综合总偏差主要反映由几何偏心引起的径向误差及一些短周期误差。

[1] 旧标准 GB/T 10095.1—2008 中该参数符号为 F_i''。

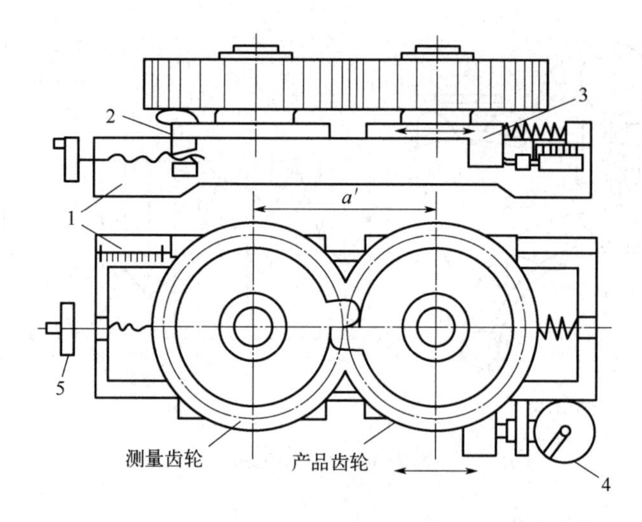

图 7-16 双啮仪工作原理

1—标尺；2—固定滑座；3—可动滑座；4 指示表；5—手轮

F_{id} 主要反映径向误差，其性质与径向跳动基本相同。测量时相当于用测量齿轮的轮齿代替测头，且均为双面接触。由于测量径向综合总偏差比测量齿圈径向跳动效率高，所以成批生产时，常用其作为评定齿轮传递运动准确性的一个单项检测项目。但由于测量时被测齿轮的齿面是与理想精确测量齿轮双面啮合，与工作状态不完全符合，所以 F_i'' 只能反映齿轮的径向误差，而不能反映切向误差，即 F_{id} 不能确切和充分地用来评定齿轮传递运动的准确性。

综上所述，以齿轮一转为周期的径向误差和切向误差是主要影响齿轮传递运动准确性的误差，共有 4 项评定指标。

7.3.2 影响齿轮传递运动平稳性的误差及检测

传递运动平稳性是反映齿轮啮合时每一转齿过程中的瞬时传动比变化。由齿轮啮合的基本定律可知，只有理论的渐开线、摆线或共轭齿形才能使啮合传动中啮合点公法线始终通过节点，从而使传动比保持不变。由于齿形误差的存在，导致一对齿轮在啮合过程中传动比不断发生变化，影响传递运动平稳性，如图 7-17 所示。另外，齿轮副正确啮合的基本条件之一是两齿轮的基圆齿距必须相等。而基圆齿距偏差的存在会引起传动比的瞬时变化，即从上一对轮齿换到下一对轮齿啮合的瞬间发生碰撞、冲击，影响传动的平稳性，如图 7-18 所示。

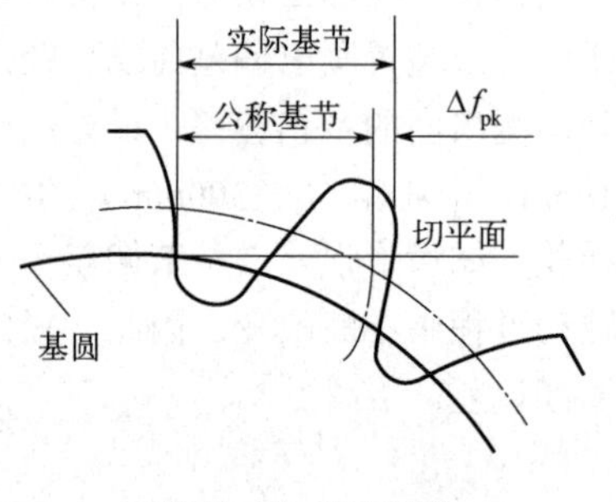

图 7-17 齿形误差

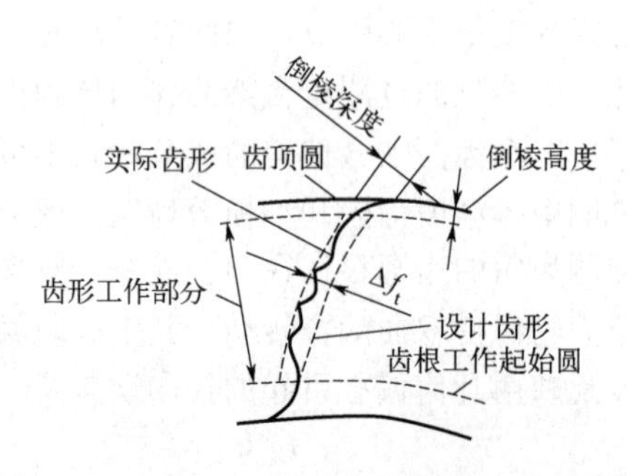

图 7-18 基圆齿距偏差

工艺分析可知，齿轮的基节误差主要是由刀具的基节误差造成，其实质上是齿形的位置误差。齿形误差与基节误差尽管都会使齿轮在转一齿过程中的传动比发生变化，但两者影响阶段不同。前者是使一对轮齿啮合时传动比发生变化，后者是使一对轮齿啮合结束与下对轮齿交替时的传动比发生变化。因此，只有二者综合起来，才能全面地反映转一轮齿整个过程中的变化，评定传递运动平稳性。

影响传动平稳性的误差主要由机床传动链误差、滚刀安装误差及轴向窜动、刀具制造误差或刃磨误差所引起，其评定参数主要有以下 4 个。

（1）一齿切向综合偏差 f_{is} ❶

一齿切向综合误差 f_{is} 是指在单面啮合综合测量中，齿轮副测量的运动曲线中一个齿距内的最高点和最低点的差。它是反映齿轮运动平稳性的重要指标，可用于控制噪声和振动。

图 7-19 所示是传动误差波形示例，显示了由小齿轮和大齿轮的偏差累积造成的复杂波形。一个齿距内的小波形是由轮齿形状偏差造成的。图 7-20 显示了一齿切向综合偏差的最小值 $f_{is,min}$ 和最大值 $f_{is,max}$。

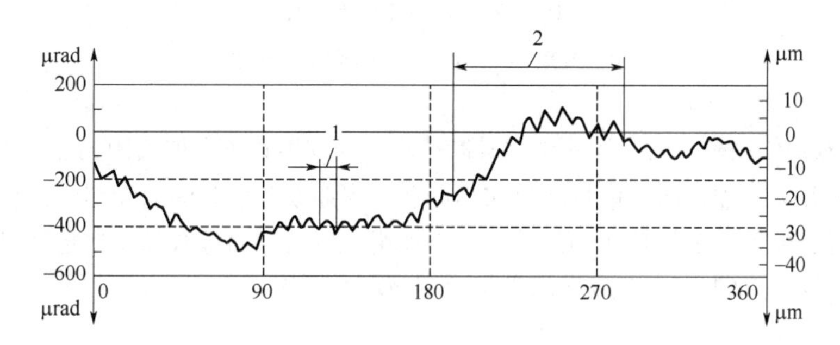

图 7-19　传动误差波形示例

1—轮齿齿距；2—小齿轮旋转一周

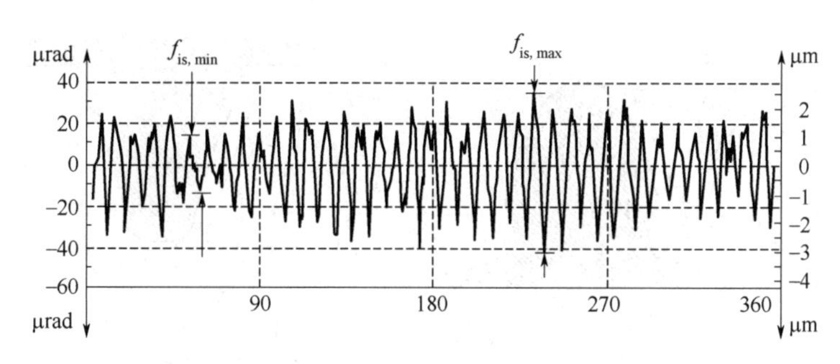

图 7-20　高通滤波后的一齿切向综合偏差

如图 7-20 所示，切向综合偏差的短周期成分（高通滤波）的峰-峰值振幅用来确定一齿切向综合偏差。最大峰-峰值振幅应不大于 $f_{isT,max}$，且最小峰-峰值振幅应不小于 $f_{isT,min}$。峰-峰值振幅是齿轮副测量的运动曲线中一个齿距内的最高点和最低点的差。

f_{is} 是检验齿轮平稳性精度的项目，但不是必检项目。该误差以分度圆弧长计值，反映齿轮一齿范围内的转角误差，在齿轮一转中反复出现，主要揭示由刀具制造误差和安装误差以

❶ 旧标准 GB/T 10095.1—2008 中该参数符号为 f_i'。

及机床分度蜗杆制造误差和安装误差所造成的齿轮短周期综合偏差，既反映了短周期的切向误差，又反映了短周期的径向误差，是评定齿轮传递运动平稳性的较全面的一个综合指标。

（2）一齿径向综合偏差 f_{id} [1]

一齿径向综合偏差 f_{id} 是指产品齿轮的所有轮齿与码特齿轮双面啮合测量中，中心距在任一齿距内的最大变动量，如图 7-21 所示。

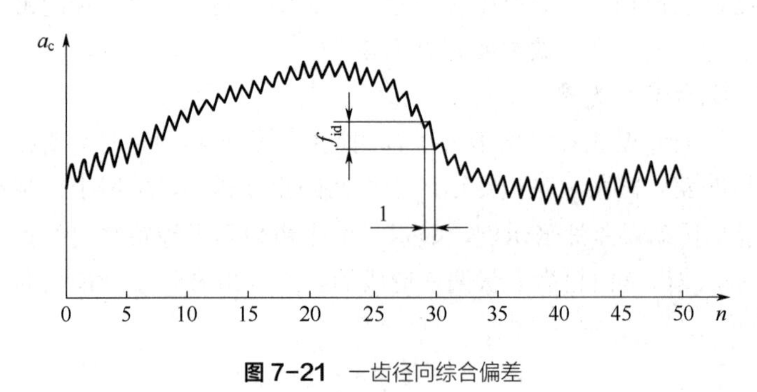

图 7-21 一齿径向综合偏差

n—齿号；a_c—双面啮合的中心距；1—单个齿距

f_{id} 采用双啮仪测量，主要反映由刀具制造误差和安装误差（如齿距偏差、齿形偏差、偏心等）引起的径向误差，而不能反映机床传动链短周期误差引起的周期切向误差。因此，用一轮齿径向综合偏差评定齿轮传动的平稳性不如用一轮齿切向综合偏差评定完善，但由于仪器结构简单、操作方便，所以 f_{id} 在成批生产中被广泛采用。

（3）齿廓偏差

如图 7-22 所示，被测齿廓是齿廓测量时，测头沿齿面走过的齿廓部分；齿廓计值范围是从齿廓控制圆直径 d_{Cf} 到齿顶成形圆直径 d_{Fa} 范围的 95%（从 d_{Cf} 算起），另有规定时除外。

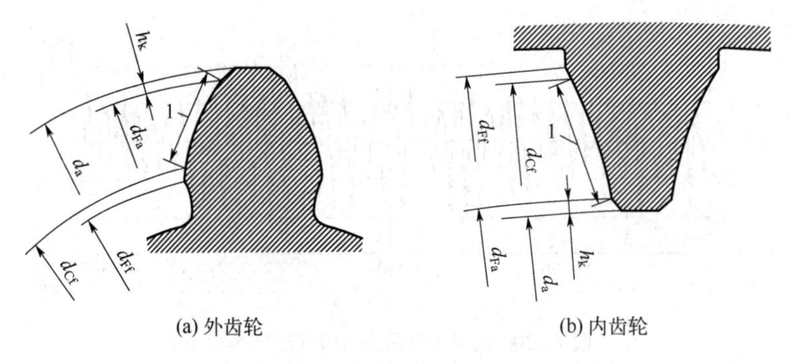

图 7-22 被测齿廓及齿廓计值范围

1—齿顶工作齿廓

齿廓偏差是指实际齿廓对设计齿廓的偏离量，它在端平面内且在垂直于渐开线齿廓的方向计值。

① 齿廓总偏差 F_a　F_a 是指在齿廓计值范围内，包容被测齿廓的两条设计齿廓平行线之

[1] 旧标准 GB/T 10095.1—2008 中该参数符号为 f_i''。

间的距离，如图 7-23（a）所示。齿廓测量也称为齿形测量，通常是在渐开线检查仪上进行该项测量工作。

② 齿廓形状偏差 f_{fa}　f_{fa} 是指在齿廓计值范围内，包容被测齿廓的两条平均齿廓线平行线之间的距离，如图 7-23（b）所示。

③ 齿廓倾斜偏差 f_{Ha}　f_{Ha} 是以齿廓控制圆直径 d_{Cf} 为起点，以平均齿廓线的延长线与齿顶圆直径 d_a 的交点为终点，与这两点相交的两条设计齿廓平行线间的距离，如图 7-23（c）所示。

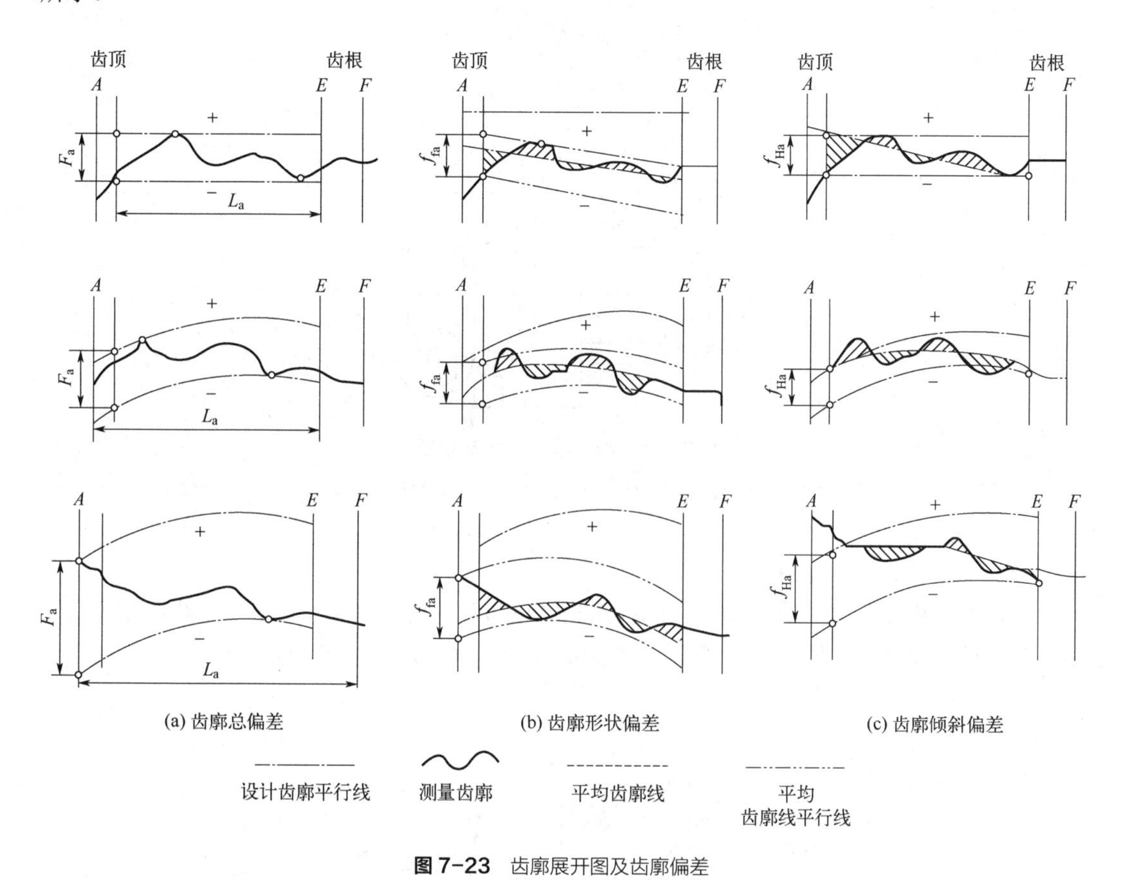

图 7-23　齿廓展开图及齿廓偏差

由于齿廓偏差的存在，使两齿廓在啮合线上的接触点发生改变，引起瞬时传动比的变化，这种接触点偏离啮合线的现象在一对齿轮啮合转齿过程中要多次发生，其结果使齿轮一转内的传动比发生了高频率、小幅度的周期性变化，产生振动和噪声，从而影响齿轮传动的平稳性。

齿廓偏差的检验也称为齿形检验，通常在渐开线检查仪上进行测量。图 7-24 所示为单盘式渐开线检查仪原理图。该仪器是用比较法进行齿形偏差测量的，即将产品齿轮的齿形与理论渐开线比较，从而得出齿廓偏差。产品齿轮 1 与可更换的摩擦基圆盘 2 装在同一轴上，基圆盘直径要精确等于被测齿轮的理论基圆直径，并与装在滑板 4 上的直尺 3 以一定的压力相接触。当转动丝杠 5 使滑板 4 移动时，直尺 3 便与基圆盘 2 做纯滚动，此时齿轮也同步转动。在滑板 4 上装有测量杠杆 6，它的一端为测量头，与产品齿面接触，其接触点刚好在直尺 3 与基圆盘 2 相切的平面上，它走出的轨迹应为理论渐开线，但由于齿面存在齿形偏差，因此在测量过程中测头就产生了偏移并通过指示表 7 显示出来，或由记录器画出齿廓偏差曲线，按F_a定义可以从记录曲线上求出F_a，然后再与给定的允许值进行比较。有时为了进行工艺分析或应用户要求，也可以从曲线上进一步分析出f_{fa}和f_{Ha}的数值。

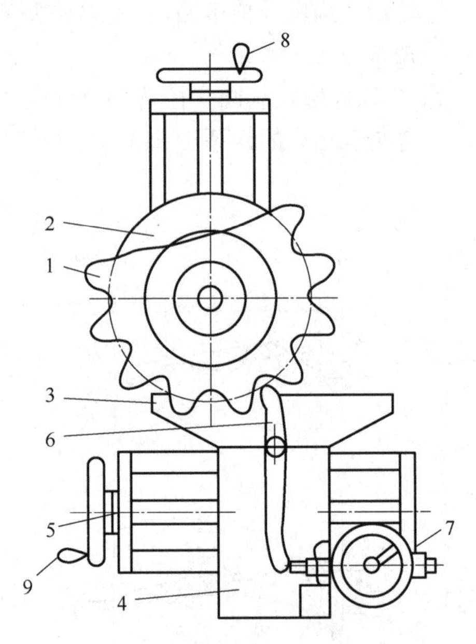

图 7-24 单盘式渐开线检查仪原理

1—齿轮；2—基圆盘；3—直尺；4—滑板；5—丝杠；6—测量杠杆；7—指示表；8、9—手轮

（4）单个齿距偏差 f_p ❶

在齿轮的端平面内，测量圆上实际齿距与理论齿距的代数差称为任一单个齿距偏差f_{pi}。单个齿距偏差f_p是所有任一单个齿距偏差的最大绝对值，如图 7-25 所示。

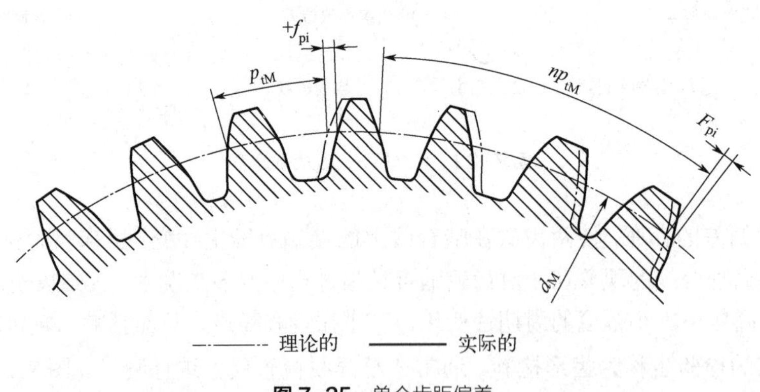

图 7-25 单个齿距偏差

注意：理论齿距 $p_{tM}=\pi d_M/Z$

任一单个齿距偏差f_{pi}应区别正、负号，实际轮齿齿面位置相对于理论位置靠近前一个轮齿齿面定义为负值；实际轮齿齿面位置相对于理论位置远离前一个轮齿齿面定义为正值。当

❶ 旧标准 GB/T 10095.1—2008 中该参数符号为f_{pt}。

齿轮存在齿距偏差时，不管是正值还是负值，都会在一对齿轮啮合完毕而另一对齿轮进入啮合的瞬间，使主动齿轮与从动齿轮发生碰撞，影响齿轮传动的平稳性。单个齿距偏差 f_p 无正、负号，左、右齿面的偏差值应分别注明在检测报告中。

单个齿距偏差可用齿距仪、万能测齿仪等进行测量。滚齿加工时，f_p 主要是由机床传动链误差（主要是分度蜗杆及轴向窜动）引起的，所以齿距偏差可以用来反映传动链的短周期误差或加工中的分度误差。

综上所述，主要影响齿轮传动平稳性的误差是齿轮一转中多次重复出现并以一个齿距角为周期的基圆齿距偏差和齿形误差，共有 4 项评定指标。

7.3.3　影响齿轮载荷分布均匀性的偏差及测量

理论上讲，理想齿轮的一对轮齿在啮合过程中，每一瞬间都应当是沿全齿面接触的。但生产中由于齿轮的制造误差和安装误差的存在，在齿宽及齿高两个方向上实际齿轮的啮合传动并不是沿全齿面接触，从而影响齿轮传动过程中载荷分布的均匀性，影响齿轮的强度、寿命和承载能力。

影响齿轮载荷分布均匀性的误差主要由机床刀架导轨位置不精确和齿坯的基准端面对定位孔的轴线跳动产生，其评定主要涉及螺旋线偏差的 3 个参数。

螺旋线偏差是被测螺旋线偏离设计螺旋线的量。螺旋线计值范围 L_β 除另有规定外，指在轮齿两端处各减去下面两个数值中较小的一个之后的迹线长度，即 5%的齿宽或一个模数的长度。

① 螺旋线总偏差 F_β　在螺旋线计值范围内，包容被测螺旋线的两条设计螺旋线平行线之间的距离，如图 7-26（a）所示，该项偏差主要影响齿面接触精度。

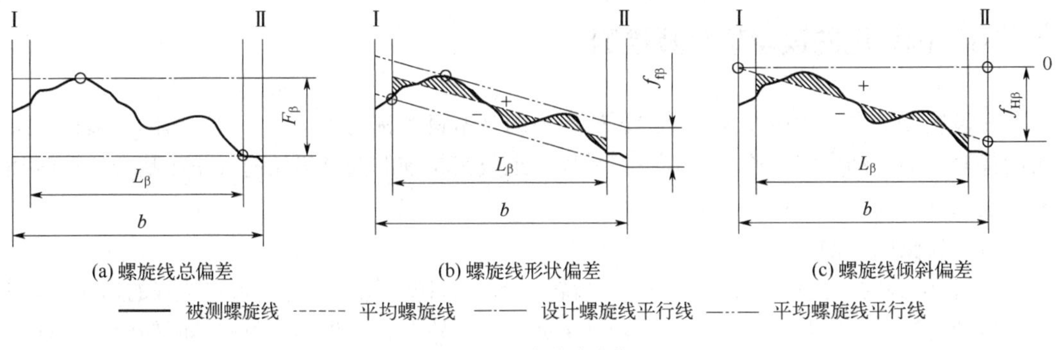

(a) 螺旋线总偏差　(b) 螺旋线形状偏差　(c) 螺旋线倾斜偏差

图 7-26　螺旋线偏差

若有需要，还可以对 F_β 进一步细分为 $f_{f\beta}$ 和 $f_{H\beta}$ 两项偏差，但这两项不是必检项目。

② 螺旋线形状偏差 $f_{f\beta}$　在螺旋线计值范围内，包容被测螺旋线的两条平均螺旋线平行线之间的距离，如图 7-26（b）所示。平均螺旋线是在螺旋线计值范围内，按最小二乘法确定的。

③ 螺旋线倾斜偏差 $f_{H\beta}$　在齿轮全齿宽 b 内，通过平均螺旋线的延长线和两端面的交点的两条设计螺旋线平行线之间的距离，如图 7-26（c）所示。

对直齿圆柱齿轮，螺旋角 $\beta = 0$，此时，F_β 称为齿向偏差。

螺旋线偏差用于评定轴线重合度 $\varepsilon_\beta > 1.25$ 的宽斜齿轮及人字齿轮，适用于评定传动功率大、速度高的高精度宽斜齿轮。

斜齿轮的螺旋线总偏差是在导程仪、螺旋角检查仪或者在万能测齿仪上借助螺旋角测量装置进行测量检验，检验中由检测设备直接画出螺旋线图。按定义可从偏差曲线上求出 F_β 值，然后再与给定的公差值进行比较。有时为了进行工艺分析或应用户要求，可从曲线上进一步分析出 $f_{f\beta}$ 或 $f_{H\beta}$ 的值。

直齿圆柱齿轮的齿向偏差可用如图 7-27 所示的方法测量。齿轮连同测量心轴安装在具有前后顶尖的仪器上；根据被测齿轮的齿数，选择适当直径的量棒分别放入齿轮相隔 90° 的 a、c 位置的齿槽间；在测量棒两端打表，测得两次读数的差就可以近似作为齿向误差 F_β。

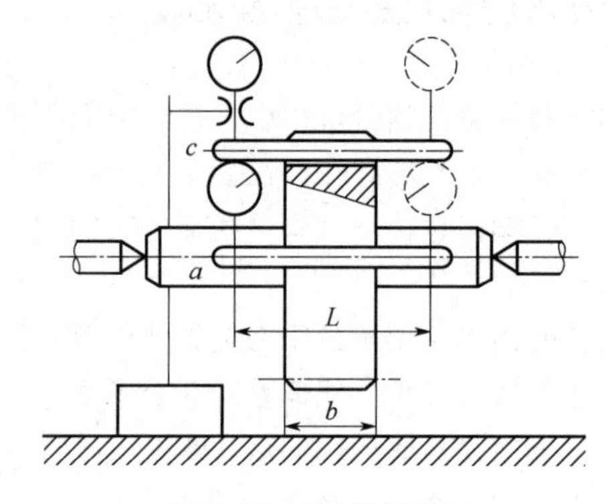

图 7-27 齿向偏差测量

螺旋线偏差主要是由齿坯端面跳动和刀架导轨倾斜引起的。对于斜齿轮，还受机床差动传动链的调整误差影响。

7.3.4 齿轮副的误差项目及检测

在齿轮传动中，由两个相啮合的齿轮组成的基本机构称为齿轮副。齿轮副的安装误差会影响齿轮副的传动性能，应加以限制。另外，组成齿轮副的两个齿轮的误差在啮合传动时还有可能相互补偿。

（1）齿轮副的偏差

① 齿轮副的一齿切向综合偏差 f_{is}　齿轮副的一齿切向综合偏差是指安装好的齿轮副，在啮合转动足够多的转数内，一个齿轮相对于另一个齿轮在一个齿距角内的实际转角与公称转角之差的最大幅度值，以分度圆弧长计值，也就是齿轮副的切向综合总偏差记录曲线上的小波纹的最大幅度值。齿轮副的一齿切向综合偏差是评定齿轮副传递平稳性的直接指标。对于高速传动用齿轮副，它是重要的评定指标，对动载系数、噪声、振动有着重要影响。

② 齿轮副的切向综合总偏差 F_{is}　齿轮副的切向综合总偏差是指按设计中心距安装好的齿轮副，在啮合转动足够多的转数内一个齿轮相对于另一个齿轮的实际转角与公称转角之差的总幅度值，以分度圆弧长计值。一对工作齿轮的切向综合总偏差等于两齿轮的切向综合总偏差之和，它是评定齿轮副的传递运动准确性的指标。对于分度传动链用的精密齿轮副，它是重要的评定指标。

（2）齿轮副的接触斑点

齿轮副的接触斑点是指装配好的齿轮副在轻微的制动下，运转后齿面上分布的接触擦亮痕迹，如图 7-28 所示。

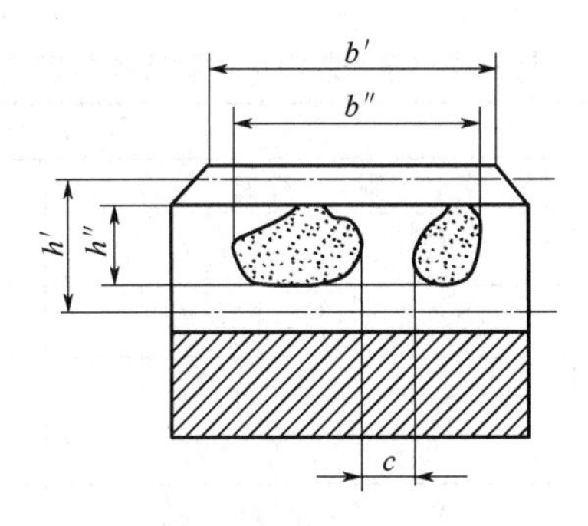

图 7-28　接触斑点

接触痕迹的大小在齿面展开图上用百分数计算：沿齿宽方向为接触痕迹的长度 b''（扣除超过模数值的断开部分 c）与设计工作长度 b' 之比的百分数，即：

$$\frac{b''-c}{b'}\times 100\% \tag{7-1}$$

沿齿高方向为接触痕迹的平均高度 h'' 与设计高度 h' 之比的百分数，即：

$$\frac{h''}{h'}\times 100\% \tag{7-2}$$

轻微制动是指所加制动转矩能够保证啮合齿面不脱离，又不使任何零部件（包括被测轮齿）产生可以觉察的弹性变形。用光泽法检验接触斑点时，必须经过一定时间的转动方能使齿面上呈现擦痕。同时保证齿轮中每个轮齿都啮合过，必须对两个齿轮上所有的齿都加以观察，按齿面上实际擦亮的摩擦痕迹为依据，并且以接触斑点占有面积最小的那个齿作为齿轮副的检验结果。

接触斑点是齿面接触精度的综合评定指标，是为了保证齿轮副的接触精度或承载能力而提出的一个特殊的检验项目。设计时，给定齿长和齿高两个方向的百分数。检验时，对较大的齿轮副一般在安装好的齿轮传动装置中检验，对于成批生产的机器中的中小齿轮，允许在啮合机上与精确齿轮啮合检验。

7.4　齿轮及齿轮副制造的精度设计

7.4.1　齿轮检验项目的确定

符合 ISO 齿面公差等级规定的齿轮应满足表 7-1 和表 7-2 中给出的适用于指定齿面公差等级和尺寸的所有单个偏差要求。表 7-1 中列出了符合 GB/T 10095.1—2022 和 GB/T 10095.2—2023 要求应进行测量的最少参数。当供需双方同意时，可用备选参数表替代默认参数表。选择默认参数表还是备选参数表取决于可用的测量设备。评价齿轮时可使用更高精度的齿面公差等级的参数列表。通常，轮齿两侧采用相同的公差。 在某些情况下，承载齿面可比非承载齿面或轻承载齿面规定更高的精度等级。此时，应在齿轮工程图上说明，并注明承载齿面。

表 7-1 各公差等级被测量参数表

直径/mm	齿面公差等级	最少可接受参数	
		默认参数表	备选参数表
$d \leqslant 4000$	10~11	F_p，f_p，s，F_α，F_β	s，C_p[b]，F_{id}[a]，f_{id}[a]
	7~9	F_p，f_p，s，F_α，F_β	s，C_p[b]，F_{is}，f_{is}
	1~6	F_p，f_p，s，F_α，F_β， $f_{f\alpha}$，$f_{H\alpha}$，$f_{f\beta}$，$f_{H\beta}$	s，C_p[b]，F_{is}，f_{is}
$d>4000$	7~11	F_p，f_p，s，F_α，F_β	F_p，f_p，s，（$f_{f\beta}$ 或 C_p[b]）

表 7-2 典型测量方法及最少测量齿数

检查项目		典型测量方法	最少测量齿数
要素	F_p：齿距累积总偏差	双测头 单测头	全齿 全齿
	f_p：单个齿距偏差	双测头 单测头	全齿 全齿
	F_α：齿廓总偏差 $f_{f\alpha}$：齿廓形状偏差 $f_{H\alpha}$：齿廓倾斜偏差	齿廓测量	3 齿
	F_β：螺旋线总偏差 $f_{f\beta}$：螺旋线形状偏差 $f_{H\beta}$：螺旋线倾斜偏差	螺旋线测量	3 齿
综合	F_{is}：切向综合总偏差	—	全齿
	f_{is}：一齿切向综合偏差	—	全齿
	C_p：接触斑点评价	—	3 处
尺寸	s：齿厚	齿厚卡尺 跨棒距或棒间距 跨齿测量距 综合测量	3 齿 2 处 2 处 全齿

7.4.2 ISO 齿面公差分级制

（1）齿面精度等级和应用范围

GB/T 10095.1—2022《圆柱齿轮 ISO 齿面公差分级制 第 1 部分：齿面偏差的定义和允许值》，对于单个齿轮齿面的基本偏差（齿距偏差、齿廓偏差、螺旋线偏差和径向跳动），给出了各个精度等级的公差计算方法。原 GB/T 10095.1—2008 废止，原标准以表格形式给出的公差值不再使用。

齿面精度等级定为 11 级，由高到低为 1 级到 11 级。测量方法为基于单个圆柱齿轮单侧齿面的坐标式测量，使用坐标类测量仪；除非供需双方有特别的约定，具体的测量方法或文件不做强制规定。

标准的应用范围：

a．齿数—— $5 \leqslant z \leqslant 1000$；

b．分度圆直径—— $5\text{mm} \leqslant d \leqslant 15000\text{mm}$；

c．法向模数—— $0.5\text{mm} \leqslant m_n \leqslant 70\text{mm}$；

d．齿宽—— $4\text{mm} \leqslant b \leqslant 1200\text{mm}$；

螺旋角—— $\beta \leqslant 45°$；

（2）齿面公差等级计算公式

指定齿面公差等级的齿轮各项公差值可根据式（7-3）～式（7-19）计算，单位为 μm。

① 级间公比　由于两相邻公差等级的级间公比是 $\sqrt{2}$，则本公差级数值乘以（或除以）$\sqrt{2}$ 可得到相邻较大（或较小）一级的数值。5 级精度的未圆整的计算值乘以 $\sqrt{2}^{(A-5)}$ 即可得任一齿面公差等级的待求值，其中 A 为指定齿面公差等级。

② 公差公式　各公差公式如下。

单个齿距公差：

$$f_{pT} = \left(0.001d + 0.4m_n + 5\right)\sqrt{2}^{(A-5)} \tag{7-3}$$

齿距累积总公差：

$$F_{pT} = \left(0.002d + 0.55\sqrt{d} + 0.7m_n + 12\right)\sqrt{2}^{(A-5)} \tag{7-4}$$

k 个齿距累积公差：

$$F_{pkT} = f_{pT} + \frac{4k}{z}\left(0.001d + 0.55\sqrt{d} + 0.3m_n + 7\right)\sqrt{2}^{(A-5)} \tag{7-5}$$

齿廓倾斜公差：

$$f_{H\alpha T} = \left(0.001d + 0.4m_n + 4\right)\sqrt{2}^{(A-5)} \tag{7-6}$$

此公差应加上正负号（±）。正号（+）表示齿廓向齿顶方向倾斜，这意味着齿顶相对于齿根更靠近齿轮的中心；负号（−）表示齿廓向齿根方向倾斜，这意味着齿顶相对于齿根更远离齿轮的中心。

齿廓形状公差：

$$f_{f\alpha T} = \left(0.55m_n + 5\right)\sqrt{2}^{(A-5)} \tag{7-7}$$

齿廓总公差：

$$F_{\alpha T} = \sqrt{f_{H\alpha T}^2 + f_{f\alpha T}^2} \tag{7-8}$$

式中，齿廓倾斜公差 $f_{H\alpha T}$ 和齿廓形状公差 $f_{f\alpha T}$ 使用未圆整的公差值。

螺旋线倾斜公差:

$$f_{H\beta T} = \left(0.05\sqrt{d} + 0.35\sqrt{b} + 4\right)\sqrt{2}^{(A-5)} \tag{7-9}$$

此公差应加上正负号（±）。正号（+）表示实际螺旋角的绝对值大于设计螺旋角。对于直齿轮，右旋齿轮的螺旋线倾斜偏差为正。负号（−）表示实际螺旋角的绝对值小于设计螺旋角。对于直齿轮，左旋齿轮的螺旋线倾斜偏差为负。

螺旋线形状公差：

$$f_{f\beta T}=\left(0.07\sqrt{d}+0.45\sqrt{b}+4\right)\sqrt{2}^{(A-5)} \tag{7-10}$$

螺旋线总公差：

$$F_{\beta T}=\sqrt{f_{H\beta T}^2+f_{f\beta T}^2} \tag{7-11}$$

式中，螺旋线倾斜公差 $f_{H\beta T}$ 和螺旋线形状公差 $f_{f\beta T}$ 使用未圆整的公差值。

径向跳动公差：

$$F_{rT}=0.9F_{pT}=0.9\left(0.002d+0.55\sqrt{d}+0.7m_n+12\right)\sqrt{2}^{(A-5)} \tag{7-12}$$

一齿切向综合公差 f_{isT} 的最大值和最小值的计算见式（7-13）和式（7-14），或见式（7-13）和式（7-15），单位为 μm。

$$f_{isT,max}=f_{is(design)}+\left(0.375m_n+5.0\right)\sqrt{2}^{(A-5)} \tag{7-13}$$

$f_{isT,min}$ 是式（7-14）和式（7-15）计算值的较大值：

$$f_{isT,min}=f_{is(design)}-\left(0.375m_n+5.0\right)\sqrt{2}^{(A-5)} \tag{7-14}$$

或

$$f_{isT,min}=0 \tag{7-15}$$

f_{isT} 的应用范围如下：

a．公差等级从 1 级到 11 级；

b．$1.0\text{mm}\leqslant m_n\leqslant 50\text{mm}$；

c．$5\leqslant z\leqslant 400$；

d．$5\text{mm}\leqslant d\leqslant 2500\text{mm}$。

如果测量仪器读数以 rad 为单位，使用式（7-16）基于分度圆直径 d 换算成以μm 为单位。

$$f_{isT}(\mu\text{rad})=2000\times f_{isT}(\mu\text{m})/d(\text{mm}) \tag{7-16}$$

式（7-13）和式（7-14）中用到的一齿切向综合偏差的设计值 $f_{is(design)}$，应通过分析应用设计和检测条件来确定。选择该设计值应考虑实际影响，例如，安装误差、轮齿形状误差和工作载荷等。

切向综合总公差 F_{isT} 的计算公式为

$$F_{isT}=F_{pT}+f_{isT,max} \tag{7-17}$$

F_{isT} 的应用范围同 f_{isT}。

需要注意的是，上述公差公式中的 d 是齿轮分度圆直径；而在测量螺旋线、齿距和齿厚偏差时，测头与齿面接触处所在圆的直径称为测量圆直径 d_M；由于公差值是根据分度圆直径计算的，当测量圆直径发生改变时，公差值仍保持不变。当测量圆直径未指定时，按式（7-18）和式（7-19）计算。

对于外齿轮　$$d_M = d_s - 2m_n \tag{7-18}$$

对于内齿轮　$$d_M = d_s + 2m_n \tag{7-19}$$

式中，d_s——齿顶圆直径，mm。

③ 圆整规则　式（7-3）～式（7-19）的计算值应按下述规则圆整：

a．如果计算值大于10μm，圆整到最接近的整数值；

b．如果计算值不大于10μm，且不小于5μm，圆整到最接近的尾数为0.5μm的值；

c．如果计算值小于5μm，圆整到最接近的尾数为0.1μm的值。

7.4.3 ISO径向综合公差分级制

（1）径向综合公差等级和应用范围

GB/T 10095. 2—2023《圆柱齿轮 ISO齿面公差分级制 第2部分：径向综合偏差的定义和允许值》，等同采用ISO 1328-2:2020《圆柱齿轮 ISO齿面公差分级制 第2部分：径向综合偏差的定义和允许值》。该文件确立了单个渐开线圆柱齿轮及扇形齿轮的径向综合偏差的公差分级制，规定了径向综合偏差的定义、公差分级制的结构和偏差允许值，提供了单个产品齿轮与码特齿轮双面啮合时径向综合偏差的公差计算公式，但没有提供公差表。

径向综合公差等级由径向综合总偏差F_{id}和一齿径向综合偏差f_{id}来确定。标准允许对径向综合总偏差F_{id}和一齿径向综合偏差f_{id}提出独立的公差等级要求。确定一个齿轮的ISO径向综合公差等级时，应同时满足这两个独立的公差要求。径向综合公差等级共有21个等级，由高到低为：R30～R50。在特定应用中，可通过公式计算扩展至R30以下或R50以上。在这种情况下，宜给出具体的公差值，而不宜给出R30～R50范围之外的公差等级。

标准的应用范围：适用于齿数不小于3、分度圆直径不大于600 mm的齿轮。

（2）公差值计算公式

① 一齿径向综合公差f_{idT}　一齿径向综合公差应通过式（7-20）～式（7-22）进行计算。

$$f_{idT} = \left(0.08\frac{z_c m_n}{\cos\beta} + 64\right)2^{[(R-R_x-44)/4]} = \frac{F_{idT}}{2^{(R_x/4)}} \tag{7-20}$$

$$z_c = \min\left(|z|, 200\right) \tag{7-21}$$

$$R_x = 5\left\{1 - 1.12^{[(1-z_c)/1.12]}\right\} \tag{7-22}$$

式中　z——齿数；

z_c——计算齿数；

β——螺旋角，（°）；

R_x——基于齿数的公差等级修正系数；

R——公差等级。

② 径向综合总公差F_{idT}　圆柱齿轮及齿数大于2/3整圈齿数的扇形齿轮的径向综合总公差F_{idT}应按式（7-23）进行计算。

$$F_{idT} = \left(0.08\frac{z_c m_n}{\cos\beta} + 64\right)2^{[(R-44)/4]} \tag{7-23}$$

③ 圆整规则　根据式（7-20）、式（7-22）和式（7-23）计算的公差值应圆整到最接近的整数值。如果小数部分为0.5，应向上圆整到最近的整数值。

7.4.4 齿轮精度等级的选择与标注

（1）齿轮精度等级的选择方法

齿轮精度等级的选用应根据齿轮的用途、使用要求、传递功率、圆周速度及其他技术要求而定，同时要考虑加工工艺与经济性。齿轮精度等级的选择方法主要有计算法和类比法两种。

① 计算法　计算法是按产品性能对齿轮提出的具体使用要求，计算选定其精度等级的方法。若已知传动链末端元件的传动精度要求，则可按传动链的误差传递规律来分配各级齿轮副的传动精度要求，从而确定齿轮的精度等级；若已知传动装置允许的振动，则可在确定装置动态特性过程中，依据机械动力学来确定齿轮的精度等级；若已知齿轮的承载要求，则可按齿轮所承受的转矩及使用寿命，经齿面接触强度计算，确定其精度等级。

② 类比法　根据以往产品设计、性能试验和使用过程中所累积的经验，以及长期使用中已证实其可靠性的各种齿轮精度等级选择的技术资料，经过与所设计的齿轮在用途、工作条件及技术性能上做对比后，选定其精度等级。

部分机械的齿轮精度等级的应用见表7-3，齿轮精度等级与速度的应用见表7-4。

表7-3　部分机械的齿轮精度等级的应用

应用领域	精度等级	应用领域	精度等级
测量齿轮	2～5	航空发动机齿轮	4～8
燃气轮机齿轮	3～6	拖拉机齿轮	6～9
精密切削机床	3～7	一般减速器齿轮	6～9
一般金属切削机床	5～8	轧钢机齿轮	6～10
内燃电气机车车辆	6～7	地质矿山绞车齿轮	8～10
轻型汽车齿轮	5～8	起重机齿轮	7～10
载重汽车齿轮	6～9	农业机械齿轮	8～11

表7-4　齿轮精度等级与速度的应用

工作条件	圆周速度/（m/s）		应用情况	精度等级
	直齿	斜齿		
机床	＞30	＞50	高精度和精密的分度链末端的齿轮	4
	＞15～30	＞30～50	一般精度分度链末端齿轮、高精度和精密的分度链的中间齿轮	5
	＞10～15	＞15～30	Ⅴ级机床主传动的齿轮、一般精度分度链的中间齿轮、Ⅲ级和Ⅲ级以上精度机床的进给齿轮、油泵齿轮	6
	＞6～10	＞8～15	Ⅳ级和Ⅳ级以上精度机床的进给齿轮	7
	＜6	＜8	一般精度机床的齿轮	8
			没有传动要求的手动齿轮	9

续表

工作条件	圆周速度/（m/s）		应用情况	精度等级
	直齿	斜齿		
动力传动		>70	用于很高速度的燃气轮机传动齿轮	4
		>30	用于高速度的燃气轮机传动齿轮、重型机械进给机构、高速重载齿轮	5
		<30	高速传动齿轮、有高可靠性要求的工业机器齿轮、重型机械的功率传动齿轮、作业率很高的起重运输机械齿轮	6
	<15	<25	高速和适度功率或大功率和适度速度条件下的齿轮，冶金、矿山、林业、石油、轻工、工程机械和小型工业齿轮箱（通用减速器）有可靠性要求的齿轮	7
	<10	<15	中等速度较平稳传动的齿轮，冶金、矿山、林业、石油、轻工、工程机械和小型工业齿轮箱（通用减速器）的齿轮	8
	≤4	≤6	一般性工作和噪声要求不高的齿轮、受载低于计算载荷的齿轮、速度大于 1m/s 的开式齿轮传动和转盘的齿轮	9

（2）齿轮精度等级选择应注意的事项

GB/T 10095.1—2022 同侧齿面精度制规定，对单个齿轮的 f_p、F_{pk}、F_p、F_α、F_β 等评定参数规定精度等级时，若无其他说明，可取同一精度等级；也可通过供需协议，对工作面和非工作面规定不同精度等级，或对不同的评定参数规定不同的精度等级；另外，也可以仅对工作面规定所要求的精度等级。

由于不同的应用对齿轮传递运动准确性、传递运动平稳性及载荷分布均匀性等精度要求有不同的侧重，通常应根据主要的精度要求来决定齿轮的精度等级，即应先确定反映主要精度要求评定参数的精度等级，再根据具体情况确定反映其他评定参数的精度等级。若反映传递运动准确性精度评定参数的精度等级数为 C_1，反映传递运动平稳性精度评定参数的精度等级数为 C_2，反映载荷分布均匀性精度评定参数的精度等级数为 C_3，根据不同评定参数所反映的齿轮制造误差的特性（见表 7-5），齿轮评定参数的精度等级为 $C_2-1 \leqslant C_1 \leqslant C_2+2$，$C_3 \leqslant C_2$。

表 7-5　评定参数的主要特性

公差与极限偏差项目	反应误差的主要特性	对传动性能的主要影响
F_p、F_{pk}、F_{is}、F_{id}、F_r	长周期误差（除 F_{pk}），均在齿轮一转范围内检测	传递运动的准确性
f_p、F_α、$f_{f\alpha}$、$f_{H\alpha}$、f_{is}、f_{id}	短周期误差，在一个齿面上或一个齿距内检测	传递运动的平稳性
F_β、$f_{f\beta}$、$f_{H\beta}$	在齿轮的轴线方向（齿长方向）上检测	载荷分布的均匀性

（3）齿轮精度等级的标注

按照国家标注规定，在技术文件上表述齿轮的精度要求时，应注明 GB/T 10095.1—2022 或 GB/T 10095.2—2023。对于给定的具体齿轮，各偏差项目可使用不同的齿面公差等级。齿轮总的公差等级应由相应文件规定的所有偏差项目中最大公差等级数来确定。

具体齿轮的精度等级及检验项目的标注方法建议如下。

① 齿面公差等级的的标注方式为：

GB/T 10095.1—2022，等级 A

其中，A 表示设计齿面公差等级。

② 径向综合公差等级的标注方式为：

GB/T 10095.2—2023，RXX 级

其中，XX 为设计的径向综合公差等级。

7.4.5 齿轮坯和齿轮表面精度要求及选用

实际齿轮副的两齿轮是由齿坯加工后并安装在齿轮箱体上工作的，因此齿轮坯和箱体的制造质量对于齿轮副的接触条件和运行状况有着极大的影响。GB/Z 18620.3—2008 对齿轮坯（包括基准轴线、确定基准轴线的基准面及其他相关的基准面）及最终构成齿轮副轴线的相应参数做了精度要求的规定。

（1）齿轮坯轴线的精度要求

齿轮轮齿的精度参数及其数值要求都是基于特定的回转轴线，即基准轴线而定义的，整个齿轮的几何要素均以基准轴线为准。因此，设计时必须明确地把齿轮公差的基准轴线表示出来。同时，对用于确定基准轴线的要素（基准面）应做相应的精度规定，以保证齿轮各要素的制造精度。确定齿轮基准轴线的三种基本方法及相应基准面的公差要求见表 7-6。

表 7-6 齿轮基准轴线的确定方法

方法描述	方法 1：用两个“短”圆柱或圆锥形基准面上设定的两个圆的圆心来确定轴线上的两个点	方法 2：用一个“长”圆柱或圆锥面来同时确定轴线的方向和位置。孔的轴线可以用正确装配的工作芯轴来代表	方法 3：轴线位置用一个“短”圆柱形基准面上的一个圆的圆心来确定，而其方向则用垂直于此轴线的一个基准端面来确定
图例	A B ○ t_1 ○ t_2	A ⌭ t	A B ▱ t_1 ○ t_2
基准面公差	圆度：0.04（L/b）F_β 或 0.1F_p 取二者中之小值	圆柱度：0.04$(L/b)F_\beta$ 或 0.1 F_p 取二者中之小值	圆度：0.61F_p 平面度：0.06$(D_d/b)F_\beta$

注：1. L—轴承跨距；b—齿宽；D_d—基准面直径。

2. 齿轮坯的公差应减至能经济地制造的最小值。

在实际生产及应用中，对于与轴制成一体的小齿轮，在制造和检验时常将其安置于两端的顶尖上，即以两端的中心孔（基准面）确定齿轮的基准轴线，如图 7-29 所示。显然，该齿轮轴的工作及制造安装面与基准面是不统一的，导致齿轮的基准轴线和工作轴线不重

合。对于此类情况，GB/Z 18620.3—2008 推荐工作安装面相对于基准轴线的跳动不应大于表 7-7 规定的数值。

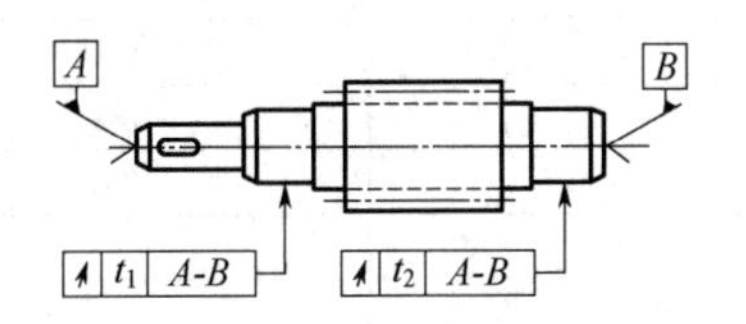

图 7-29　两端中心孔确定基准轴线

表 7-7　安装面的跳动公差

确定轴线的基准面	跳动量	
	径向	轴向
圆柱或圆锥形	$0.15(L/b)\ F_\beta$ 或 $0.3F_p$ 取二者中之大值	
一个圆柱和一个端面	$0.3F_p$	$0.2\ (D_d/b)\ F_\beta$

（2）齿坯的精度要求

齿坯的内孔、外圆和端面通常作为齿轮的加工、测量和装配基准，它们的精度对齿轮的加工测量和安装精度有很大的影响，因此必须规定其公差。齿坯精度包括齿轮内孔、齿顶圆、端面等定位基准面和安装基准面的尺寸偏差和形位误差，以及表面粗糙度要求。齿坯精度直接影响齿轮的加工精度和测量精度，并影响齿轮副的接触状况和运行质量，所以必须加以控制。齿轮孔或轴颈的尺寸公差、形状公差以及齿顶圆直径公差如表 7-8 所示。基准面径向跳动和端面跳动公差如表 7-9 所示。

表 7-8　齿坯尺寸与形状公差

传递运动准确性参数的精度等级	1	2	3	4	5	6	7	8	9	10	11
齿轮孔尺寸公差	IT4	IT4	IT4	IT4	IT5	IT6	IT7		IT8		IT8
齿轮轴尺寸公差	IT4	IT4	IT4	IT4	IT5		IT6		IT7		IT8
齿顶圆直径	IT6		IT7			IT8			IT9		IT11

表 7-9　基准面径向跳动和端面圆跳动公差　　单位：μm

分度圆直径/mm		精度等级				
大于	到	1 和 2	3 和 4	5 和 6	7 和 8	9 到 11
—	125	2.8	7	11	18	28
125	400	3.6	9	14	22	36
400	800	5.0	12	20	32	50

（3）齿轮的表面粗糙度

同样，作为传动的接触面，齿面的表面质量将影响传动精度，GB/Z 18620.4—2008 对齿轮表面粗糙度要求做了规定，其要求如表 7-10 和表 7-11 所示。

表 7-10 齿面表面粗糙度 *Ra* 的推荐极限值　　单位：μm

精度等级	*Ra*		
	$m<6$	$6\leqslant m\leqslant 25$	$m>25$
3		0.16	
4		0.32	
5	0.5	0.63	0.8
6	0.8	1.0	1.25
7	1.25	1.6	2.0
8	2.0	2.5	3.2
9	3.2	4.0	5.0
10	5.0	6.3	7.0

表 7-11 齿轮各基准面表面粗糙度 *Ra* 的推荐值　　单位：μm

精度等级	5	6	7	8	9
齿面加工方法	精磨	磨或珩磨	剃或精插、精铣	滚齿或插齿	滚齿或插齿
齿轮基准孔	0.32～0.63	1.25	1.25～2.5		3.2～5
齿轮轴基准轴颈	0.32	0.63	1.25	1.25～2.5	
齿轮基准端面	1.25～2.5	2.5～5		3.2～5	
齿顶圆	1.25～2.5	3.2～5			

（4）轴线平行度公差

轴线平面内的轴线平行度偏差影响螺旋线啮合偏差，其影响是工作压力角的正弦函数，而垂直平面上的轴线平行度偏差的影响是工作压力角的余弦函数。可见一定量的垂直平面上轴线平行度偏差导致的啮合偏差将比同样大小的轴线平面内偏差导致的啮合偏差大 2～3 倍。另外，由于齿轮轴要通过轴承安装在箱体或相应的机架上，而齿轮实际工作在齿宽范围内，所以规定齿轮轴线的平行度偏差允许值时应考虑轴承间距。据此，GB/Z 18620.3—2008 对这两种偏差推荐了不同的最大允许值，如图 7-30 所示。

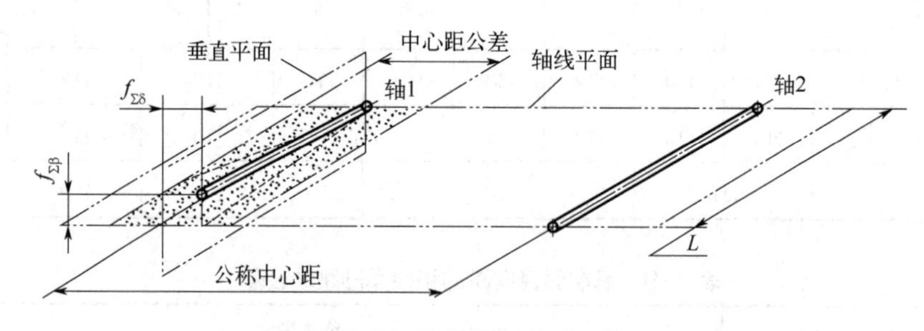

图 7-30 齿轮轴线平行度公差

① 垂直平面上平行度偏差 $f_{\Sigma\beta}$ 的推荐最大值为：

$$f_{\Sigma\beta}=0.5(L/b)\ F_{\beta} \tag{7-24}$$

式中，L 为轴承间距；b 为齿宽；F_{β} 为螺旋线总偏差。

② 轴线平面内平行度偏差 $f_{\Sigma\delta}$ 的推荐最大值为：

$$f_{\Sigma\delta}=2f_{\Sigma\beta} \tag{7-25}$$

（5）接触斑点的要求

根据接触斑点的定义及其检测方法的规定，其反映单个齿轮制造误差的综合效应。GB/Z 18620.4—2008 给出了通过接触斑点的检测对齿轮精度进行估计的指导，表 7-12 所示为不同精度被测齿轮与测量齿轮装配后，在规定的测量方法下所检测出接触斑点的分布情况，用于对装配后的齿轮的螺旋线和齿廓精度的评估。

表 7-12　齿轮装配后的接触斑点分布要求

精度等级数	b_{c1} 占齿宽	h_{c1} 占有效齿面高		b_{c2} 占齿宽	h_{c1} 占有效齿面高	
	直齿和斜齿	直齿	斜齿	直齿和斜齿	直齿	斜齿
≤4	50%	70%	50%	40%	50%	30%
5、6	45%	50%	40%	35%	30%	20%
7、8	35%	50%	40%	35%	30%	20%
9～12	25%	50%	40%	25%	30%	20%

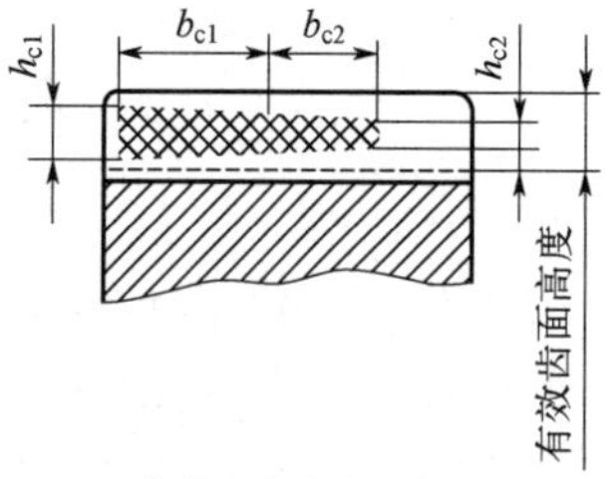

h_{c1}　b_{c1}　b_{c2}　h_{c2}　有效齿面高度

接触斑点分布示意

7.4.6 应用举例

某普通车床进给系统中的一对直齿圆柱齿轮，传递功率为 3kW，主动齿轮 z_1 的最高转速 $n_1 = 700\text{r/min}$，模数 $m_n = 2\text{mm}$，$z_1 = 40$，$z_2 = 80$，齿宽 $b = 15\text{mm}$，压力角 $\alpha = 20^\circ$；齿轮的材料为 45 钢，$\alpha_1 = 11.5\times10^{-6}/℃$，箱体材料为铸铁，$\alpha_2 = 10.5\times10^{-6}/℃$；工作时，齿轮 z_1 的温度为 60℃，箱体的温度为 40℃，齿轮的润滑方式为喷油润滑；z_1 的孔径 $D_H = 32\text{mm}$。经供需双方商定，齿轮需检验 f_p、F_p、F_α、F_β、F_r 精度等级均为 GB/T 10095.1—2022，等级 6。试确定齿轮 z_1 各评定参数的公差及其他技术要求，并绘制齿轮 z_1 的工作图。

① 确定 z_1 的 f_{pT}、F_{pT}、$F_{\alpha T}$、$F_{\beta T}$、F_{rT}。

z_1 的分度圆直径 $d_1 = z_1 m_n = 40\times2 = 80\text{mm}$，齿宽 $b = 15\text{mm}$，精度 A 为 6 级，分别由公式计算得到。

由式（7-3），得到单个齿距公差：

$$
\begin{aligned}
f_{pT} &= (0.001d + 0.4m_n + 5)\sqrt{2}^{(A-5)} \\
&= (0.001\times80 + 0.4\times2 + 5)\times\sqrt{2}^{(6-5)} \\
&\approx 8.3156
\end{aligned}
$$

按规则圆整为 8.5μm。

由式（7-4），得到齿距累积总公差：

$$
\begin{aligned}
F_{pT} &= \left(0.002d + 0.55\sqrt{d} + 0.7m_n + 12\right)\sqrt{2}^{(A-5)} \\
&= \left(0.002\times80 + 0.55\times\sqrt{80} + 0.7\times2 + 12\right)\sqrt{2}^{(6-5)} \\
&= 26.1337
\end{aligned}
$$

按规则圆整为 26μm。

同理，可得齿廓总公差 $F_{\alpha T}=11\mu m$，螺旋线总公差 $F_{\beta T}=12\mu m$，径向跳动公差 $F_{rT}=23\mu m$。

② 确定齿坯其他技术要求。

设计以 z_1 的孔及端面为定位基准面，由表 7-8 得基准孔直径公差为 IT6，$T_H=0.016mm$，$ES=+0.016mm$，$EI=0$；齿顶圆直径公差为 IT8，$T_S=0.054mm$，$es=0$，$ei=-0.0540\,mm$。

由表 7-6 和表 7-7 有，端面平面度公差 $T_1\left(D_a=54mm\right)$、端面轴向圆跳动公差 T_2 及内孔圆度公差 T_3 分别为：

$$T_1=0.06\left(D_d/b\right)F_\beta=0.06\left(54/15\right)\times12=2.592\mu m$$

$$T_2=0.2\left(D_d/b\right)F_\beta=0.2\left(54/15\right)\times12=8.64\mu m$$

$$T_3=0.6F_p=0.6\times26=15.6\mu m$$

取 $T_1=2\mu m$，$T_2=8\mu m$，$T_3=15\mu m$。另依据表 7-9，取齿顶圆径向圆跳动公差为 0.011mm。由表 7-9 查得，齿面表面粗糙度 Ra 值为 0.8μm。

③ 绘制齿轮工作图。齿轮 z_1 的工作图如图 7-31 所示。

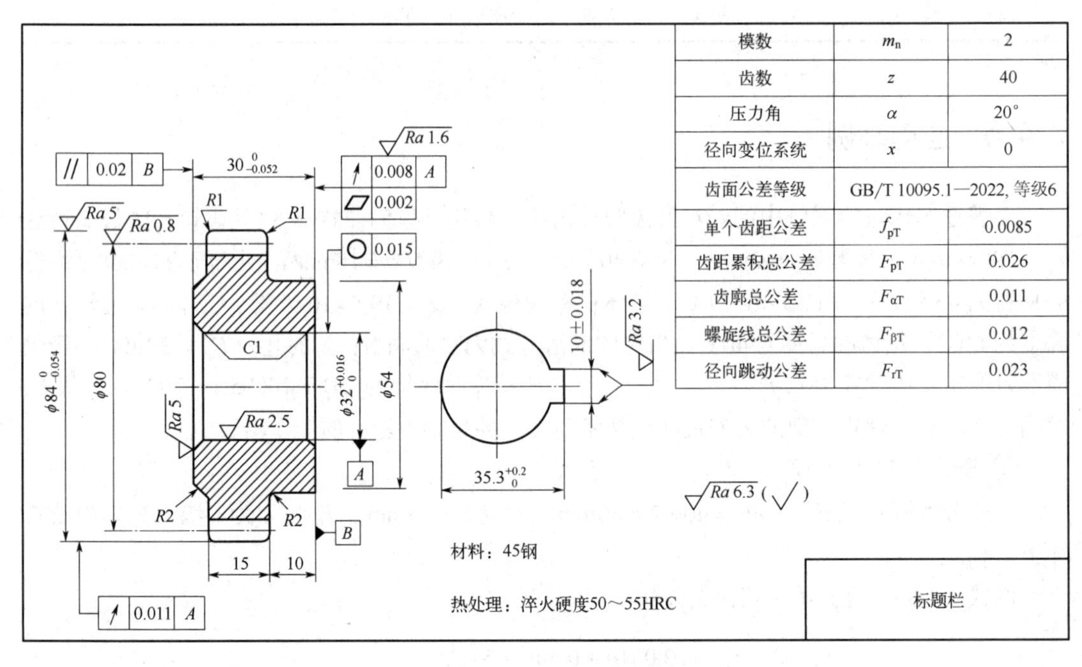

图 7-31 齿轮工作图

习题与思考题

1．齿轮传动有哪些使用要求？

2．齿轮加工误差产生的原因有哪些？

3．为什么要对齿坯提出精度要求？齿坯精度包括哪些？

4．检测一模数 $m_n=2mm$，齿数 $z_1=30$，压力角 $\alpha=20^\circ$，设计要求 7 级精度的渐开线直

齿圆柱齿轮，结果为 $F_r = 20\mu m$，$F_p = 36\mu m$。试计算并评价该齿轮的这两项评定参数是否满足设计要求。

5．用相对法测量模数 $m_n = 3mm$，齿数 $z_1 = 12$ 的直齿圆柱齿轮齿距累积总偏差和单个齿距偏差。测得数据见表 7-13。该齿轮设计要求为 GB/T 10095.1—2022，等级 8。试求其齿距累积总偏差 F_p 和单个齿距偏差 f_p，并判断其合格与否。

表 7-13　题 5 数据

序号	1	2	3	4	5	6	7	8	9	10	11	12
测量读数/μm	0	+5	+5	+10	−20	−10	−20	−18	−10	−10	+15	+5

6．已知精度要求为 GB/T 10095.1—2022，等级 6 的某直齿圆柱齿轮副，模数 $m_n = 5mm$，压力角 $\alpha = 20°$，齿数分别为 $z_1 = 20$，$z_2 = 100$，内孔直径分别为 $D_1 = 25$，$D_2 = 80$。

① 计算 f_{pT}、F_{pT}、$F_{\alpha T}$、$F_{\beta T}$、F_{rT}、F_{idT}、f_{idT} 的允许值。

② 试确定两齿轮基准面（齿轮结构类似于图 7-31 所示齿轮）的几何公差、齿面表面粗糙度，以及两轮内孔和齿顶圆的尺寸公差。

习题参考答案

第 8 章 尺寸链

本书配套资源

思维导图

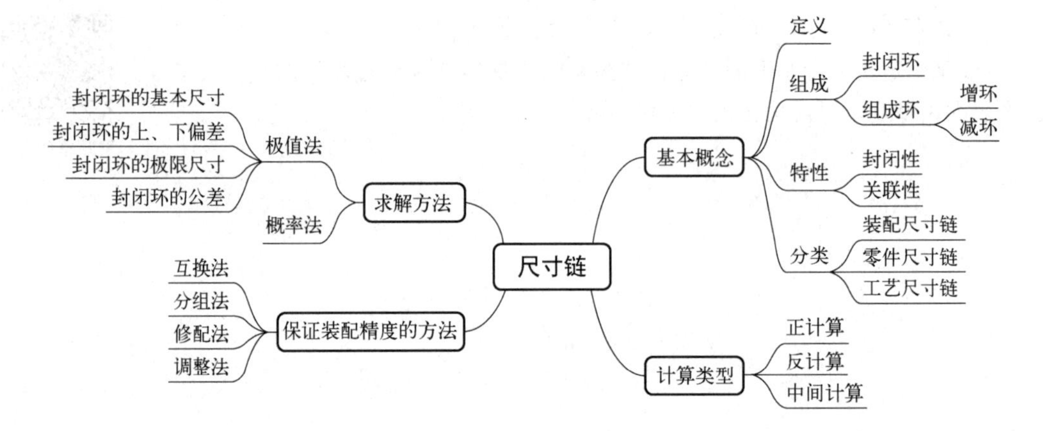

案例引入

有一圆筒薄壁件，已知外圆直径为 $A_1=\phi70_{-0.12}^{-0.04}$ mm，内孔直径为 $A_2=\phi60_{0}^{+0.06}$ mm，内外圆轴线的同轴度公差为ϕ0.02mm，试确定壁厚 A_0。

学习目标

① 掌握尺寸链的定义和特征。
② 掌握增、减环的判定方法。
③ 掌握尺寸链的正确绘制方法。
④ 掌握采用极值法解直线尺寸链。
⑤ 了解保证产品装配精度的方法。

机械产品由零件组成，只有各零件之间保持正确的几何关系，才能实现正确的运动关系及其他功能要求。但是，在制造过程中又必然存在尺寸误差与形状及位置误差，因此需要从零件尺寸与位置的变动中去分析各零件之间的相互关系与相互影响，从产品的功能要求与装配条件出发，适当限定各零件有关尺寸与位置的变动范围，或在结构设计上和装配工艺上采取保证精度的措施。换言之，在设计机器及其零件时，除了需要进行运动、强度和刚度的分析与计算外，还需要根据产品设计要求，进行几何精度的分析与设计，适当地确定有关零件的尺寸公差之间及形位公差之间的关系，确保产品的质量。这些几何精度分析与计算问题，就是尺寸链需要研究的主要内容。

我国目前已发布的有关国家标准是 GB/T 5847—2004《尺寸链 计算方法》，代替原国家标准 GB/T 5847—1986。本章涉及的相关概念，均选自该国家标准。

8.1 尺寸链的基本概念

8.1.1 尺寸链的定义

前几章讨论了几种常用的典型零件的公差与配合，例如，孔、轴配合，圆锥体配合，圆柱螺纹配合，键的配合，齿轮的结合等。在这些典型零件的配合中，尺寸之间的联系较为单纯、简单。实际上，任何零件的任何尺寸都不是单一、孤立地存在的，总是与一系列其他尺寸相互联系、相互制约、相互依存的。

零件的某一尺寸不但与自身的有关尺寸相互联系，而且与配合零件的有关尺寸有直接或间接的联系。如图 8-1（a）所示的孔与轴的配合中，其间隙 L_0 的大小由轴径 L_1 和孔径 L_2 的大小决定，轴径和孔径的尺寸变动均会导致间隙大小的变动。显然，尺寸 L_0、L_1 和 L_2 是相互关联的，可构成一个封闭图形，如图 8-1（b）所示。这种相互连接的尺寸形成的封闭尺寸组就称为尺寸链。

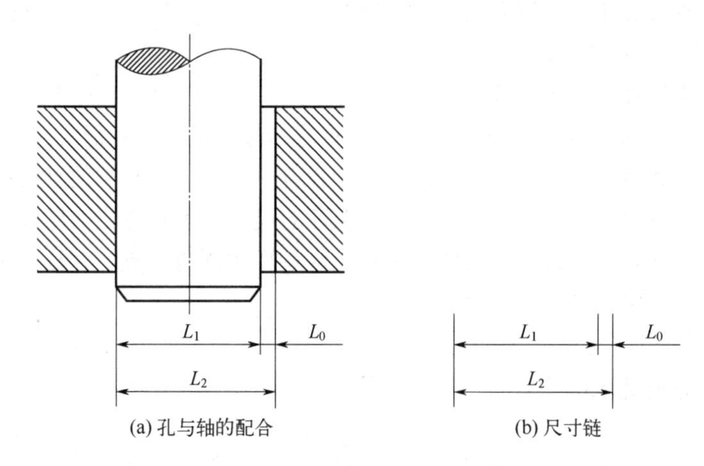

图 8-1　孔与轴的配合及其尺寸链

8.1.2 尺寸链的组成及特性

列入尺寸链的每一个尺寸称为尺寸链的环。这些环可分为封闭环和组成环。

（1）封闭环

封闭环是尺寸链中在装配过程或加工过程最后形成的一环，常用下加角标“0”表示。每个尺寸链中有且只有一个封闭环。显然，工艺尺寸链的封闭环是由零件的加工顺序来确定的，加工顺序不同，封闭环也不同。零件尺寸链的封闭环是图上未标注的尺寸；装配尺寸链的封闭环是装配后形成的尺寸，即装配精度。

（2）组成环

尺寸链中对封闭环有影响的全部环为组成环。这些环中任意环的变动必然引起封闭环的变动。属于同一尺寸链的组成环常以同一字母表示，依次下加角标“1，2，3，……”等。

组成环又分为增环和减环。

① 增环 尺寸链中的组成环，由于该环的变动引起封闭环同向变动。同向变动指该环增大时封闭环也增大，该环减小时封闭环也减小。增环常在组成环字母代号上加“→”表示。

② 减环 尺寸链中的组成环，由于该环的变动引起封闭环反向变动。反向变动指该环增大时封闭环减小，该环减小时封闭环增大。减环常在组成环字母代号上加“←”表示。

建立尺寸链时，应先确定封闭环，然后再从封闭环出发，按照尺寸间的联系，用首尾相接的单向箭头顺序表示各组成环，这种尺寸图就是尺寸链图。增减环可通过画箭头法（回路法）来确定：任选一组成环或封闭环，从该环开始，按任一方向作一个回路；各组成环与封闭环箭头同向者为减环，与封闭环箭头反向者为增环。

仍以图 8-1 所示的轴孔配合为例，由于轴孔之间的间隙是需保证的装配精度，即为封闭环；L_1 和 L_2 为组成环，且 L_1 为减环，L_2 为增环。根据装配精度可给轴和孔分配尺寸和公差。

由上例可以看出，尺寸链图的作法可归结为以下步骤。

① 首先根据加工工艺过程或装配过程找出间接保证的尺寸作为封闭环。

② 从封闭环开始，按照各尺寸之间的相互联系，依次画出相关直接获得的尺寸作为组成环，直到尺寸的终端回到封闭环的起端形成一个封闭的图形。需要注意的是，组成环环数必须最少。另外，各组成环尺寸按大致比例画出即可。

③ 按照回路法确定增、减环。

显然，尺寸链具有以下两个基本特征。

① 封闭性 尺寸链必须是一组由有关尺寸首尾相接构成的封闭形式的尺寸，这是尺寸链的表现形式。其中必然包含一个间接保证的尺寸和若干个对此有影响的直接保证的尺寸。

② 关联性（又称制约性） 尺寸链中间接保证的尺寸大小和变化（精度）受直接获得的尺寸的精度支配，彼此间具有特定的函数关系，这是尺寸链的实质。并且，间接保证的尺寸的精度必然低于直接保证尺寸的精度。

8.1.3 尺寸链的形式

按尺寸链的应用范围，尺寸链可分为装配尺寸链、零件尺寸链与工艺尺寸链。

① 装配尺寸链 全部组成环为不同零件设计尺寸而形成的尺寸链，如图 8-1 所示；

② 零件尺寸链 全部组成环为同一零件设计尺寸而形成的尺寸链，如图 8-2 所示；

③ 工艺尺寸链 全部组成环为同一零件工艺尺寸而形成的尺寸链，如图 8-3 所示。

设计尺寸指零件图上标注的尺寸；工艺尺寸指工序尺寸、定位尺寸与测量尺寸等。装配尺寸链与零件尺寸链统称为设计尺寸链。

尺寸链按空间分布的位置关系可分为直线尺寸链、平面尺寸链和空间尺寸链，按各环的几何特征可分为长度尺寸链和角度尺寸链。

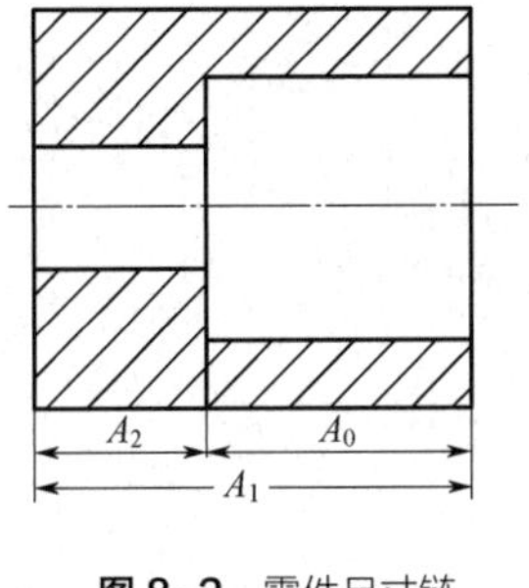

图8-2 零件尺寸链

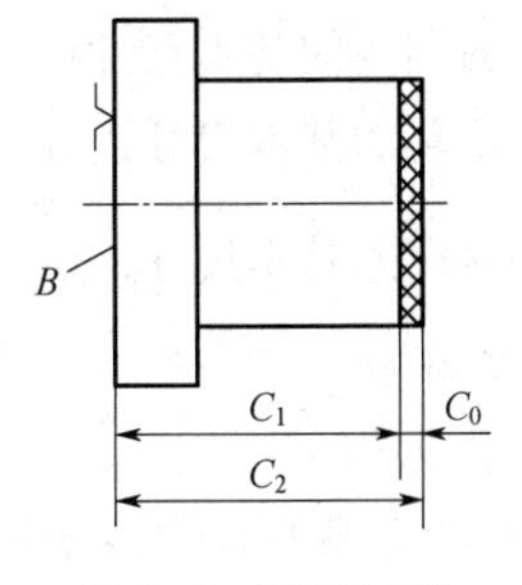

图8-3 工艺尺寸链

8.2 尺寸链的常用求解方法

8.2.1 尺寸链计算的类型

尺寸链计算有正计算、反计算和中间计算等类型。

① 正计算 已知各组成环的极限尺寸，求封闭环的极限尺寸。这类计算主要用来验算设计的正确性，所以又称校核计算。

② 反计算 已知封闭环的极限尺寸和各组成环的基本尺寸，求各组成环的极限偏差。这类计算主要用在设计上，即根据机器的使用要求来分配各零件的公差。反计算通常用于机械设计计算。

③ 中间计算 已知封闭环和部分组成环的极限尺寸，求某一组成环的极限尺寸。这类计算常用在工艺上。中间计算通常用于工艺设计方面，如基准换算、工序尺寸计算等。

8.2.2 直线尺寸链极值法计算的基本公式

前已述及，尺寸链的构成取决于工艺方案，且求解尺寸链必须首先确定封闭环。封闭环定错，必然全盘解错。另外，一个尺寸链只能求解一个封闭环。

尺寸链的计算方法通常有极值法和概率法两种，本书仅介绍极值法。

极值法不考虑各环实际尺寸的分布情况，而按误差综合最不利的情况，即各增环均为最大（或最小）极限尺寸而减环均为最小（或最大）极限尺寸来计算封闭环极限尺寸。按此法计算出的尺寸加工各组成环，装配时各组成环不需挑选或辅助加工，装配后即能满足封闭环的公差要求，可实现完全互换。其缺点是当封闭环公差较小、组成环数目较多时，会使组成环的公差过于严格，因此通常应用在环数少、精度低的场合。

用极值法解算直线尺寸链时，有以下基本关系式。

① 封闭环的基本尺寸

对于直线尺寸链，封闭环的基本尺寸等于组成环环尺寸的代数和，即：

$$L_0=\sum_{\mathrm{p}=1}^{k}\overrightarrow{L}_{\mathrm{p}}-\sum_{\mathrm{q}=k+1}^{m}\overleftarrow{L}_{\mathrm{q}} \tag{8-1}$$

式中 L_0——封闭环的基本尺寸；

$\overrightarrow{L}_p$ ——增环的基本尺寸；

$\overleftarrow{L}_q$ ——减环的基本尺寸；

k——增环数；

m——组成环环数。

② 封闭环的上偏差 $ES(L_0)$与下偏差 $EI(L_0)$

对于直线尺寸链，封闭环的上偏差等于所有增环的上偏差之和减去所有减环的下偏差之和，即：

$$ES(L_0)=\sum_{p=1}^{k}ES(\overrightarrow{L}_p)-\sum_{q=k+1}^{m}EI(\overrightarrow{L}_q) \tag{8-2}$$

对于直线尺寸链，封闭环的下偏差等于所有增环的下偏差之和减去所有减环的上偏差之和，即：

$$EI(L_0)=\sum_{p=1}^{k}EI(\overrightarrow{L}_p)-\sum_{q=k+1}^{m}ES(\overrightarrow{L}_q) \tag{8-3}$$

③ 封闭环的极限尺寸

若组成环中增环都是最大极限尺寸，减环都是最小极限尺寸，则封闭环的尺寸必然是最大极限尺寸，因此此法称为极大极小法或极值法。同理，若组成环中增环都是最小极限尺寸，减环都是最大极限尺寸，则封闭环的尺寸必然是最小极限尺寸。

对于直线尺寸链，封闭环的最大极限尺寸等于所有增环的最大极限尺寸之和减去所有减环的最小极限尺寸之和；封闭环的最小极限尺寸等于所有增环的最小极限尺寸之和减去所有减环的最大极限尺寸之和。即：

$$L_{0\max}=\sum_{p=1}^{k}\overrightarrow{L}_{p\max}-\sum_{q=k+1}^{m}\overleftarrow{L}_{q\min}=L_0+ES(L_0) \tag{8-4}$$

$$L_{0\min}=\sum_{p=1}^{k}\overrightarrow{L}_{p\min}-\sum_{q=k+1}^{m}\overleftarrow{L}_{q\max}=L_0-EI(L_0) \tag{8-5}$$

④ 封闭环的公差 T_0

对于直线尺寸链，封闭环的公差等于所有组成环公差之和，即：

$$T_0=ES(L_0)-EI(L_0)=\sum_{i=1}^{m}|\xi_i|T_i=\sum_{i=1}^{m}T_i \tag{8-6}$$

式中 T_i——组成环的公差。

显然，封闭环的公差比任何组成环的公差都大，因此，在零件尺寸链中，应选择精度要求最低的尺寸作为封闭环。考虑到在装配尺寸链中封闭环往往就是装配的最终技术要求，因此在装配尺寸链中应遵循最短路线原则，也称环数最少原则，结构尽量简单，使得各组成环分配的公差尽量大一些，以便经济性地加工零件。

以图 8-1 所示的孔轴配合为例，设轴为 $L_1=\phi100_{-0.034}^{-0.012}$，孔为 $L_2=\phi100_{0}^{+0.035}$，则有：

$$L_0=\overrightarrow{L}_2-\overleftarrow{L}_1=100-100=0$$

$$ES(L_0)=ES(\overrightarrow{L}_2)-EI(\overrightarrow{L}_1)=+0.035-(-0.034)=+0.069$$

$$EI(L_0)=EI(\vec{L_2})-ES(\vec{L_1})=0-(-0.012)=+0.012$$

$$T_0=ES(L_0)-EI(L_0)=+0.069-(+0.012)=0.057$$

8.2.3　尺寸链的计算举例

（1）正计算

例 8-1　如图 8-4（a）所示的齿轮部件装配结构，已知各零件的尺寸：$A_1=30_{-0.13}^{0}$ mm，$A_2=A_5=5_{-0.075}^{0}$ mm，$A_3=43_{+0.02}^{+0.18}$ mm，$A_4=3_{-0.05}^{0}$ mm，设计要求间隙 A_0 为 0.1～0.35mm，试验算该设计是否能保证所要求的间隙。

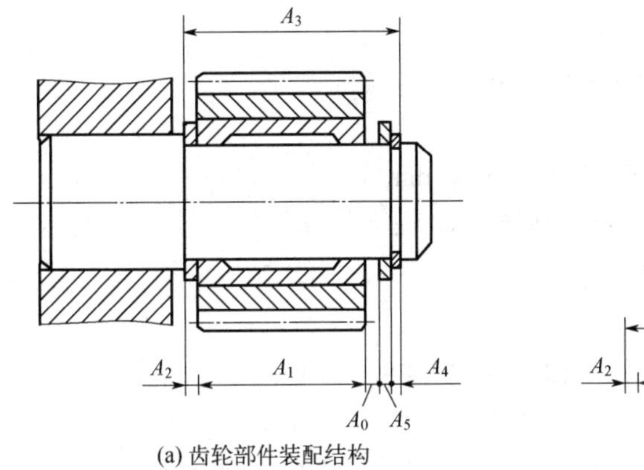

(a) 齿轮部件装配结构　　(b) 尺寸链

图 8-4　齿轮部件尺寸链

解：

① 确定封闭环及其技术要求。

由于间隙 A_0 是装配后自然形成的，所以确定封闭环为要求的间隙 A_0。此间隙在 0.1～0.35mm，即 $A_0=0_{+0.10}^{+0.35}$ mm。

② 寻找全部组成环，画尺寸链图，并判断增、减环。

依据查找组成环的方法，找出全部组成环为 A_1、A_2、A_3、A_4和 A_5，如图 8-4（b）所示。依据“回路法”判断出 A_3为增环，A_1、A_2、A_4和 A_5皆为减环。

③ 计算（校核）封闭环的基本尺寸。

$$A_0=A_3-(A_1+A_2+A_4+A_5)=43-(30+5+3+5)=0\text{mm}$$

封闭环的基本尺寸为 0，说明各组成环的基本尺寸满足封闭环的设计要求。

④ 计算（校核）封闭环的极限偏差。

$$ES_0=ES_3-(EI_1+EI_2+EI_4+EI_5)=+0.18-(-0.13-0.075-0.05-0.075)=+0.51\text{mm}>0.35\text{mm}$$

$$EI_0=EI_3-(ES_1+ES_2+ES_4+ES_5)=+0.02-(0+0+0+0)=+0.02\text{mm}<0.10\text{mm}$$

⑤ 计算（校核）封闭环的公差。

$$T_0=T_1+T_2+T_3+T_4+T_5=0.13+0.075+0.16+0.075+0.05=0.49\text{mm}>0.25\text{mm}$$

校核结果表明，封闭环的上、下偏差及公差均已超过规定范围，必须调整组成环的极限偏差。

（2）反计算（设计计算）

例 8-2 对于图 8-4（a）所示齿轮部件装配，按原设计无法满足装配精度要求。假设各环基本尺寸为 A_1=30mm，A_2=A_5=5mm，A_3=43mm，标准件 $A_4=3_{-0.05}^{\ 0}$ mm，设计要求间隙 A_0 仍为 0.1mm～0.35mm，现按完全互换法重新进行设计，规定各环的公差与偏差。

解：

① 建立装配尺寸链，确定封闭环与增减环。

其步骤和尺寸链如例 8-1，不再赘述。

② 确定各组成环的公差。

按等公差法计算，初拟各组成环公差为：$T_1=T_2=T_3=T_4=T_5=(0.35-0.1)/5=0.05$mm。

取 A_5 为协调环。考虑加工难易程度，进行适当调整（A_4 公差不变），得到：T_4=0.05mm，T_1=0.06mm，T_3=0.1mm，T_2=0.02mm。

由此，根据式（8-6）计算得 T_5=0.02mm。

③ 确定各组成环的偏差

A_4 为标准尺寸，公差带位置确定：$A_4=3_{-0.05}^{\ 0}$ mm

除协调环以外，各组成环公差按入体标注如下：

$A_3=43_{\ 0}^{+0.10}$，$A_2=5_{-0.02}^{\ 0}$，$A_1=30_{-0.06}^{\ 0}$。

④ 计算协调环 A_5 偏差

根据式（8-2）和式（8-3），易得 $EI_5=-0.12$，$ES_5=-0.1$

最后可确定 $A_5=5_{-0.12}^{-0.10}$。

以上分析可以看出，除协调环精度较高外，其他组成环都采取经济加工精度，但仍可保证装配精度。

（3）中间计算

中间计算是已知封闭环和部分组成环的尺寸及偏差，求解某一组成环的尺寸及偏差的计算过程，一般用于基准换算和工序尺寸计算等工艺设计。在零件加工过程中，往往所选定位基准或测量基准与设计基准不重合，此时应根据工艺要求改变零件图的标注，进行基准换算，求出加工所需工序尺寸。

例 8-3 图 8-5（a）所示轴，与孔配合装配前该轴需镀铬，镀层厚度 A_2 为(15±2)μm，镀后直径 A_0 应满足ϕ75H8/f7 配合，求轴在镀前直径 A_1。

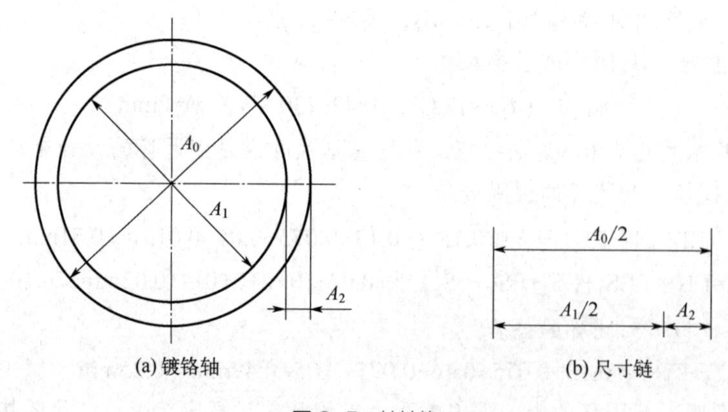

图 8-5 轴镀铬

解： 本例中镀前轴的直径和镀后轴的直径应以半径尺寸进入尺寸链，以反映其同轴关系。

① 镀层厚度 A_2，$A_2=0^{+0.017}_{+0.013}$；镀前轴的直径 A_1；镀后轴的直径 A_0，查表$\phi75f7$ 确定 $A_0=\phi75^{-0.030}_{-0.060}$。

② 绘制尺寸链，如图 8-5（b）所示。

判断封闭环为镀后轴径 $R_0=A_0/2=\phi37.5^{-0.015}_{-0.030}$，而 $R_1=A_1/2$ 与 $R_2=A_2=0^{+0.017}_{+0.013}$ 均为增环。

③ 根据尺寸链三个基本公式计算

$R_0=R_1+R_2=R_1+0$，所以，$R_1=37.5\text{mm}$

$\text{ES}(R_0)=\text{ES}(R_1)+\text{ES}(R_2)$，所以 $\text{ES}(R_1)=-0.032\text{mm}$

$\text{EI}(R_0)=\text{EI}(R_1)+\text{EI}(R_2)$，所以 $\text{EI}(R_1)=-0.043\text{mm}$

所以镀前轴的半径为 $R_1=\phi37.5^{-0.032}_{-0.043}$，直径为 $A_1=\phi75^{-0.064}_{-0.086}$。

例 8-4 如图 8-6（a）所示键槽孔加工过程如下：①镗内孔至 $D_1=\phi57.75^{+0.03}_{0}$；②插键槽，保证尺寸 x；③热处理；④磨内孔至 $D_2=\phi58^{+0.03}_{0}$，同时保证尺寸 $H=62^{+0.25}_{0}$。假设镗孔与磨孔时两孔同轴度误差为 $e=\pm0.025\text{mm}$。试确定尺寸 x 的大小及公差。

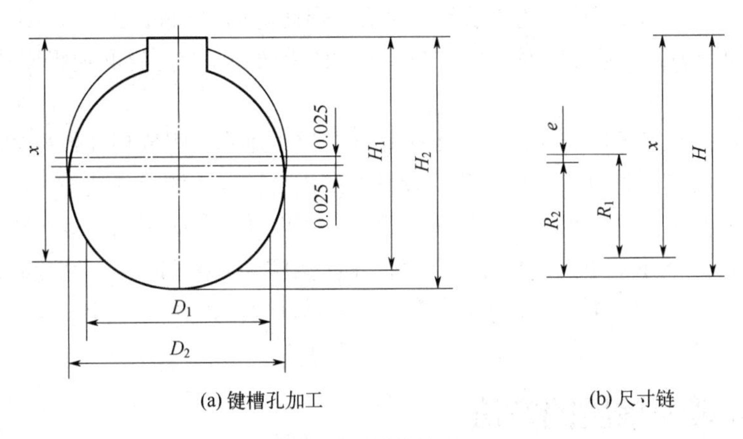

(a) 键槽孔加工　　(b) 尺寸链

图 8-6 键槽孔加工

解 建立尺寸链如图 8-6（b）所示，H 是间接保证的尺寸，因而是封闭环。镗内孔所得直径 D_1 和磨内孔所得直径 D_2 同样均应以半径 R_1 和 R_2 进入尺寸链。注意此例中因镗孔与磨孔所得两孔不同轴，其同轴度也应计入尺寸链中。依据“回路法”判断出 x、e 和 R_2 为增环，R_1 为减环。计算该尺寸链可得到：$x=61.875^{+0.21}_{+0.04}=61.905^{+0.17}_{0}\text{ mm}$。

此例中将 e 作为增环或减环进入尺寸链，计算结果均不变。

在工件加工过程中，有时会遇到一些表面加工之后，按设计尺寸不便直接测量的情况，因此需要在零件上另选一容易测量的表面作为测量基准进行测量，以间接保证设计尺寸的要求。

例 8-5 如图 8-7（a）所示零件，尺寸 A_0 不好测量，改测尺寸 A_2，试确定 A_2 的大小和公差。

解：

① 建立尺寸链，如图 8-7（a）。

② 判断增环和减环。由于 $A_1=50^{\ 0}_{-0.17}$ 和 A_2 为直接测量值，因此是尺寸链的组成环。而 $A_0=10^{\ 0}_{-0.36}$ 是间接得到的，为尺寸链的封闭环，且由回路法可知，A_1 为增环，A_2 为减环。

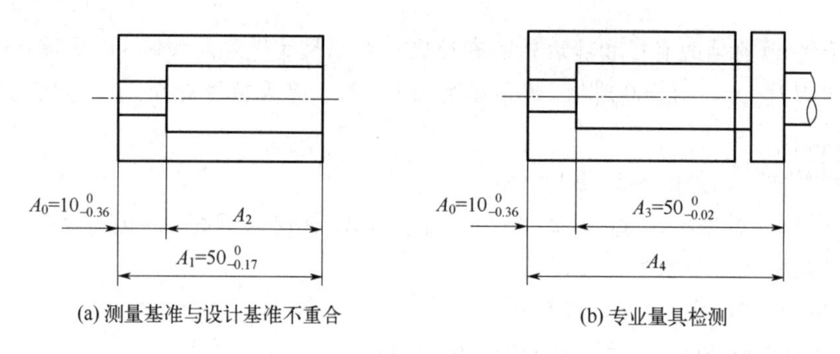

(a) 测量基准与设计基准不重合　　(b) 专业量具检测

图 8-7　测量基准与设计基准不重合引起的假废品现象

由此，根据尺寸链计算基本公式易知 $A_2=40^{+0.19}_{\ 0}$ mm。

只要实测结果在 A_2 的公差范围内，就一定能保证 A_0 的设计要求。

需要指出的是，直线尺寸链极值算法是极限情况下的各尺寸之间的尺寸联系。从保证封闭环的尺寸要求看，是保守算法，虽然计算结果可靠，但可能出现假废品。

若实测 A_2=40.30mm，按上述要求判为废品，但此时如 A_1=50mm，则实际 A_0=9.70mm，零件仍合格，即“假废品”。当实测尺寸与计算尺寸的差值小于尺寸链其他组成环公差之和时，可能为假废品。

产生假废品的根本原因在于测量基准和设计基准不重合。组成环环数愈多，公差范围愈大，出现假废品的可能性愈大。为避免假废品的产生，发现实测尺寸超差时，需对零件进行复查，加大了检验工作量。为了减少假废品出现的可能性，有时可采用专用量具检测。

如图 8-7（b）所示，引入高精度零件 A_3，通过测量 A_4 来保证 A_0，则此时通过新尺寸链计算可知 $A_4=60^{-0.02}_{-0.36}$。采用这种专用量具检测，可以减少假废品出现的可能性。

8.3 保证装配精度的方法

机械产品的精度要求最终是靠装配实现的。在设计装配体结构时，就应当考虑到采用什么装配方法，因为装配方法直接影响装配尺寸链的解法、装配工作的组织、零件加工精度、产品的成本。根据产品的性能要求、结构特点和生产类型、生产条件，可采用不同的装配方法。

采用合理的装配方法，实现用较低的零件加工精度达到较高的产品装配精度，这是装配工艺的核心问题。目前最有效的方法就是通过建立相应的装配尺寸链，用不同的装配工艺方法来达到所要求的装配精度。

装配尺寸链是保证装配精度的依据。装配尺寸链用来查找零件对装配精度的影响，指导制订装配工艺，合理安排装配工序，分析产品结构的合理性，确定经济的、至少是可行的零件加工公差。

装配尺寸链除有一般尺寸链的特点外，还有以下特点：封闭环十分明显，且一定是机器产品或部件的某项装配精度；封闭环在装配后才能形成，不具有独立性（装配精度只有装配后才能测量）；各组成环不是仅在一个零件上的尺寸，而是在几个零件或部件间与装配精度有关的尺寸。

建立装配尺寸链时，应先确定反映装配后技术要求的封闭环，然后根据封闭环的要求查找各组成环；最后采用粘连法，按照“最少环数”原则建立尺寸链图。所谓粘连法，即取封闭环两端为起点，沿装配精度方向，以基准面为线索，一个挨一个，直至找到同一基准零件，甚至同一基准面为止。

保证装配精度的工艺方法主要有互换法、分组法、修配法、调整法等。一般地，除不完全互换法外，其他装配方法所带来的尺寸链解算问题均可借助极值法。

8.3.1 互换法

用控制零件的加工误差来保证装配精度的方法称为互换法。按互换程度不同，分为完全互换法与不完全互换法两种。

（1）完全互换法

在装配过程中，各组成环无须挑选或改变其大小或位置，装配后即能达到装配精度的要求，这种装配方法称为完全互换法。

这种装配方法的特点是：装配质量稳定可靠，对装配工人的技术等级要求较低，装配工作简单、经济、生产率高，便于组织流水装配和自动化装配，并可保证零部件的互换性，便于组织专业化生产和协作生产。因此，只要各组成环的加工在技术上有可能，且经济上合理，应该尽量优先采用完全互换装配法。但是，当装配精度要求较高和组成环数目较多时，会提高零件的加工精度要求，使加工困难、生产成本提高。完全互换法主要用于精度高、环数少的尺寸链或精度低、环数多的尺寸链的大批大量装配生产中。例如，大批、大量生产的汽车、拖拉机和自行车等产品装配时，大多采用完全互换法。

采用完全互换法装配时，装配尺寸链采用极值法计算。对于直线尺寸链，各组成环公差之和应小于或等于封闭环公差（即装配精度要求）：

$$T_0 \geqslant \sum_{i=1}^{m} T_i \tag{8-7}$$

前述例 8-2 即采用完全互换法来保证装配精度。

（2）不完全互换法

不完全互换法又称部分互换法或概率互换装配法。它是以概率论为基础的。在零件的生产数量足够大时，零件的实际尺寸绝大多数处于公差带的中心，靠近极限值的是极少数零件。另外，在装配中，组成环中所有零件同时为极大、极小的“最坏组合”情况出现可能性小。因此，采用以严格控制零件加工精度为代价的完全互换法显然不太合理、不太经济。

采用不完全互换法时，绝大多数的产品在装配时，不需挑选或改变其大小、位置，装配后就能达到装配精度要求，但少数产品有出现废品的可能性。这种装配方法的特点是：零件所规定的公差比完全互换法所规定的公差大，有利于降低零件加工成本，而装配过程又与完全互换法一样简单、方便；但在装配时，应采取适当工艺措施，以便排除个别产品因超过公差成为废品的可能性。

不完全互换装配法适用于大批大量生产时，产品组成环数较多（$m \geqslant 5$）、装配精度要求较高的场合。此时，对于直线尺寸链，若组成环和封闭环均符合正态分布，则装配精度 T_{0s} 和组成环公差应满足：

$$T_{0s} \geqslant \sqrt{\sum_{i=1}^{m} T_i^2} \tag{8-8}$$

例 8-6 同例 8-2，用不完全互换法来进行设计。

解：

① 确定各组成环的公差。

各组成环平均平方公差 $T_{avq}=\dfrac{T_0}{\sqrt{m}}=\dfrac{0.25}{\sqrt{5}}\approx 0.11\,\text{mm}$。

选 A_3 为协调环；A_4 为标准尺寸，公差 T_4=0.05；A_1、A_2、A_5 公差取经济公差：T_1=0.14，T_2=T_5=0.08。

假设各环均符合正态分布，将 T_1、T_2、T_4、T_5 及 T_0 值代入 $T_0=\sqrt{T_1^2+T_2^2+T_3^2+T_4^2+T_5^2}$，可求出：$T_3$=0.16（只舍不进）。

② 确定各组成环的偏差

A_4 为标准尺寸，公差带位置确定：$A_4=3_{-0.05}^{\ 0}$。

除协调环外各组成环公差入体标注：$A_1=30_{-0.14}^{\ 0}$ mm，$A_2=A_5=5_{-0.08}^{\ 0}$ mm。

计算协调环的极限偏差：ES_3=+0.13，EI_3=+0.03。于是有：$A_3=43_{+0.03}^{+0.13}$ mm。

8.3.2 分组法

分组互换法是把组成环的公差扩大 N 倍，使之达到经济加工精度要求，然后再将各组成环按实际尺寸分成 N 组，装配时根据大配大、小配小的原则，按对应组进行装配，以满足封闭环要求。

图 8-8 所示为活塞销与活塞的装配关系，其中销径为 $d=28_{-0.0025}^{\ 0}$ mm，孔径为 $D=28_{-0.0075}^{-0.0050}$ mm。装配技术要求规定，活塞销与活塞销孔在冷态装配时应有 2.5～7.5μm 的过盈量，封闭环的公差为 5μm。若采用完全互换法装配，则销与销孔的平均极值公差为 2.5μm（基本尺寸为 28mm，其公差等级为 IT2），显然制造这样精度的销与销孔既困难又不经济。因此，在实际生产中，

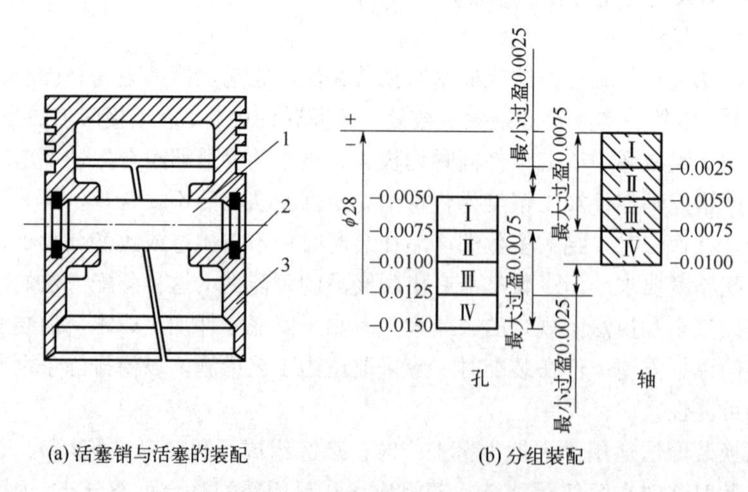

图 8-8 某活塞销与活塞的装配关系图

1—活塞销；2—挡圈；3—活塞

采用分组装配法，可将销与销孔的公差在同方向都放大四倍（采取上偏差不动，变动下偏差的方法；反之亦可）由 2.5μm 放大到 10μm，即销径和孔径转变为 $d=28_{-0.01}^{\ 0}$ mm，$D=28_{-0.015}^{-0.005}$ mm。这样，活塞销可用无心磨床加工，活塞销孔可用金刚镗床加工。然后，用精密量具测量其尺寸，并按尺寸大小分成四组，涂上不同颜色加以区别，或装入不同的容器内，并按对应组进行装配，即大的活塞销配大的活塞销孔，小的活塞销配小的活塞销孔，装配后仍能保证过盈量的要求。具体分组情况如图 8-8（b）所示。显然，分组装配后各组的配合性质不变。

采用分组选配法应当注意以下几点。

① 为了保证分组后的配合精度符合原设计要求，各组的配合公差应当相等，配合件公差增大的方向应当相同，增大的倍数要等于分组数。

② 分组数不宜过多，以免零件的储存、运输及装配工作复杂化。

③ 分组后零件表面粗糙度及形位公差不能扩大，仍按原设计要求制造。

④ 分组后应尽量使组内相配零件数相等，如不相等，可专门加工一些零件与其相配。

8.3.3 修配法

在单件小批生产中，装配精度要求较高而组成环数较多时，可将各组成环先按经济精度加工，装配时通过修配某一组成环（该环称为修配环），改变其尺寸，使封闭环达到规定的装配精度要求，这种方法称为修配法。

车床主轴顶尖与尾座中心线等高度要求（如图 8-9 所示），若采用完全互换法，则相关零件精度要求很高，单件小批生产时也没有条件采用不完全互换法，此时可选用修配法。即先按经济精度制造 A_1、A_2、A_3，然后选择 A_2 作为修配环，装配时根据实际状况，通过修配 A_2，来满足装配精度 A_0 的要求。

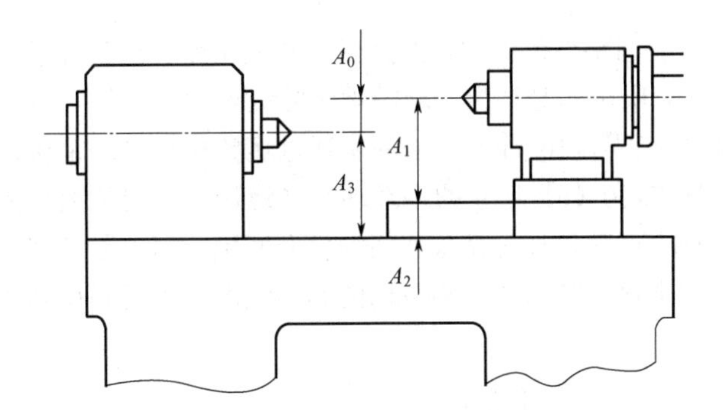

图 8-9 修配法装配车床主轴顶尖与尾座

采用修配法装配时，关键问题是如何选择修配环及确定修配环的尺寸。修配环应便于装拆、便于修配，结构简单，修配面积小；不应为公共环，该环尺寸的改变应只影响本装配精度而与其他装配精度无关。

确定修配环尺寸时，应考虑使其修配量足够且最小，因为修配工作一般都是通过后续加工（如铰、刮、研等），修去修配环零件表面上多余的材料从而满足装配精度要求。修配量不够，则不能满足要求；修配量过大，又会使劳动量增大，工时难以确定，降低生产率。

实际生产中，利用修配原理来达到装配精度的具体方法主要有以下几种。

① 单件修配法 选择某一固定的零件作为修配环，例如，为满足车床主轴顶尖与尾座中心线等高度要求，将尾座底板作为修配环，装配时对其进行铲刮以保证装配精度。

② 合并加工修配法 将两个或两个以上的零件合并在一起当作一个修配环进行修配，这样能够减少尺寸链环数，从而减少修配量。

③ 自身加工修配法 在机床制造业中，常利用机床本身的切削加工能力来直接保证相对位置装配精度；如龙门刨床的“自刨自”，平面磨床的“自磨自”，立式车床的“自车自”等。

从上可知，修配法装配对零件的加工要求不高，但增加了修配工作量，生产率较低，同时要求工人有较高的技术水平，故一般适用于单件小批生产、组成环环数较多而装配精度要求高的场合。

8.3.4 调整法

调整装配法在原则上与修配法相似，但具体方法不同。在调整法中，各组成环均按经济精度加工，选一调整环加入尺寸链，在装配时通过改变调整环的位置或改变调整环的尺寸来补偿封闭环过大的累积误差以达到装配精度要求。

调整法的主要优点是加大了组成环的制造公差，使制造容易，同时可得到很高的装配精度；装配时不需修配；使用过程中可以调整调整环的位置或更换调整环，以恢复机器原有精度。它的主要缺点是有时需要额外增加尺寸链零件数（调整环），使结构复杂，制造费用增高，降低结构的刚性。

调整装配可达较高的精度，效率比修整法高。调整法主要应用在封闭环精度要求高、组成环数目较多的尺寸链，尤其是对使用过程中，组成环的尺寸可能由于磨损、温度变化或受力变形等原因而产生较大变化的尺寸链，调整法具有独到的优越性。

在实际生产中，常用的具体调整法有以下三种。

（1）可动调整法

可动调整法采用移动调整件位置的方式来保证装配精度。调整过程中不需要拆卸零件，比较方便。图 8-10（a）所示的是调整滚动轴承间隙或过盈的结构，可保证轴承既有足够的刚度又不至于过分发热；图 8-10（b）所示的是通过调整螺钉借助垫块来保证车床溜板和床身导轨之间的间隙；图 8-10（c）所示的为滑动丝杠螺母副的间隙调整装置，该装置利用调整螺钉使楔块上下移动来调整丝杠与螺母之间的轴向间隙。以上各调整装置分别采用螺钉、楔块作为调整件，生产中根据具体要求和机构的具体情况，也可采用其他零件作为调整件。

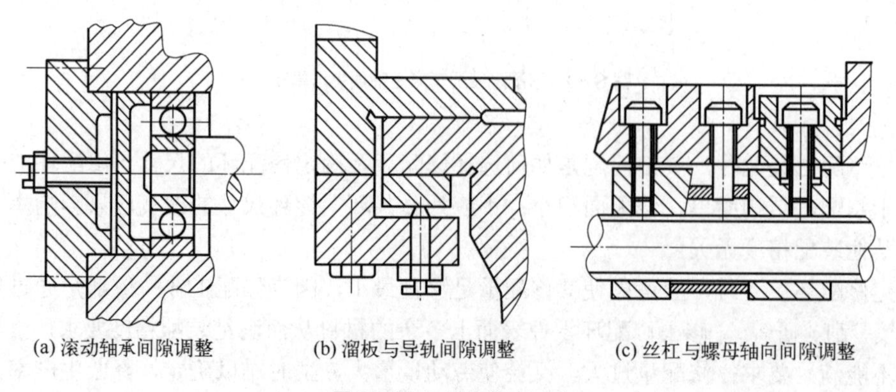

(a) 滚动轴承间隙调整 (b) 溜板与导轨间隙调整 (c) 丝杠与螺母轴向间隙调整

图 8-10 可动调整法示例

（2）固定调整法

组成环均按加工经济精度制造，通过更换不同尺寸的调整件补偿封闭环的累积误差，来达到装配精度要求，这种装配方法称为固定调整法。

固定调整法适于在大批大量生产中装配那些装配精度要求较高的机器结构。在产量大、装配精度要求较高的场合，调整件还可以采用多件拼合的方式组成。这种调整法比较灵活，它在汽车、拖拉机生产中广泛应用。

固定调整法是通过更换不同尺寸的调整件来达到装配精度，其关键是确定调整件的分组数和各组调整件的尺寸大小。

例 8-7　如图 8-11 所示部件中，齿轮轴向间隙要求控制在 0.05～0.15mm 范围内。若 A_1 和 A_2 的基本尺寸分别为 50mm 和 45mm，按加工经济精度确定 A_1 和 A_2 的公差分别为 0.15mm 和 0.1mm。试确定调节垫片 A_K 的厚度。

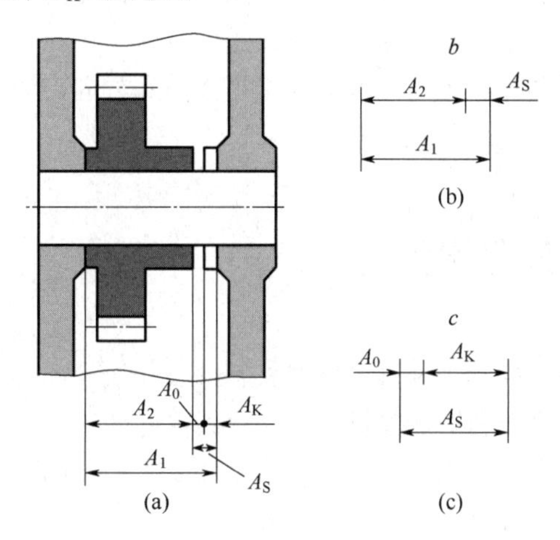

图 8-11　固定调整法

解：

① 确定空位尺寸。

将“空位”尺寸 A_S 视为中间变量，可将此尺寸链分解为两个尺寸链 b 和 c，如图 8-11（b）和（c）所示。

在尺寸链 b 中，封闭环为 A_S，增环为 $A_1=50^{+0.15}_{0}$，减环为 $A_2=45^{0}_{-0.10}$，易求出 $A_S=5^{+0.25}_{0}$

② 确定分组数 n。

在尺寸链 c 中，封闭环为 A_0，增环为 A_S，减环为 A_K。为使 A_0 获得规定的公差，可将空位尺寸分成若干组，每一组空位尺寸的公差 T_S 应小于或等于轴向间隙（封闭环）公差 T_0 与调节垫片厚度（组成环）公差 T_K 之差（即调整能力 S）。

由于 $T_S+T_K \leqslant T_0$，有 $T_S \leqslant T_0-T_K$。

同样，将空位尺寸分成 n 组后应满足 $T_S/n \leqslant T_0-T_K$。由此有：

$$n \geqslant \frac{T_S}{S} = \frac{T_S}{T_0 - T_K}$$

式中，T_S、T_0、T_K 分别为空位尺寸、封闭环尺寸、调节垫片厚度公差。

代入 T_0=0.1mm，T_S=0.25mm，并假 T_K=0.03mm（暂取高精度），则有 $n \geqslant 3.6$，取 n=4（圆整只进不舍）。

③ 确定调整环尺寸。

将空位尺寸 A_S 分成 4 组后解尺寸链 c，确定调整环各组尺寸如表 8-1 所示。

表 8-1 调整环各组尺寸

组号	1	2	3	4
空位尺寸 A_S	$5^{+0.06}_{0}$	$5^{+0.12}_{+0.06}$	$5^{+0.18}_{+0.12}$	$5^{+0.25}_{+0.18}$
调节垫片厚度 A_K	$5^{-0.05}_{-0.09}$	$5^{+0.01}_{-0.03}$	$5^{+0.07}_{+0.03}$	$5^{+0.13}_{+0.1}$

（3）误差抵消调整法

误差抵消调整法是指在装配时，通过调整有关零件的相互位置，抵消一部分加工误差，以提高装配精度。这种方法在机床装配工作中应用较多。例如，在组装机床主轴时，通过调整前后轴承的径向跳动方向来控制主轴的回转误差。

误差抵消调整法需要预先测出有关零件的误差大小和方向，调整也比较麻烦，多用于批量不大，且装配精度要求很高、组成环多的场合。

8.4 计算机辅助公差设计

在 20 世纪 70 年代末，国际上开展了计算机辅助公差设计（computer aided tolerancing，CAT）的研究。这一研究旨在利用计算机对产品及其零部件的尺寸和公差进行并行的优化选择和监控，以最低的成本设计并生产出满足用户精度要求的产品。计算机辅助公差设计贯穿于机械产品的设计、加工、装配、检测等各个环节。

计算机辅助公差设计是计算机辅助设计的重要组成部分，它利用计算机完成公差的数据管理、公差选用和公差分配。公差的数据管理是将标准中的数据存入计算机以备查询，公差选用是应用公差选用原则完成公差的自动选用或提供公差的参考选用；公差分配是完成各组成环公差的合理分配。

公差的设计结果不仅影响产品的精度，也影响到产品的加工成本，而公差设计涉及到的因素较多，如何合理分配公差是一个复杂的问题。公差分配，亦称公差综合，是将既定产品的装配公差值按照特定规则或原则合理分配到各个零件公差中的过程。传统的公差分配方法主要分为两类：一类依赖于公差标准与手册，通过与现有设计进行类比并结合设计者的实践经验来确定公差分配，这种方法过程相对烦琐；另一类则采用了一系列经验法则，如等公差法、等精度法、比例缩放法以及精度因子法等，这些方法操作更为简便，但同样存在主观性较强的问题。

然而，传统的公差分配方法并未将公差对制造成本的影响纳入考量，导致分配的公差往往过于严格，增加了制造成本。为了寻求产品质量性能与制造成本之间的最佳平衡，众多研究者将产品公差分配视为一个亟待解决的优化问题。他们构建了公差优化模型，将装配组成环的公差设定为优化设计变量，旨在实现最小化制造成本、制造成本与质量损失之和等目标，同时满足公差累积条件、装配成功率等约束条件。

针对具体产品的装配公差优化设计，研究者们从公差的目标函数、约束条件以及优化算法等多个维度开展了深入研究。根据设计目标的侧重点不同，有的研究者以最小化制造成本或制造成本与质量损失之和为单一目标进行优化，有的则同时追求多个目标的最小化，且必须满足各种边界条件。

有效的公差优化分配策略能够显著提升产品质量、降低加工制造成本，并提高产品的装配成功率。在实际生产过程中，这三者之间存在着紧密的相互影响关系。因此，公差优化的核心任务在于合理调整装配公差的分配，以确保在使产品满足质量和装配成功率要求的同时，尽可能降低加工制造成本。

在公差优化过程中，优化算法扮演着至关重要的角色。其核心目标是在给定的约束条件下，通过调整公差分配策略，使预设的优化目标达到最小化。公差优化算法可以分为解析法和迭代法两大类。解析法适用于具有明确数学表达式的线性模型，运算过程相对简单直接，但计算误差可能较大；而迭代法则通过多次迭代搜索的过程来逼近最优解，适用于处理复杂的目标函数。

计算机辅助公差设计技术在设计和制造中的应用广泛，包括合理地确定零部件的公差、保证产品的可装配性和互换性、使产品具有良好的加工工艺性和经济性、进行工艺尺寸换算和基准转换工序尺寸计算、合理地拟订装配工艺和方法、分析和解决产品生产过程中的质量问题以及模拟实际生产阶段的产品合格率以提前暴露公差匹配问题等。

然而，尽管计算机辅助公差设计技术对于确保产品设计和制造的质量至关重要，并且是CAD/CAM 集成技术中不可或缺的一环，但相较于 CAD/CAPP/CAM 的快速发展，当前对计算机辅助公差设计技术的研究进展仍然缓慢。这导致其难以与当前的CAD/CAM集成及CIMS的发展相匹配，成为制约这些技术进一步发展的瓶颈。

习题与思考题

拓展阅读

1．简述尺寸链的基本特征。

2．如何确定一个尺寸链封闭环？如何判别某组成环是增环还是减环？

3．某零件（见图 8-12）在加工时，按图示要求保证其尺寸为（6±0.1）mm，因这一尺寸不便直接测量，而通过测量尺寸 L 来间接保证，试求 L 的基本尺寸和极限偏差。

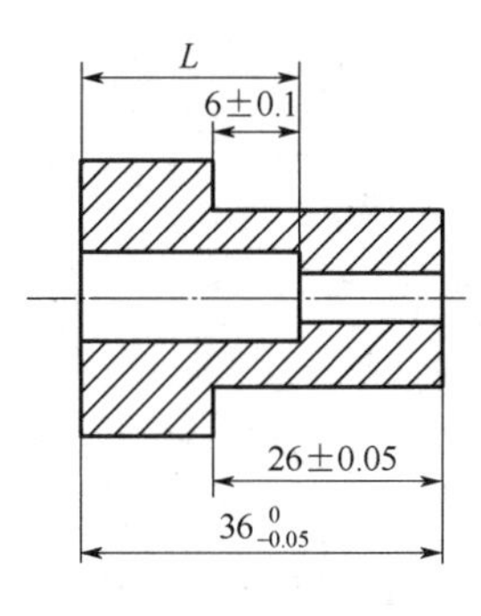

图 8-12

4．某套筒零件的尺寸标注如图 8-13 所示，试计算壁厚尺寸。已知加工顺序为：先车外圆至 $\phi30_{-0.04}^{\ 0}$，然后钻内孔至 $\phi20_{\ 0}^{+0.06}$，内孔对外圆的同轴度公差为 $\phi0.02$。

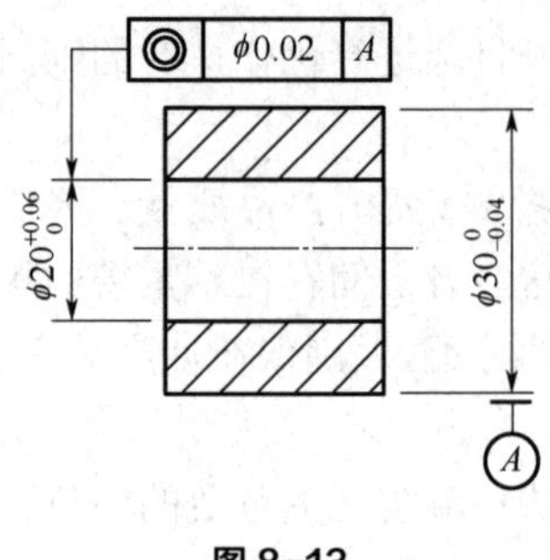

图 8-13

5. 简述保证装配精度的工艺方法及各种装配方法的应用场合。

习题参考答案

第9章 几何量测量实验

思维导图

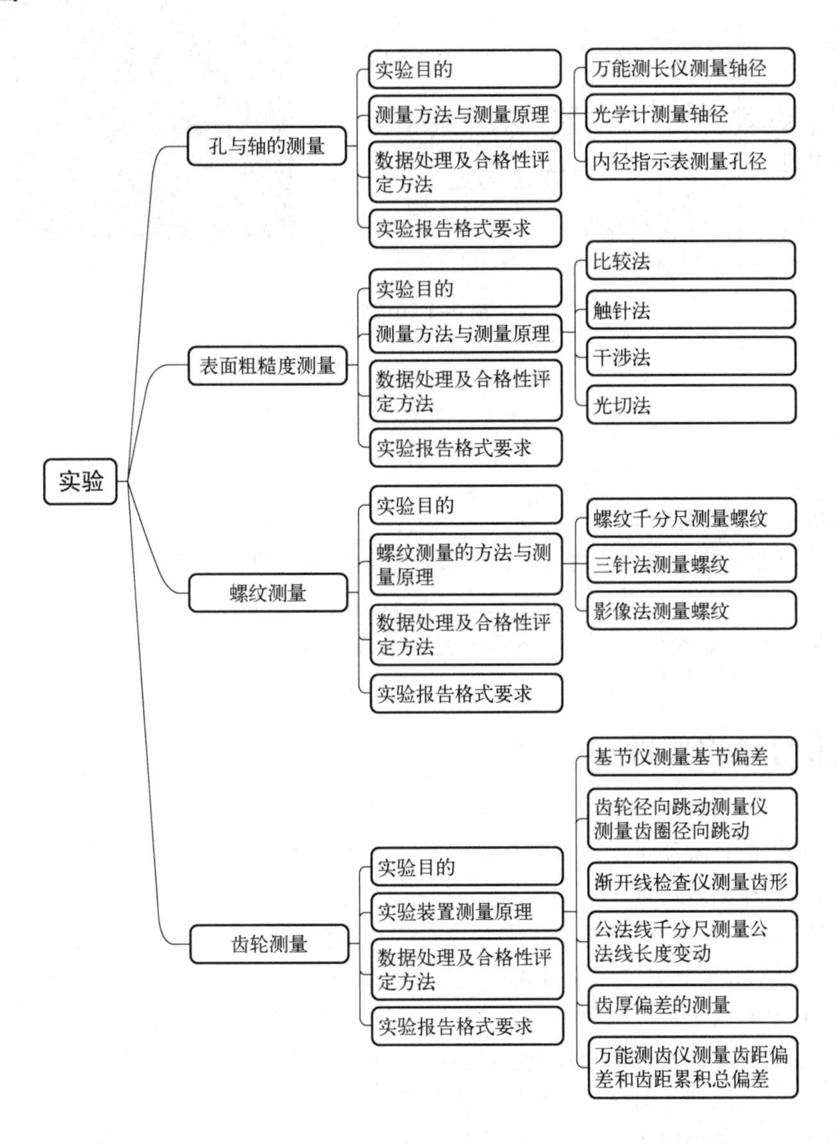

案例引入

轴类零件是机械传动系统中的重要组成部分，主要是传递转矩和旋转运动。此外轴类零件需承受弯矩、剪切力等作用，以确保机械设备的稳定可靠运转。

轴类零件的制造常用优质碳素钢、合金钢、铸钢、铸铁等。制造过程中需要根据图纸、加工工艺要求进行各类轴向、径向尺寸的测量，以确保轴类零件的性能和质量。

如图所示，图 9-1（a）中的轴，在图 9-1（b）所示的车削加工中，需要根据工艺要求测定各轴径的轴向、径向尺寸。

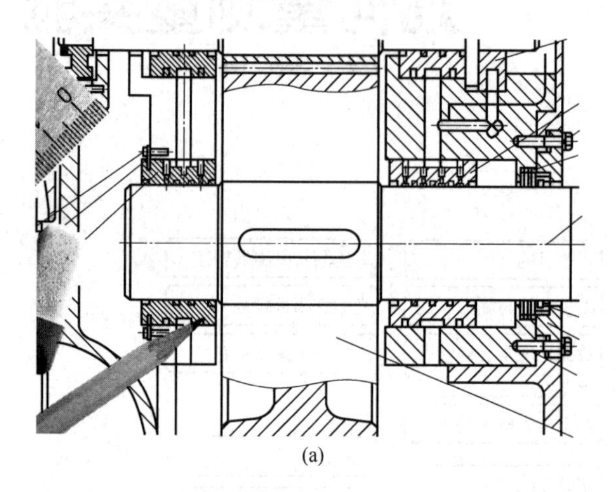
(a)

(b)

图 9-1 轴加工

学习目标

① 掌握孔轴测量原理，测量方法。

② 熟悉表面粗糙度测量原理与方法，及如何使用光切显微镜测量表面粗糙度。

③ 熟悉螺纹测量方法及原理，掌握工具显微镜测量螺纹主要参数的方法。

④ 了解齿轮主要测量方法，了解齿轮各项参数合格性判断方法。

9.1 孔与轴的测量

生产中常用的孔轴测量仪器主要有块规、游标量具、螺旋测微量具、机械量仪、光学量仪、气动量仪、电动量仪等。

量块亦称块规，是最常用的标准量具。块规作为工作基准，用于尺寸传递、校准和检定测量器具，相对测量时调整量具或量仪的零位以及直接用作精密测量、精密划线和精密机床调整等。

游标量具是利用游标读数原理制成的一种常用量具，常用的游标量具有游标卡尺、游标深度尺、游标高度尺、游标量角尺及齿厚游标卡尺等，用来测量零件外径、内径、长度、宽度、厚度、高度、深度、角度以及齿轮的齿厚等，应用范围非常广泛。

应用螺旋测微原理制成的量具，称为螺旋测微量具。它们的测量精度比游标卡尺高，并且测量比较灵活，因此多应用于加工精度要求较高时。常用的螺旋测微量具有外径千分尺、内径千分尺和深度千分尺等。

机械量仪（指示式量仪）通过杠杆、齿轮、齿条或扭簧的传动，将测量杆的微小直线位移经传动和放大机构转变为表盘上指针的角位移，从而指示出相应的数值。机械量仪包括百分表、千分表、内径百分表、杠杆千分尺、杠杆齿轮比较仪、扭簧比较仪等。

光学量仪是利用光学原理制成的一种测量器具。包括万能测长仪、光学计等。

气动量仪是利用喷嘴挡板原理（气动测量头为喷嘴，被测工件表面为挡板），将被测工件尺寸的变化量转换成空气压力或流量变化，并由压力计或流量计显示的精密量仪。常用的气动量仪有低压水柱式和高压浮标式两种。

电动量仪是将工件被测尺寸的变化量转变为电量的变化，由指示器显示的量仪，主要包括电感式量仪和电接触式量仪。

此外，大批量生产中常用量规测量孔轴的尺寸，量规是没有刻度的专用计量器具，有通规（“T”）和止规（“Z”），应成对使用。通规用来模拟最大实体边界，检验孔或轴的作用尺寸是否超过最大实体尺寸，止规用来检验孔或轴的实际尺寸是否超过最小实体尺寸。

9.1.1 实验目的

（1）了解测试仪器的结构及测量原理；

（2）熟悉常用测量孔径与轴径的方法；

（3）加深理解计量器具与测量方法的常用术语，巩固尺寸公差的概念；

（4）掌握由测量结果判断工件合格性的方法。

9.1.2 测量方法与测量原理

（1）万能测长仪测量轴径

测长仪有立式和卧式两种。卧式测长仪也称万能测长仪，如图 9-2 所示。它由底座、测座、万能工作台、手轮、尾座等部件组成。仪器设计按阿贝原则（即被测工件的尺寸线与刻线尺的轴线在同一条直线或其延长线上）。

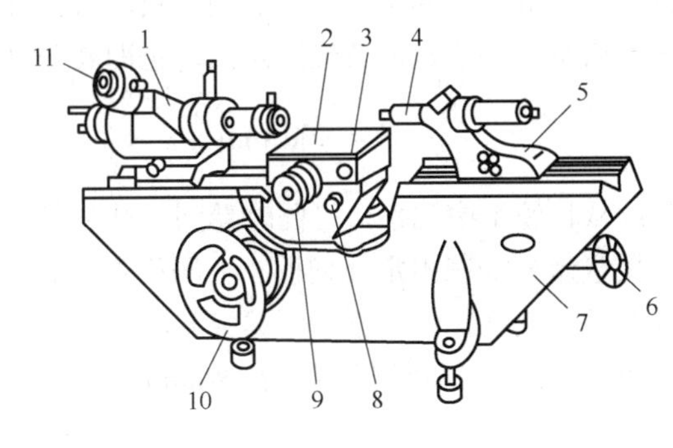

图 9-2　万能测长仪

1—测座；2—万能工作台；3 —手柄；4 —尾管和测量砧；5 —尾座；6 —手轮；7—底座；8—手柄；9—微分筒；10—手轮；11—目镜

仪器的工作原理如图 9-3 所示。测座由测量杆和读数显微镜组成，测量杆可沿轴线方向自由移动，在其轴线上装有一根长度为 100mm 的基准刻线尺，基准刻线尺的移动量可由读数显微镜读出。万能测长仪的测量范围为 0～100mm。

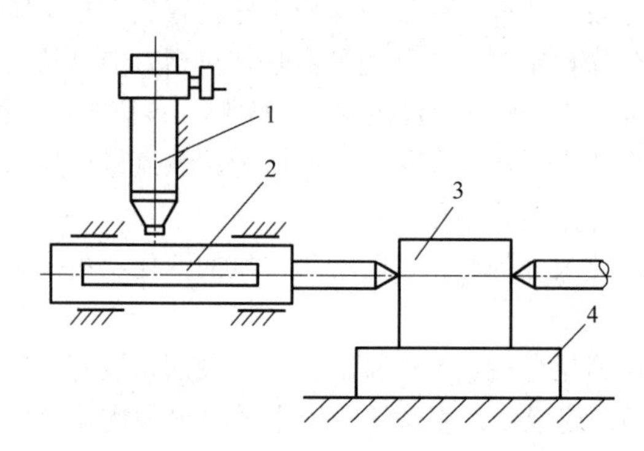

图 9-3 万能测长仪的工作原理

1—读数显微镜；2—基准刻线尺；3 —被测工件；4 —万能工作台

相对测量时，用量块作基准件进行第一次测量读数，将测量轴移开，然后装上工件进行第二次测量读数，两次读数之差即为工件的实际偏差。绝对测量时，先将测量轴与尾座上的测量砧接触，从读数显微镜中读数（一般调整为零）。然后装上被测工件，使之右侧与尾座测量砧接触，再将移开的测量轴与工件左侧接触。从读数显微镜中第二次读取数值，两次读数之差即为工件的尺寸。

读数显微镜的光学系统如图 9-4（a）所示。光线自光源 8 发出，经过绿色滤光片 7 和聚光镜 6 以绿色光照射基准刻线尺 5，基准刻线尺 5 刻有分度值为 1mm 的刻线 100 格，其刻线尺镶在测量杆上。测量杆随被测尺寸的大小在测座内做相应的滑动。当测头接触被测部位后，测量杆就停止滑动。为满足精密测量的要求，测微目镜中有一个固定分划板 3，它的上面刻有 10 个间距相等的刻度，毫米刻度尺的一个间距成像在它上面正好和这 10 个间距的总长度相等，故其分度值为 0.1mm。在固定分划板 3 的附近，还有一块通过手轮可以旋转的平面螺旋线分划板 2，其上刻有 10 圈平面螺旋双刻线。螺旋双刻线的螺距恰与固定分划板 3 上的刻度间距相等，其分度值也为 0.1mm。在螺旋分划板 2 的中央，有一圈等分为 100 格的圆周刻度。当螺旋分划板 2 转过一格圆周刻度时，其经过距离，也即其分度值为：

$$\frac{0.1}{100}\times 1 = 0.001\text{mm} \tag{9-1}$$

仪器的读数方法如下：从目镜 1 中观察，可同时看到三种刻线，如图 9-4（b）所示。先读毫米数（53mm），然后接毫米刻线在固定分划板 3 上的位置读数（0.1mm），再转动手轮，使毫米刻线在靠近固定分划板 3 刻度值的一圈平面螺旋双刻线中央，再从指示线对准的螺旋分划板 2 上读得微米数（0.086mm）. 所以读数为 53.186mm。

（2）光学计测量轴径

光学计又称光学比较仪，有立式和卧式两种。

立式光学计主要用于测量外形尺寸，其外形如图 9-5 所示。调节螺母 10 可使投影筒 8 沿立柱 7 上下移动，可由调节螺母 9 紧固。光学计管 3 插入投影筒中，用微动手轮可调节光学计管做微量的上下移动，以控制测量杆与工件的接触程度，调节好后用调节螺母锁紧光学计管。工作台 2 的四个螺钉用于调整工作台的水平位置。

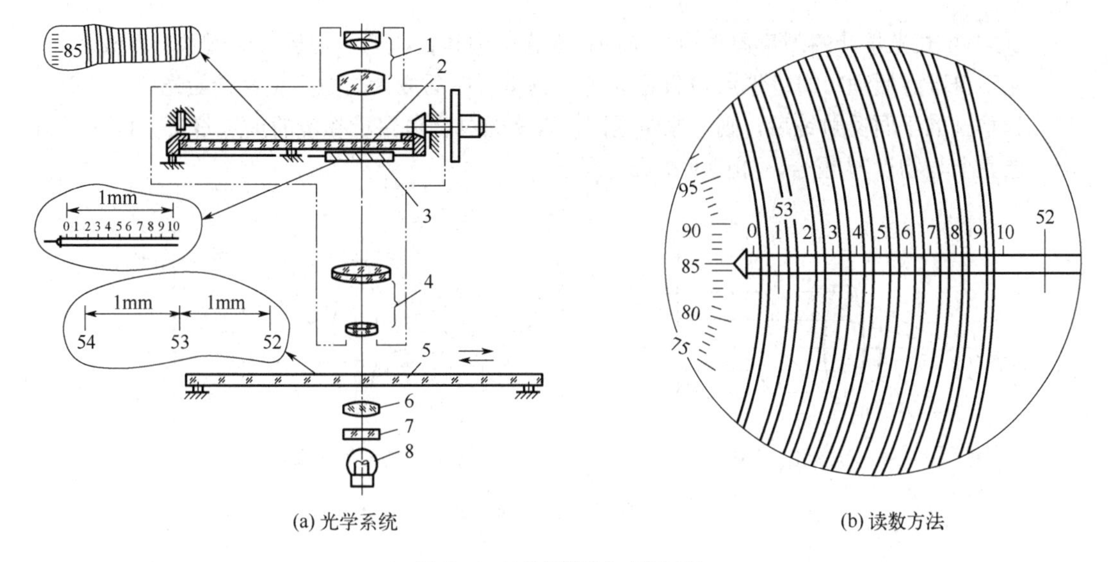

(a) 光学系统 (b) 读数方法

图 9-4 读数显微镜的光学原理

1—目镜；2—螺旋分划板；3—固定分划板；4—物镜；

5—基准刻线尺；6—聚光镜；7—滤光片；8—光源

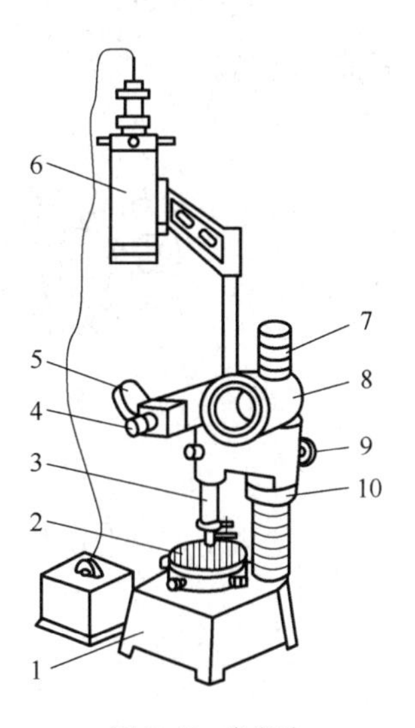

图 9-5 光学计

1—底座；2—工作台；3—光学计管；4—目镜；5—进光反射镜；6—光源；7—立柱；8—投影筒；9，10—调节螺母

立式光学计是一种精度较高而结构简单的常用光学量仪。用量块组合得到被测量的公称尺寸作为长度基准，按比较测量法来测量各种工件相对公称尺寸的偏差值，从而计算出实际尺寸。仪器的基本度量指标如下。

分度值：0.001mm；

示值范围：±0.1mm；

测量范围：0～180mm；

仪器不确定度：0.001mm。

光学计管是立式光学比较仪的主要部件，整个光学系统和测量部件装在光学计管内部。

LG-1 立式光学计的测量原理由光学的自准直原理和机械的正切放大原理结合而成。

光学自准直原理：物镜焦点 O 发出光束经物镜折射后成为与主光轴平行的光束，当遇到与光轴垂直的平面反射镜后，则按原路返回，再次通过物镜聚于物镜的焦点 O 上，即它的自准直像完全与物点 O 重合，如图 9-6（a）所示。

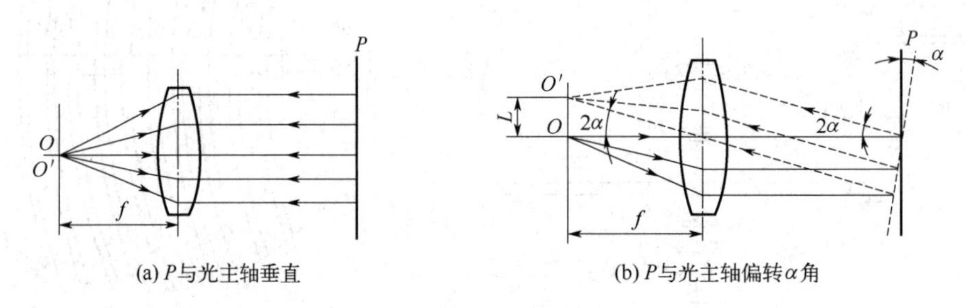

(a) P与光主轴垂直　　(b) P与光主轴偏转α角

图 9-6 自准直原理图

若平面反射镜偏转 α 角，则被平面反射镜反射回的光束将偏转 2α 角，这时自准直像相对于物点 O 在焦平面产生了偏移，如图 9-6（b）所示。其偏移量为：

$$L = f \tan 2\alpha \tag{9-2}$$

式中，f 为透镜焦距，α 为平面镜偏转角。

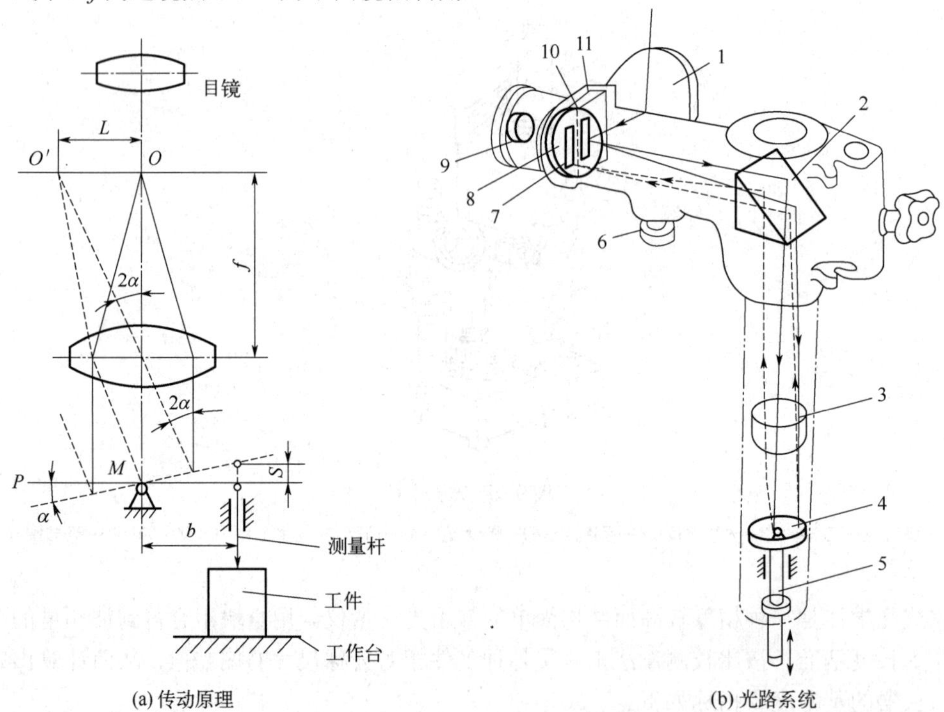

(a) 传动原理　　(b) 光路系统

图 9-7 光学计管传动原理及光路系统

1—进光反射镜；2—转向棱镜；3—物镜；4—平面反射镜；5—测量杆；6—微调旋钮；7—成像面；8—分划板；9—目镜；10—刻度尺；11—棱镜

如果在与主光轴平行的方向上安装一测量杆，见图 9-7（a），测量杆的上端与平面反射镜接触，同时平面反射镜可绕支点 M 摆动。当测量杆移动距离为 S 时，推动平面反射镜偏转 α 角，则这时 S 为：

$$S = b\tan\alpha \tag{9-3}$$

式中，b 为测量杆到支点 M 的距离。这种机构称为正切杠杆机构。

利用平面反射镜将正切杠杆机构与自准直系统联系起来，当测量杆移动微小距离时，平面反射镜将偏转 α 角，于是将向点 O' 移动 L 距离。所以，只要将 L 测出，便可求出 S，从而得到工件尺寸的变化量。这就是光学计管的工作原理。

像的偏移距离 L 与测量杆移动距离 S 的比值称为光学计管的放大比，其计算公式为：

$$K = \frac{L}{S} = \frac{f\tan 2\alpha}{b\tan\alpha} \tag{9-4}$$

因为 α 很小，所以 $\tan\alpha \approx \alpha$，$\tan 2\alpha \approx 2\alpha$，因此放大倍数 K 的计算公式为：

$$K \approx \frac{2f}{b} \tag{9-5}$$

又 f=200mm，b=5mm，所以 K=400/5=80。

又因为目镜的放大倍数为 12，所以整个光学系统的放大倍数 K'=12×80=960，因此说明，当偏差 S=1μm 时，在目镜中可看到 L=0.96mm 的位移量，大约 1mm，也即看到的刻线间距约为 1mm。

（3）内径指示表测量孔径

内径指示表是一种用比较法来测量中等精度孔径的量仪，尤其适合于测量深孔的直径，国产的内径指示表可以测量 10～450mm 的内径。根据被测尺寸的大小可以选用相应测量范围的内径指示表，如 10～18mm 内径指示表、18～35mm 内径指示表、35～50mm 内径指示表、50～100mm 内径指示表、100～160mm 内径指示表、160～250mm 内径指示表、250～450mm 内径指示表。

例如：要测 ϕ30 的内径，就应选择 18～35mm 内径指示表。在指示表盒里从 18mm 至 35mm 每隔一毫米有一个可换固定测头，从中找出对应 30mm 的测头安装后可进行测量。根据被测内孔的精度，指示表可以选择百分表（分度值：0.01mm，示值范围：0～10mm)或千分表（分度值：0.001mm，示值范围：0～1mm)。内径指示表由指标表和装有杠杆系统的测量装置组成。其外观如图 9-8 所示。

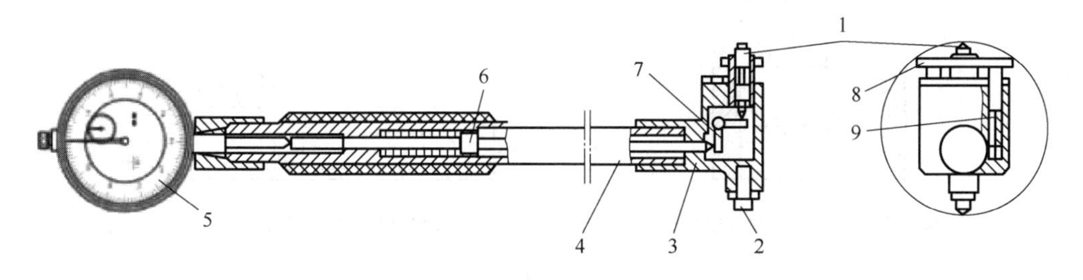

图 9-8　内径百分表

1—活动测量头；2—可换测量头；3—三通管；4—连杆；5—百分表；6—活动杆；7—传动杠杆；8—定心护桥；9—弹簧

内径百分表测量架的内部结构、如图 9-8 所示。在三通管 3 的一端装着活动测量头 1，另一端装着可换测量头 2，垂直管口一端，通过连杆 4 装有百分表 5。活动测量头 1 的移动，使传动杠杆 7 回转，通过活动杆 6，推动百分表的测量杆，使百分表指针产生回转。由于传动杠杆 7 的两侧触点是等距离的，当活动测量头移动 1mm 时，活动杆也移动 1mm，推动百分表指针回转一圈。所以活动测量头的移动量，可以在百分表上读出来。

两触点量具在测量内径时，不容易找正孔的直径方向，定心护桥 8 和弹簧 9 就起了一个帮助找正直径位置的作用，使内径百分表的两个测量头正好在内孔直径的两端。活动测量头的测量压力由活动杆 6 上的弹簧控制，保证测量压力一致。

测量原理如图 9-9（a）所示。当活动量柱受到一定的压力，其向内推动等臂直角杠杆绕支点回转，并通过长臂推杆推动百分表的测杆进行读数。

在活动量柱的两侧有对称的定位弦片，定位弦片在弹簧的作用下，对称地压靠在被测孔壁上．以保证两测头的轴线处于被测孔的直径截面内，参见图 9-9（b）。

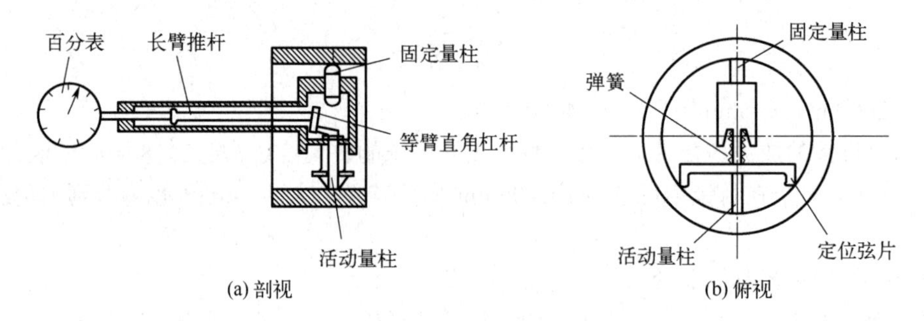

图 9-9 测量原理图

两测头轴线在孔的纵截面上也可能倾斜，如图 9-10 所示。所以在测量时应将测量杆摆动，以百分表指针的最小指示数为实际读数（即指针拐点的位置）。

用内径指示表测量孔径属于比较测量法。因此，在测量零件之前，应该用标准环或用量块组成一标准尺寸置于量块夹中，以调整仪器的零点，也即转动百分表盘把零点对准最小值点。如图 9-11 所示。

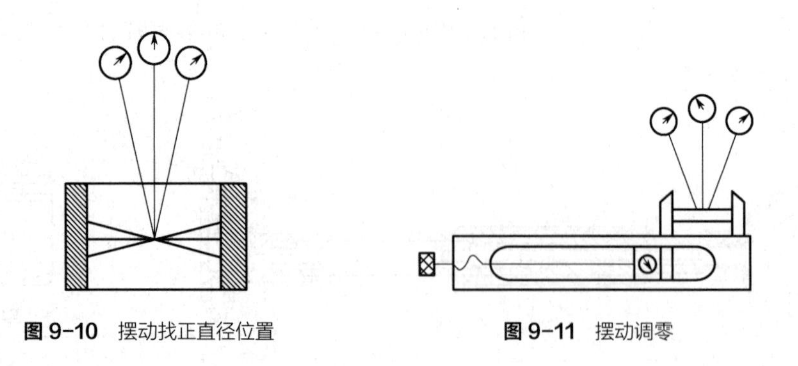

图 9-10 摆动找正直径位置

图 9-11 摆动调零

9.1.3 数据处理及合格性评定方法

数据处理及合格性的评定应按照独立原则进行。

根据轴的尺寸标注，查附表得到基本偏差 es，查表得公差 T_d，计算上下极限偏差，所测点的直径的实际偏差 e_a 均在上下极限偏差内，则该直径合格。即：

$$\mathrm{ei} \leqslant e_{\mathrm{a}} \leqslant \mathrm{es} \tag{9-6}$$

根据孔的尺寸标注，查附表得到基本偏差 ES，查验附表得到公差 T_D，全部测量位置的实际偏差 E_a 应满足最大、最小极限偏差：

$$\mathrm{ES} \geqslant E_{\mathrm{a}} \geqslant \mathrm{EI} \tag{9-7}$$

9.1.4 实验报告格式要求

（1）孔径和轴径测量报告写作要求

① 测试报告的主要内容应完整；

② 分析测量误差；

③ 评定被测孔、轴的合格性。

（2）用内径指示表测量孔径的报告（见表 9-1）。

（3）用立式光学比较仪测量轴径的报告（见表 9-1）。

表 9-1 轴径、孔径测量实验报告

被测件名称			图号	
送检单位			送检数量	
测量结果				
测量部位		实际偏差/mm	公称尺寸、上下偏差、测量简图	
上剖面	A-A'			
	B-B'			
中剖面	A-A'			
	B-B'			
下剖面	A-A'			
	B-B'			
测量器具			结论	
测量日期			测量者	

9.2 表面粗糙度测量

表面粗糙度的检测方法主要有比较法、触针法、光切法和干涉法。

9.2.1 实验目的

（1）了解用光切显微镜测量表面粗糙度的原理；

（2）掌握用光切显微镜测量表面粗糙度的方法；

（3）加深对表面粗糙度高度参数 Rz、Ry 值的理解并掌握测量方法；

（4）加深对单峰平均间距 S'值的理解并掌握测量方法。

9.2.2 测量方法与测量原理

（1）比较法

比较法是将被测零件表面与表面粗糙度样块直接进行比较，以确定实际被测表面粗糙度合格与否的方法。所使用的表面粗糙度样块和被测零件两者的材料及表面加工纹理方向应尽量一致。也可从成品零件中挑选几个样品，经检定后作为表面粗糙度样块使用。

（2）触针法

触针法又称感触法或针描法，是一种接触测量表面粗糙度的方法。采用触针法制成的量仪称为触针式电动轮廓仪，测量原理如图 9-12 所示。它利用金刚石触针在被测零件表面上移动，该表面轮廓的微观不平度痕迹使触针在垂直于被测轮廓的方向产生上下位移，把这种位移量通过机械和电子装置加以放大，并经过处理，由量仪指示出表面粗糙度参数 *Ra* 值（0.025～5μm），或者由量仪将放大的被测表面轮廓图形记录下来，按此记录图形计算 *Ra* 值或 *Rz* 值。

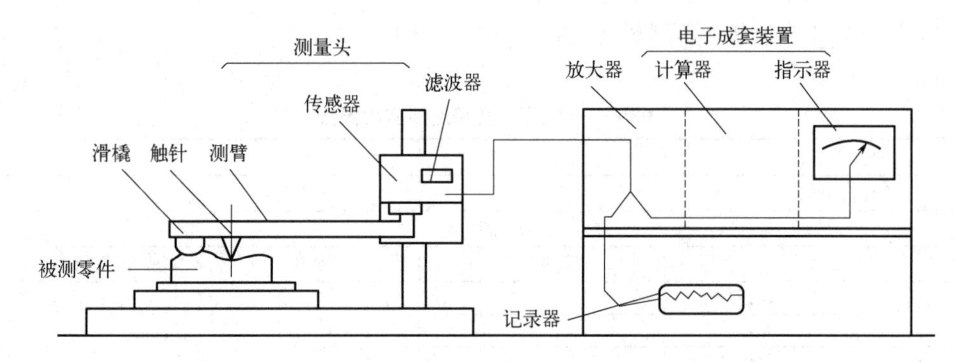

图 9-12 触针式电动轮廓仪测量原理

随着技术的进步，出现许多表面粗糙度的测量方法，仪器进一步小型化、数字化，测量范围更广，精度更高，处理数据更多，如数字粗糙度仪、原子力显微镜、扫描电镜等。如图 9-13 所示为 TR300 型表面粗糙度仪，它采用分体设计，将测量与操作显示分为两部分。该仪器可放入大型工件的腔内进行遥控测量，其传输距离可覆盖半径 2m 的球形空间，并将测量结果显示于液晶屏幕上。仪器采用双 CPU 设计，分别控制数据采集和键盘操作。它能够显示粗糙度、波度和原始轮廓图形，并配备专业分析软件，以提供强大的高级分析功能。根据不同的测量条件，可对多种零件的表面粗糙度、波度和原始轮廓进行多参数评定。

图 9-13 TR300 型表面粗糙度仪

（3）干涉法

干涉法是利用光波干涉原理测量表面粗糙度的方法。采用光波干涉原理制成的量仪称为干涉显微镜，通常用于测量极光滑表面的 *Rz* 值（0.025～0.8μm）。

图 9-14 为 6JA 型干涉显微镜的光学系统简图。自光源 1 发出光线经聚光镜 2、4 及光阑 3 投射到分光镜 5 上。分光镜 5 将其分成两束光线：一束反射，一束透射。反射光束经过物镜 6 射向参考镜 7，再按原光路反射回来并透过分光镜 5，射向目镜 11；而另一路透射光束穿过补偿镜 8、物镜 9，射向被测表面 10，再按原路返回，经分光镜 5 的反射，也射向目镜 11。在目镜焦平面上两路光束相遇叠加产生干涉，从而形成干涉条纹，该条纹可通过目镜 11 观察到。

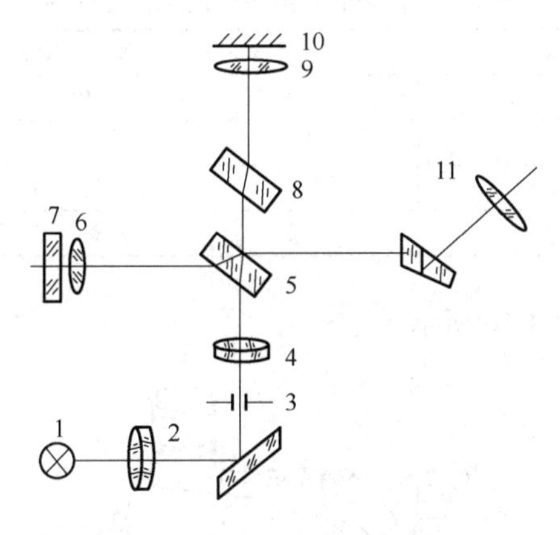

图 9-14　干涉法测量原理

1—光源；2—聚光镜；3—光阑；4—聚光镜；5—分光镜；6—物镜；7—参考镜；8—补偿镜；9—物镜；10—被测表面；11—目镜

由于检测表面上存在微小的峰谷，而峰谷处的光程不同，从而造成干涉条纹的弯曲，如图 9-15 所示。

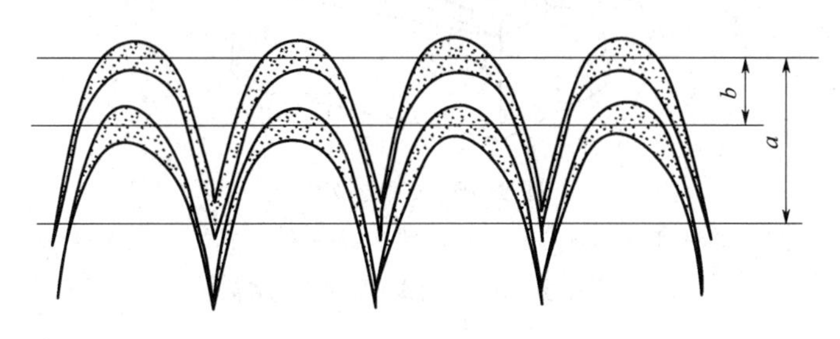

图 9-15　干涉条纹

相应部位峰谷的高度差 h 与干涉条纹的弯曲量 a 及条纹间距 b 有下述关系：

$$h=\frac{a}{b}\times\frac{\lambda}{2} \tag{9-8}$$

式中，λ 为产生干涉条纹的光波波长。

由上式即可测出被测表面微观不平度高度 h，干涉显像镜的测量范围为 0.03～1μm，适

于测量 Rz，Ry 的参数。

（4）光切法

光切法是利用光切原理测量表面粗糙度的方法。采用光切原理制成的量仪称为光切显微镜（又名双管显微镜）。光切法通常用于测量 Rz 值（0.5～60μm）和 Ry 值。

光切显微镜是测量表面粗糙度的常用仪器之一。该仪器附有不同放大倍数的物镜，可以根据被测表面粗糙度的高低进行更换。一般用它测量表面粗糙度高度参数 Rz、Ry 的值，它适合于测量 Rz 或 Ry 的范围在 0.8～80μm 的表面粗糙度，有时也可用它测量零件刻线的槽深。该仪器的主要技术性能指标见表 9-2。

表 9-2　光切显微镜主要技术性能指标

物镜放大倍数 N	总放大倍数	视场直径/mm	测量范围 Rz/μm	目镜套筒分度值 E/μm
7×	60×	2.5	10～80	1.26
14×	120×	1.3	3.2～10	0.63
30×	260×	0.6	1.6～6.3	0.294
60×	520×	0.3	0.8～3.2	0.145

光切显微镜的外观如图 9-16 所示。

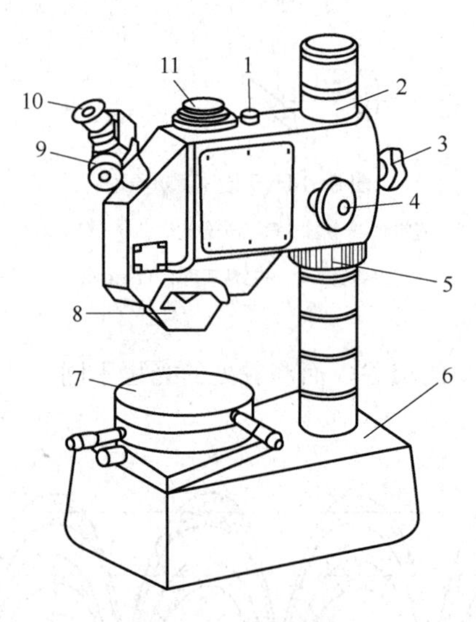

图 9-16　光切显微镜

1—光源；2—立柱；3—锁紧螺钉；4—微调手轮；5—粗调螺母；6—底座；7—工作台；8—物镜组；9—测微鼓轮；10—目镜；11—照相机插座

测量原理如图 9-17 所示。由光源发出的光线经狭缝（光阑）3 及物镜 4 以 45°角的方向投射到被测工件表面。该光束如同一平面与被测表面呈 45°相截，由于被测表面粗糙不平，所以两者交线为一凹凸不平的轮廓线。该光线又由被测表面反射，经过物镜 4 成像在分划板 5 上，再经过目镜就可以观察到一条放大了的凹凸不平的轮廓线，如图 9-18 所示。

实际高度：

$$h=\frac{h_1'\cos 45^\circ}{N_{物}} \tag{9-9}$$

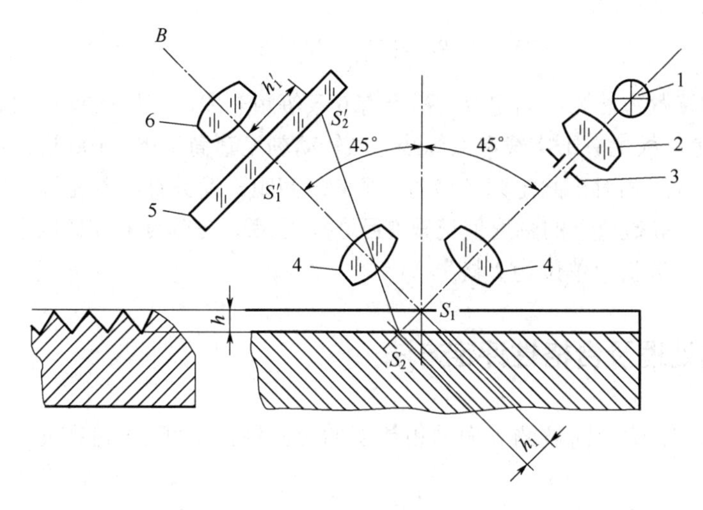

图 9-17　测量原理图

1—光源；2—聚光镜；3—狭缝（光阑）；4—物镜；5—分划板；6—目镜

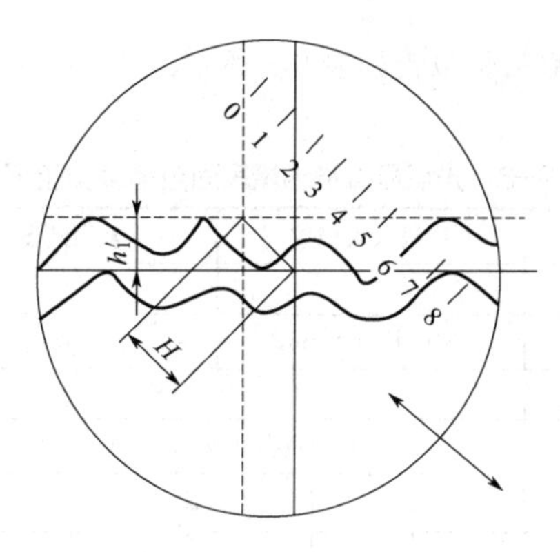

图 9-18　目镜视野图

式中，$N_{物}$为物镜放大倍数。

h_1' 是用目镜测微仪测量后求出的由于目镜的十字水平线移动的方向与测微器的移动方向成 45° 角，若读数为 H，则：

$$h_1' = H\cos45^\circ \tag{9-10}$$

因此：

$$h = \left(\frac{H}{N_{物}}\right)\cos45^\circ\cos45^\circ = \frac{1}{2N_{物}}H \tag{9-11}$$

式中，$1/(2N_{物})=E$，为目镜测微器套筒分度值，可根据所选物镜放大倍数从表 9-2 中查出。

Rz、Ry 的求法如下：

$$Rz = \left|\frac{\sum_{i=1}^{5}H_{峰} - \sum_{i=1}^{5}H_{谷}}{5}\right|E \tag{9-12}$$

$$Ry=\left(H_{峰}-H_{谷}\right)E \tag{9-13}$$

$H_{峰}$，$H_{谷}$的读数方法为：固定分划板上有 9 条等距刻线，分别标有 0、1、2、3、4、5、6、7、8，可动分划板上有十字线和双标线，当转动刻度套筒 1 周（100 格）时，可动分划板上的十字线和双标线相对于固定刻尺移动一个刻度间距。读数时，首先看双标线在固定刻度哪两个刻度之间，取数值小的刻度值记做“百位”，之后，在刻度套筒读取十位和个位，两者加起来即为峰谷读数值，单位为“格”。

9.2.3 数据处理及合格性评定方法

按计算出的 Rz 值判断被测表面的粗糙度的合格性，实测 Rz 值在允许 Rz 值之间，为合格。

9.2.4 实验报告格式要求

光切法测量表面粗糙度的实验报告如表 9-3 所示。

表 9-3 光切显微镜测量表面粗糙度实验报告

量仪	名称与型号		物镜放大倍数			套筒分度值/μm			测量范围/μm	
被测表面	名称		取样长度 L/mm			评定长度 L_n/mm			Rz/μm	
测量数据处理										
次序	Ⅰ		Ⅱ		Ⅲ		Ⅳ		Ⅴ	
	$h_{峰}$	$h_{谷}$	$h_{峰}$	$h_{谷}$	$h_{峰}$	$h_{谷}$	$h_{峰}$	$h_{谷}$	$h_{峰}$	$h_{谷}$
1										
2										
3										
4										
5										
Σ										
Rz										
Rz'										

$$Rz=\left|\frac{\sum_{i=1}^{5}H_{峰}-\sum_{i=1}^{5}H_{谷}}{5}\right|E$$

评定长度内平均 $Rz'=\left(\frac{\sum_{i=1}^{5}Rz}{5}\right)$

学生姓名		合格性判断	
审阅者		成绩	

9.3 螺纹测量

螺纹的测量方法可分为综合检验和单项测量两类。

综合检验主要用于检验只要求保证可旋合性的螺纹，用按泰勒原则设计的螺纹量规对螺纹进行检验，适用于成批生产。

螺纹量规有塞规和环规（或卡规）之分，塞规用于检验内螺纹，环规（或卡规）用于检验外螺纹。螺纹量规的通端用来检验被测螺纹的作用中径，控制其不得超出最大实体牙型中径，因此它应模拟被测螺纹的最大实体牙型，并具有完整的牙型，其螺纹长度等于被测螺纹的旋合长度。螺纹量规的通端还用来检验被测螺纹的底径。螺纹量规的止端用来检测被测螺纹的实际中径，控制其不得超出最小实体牙型中径。为了消除螺距误差和牙型半角误差的影响，其牙型应做成截短牙型，而且螺纹长度只有 2～2.5 牙。

内螺纹的小径和外螺纹的大径分别用光滑极限量规检验。

螺纹的单项测量是指分别测量螺纹的各项几何参数，主要是中径、螺距和牙型半角。螺纹量规、螺纹刀具等高精度螺纹和丝杠螺纹均采用单项测量方法，对普通螺纹做工艺分析时也常进行单项测量。

单项测量螺纹参数的方法很多，应用最广泛的是螺纹千分尺、三针法和影像法。

9.3.1 实验目的

（1）了解工具显微镜的结构及测量原理；

（2）掌握用影像法测量螺纹主要参数的方法及如何进行数据处理；

（3）加深对普通螺纹精度参数定义的理解。

9.3.2 螺纹测量的方法与测量原理

（1）螺纹千分尺测量螺纹原理

此法适用于低精度螺纹的测量。

螺纹千分尺的结构和使用方法与普通外径千分尺相似，只是在测量杆上装有一系列的测量触头，可供不同的螺纹牙形和螺距选用。

如图 9-19 所示，测量时，螺纹千分尺的两个触头正好卡在螺纹的牙形面上（凹端卡在牙型上，凸端落在牙槽里），所得的读数就是该螺纹中径的实际尺寸。

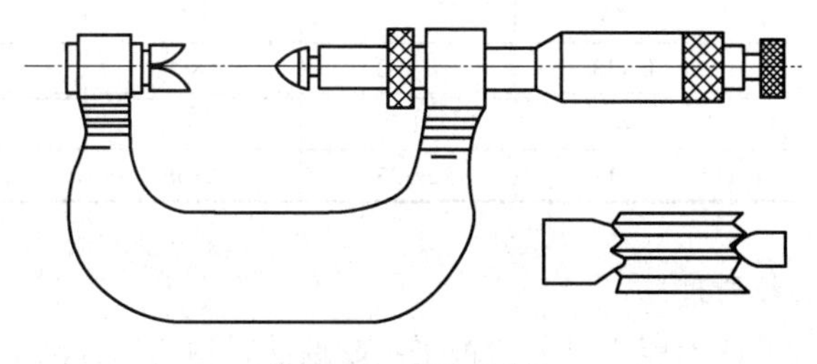

图 9-19　螺纹千分尺

（2）三针法测量螺纹原理

用三针法测量外螺纹单一中径属于间接测量。测量时，将三根直径相同且精度很高的量针分别放入被测螺纹的直径两边相对的牙槽中，如图 9-20（a）所示。然后，用接触式量仪杠杆千分尺对针距 M 进行测量。根据被测螺纹螺距的基本值 P、牙型角的基本值 α 和量针的直径 d_0，按下式计算螺纹的单一中径 d_{2a}：

$$d_{2a}=M-d_0\left(1+\frac{1}{\sin\frac{\alpha}{2}}\right)+\frac{P}{2}\operatorname{ctg}\frac{\alpha}{2} \tag{9-14}$$

为了减少或避免被测螺纹牙侧角偏差对三针测量结果的影响，应选择最佳直径的量针，使量针与被测螺纹牙槽接触的两个切点间的轴向距离等于 $P/2$，如图 9-20（b）所示。因此量针最佳直径 $d_{0（最佳）}$，按下式计算：

$$d_{0(最佳)}=\frac{P}{\cos\frac{\alpha}{2}} \tag{9-15}$$

对于普通螺纹，牙型角的基本值 α=60°，则 $d_{0（最佳）}$=0.577P。

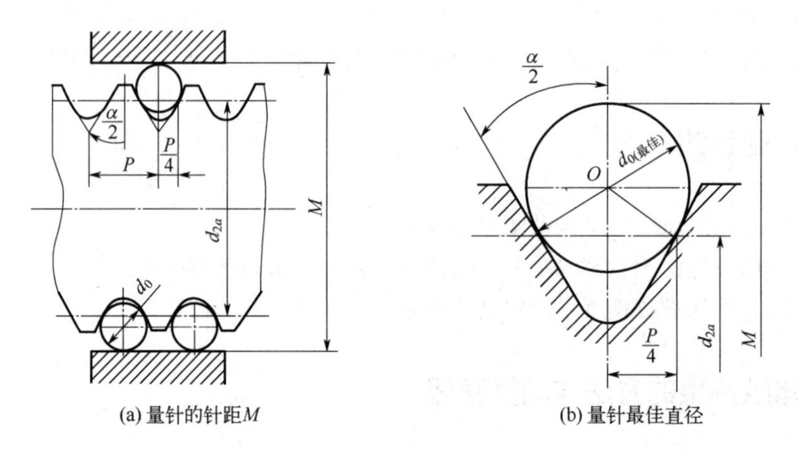

(a) 量针的针距M　　(b) 量针最佳直径

图 9-20 三针法测量螺纹原理

为了使用方便，将按 $d_{0（最佳）}$=0.557P 计算得到的各种不同螺距的螺纹对应的量针最佳直径列于表 9-4。

表 9-4 测量普通螺纹的量针最佳直径

螺距 P/mm	0.5	0.75	1	1.5	2	2.5
$d_{0(最佳)}$/mm	0.291	0.433	0.572	0.866	1.157	1.441
螺距 P/mm	3.5	4	4.5	5	5.5	6
$d_{0(最佳)}$/mm	2.020	2.311	2.595	2.866	3.177	3.468

（3）影像法测量螺纹原理

在计量室中常用大型或万能工具显微镜采用影像法、轴切法等测量螺纹中径、螺距和牙型半角。

大型工具显微镜属于光学机械式量仪，主要用来测量各种形状复杂的样板、模具、凸轮和螺纹的各主要参数及各种工件的圆弧半径、孔径、孔心距等。测量不同种类的工件应选用不同附件和不同放大倍数（1×，1.5×，3×，5×）的物镜。仪器附有测角目镜、轮廓目镜、双像目镜及 R 轮廓目镜。大型工具显微镜的基本度量指标如下。

测量范围：横向行程（应用测微计及量块）0～50mm；纵向行程（应用测微计及量块）0～150mm。

测角目镜角度示值范围：0～360°。

纵横向测微计分度值：0.01mm。

测角目镜分度：1′。

图 9-21 为仪器的光路系统图。由主光源发出的光经聚光镜、滤色片、透镜、光栅、反射镜、另一透镜和玻璃工作台，将被测工件的轮廓经物镜组、正像棱镜投射到主目镜的焦平面的分划板上，从而在主目镜中观察到放大的轮廓影像。另外，也可用反射光源照亮被测工件，以工件表面上的反射光线，经物镜组、反射棱镜投射到主目镜的焦平面上，同样在主目镜中观察到放大的轮廓影像。

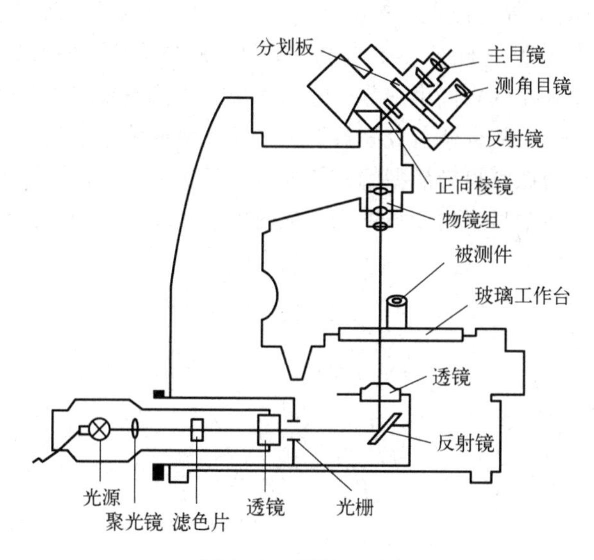

图 9-21　测量原理图

测角目镜由玻璃分划板、中央主目镜、角度目镜、反射镜和分划板调节手轮等组成。测角目镜的内部结构原理如图 9-22（a）所示。从中央目镜可观察到被测工件的轮廓影像和分划板的米字刻线，如图 9-22（b）所示。从角度读数目镜，可以观察到分划板 0～360° 的度值刻线和固定分划板上 0～60′，的分值划线，如图 9-22（c）所示。转动手轮可使刻有米字刻线和度值刻线的分划板转动，它转动的角度可以从角度目镜中读出。当该目镜中固定分值刻线的零刻线与度值刻线的零位对准时，见图 9-22（c），米字线中间虚线 *A-A* 正好与工作台的横向测量方向一致，*B-B* 向虚线正好与工作台的纵向测量方向一致。被测螺纹用顶尖架安装在工作台上，通过调整可保证螺纹铀向与纵向测量方向一致，螺纹径向与横向测量方向一致，从而保证被测量的基准与测量基准一致。

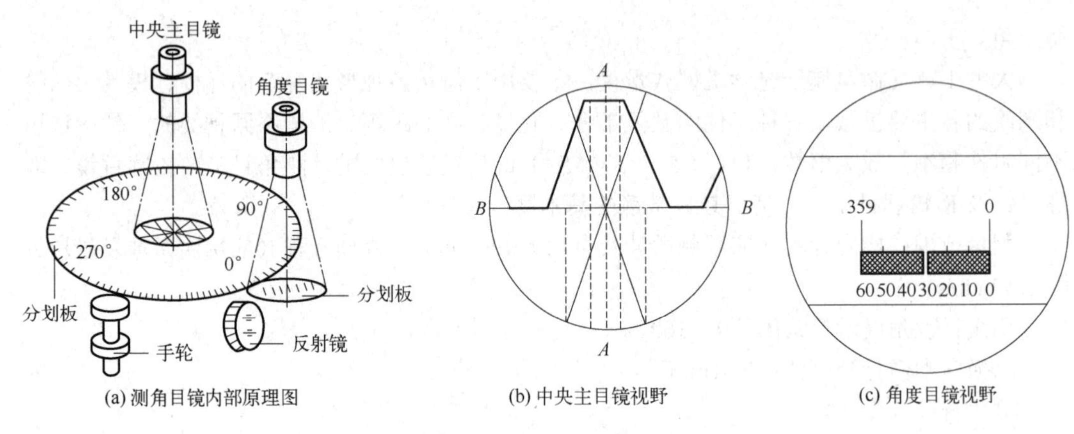

(a) 测角目镜内部原理图　(b) 中央主目镜视野　(c) 角度目镜视野

图 9-22 角度目镜测角原理

① 测量牙型半角。

螺纹的牙型半角 $\alpha/2$ 是指在螺纹牙型上，牙侧与螺纹轴线垂线间的夹角。测量时，转动纵向和横向测微手轮，使米字线交点在牙侧中部，当角度目镜中读值为零时（此时中央主目镜 *A-A* 向虚线大致与螺纹轴线的垂直方向一致，见图 9-23（a）），调节分划板调节手轮，使角度目镜中的角度值为 330°（此时 *A-A* 向中间虚线方向与理论牙型右半角方向一致），然后调节纵向测微手轮，使 *A-A* 向中间虚线靠近牙型右侧，直到有线段与牙侧靠线。如果实际半角有偏差，见图 9-23（b），配合调节分划扳调节手轮和纵向测微手轮，使目镜中的 *A-A* 向中间虚线通过靠线的方法与螺纹投影牙型的右侧靠齐，见图 9-23（c）。

此时，角度读数目镜中显示的读数即为该牙侧的右半角，$\alpha/2(\mathrm{I})=360°-329°56'=30°4'$。

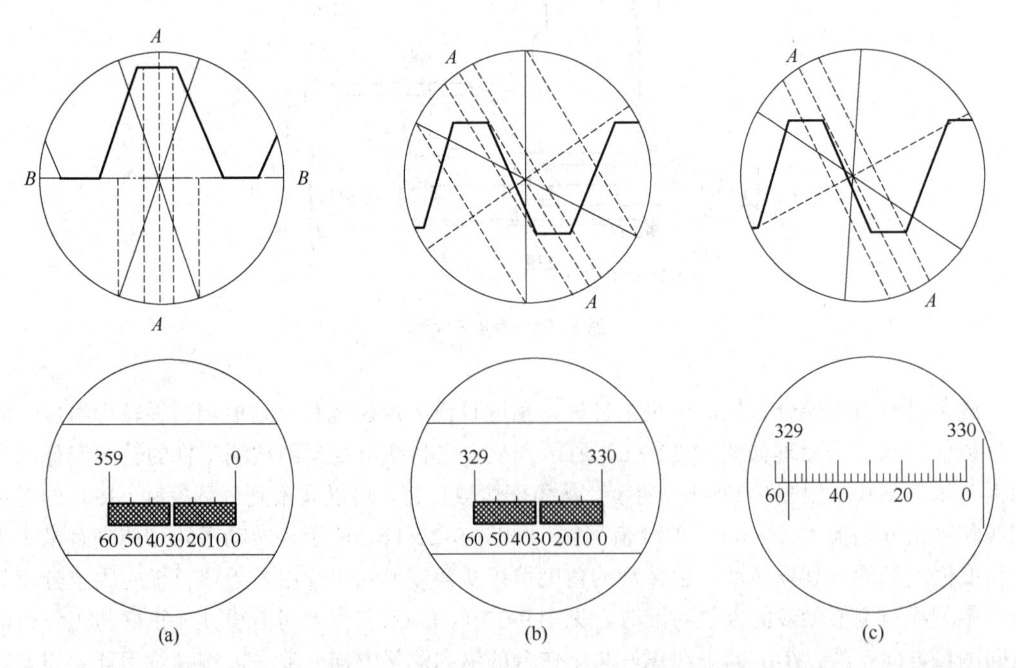

(a)　(b)　(c)

图 9-23 测右半角主目镜，测角目镜视野图

调节分划板调节手轮，使角度目镜中的角度值为 30°，方法同上，测牙型左半角，见图

9-24。$\alpha/2(\text{Ⅱ})=29°56'$。

见图 9-25，为了消除被测螺纹的安装误差的影响，需分别测出 $\alpha/2(\text{Ⅰ})$，$\alpha/2(\text{Ⅱ})$，$\alpha/2(\text{Ⅲ})$，$\alpha/2(\text{Ⅳ})$，并按下述方式处理：

$$\frac{\alpha}{2}_{(\text{右})}=\frac{\frac{\alpha}{2}(\text{Ⅰ})+\frac{\alpha}{2}(\text{Ⅲ})}{2} \tag{9-16}$$

$$\frac{\alpha}{2}_{(\text{左})}=\frac{\frac{\alpha}{2}(\text{Ⅱ})+\frac{\alpha}{2}(\text{Ⅳ})}{2} \tag{9-17}$$

注意：在螺纹轴线上方测完两个牙型半角后，要先将立柱反方向倾斜一个螺旋升角，再开始测量，方法同上。

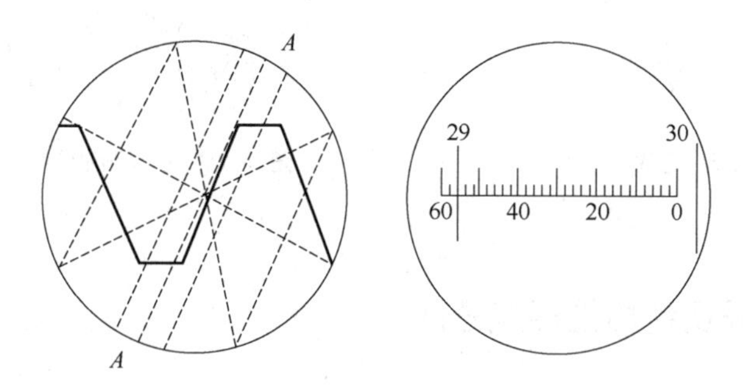

图 9-24　测左半角主目镜，测角目镜视野图

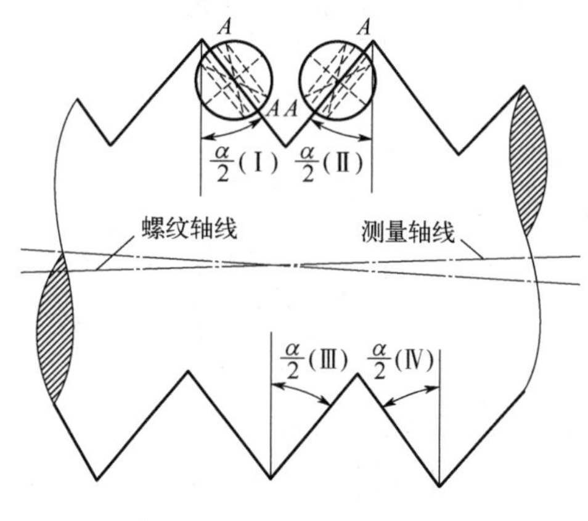

图 9-25　半角示意图

② 测量中径。

螺纹中径 d_2 是一个假想圆柱的直径。该圆柱的母线通过牙型上沟槽和凸起宽度相等的地方。对于单线螺纹，它的中径也等于在轴截面内，沿着与轴线垂直的方向量得的两个相对牙型侧面间的距离。

为了使轮廓影像清晰，需将立柱顺着螺旋线方向倾斜一个螺旋升角，测量时，转动纵横向测微手轮与分划板手轮，使主目镜中的 A-A 向中间虚线与螺纹投影牙型的一侧靠线［见图 9-23（c）或图 9-24］，微动横向测微手轮压线（见图 9-26），记下横向测微手轮的第一次读数。然后将显微镜立柱反向倾斜螺旋升角，转动横向测微手轮，使 *A-A* 虚线与对面牙型轮廓压线，记下横向测微手轮第二次读数。两次读数之差即为螺纹的实际中径。为了消除被测螺纹安装误差的影响，须测出 $d_{2左}$和 $d_{2右}$，取两者的平均值，各测量位置如图 9-27 所示。

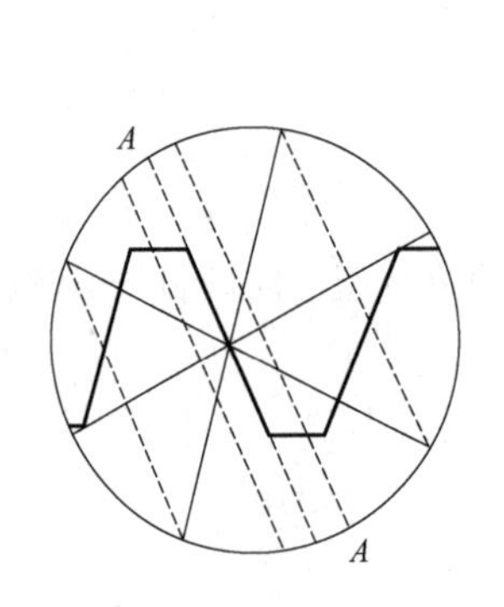

图 9-26 压线示意图

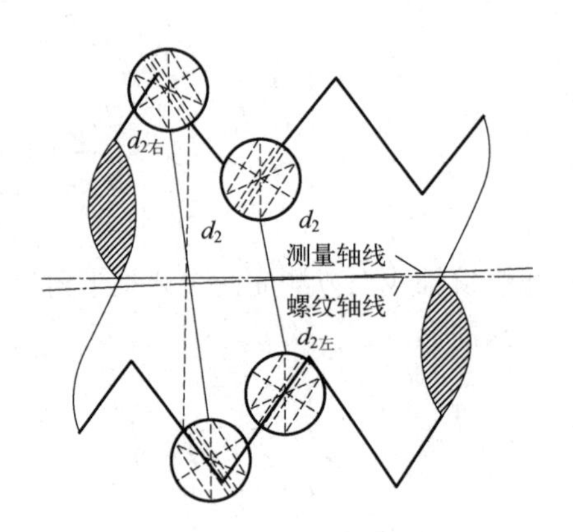

图 9-27 中径测量位置图

9.3.3 数据处理及合格性评定方法

牙型半角按下述方式处理：

$$\Delta\frac{\alpha}{2}_{(右)}=\frac{\alpha}{2}_{(右)}-30^\circ \tag{9-18}$$

$$\Delta\frac{\alpha}{2}_{(左)}=\frac{\alpha}{2}_{(左)}-30^\circ \tag{9-19}$$

中径按下述方式处理：

$$d_{2a}=\frac{d_{2左}+d_{2右}}{2} \tag{9-20}$$

$$\Delta d_{2a}=d_{2a}-d_2 \tag{9-21}$$

按包容原则判断普通螺纹的合格性。

根据被测螺纹的标注确定 $d_2=d-0.6495P$，经查表确定 d_{2min}，d_{min}，d_{max}。

合格条件：

$$d_{2m}\leqslant d_{2max}\text{，}d_{2a}\geqslant d_{2min}\text{，}d_{min}\leqslant d\leqslant d_{max} \tag{9-22}$$

$$D_{2m}\geqslant D_{2min}\text{，}D_{2a}\leqslant D_{2max}\text{，}D_{min}\leqslant D\leqslant D_{max} \tag{9-23}$$

$$d_{2m}=d_{2a}+\left(f_p+f_{\alpha/2}\right)\text{，}D_{2m}=D_{2a}-\left(F_p+F_{\alpha/2}\right) \tag{9-24}$$

9.3.4 实验报告格式要求

测量螺纹主要参数的实验报告如表 9-5 所示。

表 9-5 测量螺纹主要参数实验报告

被测螺纹	螺纹标注	最大极限尺寸/mm	最小极限尺寸/mm
计量器具	名称	长度分度值/mm	角度分度值/(°)
螺纹中径测量示意图			

测量记录	左边螺纹中径/mm	右边螺纹中径/mm	平均值/mm
第 1 次测量			
第 2 次测量			
螺纹中径实测值/mm			

测量记录	右侧牙型半角/(°)	左侧牙型半角/(°)
1		
2		
平均值		

9.4 齿轮测量

9.4.1 实验目的

（1）了解用 3602 型齿轮径向跳动测量仪测量齿轮径向跳动、用单盘渐开线检查仪（3202G）测量齿轮齿廓总偏差、万能测齿仪测量齿距偏差和齿距累积总偏差原理；

（2）掌握用齿距仪测量齿轮齿距偏差与齿距累积偏差、公法线长度变动及公法线长度偏差测量、齿轮齿厚偏差的测量的方法及数据处理；

（3）加深对齿轮精度参数定义的理解。

9.4.2 实验装置测量原理

（1）基节仪测量基节偏差。

基节偏差 f_{pb} 的测量通常采用基节仪、万能测齿仪和万能工具显微镜。图 9-28 为用基节仪测量基节。固定量爪 7 是固定的，5 是活动量爪，它的一端通过杠杆系统和千分表相连，测量时先把尺寸等于被测齿轮公称基节的量块组 8 放入量块夹中，用螺钉 11 固紧在卡角 9 和 10 之间，调节千分表指零，此时固定量爪 7 和活动量爪 5 之间距离即为被测齿轮的公称基节。旋转定位量爪调节旋钮 4 可确定定位量爪 6 的位置，使定位量爪 6 与被测齿的异侧齿面接触，以保证量爪 5、7 与齿廓稳定接触，通常需略微摆动基节仪，取千分表示值变化的转折点，即取最小示值为该基节的偏差值，逐个轮齿左右两侧测量完成后，取两侧绝对值最大的两示值之差即为被测齿轮的基节偏差。一般基节仪的测量误差为：模数 m<10mm 时，应在±$(5+3\times10^{-2}m)$μm 范围内；模数 m 至 20mm 时，则应在±$(7+3\times10^{-2}m)$ μm 范围内。

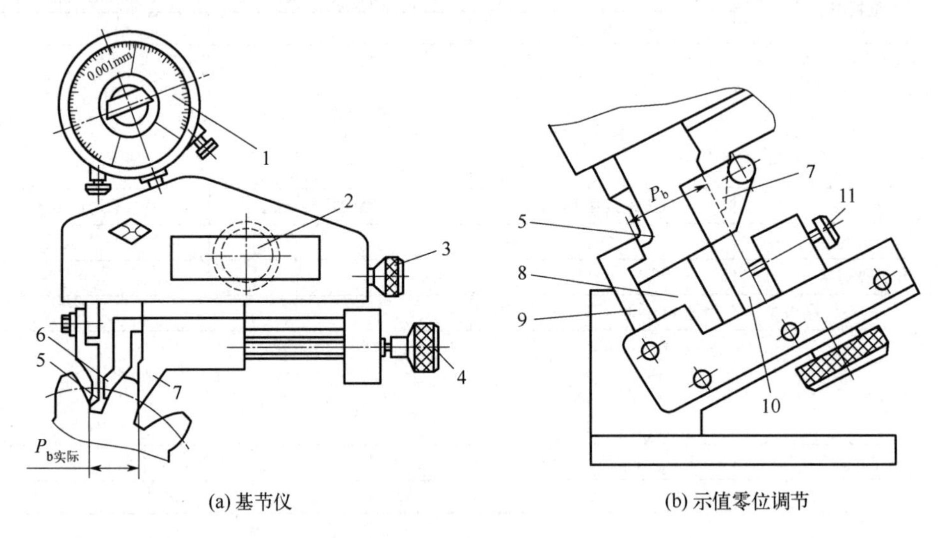

(a) 基节仪　　(b) 示值零位调节

图 9-28 基节仪

1—指示表；2—定位量爪螺钉；3—固定量爪调节旋钮；4—定位量爪调节旋钮；5—活动量爪；6—定位量爪；7—固定量爪；8—量块组；9，10—卡角；11—螺钉

（2）齿轮径向跳动测量仪测量齿圈径向跳动

齿圈径向跳动误差ΔF_r，是指在齿轮一转范围内，测头在齿槽内或在轮齿上，与齿高中部双面接触，相对齿轮旋转轴线的最大变动量。

本仪器是通过两高精度的顶尖（莫氏 3 号锥度）定位齿轮的。两顶尖具有较高的同轴度，其连线与滑板的平行度、与测量方向的垂直度都有较高的要求。仪器保证测头与齿轮中心等高，齿轮通过高精度心轴定位于两顶尖间，测头与每个齿轮齿槽分度圆处依次相切。齿轮存在径向跳动误差导致测头发生移动，带动千分表表针旋转，表针的最大、最小指示值之差，便是齿轮径向跳动值。原理图如图 9-29 所示。

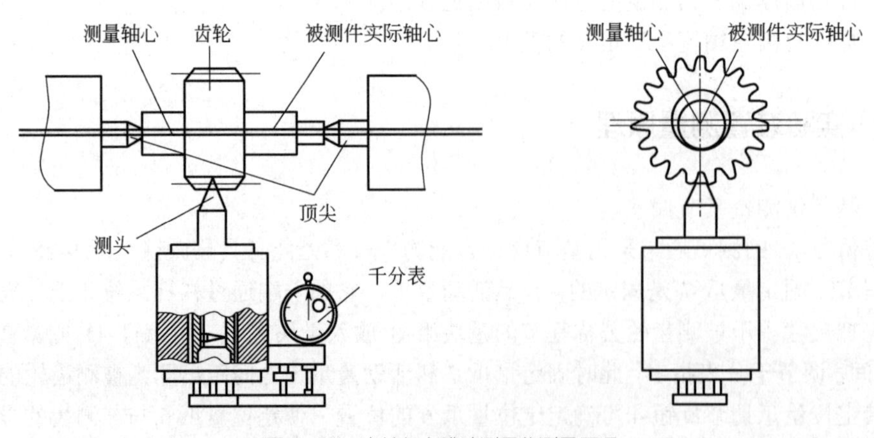

图 9-29 齿轮径向跳动测量仪测量原理

（3）渐开线检查仪测量齿形

渐开线齿形的测量方法分为：比较法（在各种渐开线检查仪上与理论渐开线轨迹进行比较）、坐标法、投影法。

坐标法是根据渐开线形成原理、展开弧长和展开角的基本关系，进行测量的。在测量范围内，如果选定一系列的展开角，则其对应的展开弧长就可计算出来，这就是理论展开长度。若测得实际展开长度，则实际展开长度减去理论展开长度即为相应的测量点的齿轮齿形误差。

投影法是在光学投影仪上将被测齿廓放大后投影到投影屏上，与具有相同放大倍数的标准齿形图进行比较，利用仪器的读数装置测出齿形的实际偏差。

本部分主要介绍利用单盘渐开线检查仪测量齿形误差的原理。单盘渐开线检查仪是通过更换基圆盘的方法来获得不同规格的理论渐开线的仪器，因此在测量某一工件齿廓总偏差时，必须要有一个与其对应的基圆盘。此类仪器结构简单，尺寸链短，能够达到很高的测量精度，所以被广泛地应用于大批量生产中。

如图9-30所示，被测齿轮1与可换的基圆盘2装在同一心轴上。在测量滑台4上有直尺3与测杆6，测杆6一端安有测头，测头的工作点在直尺与基圆盘2的接触平面上（由仪器结构保证），其另一端与小型扭簧比较仪7的测杆接触。转动横向调节手轮9移动基圆盘2与直尺3相切且有一定的接触压力，转动纵向调节手轮8通过测量滑台4带动直尺3与测杆6同时移动，这时直尺3与基圆盘2作纯滚动，测头相对被测齿轮1的基圆应该走出一条理论渐开线轨迹，但测头在一定的压力下与被检工件齿面接触，其齿廓误差使测头有一个附加的微小位移，并通过测杆6传递给小型扭簧比较仪7而显示出来。

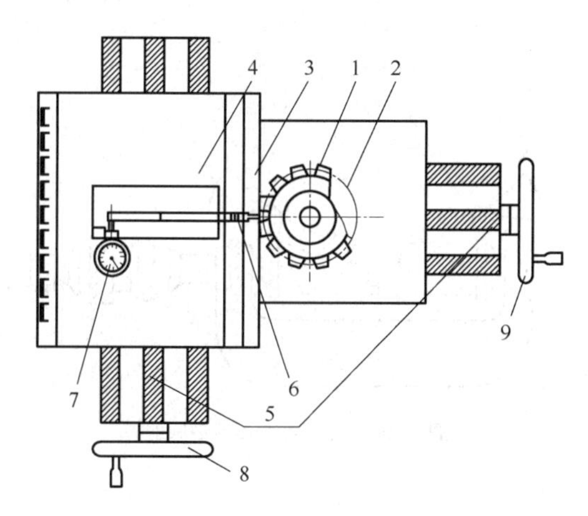

图9-30 单盘渐开线检查仪

1—被测齿轮；2—基圆盘；3—直尺；4—测量滑台；5—导轨；6—测杆；7—小型扭簧比较仪；8—纵向调节手轮；9—横向调节手轮

（4）公法线千分尺测量公法线长度变动

公法线千分尺与普通外径千分尺结构基本相似，外形如图9-31所示。分度值为0.01mm。测量范围为0～25mm，25～50mm，50～75mm，75～100mm，100～125mm，125～150mm。公法线千分尺主要用于直接测量模数在0.5mm以上的外啮合直齿、斜齿圆柱齿轮和变位直齿、斜齿圆柱齿轮的公法线长度、公法线长度变动量及公法线平均长度偏差。亦可用于测量工件特殊部位的尺寸，如筋、键、成型刀具的刃等的厚度。

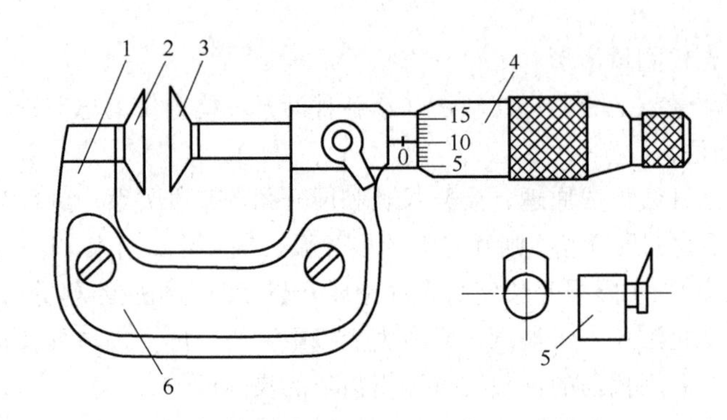

图 9-31 公法线千分尺

1—尺架；2—尺砧；3—活动测砧；4—微分筒；5—半圆盘测砧；6—隔热装置

公法线的长度是在基圆的切平面上跨 k 个齿，在接触到一个齿的右齿面和另一个齿的左齿面的两个平行平面之间测得的距离。测量原理如图 9-32 所示。公法线长度偏差 E_{bn} 即公法线长度实际值与公称值之差。公法线长度变动量ΔT 是指在被测齿轮一周范围内，实际公法线长度最大值最小值之差。公法线长度平均偏差 E_{wn} 是指在被测齿轮一周范围内，所有实际公法线长度的平均值与公法线长度的差值。

计算跨齿数 n（n=z/9+0.5 取整）及公法线长度值 W_k：

$$W_k = m\cos\alpha\left[\pi\left(k - 0.5\right) + 0.014z\right] \tag{9-25}$$

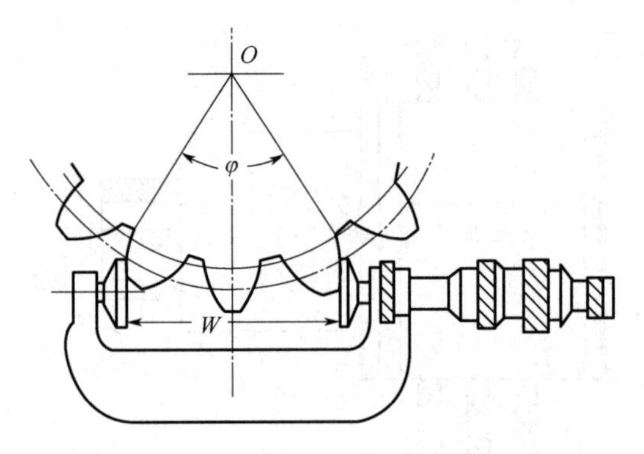

图 9-32 公法线长度测量原理

（5）齿厚偏差的测量

图 9-33 所示为测量齿厚偏差的齿厚游标卡尺。它由互相垂直的两个游标尺组成，测量时以齿轮顶圆作为测量基准。高度游标卡尺用于控制被测部位的分度圆弦齿高 h，宽度游标卡尺则用于测量分度圆弦齿厚 s。它的度量方法与游标卡尺相同。

在齿轮传动中，为了保证齿轮啮合时所要求的齿侧间隙，一般使齿轮的实际齿厚比其公称齿厚小，而齿厚是指分度圆弦齿厚，齿顶高指分度圆弦齿高。

由齿厚游标卡尺测得的实际弦齿厚 s 与公称弦齿厚 s_1 之差为被测齿轮的分度圆弦齿厚的偏差，即：

$$E_{syn} = s - s_1 \tag{9-26}$$

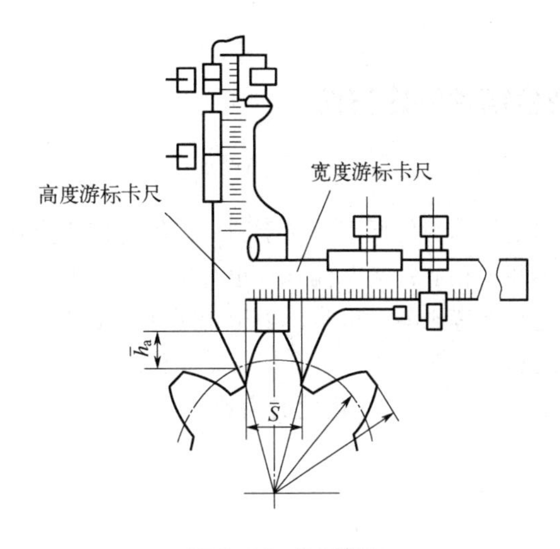

图9-33 齿厚测量

（6）万能测齿仪测量齿距偏差和齿距累积总偏差

万能测齿仪适用于测量高精度圆柱齿轮、圆弧齿轮、圆锥齿轮、螺旋齿轮。测量项目包括基节、公法线长度、齿距偏差、齿厚偏差及齿圈径向跳动等。仪器的度量指标如下：可测齿轮模数，1～10mm；可测齿轮直径，40～240mm；示值范围，±0.1mm；分度值，0.001mm。

单个齿距偏差是指在齿高中部的分度圆上，实际齿距与公称齿距之差。齿距累积总偏差是指在齿高中部的分度圆上，任意两个同侧齿面间的实际弧长之差的最大绝对值。

万能测齿仪测量齿距偏差采用的是比较法测量，其结构如图9-34所示。测量时，以齿轮内孔为测量基准，通过滑车控制量头在齿廓中部（在分度圆的附近），通过固定脚保证测量时齿轮不发生转动。以任意一个齿距作为基准齿距，调整固定量头与可移动量头与该齿距两齿面接触后调整杠杆千分尺对零，调节滚轮，使量头离开齿面，拉动滑车，使量头离开齿轮，拉动固定脚，将齿轮旋转一个齿距用固定脚固定，向下按动滑车上右边的固定旋钮，量头将自动进入齿面，扳动扳手，由重锤产生测量力，保证固定量头与齿面接触良好，可移动量头的位置由本齿距大小确定，经杠杆传给千分表读数，依次测量各齿距的相对偏差。

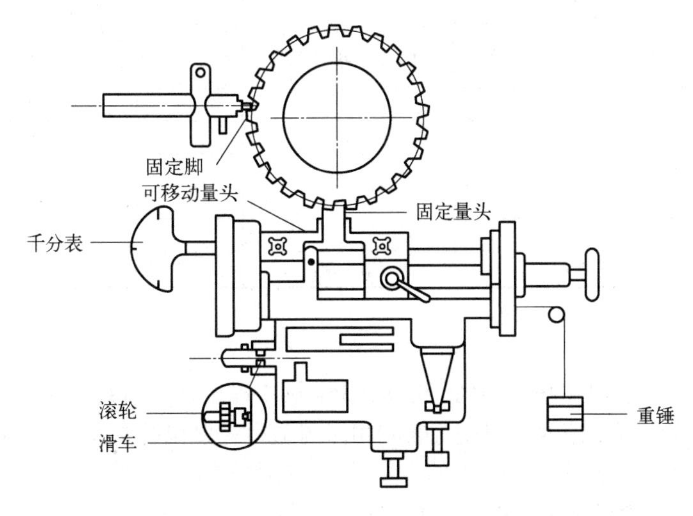

图9-34 万能测齿仪

9.4.3 数据处理及合格性评定方法

（1）齿距偏差处理

齿距偏差的处理依据是圆周封闭原则，对于圆柱齿轮，理论上各齿距等分。实际上由于存在加工误差，齿距大小并不相等：齿距偏差有正有负。尽管如此，所有齿距之和仍是一个封闭的圆周：齿距偏差之和必等于零。但是，采用相对法测得的齿距偏差存在系统误差$\Delta_{系}$，因此所有相对齿距偏差之和并不等于零。所有相对齿距偏差之和为 z 与$\Delta_{系}$的乘积，故$\Delta_{系}$为所有相对齿距偏差之和与 z 之商，z 为被测齿轮的齿数。

1）计算法

① 将所有相对齿距偏差相加求和。

② 求$\Delta_{系}$：$\Delta_{系}$=所有相对齿距偏差之和/z。

③ 求齿距偏差：齿距偏差=相对齿距偏差$-\Delta_{系}$。

④ 确定齿距偏差测量结果。

取诸齿距偏差中绝对值最大者作为测量结果。注意齿距偏差有正负之分，故不能省略正负号。

⑤ 计算齿距累积总偏差。

将诸齿距偏差依次累加，累加过程中最大与最小累加值之差即为齿距累积总误差：

$$\Delta F_{\mathrm{p}} = \Delta F_{\mathrm{p}(0-n)\max} - \Delta F_{\mathrm{p}(0-n)\min} \tag{9-27}$$

计算法实例如表 9-6 所示。

表 9-6 计算法实例

齿距序号	相对齿距偏差读数值 /μm	修正值 K	齿距偏差Δf_{pt} /μm	齿距累积偏差 ΔF_{p}/μm
1	0	$\Delta_{系}$=所有相对齿距偏差之和/z=0.5	−0.5	−0.5
2	+3		+2.5	+2
3	+2		+1.5	+3.5
4	+1		+0.5	+4
5	−1		−1.5	+2.5
6	−2		−2.5	0
7	−4		−4.5	−4.5
8	+2		+1.5	−3
9	0		−0.5	−3.5
10	+4		+3.5	0
第 1 项	第 2 项	第 3 项	第 4 项	第 5 项

2）图表法

齿距累积偏差还可由图解法得到。见图 9-35。图中纵坐标所用数据取自表 9-6 中第 2 项。注：图中横坐标表示周节序号，纵坐标表示相对周节齿距累积偏差读数值。以此数据在纵坐标的位置为例：

第一周节——读数值为 0，横坐标 1，纵坐标 0；

第二周节——读数值为+3，横坐标 2，纵坐标是相对前一点纵坐标高度向上 3μm；

第三周节——读数值为+2，横坐标 3，纵坐标是相对前一点纵坐标高度向上 2μm；

……

依此类推，将全部坐标点绘在坐标图中，并且将坐标原点、各坐标点顺序连成折线，再用直线将坐标原点与最后一点连接起来。并作两条包容图中折线且与上述直线（两端点连线）平行的直线，两直线在纵坐标方向的距离所代表的数值即为周节齿距累积偏差。

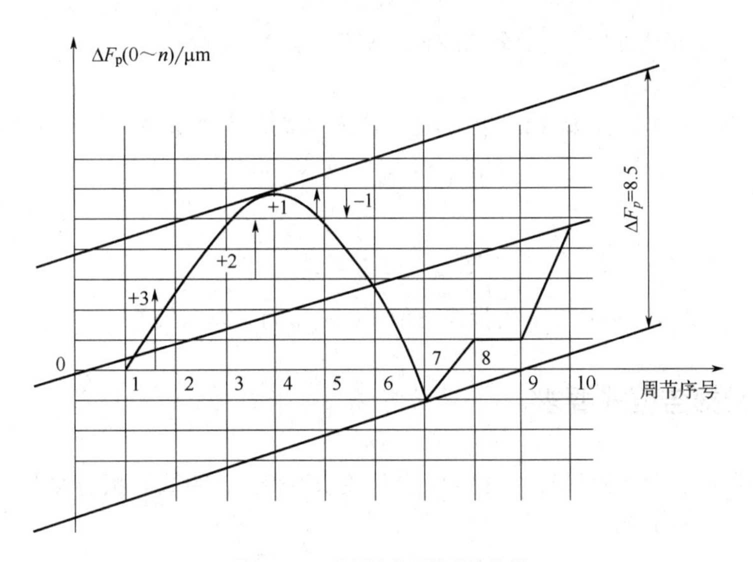

图 9-35　图解法求周节累积偏差

合格条件：

$$-f_{pt} \leqslant \Delta f_{pt} \leqslant +f_{pt} \tag{9-28}$$

$$\Delta F_p \leqslant F_p \tag{9-29}$$

（2）齿轮径向跳动误差 ΔF_r

在所有的测量数据中找出最大值 r_{max} 与最小值 r_{min}，则齿轮径向跳动：

$$\Delta F_r = r_{max} - r_{min} \tag{9-30}$$

若齿轮径向跳动公差为 F_r，其合格条件为：

$$\Delta F_r \leqslant F_r \tag{9-31}$$

（3）齿廓总偏差

被测齿轮的齿廓总偏差为：

$$\Delta F_a = \left| K_{i\max} - K_{i\min} \right| \tag{9-32}$$

式中，$K_{i\max}$、$K_{i\min}$ 分别为第 i 个被测齿面的最大及最小读数。

同一齿轮所测的每一齿的左右齿廓总偏差值均应小于等于其齿廓公差 F_a 值：

$$\Delta F_a \leqslant F_a \tag{9-33}$$

则该项指标合格，否则不合格。

（4）公法线长度变动

公法线实际长度 $W_{kactual}$ 的合格条件：

$$W_k + E_{bni} \leqslant W_{kactual} \leqslant W_k + E_{bns} \tag{9-34}$$

或

$$E_{bni} \leqslant E_{bn} \leqslant E_{bns} \tag{9-35}$$

式中，E_{bns}为公法线长度上偏差；E_{bni}为公法线长度下偏差。

公法线长度变动ΔT的计算公式及合格性条件：

$$\Delta T = W_{max} - W_{min} \tag{9-36}$$

若公法线长度变动ΔT不大于公法线长度变动量公差F_w则合格。

（5）齿厚偏差

实际测得的齿厚$s_{ynactual}$要保证侧隙要求，就应该满足下列条件，即合格性条件：

$$s_{ync} + E_{syni} \leqslant s_{ynactual} \leqslant s_{ync} + E_{syns} \tag{9-37}$$

或

$$E_{syni} \leqslant E_{syn} \leqslant E_{syns} \tag{9-38}$$

式中，E_{syn}为齿厚偏差；E_{syni}为齿厚下偏差；E_{syns}为齿厚上偏差。

9.4.4 实验报告格式要求

齿圈径向跳动测量实验报告如表9-7，公法线长度变动测量实验报告如表9-8，齿厚偏差测量实验报告如表9-9所示。

表9-7 齿圈径向跳动测量实验报告

被测齿轮	模数 m/mm		齿数 z		压力角 α/(°)
	齿圈径向跳动公差/mm				
测量仪器	型号		名称		测量精度/mm
测量记录					
齿序	读数/mm	齿序	读数/mm	齿序	读数/mm
1		6		11	
2		7		12	
3		8		13	
4		9		14	
5		10		15	
测量结果					
齿圈径向跳动/mm					
合格性判断					
测量者					
审阅者					
成绩					

表 9-8 公法线长度变动测量实验报告

被测齿轮	模数 m/mm	齿数 z	压力角 α/(°)
	公法线长度变动公差/mm		
	公法线平均长度的上偏差/mm		
	公法线平均长度的下偏差/mm		
测量仪器	型号	名称	测量精度/mm

测量记录

齿序	读数/mm	齿序	读数/mm	齿序	读数/mm
1		6		11	
2		7		12	
3		8		13	
4		9		14	
5		10		15	

测量结果	
公法线平均长度/mm	
公法线平均长度偏差/mm	
公法线长度变动量/mm	
合格性判断	
测量者	
审阅者	
成绩	

表 9-9 齿厚偏差测量实验报告

测量仪器	型号	名称	测量精度
被测齿轮	模数 m/mm	齿数 z	压力角 α/(°)
齿顶参数	公称直径/mm	实际直径/mm	齿顶实际偏差/mm
分度圆参数	实际分度圆弦齿高/mm	公称弦齿厚/mm	齿厚上下偏差/mm

测量记录

测量结果

序号	1	2	3	4	5	6
实际齿厚/mm						
齿厚实际偏差/mm						

合格性判断	
测量者	
审阅者	
成绩	

习题与思考题

一、填空题

1．螺纹的检测方法分为________和________两大类。

2．评定表面粗糙度的取样长度至少应包含________个峰谷。

3．按齿轮误差对齿轮传动使用性能的影响，将齿轮加工误差划分为三组：影响________的误差为第一组，影响________的误差为第二组，影响________的误差为第三组。

二、综合题

1．用三针法测量螺纹单一中径时为什么选择最佳量针直径？

2．测量表面粗糙度有哪些方法？其应用范围如何？

3．什么是齿距偏差和齿距累积误差？

参考文献

[1] 赵武. 极限配合与测量技术基础 [M]. 北京：中国电力出版社，2017.

[2] 荀占超. 公差配合与测量技术 [M]. 北京：机械工业出版社，2022.

[3] 薛岩等. 互换性与测量技术基础 [M]. 北京：化学工业出版社，2021.

[4] 彭全，何聪，寇晓培. 互换性与测量技术基础 [M]. 成都：西南交通大学出版社，2019.

[5] 王莉静，郝龙，吴金文. 互换性与技术测量基础 [M]. 武汉：华中科技大学出版社，2020.

[6] 赵京鹤，常化申. 互换性与技术测量 [M]. 武汉：华中科技大学出版社，2021.

[7] 朱文峰，李晏，马淑梅. 互换性与技术测量 [M]. 上海：上海科学技术出版社，2018.

[8] GB/T 321—2005《优先数和优先数系》[S]. 北京：中国标准出版社，2005.

[9] GB/T 19764—2005《优先数和优先数化整值系列的选用指南》[S]. 北京：中国标准出版社，2005.

[10] GB/T 1800.1—2020《产品几何技术规范（GPS）线性尺寸公差 ISO 代号体系 第 1 部分：公差、偏差和配合的基础》[S]. 北京：中国标准出版社，2020.

[11] GB/T 1800.2—2020《产品几何技术规范（GPS）线性尺寸公差 ISO 代号体系 第 2 部分：标准公差带代号和孔、轴的极限偏差表》[S]. 北京：中国标准出版社，2020.

[12] GB/T 24637.1—2020《产品几何技术规范（GPS）通用概念 第 1 部分：几何规范和检验的模型》[S]. 北京：中国标准出版社，2020.

[13] GB/T 1804—2000《一般公差 未注公差的线性和角度尺寸的公差》[S]. 北京：中国标准出版社，2000.

[14] GB/T 1803—2003《极限与配合 尺寸至 18mm 孔、轴公差带》[S]. 北京：中国标准出版社，2003.

[15] GB/T 6093—2001《几何量技术规范（GPS）长度标准 量块》[S]. 北京：中国标准出版社，2001.

[16] GB/T 3177—2009《产品几何技术规范（GPS）光滑工件尺寸的检验》[S]. 北京：中国标准出版社，2009.

[17] GB/T 1957—2006《光滑极限量规 技术条件》[S]. 北京：中国标准出版社，2006.

[18] GB/T 1182—2018《产品几何技术规范（GPS）几何公差形状、方向、位置和跳动公差标注》[S]. 北京：中国标准出版社，2018.

[19] GB/T 4249—2018《产品几何技术规范（GPS）基础 概念、原则和规则》[S]. 北京：中国标准出版社，2018.

[20] GB/T 16671—2018《产品几何技术规范（GPS）几何公差 最大实体要求（MMR）、最小实体要求（LMR）和可逆要求（RPR）》[S]. 北京：中国标准出版社，2018.

[21] GB/T 1184—1996《形状和位置公差 未注公差值》[S]. 北京：中国标准出版社，1996.

[22] GB/T 13319—2020《产品几何技术规范（GPS）几何公差 成组（要素）与组合几何规范》[S]. 北京：中国标准出版社，2020.

[23] GB/T 17851—2022《产品几何技术规范（GPS）几何公差 基准和基准体系》[S]. 北京：中国标准出版社，2022.

[24] GB/T 17852—2018《产品几何技术规范（GPS）几何公差 轮廓度公差标注》[S]. 北京：中国标准出版社，2018.

[25] GB/T 1958—2017《产品几何量技术规范（GPS）几何公差 检测与验证》[S]. 北京：中国标准出版社，2017.

[26] GB/T 3505—2009《产品几何技术规范（GPS）表面结构 轮廓法 术语、定义及表面结构参数》[S]. 北京：中国标准出版社，2009.

[27] GB/T 1031—2009《产品几何技术规范（GPS）表面结构 轮廓法 表面粗糙度参数及其数值》[S]. 北京：中国标准出版社，2009.

[28] GB/T 131—2006《产品几何技术规范（GPS） 技术产品文件中表面结构的表示法》[S]. 北京：中国标准出版社，2006.
[29] GB/T 10610—2009《产品几何技术规范（GPS） 表面结构 轮廓法 评定表面结构的规则和方法》[S]. 北京：中国标准出版社，2009.
[30] GB/T 18618—2009《产品几何技术规范（GPS） 表面结构 轮廓法 图形参数》[S]. 北京：中国标准出版社，2009.
[31] GB/T 157—2001《产品几何量技术规范（GPS） 圆锥的锥度与锥角系列》[S]. 北京：中国标准出版社，2001.
[32] GB/T 11334—2005《产品几何量技术规范（GPS） 圆锥公差》[S]. 北京：中国标准出版社，2005.
[33] GB/T 12360—2005《产品几何技术规范（GPS） 圆锥配合》[S]. 北京：中国标准出版社，2005.
[34] GB/T 11852—2003《圆锥量规公差与技术条件》[S]. 北京：中国标准出版社，2003.
[35] GB/T 307.1—2017《滚动轴承 向心轴承 产品几何技术规范（GPS）和公差值》[S]. 北京：中国标准出版社，2017.
[36] GB/T 307.3—2017《滚动轴承 通用技术规则》[S]. 北京：中国标准出版社，2017.
[37] GB/T 4604.1—2012《滚动轴承 游隙 第 1 部分：向心轴承的径向游隙》[S]. 北京：中国标准出版社，2012.
[38] GB/T 275—2015《滚动轴承 配合》[S]. 北京：中国标准出版社，2015.
[39] GB/T 1095—2003《平键 键槽的剖面尺寸》[S]. 北京：中国标准出版社，2003.
[40] GB/T 1096—2003《普通型 平键》[S]. 北京：中国标准出版社，2003.
[41] GB/T 1144—2001《矩形花键尺寸、公差和检验》[S]. 北京：中国标准出版社，2001.
[42] GB/T 14791—2013《螺纹 术语》[S]. 北京：中国标准出版社，2013.
[43] GB/T 192—2003《普通螺纹 基本牙型》[S]. 北京：中国标准出版社，2003.
[44] GB/T 193—2003《普通螺纹 直径与螺距系列》[S]. 北京：中国标准出版社，2003.
[45] GB/T 196—2003《普通螺纹 基本尺寸》[S]. 北京：中国标准出版社，2003.
[46] GB/T 197—2018《普通螺纹 公差》[S]. 北京：中国标准出版社，2018.
[47] GB/T 3934—2003《普通螺纹量规 技术条件》[S]. 北京：中国标准出版社，2003.
[48] GB/T 10095.1—2022《圆柱齿轮 ISO 齿面公差分级制 第 1 部分：齿面偏差的定义和允许值》[S]. 北京：中国标准出版社，2022.
[49] GB/T 10095.2—2023《圆柱齿轮 ISO 齿面公差分级制 第 2 部分：径向综合偏差的定义和允许值》[S]. 北京：中国标准出版社，2023.
[50] GB/Z 18620.1—2008《圆柱齿轮 检验实施规范 第 1 部分：轮齿同侧齿面的检验》[S]. 北京：中国标准出版社，2008.
[51] GB/Z 18620.2—2008《圆柱齿轮 检验实施规范 第 2 部分：径向综合偏差、径向跳动、齿厚和侧隙的检验》[S]. 北京：中国标准出版社，2008.
[52] GB/Z 18620.3—2008《圆柱齿轮 检验实施规范 第 3 部分：齿轮坯、轴中心距和轴线平行度的检验》[S]. 北京：中国标准出版社，2008.
[53] GB/Z 18620.4—2008《圆柱齿轮 检验实施规范 第 4 部分：表面结构和轮齿接触斑点的检验》[S]. 北京：中国标准出版社，2008.
[54] GB/T 5847—2004《尺寸链 计算方法》[S]. 北京：中国标准出版社，2004.
[55] GB/T 10932—2004《螺纹千分尺》[S]. 北京：中国标准出版社，2004.
[56] GB/T 28703—2012《圆柱螺纹检测方法》[S]. 北京：中国标准出版社，2012.
[57] GB/T 1217—2022《公法线千分尺》[S]. 北京：中国标准出版社，2022.
[58] GB/T 37161—2018《齿轮 齿轮测量仪的评价》[S]. 北京：中国标准出版社，2018.